尚硅谷 程序员硬核技术丛书

剑指大数据
Hive学习精要

尚硅谷教育◎编著

电子工业出版社

Publishing House of Electronics Industry

北京·BEIJING

内容简介

Hive 是大数据领域的一个重要开发工具。本书基于 Hive3.1.3 版本进行编写，首先，简单介绍了 Hive 的起源和发展，以及 Hive 的安装和部署；其次，分别介绍了 Hive 的数据定义语言、数据操作语言、查询语言，以及各种函数，其中穿插安排了大量的综合案例练习；再次，讲解了分区表和分桶表，以及文件的压缩；最后，重点讲解了 Hive 在使用不同执行引擎时的企业级性能调优手段。

本书广泛适用于大数据的学习者和从业人员、Hive 初学者，以及高等院校大数据相关专业的学生，同时可作为大数据学习的必备书籍。

未经许可，不得以任何方式复制或抄袭本书之部分或全部内容。
版权所有，侵权必究。

图书在版编目（CIP）数据

剑指大数据：Hive 学习精要 / 尚硅谷教育编著. —北京：电子工业出版社，2024.5
（程序员硬核技术丛书）
ISBN 978-7-121-47727-0

Ⅰ.①剑… Ⅱ.①尚… Ⅲ.①数据库系统－程序设计 Ⅳ.①TP274

中国国家版本馆 CIP 数据核字（2024）第 088376 号

责任编辑：张梦菲　李　冰
印　　刷：三河市良远印务有限公司
装　　订：三河市良远印务有限公司
出版发行：电子工业出版社
　　　　　北京市海淀区万寿路 173 信箱　　邮编：100036
开　　本：850×1 168　1/16　印张：23　字数：662.24 千字
版　　次：2024 年 5 月第 1 版
印　　次：2024 年 5 月第 1 次印刷
定　　价：109.00 元

凡所购买电子工业出版社图书有缺损问题，请向购买书店调换。若书店售缺，请与本社发行部联系，联系及邮购电话：（010）88254888，88258888。

质量投诉请发邮件至 zlts@phei.com.cn，盗版侵权举报请发邮件至 dbqq@phei.com.cn。
本书咨询联系方式：libing@phei.com.cn。

前 言

对数据的分析和处理一直是技术开发人员需要重点关注的一项工作。在大数据受到重视之前，技术开发人员通常使用传统的数据库开发工具对数据进行分析处理，如 MySQL、Oracle 等，使用结构化查询语言（SQL）即可方便地分析和处理数据。而在大数据进入人们的视线之后，传统的数据库开发工具已经逐渐不能满足使用需求。这是因为，需要分析处理的大数据种类繁多、结构复杂多样、数据量浩如烟海。Hadoop 的诞生，帮助人们解决了大数据的存储和分析的难题。与此同时，烦琐复杂的 MapReduce 程序造成了更高的使用门槛，Hive 应运而生。Hive 基于 Hadoop，使烦琐复杂的 MapReduce 程序可以使用简单易读的标准 SQL 语句替代，成为大数据开发工程师的必备技能。

大数据发展至今，图书市场上已经涌现出很多非常优秀的技术书籍，其遍布各大细分领域，为大数据爱好者和从业者提供了宝贵的学习指导。可是，我们发现 Hive 相关的书籍略显匮乏，一位 Hive 初学者很难找到基于较新版本 Hive 的、可以快速掌握 Hive 使用方法的技术书籍。作为大数据技术方面的教育从业者，我们意识到，推出一本浅显易懂且实用性强的 Hive 技术书籍的重要性，这也是我们编写本书的初衷。

我们选择基于 Hive3.1.3 版本进行本书的讲解。Hive3.1.3 是目前应用得较为广泛的稳定的开发版本，具有较强的实用性，更加符合企业的应用实践。通过对这一版本的学习，读者可以快速掌握 Hive 的重要基础特性和新特性，并且快速进入开发者角色。

本书由浅入深地对 Hive 进行了详细讲解。从 Hive 的安装部署入手，详尽地讲解了 Hive 的操作语言，并且配合设置了不同难度、针对不同知识点的综合案例练习，帮助读者在大量案例练习的加持下快速掌握 Hive 开发技巧。本书还使用了丰富的插图对查询语句的执行流程进行了形象直观的展示，帮助读者更好地理解抽象的查询语言。

本书的最后对使用不同执行引擎的 Hive 生成的执行计划进行了深入解读。对执行计划的解读能力是 Hive 开发工程师必备的"内功"之一，只有掌握了执行计划的解读方法，才能懂得如何对 Hive 进行性能调优。

在阅读本书时，读者需要具备一定的编程基础，至少掌握一门编程语言（如 Java）和 SQL 查询语言。如果读者对大数据的基本框架 Hadoop 也有一定了解，那么学习本书将事半功倍。如果读者不具备以上基础，那么可以关注"尚硅谷教育"公众号，在聊天窗口发送关键字"大数据"，即可免费获取相关学习资料。

书中涉及的所有安装包、源码及视频教程等，均可关注"尚硅谷教育"公众号，发送关键字"Hive"免费获取。书中难免有疏漏之处，如在阅读本书的过程中，发现任何问题，欢迎在尚硅谷教育官网留言反馈。

感谢电子工业出版社的李冰老师，是您的精心指导使得本书能够最终面世。同时感谢所有为本书内容编写提供技术支持的老师们所付出的努力。

尚硅谷教育

目 录

第 1 章　Hive 入门 1
1.1　什么是 Hadoop 1
1.2　什么是 Hive 4
1.3　Hive 的架构 4
1.4　学前导读 7
1.4.1　学习的基本要求 7
1.4.2　环境准备 7
1.5　本章总结 8

第 2 章　Hive 的安装部署 9
2.1　Hive 的安装 9
2.1.1　Hive 初体验 9
2.1.2　MySQL 的安装和元数据配置 12
2.1.3　Hive 的服务部署 16
2.2　Hive 的使用技巧 24
2.2.1　常用交互命令 24
2.2.2　参数配置方式 25
2.2.3　常见属性配置 25
2.3　本章总结 27

第 3 章　数据定义语言 28
3.1　数据库的定义 28
3.2　表的定义 30
3.2.1　创建表 30
3.2.2　表的其他定义语言 34
3.3　本章总结 35

第 4 章　数据操作语言 36
4.1　数据加载 36
4.2　数据插入 37
4.2.1　将查询结果插入表中 37
4.2.2　将给定 values 插入表中 37
4.2.3　将查询结果写入目标路径 38
4.3　数据的导出和导入 38
4.4　本章总结 38

第 5 章 查询 ... 39

5.1 数据准备 ... 39
5.2 基本查询 ... 40
- 5.2.1 select 子句——全表和特定列查询 ... 40
- 5.2.2 列别名 ... 42
- 5.2.3 limit 子句 ... 42
- 5.2.4 order by 子句 ... 43
- 5.2.5 where 子句 ... 46
- 5.2.6 关系运算符 ... 47
- 5.2.7 逻辑运算符 ... 49
- 5.2.8 算术运算符 ... 51

5.3 分组聚合 ... 52
- 5.3.1 聚合函数 ... 52
- 5.3.2 group by 子句 ... 56
- 5.3.3 having 子句 ... 59

5.4 join 连接 ... 62
- 5.4.1 join 连接语法的简介与表别名 ... 62
- 5.4.2 数据准备 ... 65
- 5.4.3 连接分类 ... 66
- 5.4.4 多表连接 ... 71
- 5.4.5 笛卡儿积连接 ... 73
- 5.4.6 join 连接与 MapReduce 程序 ... 74
- 5.4.7 联合（union&union all） ... 75

5.5 本章总结 ... 77

第 6 章 综合案例练习之基础查询 ... 78

6.1 环境准备 ... 78
6.2 简单查询练习 ... 80
6.3 汇总与分组练习 ... 84
- 6.3.1 汇总练习 ... 84
- 6.3.2 分组练习 ... 85
- 6.3.3 对分组结果进行条件查询 ... 87
- 6.3.4 查询结果排序和分组指定条件 ... 90

6.4 复杂查询练习 ... 94
6.5 多表查询练习 ... 97
- 6.5.1 表连接 ... 97
- 6.5.2 多表连接 ... 102

6.6 本章总结 ... 117

第 7 章 初级函数 ... 118

7.1 函数简介 ... 118
7.2 单行函数 ... 119

	7.2.1	数值函数	119
	7.2.2	字符串函数	121
	7.2.3	日期函数	126
	7.2.4	流程控制函数	129
	7.2.5	集合函数	131
	7.2.6	案例演示	133
7.3	高级聚合函数	140
7.4	本章总结	142

第8章 综合案例练习之初级函数 143

8.1	环境准备	143
	8.1.1 用户信息表	143
	8.1.2 商品信息表	144
	8.1.3 商品品类信息表	145
	8.1.4 订单信息表	145
	8.1.5 订单明细表	147
	8.1.6 用户登录明细表	150
	8.1.7 商品价格变更明细表	151
	8.1.8 配送信息表	152
	8.1.9 好友关系表	153
	8.1.10 收藏信息表	155
8.2	初级函数练习	156
	8.2.1 筛选2021年总销量低于100件的商品	156
	8.2.2 查询每日新增用户数	158
	8.2.3 用户注册、登录、下单综合统计	160
	8.2.4 向用户推荐好友收藏的商品	163
	8.2.5 男性和女性用户每日订单总金额统计	166
	8.2.6 购买过商品1和商品2但没有购买过商品3的用户统计	168
	8.2.7 每日商品1和商品2的销量差值统计	169
	8.2.8 根据商品销售情况进行商品分类	170
	8.2.9 查询有新增用户的日期的新增用户数和新增用户1日留存率	172
	8.2.10 登录次数及交易次数统计	174
	8.2.11 统计每个商品各年度销售总金额	177
	8.2.12 某周内每个商品的每日销售情况	178
	8.2.13 形成同期商品售卖分析表	180
	8.2.14 国庆节期间每个商品的总收藏量和总购买量统计	181
	8.2.15 国庆节期间各品类商品的7日动销率和滞销率	183
8.3	本章总结	186

第9章 高级函数 187

9.1	表生成函数	187
	9.1.1 常用UDTF	187
	9.1.2 案例演示	190

9.2 窗口函数 192
9.2.1 语法讲解 192
9.2.2 常用窗口函数 197
9.2.3 案例演示 200
9.3 用户自定义函数 208
9.3.1 概述 208
9.3.2 自定义 UDF 函数案例 209
9.4 本章总结 211

第 10 章 综合案例练习之高级函数 212
10.1 高级函数练习题 212
10.1.1 查询各品类销售商品的种类数及销量最高的商品 212
10.1.2 查询首次下单后第二日连续下单的用户比率 215
10.1.3 每件商品销售首年的年份、销售数量和销售总金额 218
10.1.4 查询所有用户连续登录 2 日及以上的日期区间 220
10.1.5 订单金额趋势分析 223
10.1.6 查询每名用户登录日期的最大空档期 225
10.1.7 查询同一时间多地登录的用户 227
10.1.8 销售总金额完成任务指标的商品 230
10.1.9 各品类中商品价格的中位数 232
10.1.10 求商品连续售卖的时间区间 234
10.1.11 根据活跃间隔对用户进行分级的结果统计 237
10.2 面试真题 239
10.2.1 同时在线人数问题 239
10.2.2 会话划分问题 242
10.2.3 间断连续登录用户问题 247
10.2.4 日期交叉问题 251
10.3 本章总结 255

第 11 章 分区表和分桶表 256
11.1 分区表 256
11.1.1 分区表基本语法 256
11.1.2 二级分区表 258
11.1.3 动态分区 259
11.2 分桶表 260
11.2.1 分桶表基本语法 260
11.2.2 分桶排序表 261
11.3 本章总结 262

第 12 章 文件格式和压缩 263
12.1 文件格式 263
12.1.1 Text Flile 263
12.1.2 ORC 263

12.1.3　Parquet 265
　12.2　压缩 266
　　12.2.1　压缩算法概述 266
　　12.2.2　Hive 表数据进行压缩 267
　　12.2.3　计算过程中使用压缩 267
　12.3　本章总结 268

第 13 章　MapReduce 引擎下的企业级性能调优 269

　13.1　测试数据准备 269
　　13.1.1　订单表（2000 万条数据） 269
　　13.1.2　支付表（600 万条数据） 270
　　13.1.3　商品信息表（100 万条数据） 271
　　13.1.4　省（区、市）信息表（34 条数据） 271
　13.2　计算资源配置调优 272
　　13.2.1　YARN 资源配置调优 272
　　13.2.2　MapReduce 资源配置调优 273
　13.3　使用 explain 命令查看执行计划 274
　　13.3.1　基本语法 274
　　13.3.2　案例实操 274
　　13.3.3　执行计划分析 278
　13.4　分组聚合 281
　　13.4.1　优化说明 281
　　13.4.2　优化案例 282
　13.5　Join 优化 284
　　13.5.1　Join 算法概述 284
　　13.5.2　Map Join 287
　　13.5.3　Bucket Map Join 294
　　13.5.4　Sort Merge Bucket Map Join 297
　13.6　数据倾斜 300
　　13.6.1　数据倾斜概述 300
　　13.6.2　分组聚合导致的数据倾斜 300
　　13.6.3　join 连接导致的数据倾斜 303
　13.7　任务并行度 308
　　13.7.1　优化说明 308
　　13.7.2　优化案例 309
　13.8　小文件合并 310
　　13.8.1　优化说明 310
　　13.8.2　优化案例 311
　13.9　其他性能优化手段 312
　　13.9.1　CBO 优化 312
　　13.9.2　谓词下推 313
　　13.9.3　矢量化查询 314
　　13.9.4　Fetch 抓取 315

13.9.5　本地模式 ························· 315
　　13.9.6　并行执行 ························· 315
　　13.9.7　严格模式 ························· 316
13.10　本章总结 ····························· 316

第 14 章　Hive On Tez 的企业级性能调优 ······· 317

14.1　初识 Hive On Tez ······················ 317
　　14.1.1　Tez 概述 ························· 317
　　14.1.2　Hive On Tez 部署 ·················· 318
14.2　计算资源配置 ·························· 322
14.3　执行计划与统计信息 ···················· 323
　　14.3.1　执行计划 ························· 323
　　14.3.2　统计信息 ························· 326
14.4　任务并行度 ···························· 327
　　14.4.1　优化说明 ························· 327
　　14.4.2　Reducer 并行度优化案例 ············ 329
14.5　分组聚合 ······························ 330
14.6　Join ·································· 330
　　14.6.1　Join 算法 ························· 330
　　14.6.2　Hive On Tez 中 Join 算法的实现 ······ 334
　　14.6.3　Hive On Tez 中 Join 算法的选择策略 ·· 337
　　14.6.4　优化案例 ························· 338
14.7　小文件合并 ···························· 341
　　14.7.1　优化说明 ························· 341
　　14.7.2　优化案例 ························· 342
14.8　数据倾斜 ······························ 343
14.9　本章总结 ······························ 344

第 15 章　Hive On Spark 的企业级性能调优 ····· 345

15.1　Hive On Spark 概述 ····················· 345
　　15.1.1　什么是 Spark ······················ 345
　　15.1.2　Spark 的基本架构 ·················· 346
　　15.1.3　Hive On Spark 的安装部署 ··········· 347
15.2　Spark 资源配置 ························· 349
　　15.2.1　Excutor 配置说明 ·················· 349
　　15.2.2　Driver 配置说明 ··················· 351
　　15.2.3　Spark 配置实操 ···················· 351
15.3　使用 explain 命令查看执行计划 ··········· 352
15.4　分组聚合优化 ·························· 355
15.5　Join 优化 ······························ 356
15.6　数据倾斜优化 ·························· 356
15.7　计算引擎总结 ·························· 356
15.8　本章总结 ······························ 358

第1章

Hive 入门

从本章起，我们将开启对 Hive 的学习。Hive 是什么？想要解答这个问题，绕不开的是另一个问题——Hadoop 是什么？本章就将重点回答这两个问题。

1.1 什么是 Hadoop

Hive 是基于 Hadoop 产生的重要数据仓库工具，因此要想学习 Hive，必须先了解 Hadoop。如果读者已经熟悉如何使用 Hadoop，那么可以跳过本节。当然，通过阅读本节，读者可以唤醒自己关于 Hadoop 的记忆，并重新回顾 Hadoop 的重点概念。若此前并不了解 Hadoop，则可以访问"尚硅谷教育"官网，获取 Hadoop 的完整学习资料。

Hadoop 是大数据领域应用得最广泛的框架之一，其对海量数据的存储、计算，以及对资源调度分配的支持能力，是众多互联网企业对其青眼有加的重要原因。可以说，Hadoop 的发展史就是大数据的发展史，Hadoop 的推出解决了大数据开发的诸多难题。以 Hadoop 为中心发展出的 Hadoop 生态体系（Hive 就是其中之一），使大数据的发展走上了高速路。

Hadoop 由 Apache Lucence（Lucence 是一个应用广泛的文本搜索系统库）的创始人 Doug Cutting 开发，其借鉴参考了 Google 的两篇论文——The Google File System 和 MapReduce：Simplified Data Processing On Large Clusters，开发了 Hadoop 的两大核心功能模块——HDFS 和 MapReduce。

Hadoop 主要由四个基本模块组成，如图 1-1 所示。

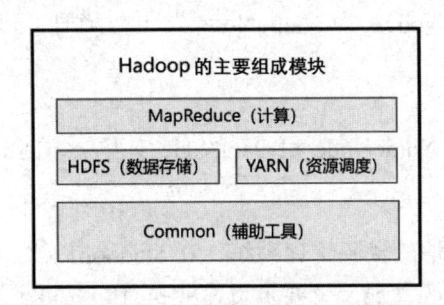

图 1-1 Hadoop 的主要组成模块

- MapReduce：Hadoop 提供的分布式数据计算模型。
- HDFS：分布式文件存储系统，用于实现海量数据的高可靠存储。
- YARN：负责作业调度和资源管理。
- Common（辅助工具）：支持其他 Hadoop 模块的通用程序包。

其中，HDFS、YARN 和 MapReduce 是 Hadoop 的核心构成部分，详细介绍分别如下。

1. HDFS

HDFS 的全称为 Hadoop Distributed Filesystem，是 Hadoop 的分布式文件存储系统。在整个 Hadoop 的生态体系中，HDFS 是非常基础的部分。Hadoop 的分布式数据计算模型 MapReduce、Hive 数据库、Spark 等计算引擎都需要依赖 HDFS 上存储的文件。HDFS 通过将大型数据集分布式地存储在多台存储节点上，解决了海量数据的存储难题。

HDFS 通过分布式存储使 Hadoop 集群可以存储 PB 级、EB 级，甚至更大规模的数据集。通过多副本的模式，提供高可靠的数据存储性能。

HDFS 采取了经典的主从架构，其由一个主节点和多个数据存储节点构成，其基本架构图如图 1-2 所示，主要由组件 NameNode、DataNode、SecondaryNameNode 和 Client 构成。

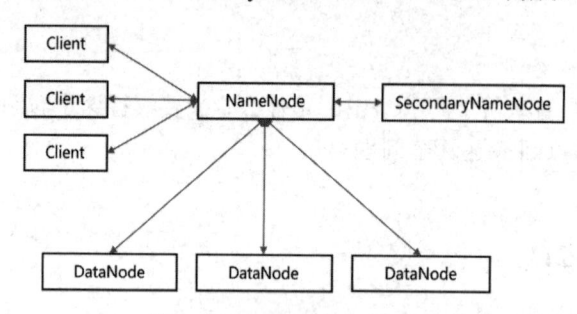

图 1-2　HDFS 基本架构图

（1）NameNode。

NameNode 主要用来存储文件的元数据，如文件名、文件目录结构、文件副本数、文件权限等信息，还包括每个文件的块列表，以及块所在的 DataNode 等数据信息。NameNode 是整个 HDFS 集群的管理者，其管理着 HDFS 的目录结构和 DataNode 的健康状态。

（2）DataNode。

DataNode 是 HDFS 中真正的数据存储节点，在本地文件系统存储数据及数据块的校验和。DataNode 除了具有存储数据的功能，还负责定期向 NameNode 汇报数据块信息和节点健康情况。当文件被上传至 HDFS 集群后，其将会被切分成多个数据块并存储在不同的 DataNode 节点上。为了保证数据的可靠性，每个数据块还会存储多个数据副本。

（3）SecondaryNameNode。

SecondaryNameNode 是辅助节点，而不是 NameNode 的备用节点，其主要负责辅助 NameNode 定期生成元数据检查点并传输给 NameNode。当 NameNode 发生故障时，可以通过 SecondaryNameNode 恢复数据。

（4）Client。

用户通过客户端（Client）[1] 与 NameNode 和 DataNode 交互来访问 HDFS 中的文件。

2. YARN

YARN 是 Hadoop2.x 版本中新增的资源管理系统。在 Hadoop1.x 版本中，MapReduce 任务的资源调度系统还没有独立出来，既要负责资源管理，又要负责作业执行，在可扩展性、资源利用率和多框架支持方面存在不足。在 Hadoop2.x 版本中，资源管理的功能独立出来，衍生了一个新的资源统一管理平台 YARN。YARN 的出现，使 Hadoop 的集群计算资源可以开放给更多的计算框架使用。

YARN 采用的也是主从架构，其主要由主节点 ResourceManager 和从节点 NodeManager 构成，其中 ResourceManager 负责全局的资源调度，NodeManager 负责本节点的资源管理，每个应用程序单独拥有一个 ApplicationMaster 负责本任务的进度管理，其架构图如图 1-3 所示。

---

[1] Hadoop 中的 Client。

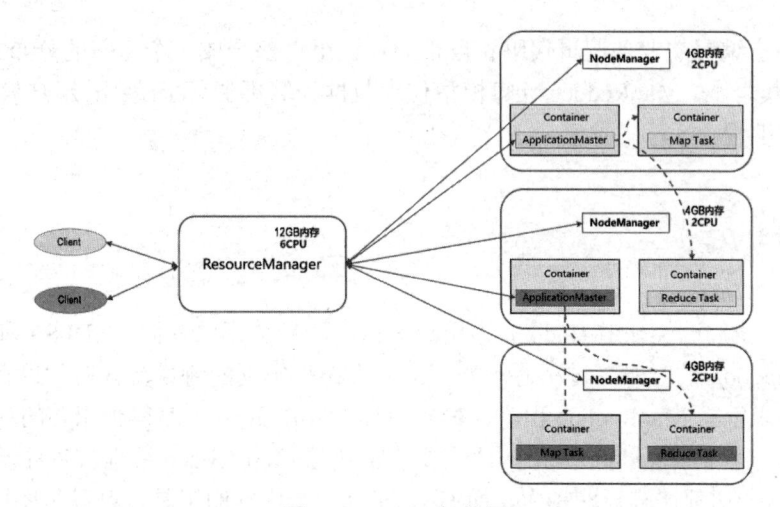

图 1-3　YARN 架构图

（1）ResourceManager。

ResourceManager 负责整个系统的资源管理和分配。其与 Client 进行交互，处理来自 Client 的请求，如查询应用的运行情况、响应 Client 提交的任务请求。启动和管理各应用的 ApplicationMaster，管理 NodeManager，响应 ApplicationMaster 的资源请求，分配调度资源。

（2）NodeManager。

NodeManager 是每个节点上的资源和任务管理器，会定时向 ResourceManager 汇报本节点上的资源使用情况和各 Container 的运行状态，并且接收和处理来自 ApplicationMaster 的启动和停止 Container 的请求。

（3）Container。

Container 是 YARN 中的资源抽象单位，封装了节点中的内存、CPU、磁盘、网络等资源。当 ApplicationMaster 向 ResourceManager 申请资源时，ResourceManager 返回的资源就是 Container。Container 是一个容器，在容器上可以运行不同种类的任务。

（4）ApplicationMaster。

用户每提交一个应用程序，其中均需要包含一个 ApplicationMaster，负责本应用程序与 YARN 集群间的交互。ApplicationMaster 主要负责向 ResourceManager 申请资源，分配调度应用程序内部的任务，通过与 NodeManager 进行交互来启动或停止 Container，监控任务的运行状态。

3. MapReduce

MapReduce 是 Hadoop 提供的一个分布式数据计算模型。如图 1-4 所示，MapReduce 计算模型将大数据计算分成 Map 阶段和 Reduce 阶段。Map 阶段并行处理输入数据，Reduce 阶段对 Map 阶段的输出结果进行汇总等计算。

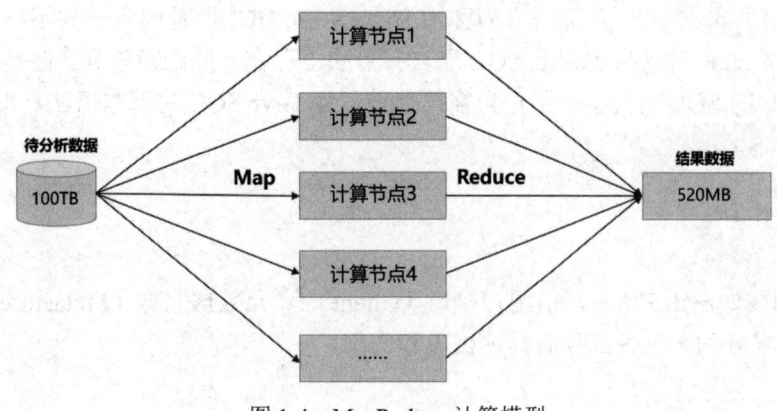

图 1-4　MapReduce 计算模型

MapReduce 将用户编写的业务逻辑代码和自带的默认组件整合成一个完整的分布式运算程序，并发地运行在一个 Hadoop 集群上。MapReduce 计算模型使大数据计算更加易于编程，用户只需要实现一些接口，就能完成分布式计算编程。

1.2　什么是 Hive

通过阅读 1.1 节，我们已经知道 Hadoop 为用户提供了海量数据的存储（HDFS）和计算（MapReduce）功能。用户在使用 Hadoop 的时候，过程通常如下：每天将采集到的海量待分析数据存储至 HDFS 中，然后针对数据和计算需求编写 MapReduce 程序，最后运行 MapReduce 程序得到想要的计算结果。

用户如果想编写一个 MapReduce 程序，就需要非常熟悉 MapReduce 编程，并且需要合理规划 Map 阶段和 Reduce 阶段，这一切都比较耗费精力。而 Hive 就是一个优秀的工具，可以帮助用户避免进行上述复杂的编程工作。

Hive 是由 Meta（原 Facebook）开源，基于 Hadoop 开发的一个数据仓库工具，可以将结构化的数据文件映射为一张表（Table），并且支持用户使用结构化查询语言（SQL）对数据进行查询。以大数据中最常见的词频统计案例来说，在 Hadoop 中若想实现这一统计过程，则需要编写 Mapper、Reducer 和 Driver 三个类，并且编写对应的逻辑代码，过程非常烦琐，而在 Hive 中的实现如下。

（1）Hive 中有 test 表如下所示，用来统计各单词出现的频率。

```
word 列

atguigu
atguigu
ss
ss
jiao
banzhang
xue
hadoop
```

（2）通过如下 Hive 提供的类 SQL 查询语言来实现，简单方便，容易理解。

```
select count(*) from test group by word;
```

SQL 语言是众多程序开发人员都熟悉且能熟练使用的语言，Hive 支持用户使用 SQL 语言查询并分析 Hadoop 中存储的海量数据，这给大数据开发人员带来了极大的便利。从本质上来说，Hive 就是一个 Hadoop 的"客户端"，可以将 Hive SQL（Hive 提供的类 SQL 查询语言，简称 HiveQL 或 HQL）转换为 MapReduce 程序。实际上，Hive 中每张表的数据依然存储在 HDFS 中，Hive 分析数据的底层实现依然是 MapReduce，最终计算任务的部署和资源的调度依然由 YARN 完成。

之所以将 Hive 提供的类 SQL 查询语言简称为 HiveQL 或 HQL，是因为其并不符合标准 SQL 的语言规范，其与 MySQL、Oracle 等支持的标准 SQL 语言在语法上存在一些细微差异。但是 Hive SQL 实际上已经是非常接近 MySQL 的 SQL 语言了，用户只需简单地了解 Hive SQL 的基本语法，即可初步上手应用。

1.3　Hive 的架构

Hive 的整体架构图如图 1-5 所示，由用户接口（Client）[1]、元数据服务（Metastore）、驱动器（Driver）三大部分构成。接下来分别介绍各部分的具体构成和作用。

---

[1] Hive 中的 Client。

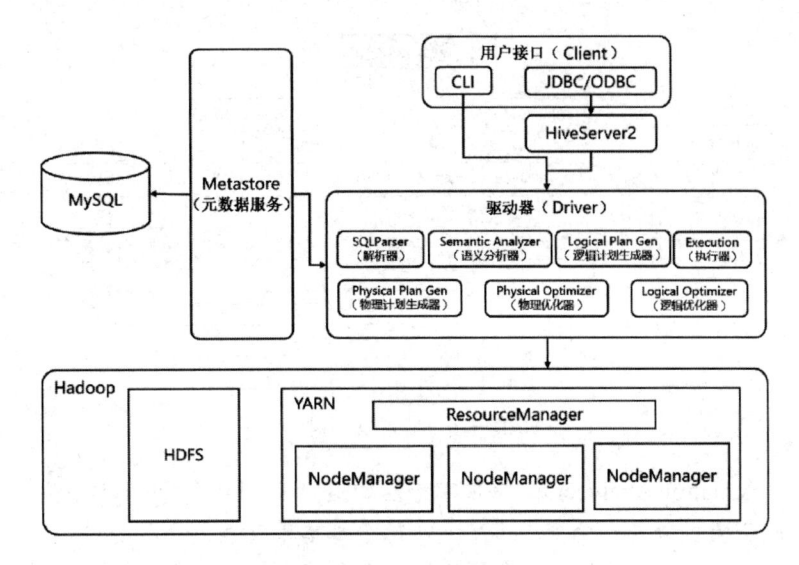

图 1-5　Hive 的整体架构图

1. 用户接口（Client）

Hive 的用户接口共有两种，分别是命令行接口（Command-Line Interface，CLI）和 JDBC/ODBC 协议接口。

CLI 可以供用户进行简单的测试工作，但是在真正的开发环境下，用户需要通过 JDBC 协议或 ODBC 协议远程访问 Hive 的服务来提交任务，因此就需要使用 JDBC/ODBC 协议接口。JDBC 协议接口和 ODBC 协议接口的区别有以下两点。

（1）JDBC 协议接口的移植性比 ODBC 协议接口好。在通常情况下，在安装完 ODBC 协议接口驱动程序之后，还需要经过确定的配置才能够对其进行应用，而不同的配置在不同数据库服务器之间不能通用，因此每安装一次就需要重新配置一次。JDBC 协议接口则只需要选取适当的 JDBC 数据库驱动程序，而不需要进行额外的配置。在安装过程中，JDBC 数据库驱动程序会自动完成有关的配置。

（2）二者使用的语言不同。JDBC 协议接口在 Java 编程时使用，而 ODBC 协议接口一般在 C/C++编程时使用。

基于以上两点不同，JDBC 协议接口的应用更为普遍。

2. 元数据服务（Metastore）

元数据的含义是描述数据的数据。在 Hive 中，元数据信息包括数据库、表名、表的所有者、列信息、分区列信息、表的类型、表数据所在目录等。在默认情况下，这些元数据信息存储在 Hive 自带的 derby 数据库中，由 derby 数据库对外提供元数据服务。但是因为 derby 数据库默认只支持单客户端访问，而在实际开发中对元数据服务的访问通常是并发的，所以不建议使用默认的 derby 数据库。推荐使用 MySQL 存储元数据，并且对外提供元数据服务。

3. 驱动器（Driver）

Hive 的驱动器包含以下组件。

（1）解析器（SQLParser）：将 Hive SQL 字符串转换成抽象语法树（AST）。

该组件主要完成两项工作，分别是词法分析和语法分析。

- 词法分析：逐个字符扫描源程序（查询语句），根据预设的规则识别每个单词符号（Token），将源程序字符串改造为单词列表。
- 语法分析：根据预设的语法规则对上述单词列表进行分析，将单词组成"语句"或"表达式"，并使用一个树形结构来表示语法结构，这个树通常被称为抽象语法树，如图 1-6 所示。

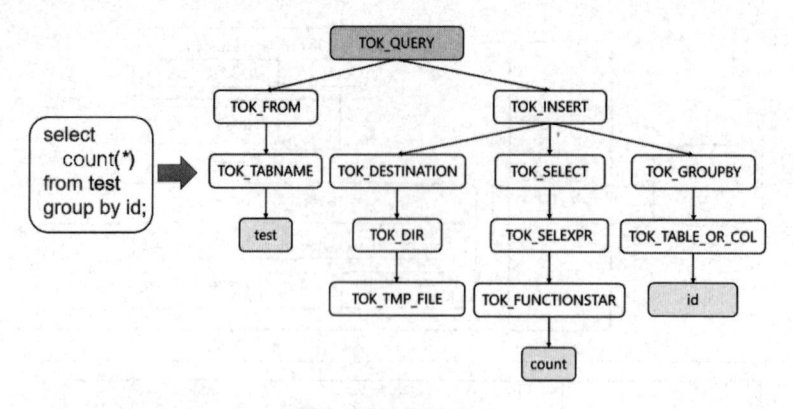

图 1-6　抽象语法树

（2）语义分析器（Semantic Analyzer）：将抽象语法树进一步划分为 QeuryBlock。

该组件会将抽象语法树划分为一个个基本单元，每个基本单元包含三个部分，分别是输入源、计算过程和输出。简单来讲，一个基本单元就是一个子查询。一个基本单元，在 Hive 中被称为一个 QueryBlock。此外，Hive 还会为每个基本单元赋予详细的元数据信息（如输入源和输出的路径信息）。

（3）逻辑计划生成器（Logical Plan Gen）：根据抽象语法树生成逻辑计划。

该组件会将抽象语法树改造为逻辑操作树，也就是逻辑计划。逻辑计划由一系列 Hive 预先定义的逻辑操作符（Operator）组成，每个逻辑操作符完成一个特定的操作。基本的逻辑操作符包括 TableScan、Select Operator、Filter Operator、Join Operator、Group By Operator 和 Reduce Sink Operator 等。

（4）逻辑优化器（Logical Optimizer）：对逻辑计划进行优化。

该组件会对上述逻辑计划进行一系列优化，例如，常见的谓词下推优化就是在该阶段完成的。谓词下推会尽量将 Filter Operator 下推至逻辑计划中靠前的位置。

（5）物理计划生成器（Physical Plan Gen）：根据优化后的逻辑计划生成物理计划。

该组件会将优化后的逻辑计划转化为物理计划，也就是一系列 MapReduce、Spark 或 Tez 任务，具体生成任务种类由使用的计算引擎决定。

（6）物理优化器（Physical Optimizer）：对物理计划进行优化。

该组件会对上述物理计划进行一系列优化。例如，Hive 中的 Map Join 优化就是在该阶段完成的。将抽象语法树转化为物理计划并进行优化的全过程，如图 1-7 所示。

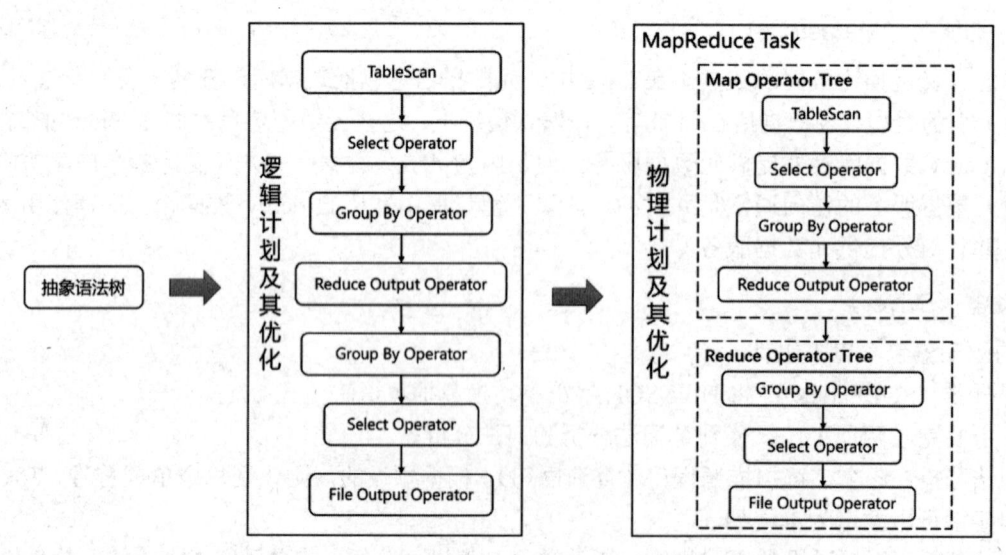

图 1-7　抽象语法树转化为物理计划并进行优化的全过程

（7）执行器（Execution）：执行该计划，得到查询结果并返回给客户端。

4. Hadoop

使用 HDFS 进行存储，可以选择使用 MapReduce、Tez 或 Spark 进行计算。

1.4 学前导读

1.4.1 学习的基本要求

在学习 Hive 之前，读者需要具备一定的编程基础。

首先，要想学习大数据技术，读者一定要掌握一个操作大数据技术的利器，这个利器就是一门编程语言，如 Java、Scala、Python 等。因为 Hive 以 Java 为基础进行编写，所以在学习本书时读者需要具备一定的 Java 基础知识和 Java 编程经验。

其次，读者还需要熟练使用 SQL 语言，因为 Hive SQL 的语法讲解是建立在读者对 SQL 语言的充分了解之上的。

最后，读者还需要掌握一门操作系统技术，即在服务器领域占主导地位的 Linux，只需熟练使用 Linux 的常用系统命令、文件操作命令和一些基本的 Linux Shell 编程即可。大数据系统需要处理业务系统服务器产生的海量日志数据信息，这些数据通常存储在服务器端，各大互联网公司常用的操作系统就是在实际工作中安全性和稳定性较高的 Linux 或 UNIX，大数据生态圈的各框架组件也普遍运行在 Linux 上。

如果读者不具备上述基础知识，那么可以关注"尚硅谷教育"公众号获取学习资料，并且可以根据自身需要选择相应的课程进行学习。本书为所讲解的项目提供了视频课程资料，同时还提供了"尚硅谷大数据"的各种学习视频，读者可通过上述公众号免费获取。

1.4.2 环境准备

在正式学习 Hive 之前，我们应该提前准备 Hive 的使用环境。

在本书中，我们需要在个人计算机上搭建一个具有三台节点服务器的微型集群。三台节点服务器的具体设置如下。

- 节点服务器 1：IP 地址为 192.168.10.102，主机名为 hadoop102。
- 节点服务器 2：IP 地址为 192.168.10.103，主机名为 hadoop103。
- 节点服务器 3：IP 地址为 192.168.10.104，主机名为 hadoop104。

三台节点服务器的安装部署情况如表 1-1 所示。

表 1-1 三台节点服务器的安装部署情况

hadoop102	hadoop103	hadoop104
CentOS7.5	CentOS7.5	CentOS7.5
JDK8	JDK8	JDK8
Hadoop3.1.3	Hadoop3.1.3	Hadoop3.1.3

在个人计算机上安装部署三台节点服务器的具体流程，读者可以关注"尚硅谷教育"公众号，在获取到的本书附赠课程资料中找到，此处不再赘述。

1.5 本章总结

本章主要带领读者对 Hive 进行了初步了解。本书的侧重点在于 Hive 的使用和性能的优化方面,并未过度涉猎内核源码的解读,因此可以看出,本章对 Hive 的基础讲解以实用为主,目的是带领读者快速了解 Hive,并知晓 Hive 的基本用处和大致用法。Hive 本身是大数据领域的一个重要工具,对其的学习也将以应用为主、理论为辅。

第 2 章 Hive 的安装部署

在开始学习 Hive 之前，我们首先要认识和了解 Hive，并搭建我们后续需要的学习环境。本章的内容涉及较多操作，我们将会带领读者完成 Hive 的安装和部署，以及了解 Hive 的各种服务如何部署和启动。若读者已经具备 Hive 的开发环境，则可以跳过本章的内容。

2.1 Hive 的安装

2.1.1 Hive 初体验

本节将要讲解的是 Hive 测试版的安装过程。通过对 Hive 测试版的安装，我们可以快速启动 Hive，初步体验 Hive 的一些简单功能。Hive 测试版的安装只适用于对功能要求简单的测试环境，在实际开发环境中不建议使用。

1. 安装 Hive

（1）把通过"尚硅谷教育"公众号获取到的本书附赠资料中的 Hive 安装包 apache-hive-3.1.3-bin.tar.gz 上传到 Linux 的/opt/software 目录。

（2）解压 apache-hive-3.1.3-bin.tar.gz 到/opt/module/目录。

```
[atguigu@hadoop102 software]$ tar -zxvf /opt/software/apache-hive-3.1.3-bin.tar.gz -C /opt/module/
```

（3）将解压后的目录重命名为 hive。

```
[atguigu@hadoop102 software]$ mv /opt/module/apache-hive-3.1.3-bin/ /opt/module/hive
```

（4）修改/etc/profile.d/my_env.sh，添加 Hive 的环境变量。

```
[atguigu@hadoop102 software]$ sudo vim /etc/profile.d/my_env.sh
```

① 添加如下内容。

```
#HIVE_HOME
export HIVE_HOME=/opt/module/hive
export PATH=$PATH:$HIVE_HOME/bin
```

② 执行以下命令使环境变量生效。

```
[atguigu@hadoop102 hive]$ source /etc/profile.d/my_env.sh
```

（5）初始化元数据库（默认是 derby 数据库）。

```
[atguigu@hadoop102 hive]$ bin/schematool -dbType derby -initSchema
```

2. 启动并使用 Hive

（1）启动 Hive 的 CLI 客户端。

```
[atguigu@hadoop102 hive]$ bin/hive
```

（2）使用 Hive 执行简单的建表和查询操作。
```
hive> show databases;
hive> show tables;
hive> create table stu(id int, name string);
hive> insert into stu values(1,"ss");
hive> select * from stu;
```
（3）执行以上操作后，打开 HDFS 的 Web UI 页面，观察 HDFS 的路径/user/hive/warehouse/stu，如图 2-1 所示。

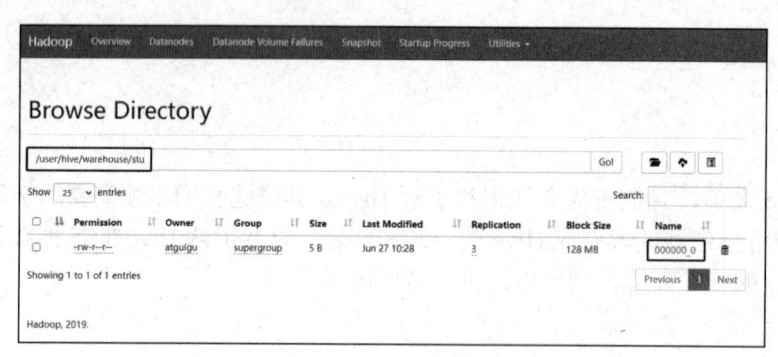

图 2-1　HDFS 的 Web UI 页面

点击文件 000000_0，预览文件内容，如图 2-2 所示，可以看到显示的正是我们插入的数据。

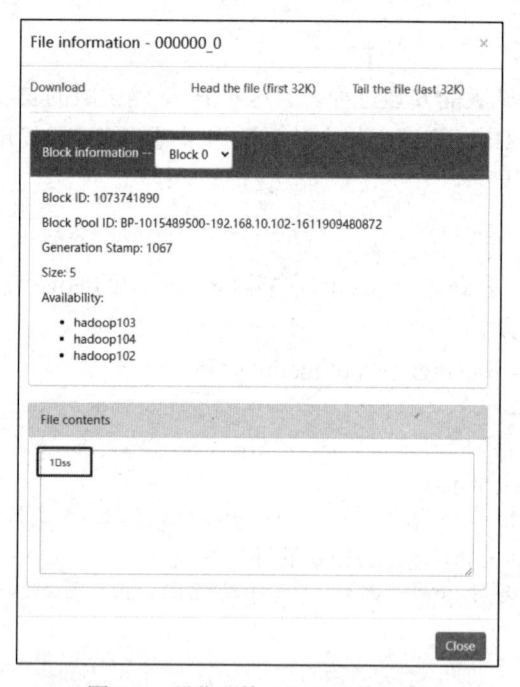

图 2-2　预览文件 00000_0 的内容

通过观察 HDFS 的路径，我们可以体会到 Hive 与 Hadoop 的关系，即 Hive 中的表在 Hadoop 中是目录，Hive 中的数据在 Hadoop 中是文件。

那么，Hive 是如何找到正确的 Hadoop 集群，创建表对应的目录并插入数据的呢？答案是使用环境变量。在 Hive 的最新版本中，不需要在配置文件中指明 Hadoop 集群的相关配置，用户只需在环境变量中配置 HADOOP_HOME，即可帮助 Hive 定位 Hadoop 集群。因此，用户在安装和配置 Hive 之前，除了要安装 Hadoop 集群，还必须配置 HADOOP_HOME 的环境变量。

（4）在 Xshell 中打开另一个窗口，并启动 Hive CLI 客户端，此时相当于有两个客户端在同时访问 Hive。

在另一个窗口的/tmp/atguigu 目录下监控 hive.log 文件，命令如下。
```
[atguigu@hadoop102 atguigu]$ tail -f hive.log


Caused by: ERROR XSDB6: Another instance of Derby may have already booted the database /opt/module/hive/metastore_db.
    at org.apache.derby.iapi.error.StandardException.newException(Unknown Source)
    at org.apache.derby.iapi.error.StandardException.newException(Unknown Source)
    at org.apache.derby.impl.store.raw.data.BaseDataFileFactory.privGetJBMSLockOnDB(Unknown Source)
    at org.apache.derby.impl.store.raw.data.BaseDataFileFactory.run(Unknown Source)
...
```

可以看到，其中有报错信息"Another instance of Derby may have already booted the database /opt/module/hive/ metastore_db"。报错的原因在于，Hive 默认使用的元数据库为 derby 数据库。derby 数据库的特点是同一时间只允许一个客户端访问。如果多个客户端同时访问，就会报错。而在企业开发中都是多人协作开发，需要多个客户端同时访问 Hive，这个问题应怎样解决呢？我们可以将 Hive 的元数据改为使用 MySQL 存储，MySQL 支持多个客户端同时访问。我们将在 2.1.2 节解决这一问题。

3. 清除 Hive 数据

至此，我们的 Hive 初体验已经完成，为了不影响 2.1.2 节的操作，需要清除此次安装产生的数据。
（1）退出 Hive CLI 客户端，在 Hive 的安装目录下将 derby.log 和 metastore_db 删除。
```
hive> quit;
[atguigu@hadoop102 hive]$ rm -rf derby.log metastore_db
[atguigu@hadoop102 hive]$ hadoop fs -rm -r /user
```
（2）删除 HDFS 中/user/hive/warehouse/stu 中的数据文件 000000_0，如图 2-3 所示。

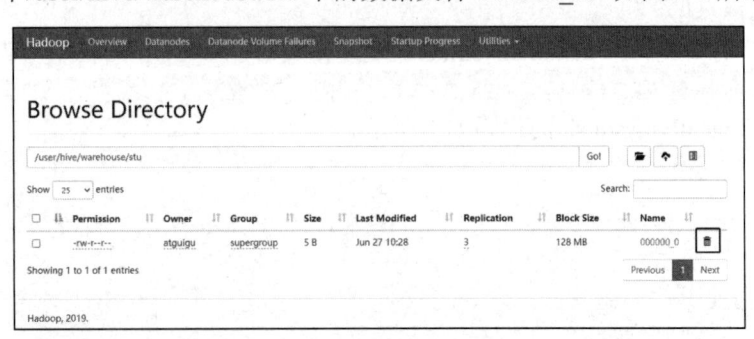

图 2-3　删除/user/hive/warehouse/stu 中的数据文件 000000_0

（3）删除 HDFS 中的/user 目录，如图 2-4 所示。

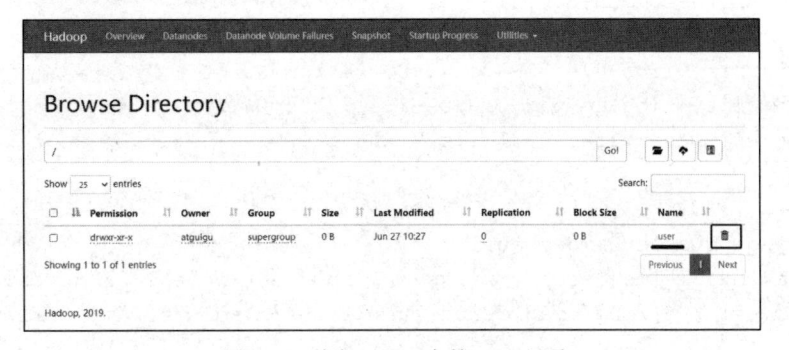

图 2-4　删除 HDFS 中的/user 目录

Hive 测试版的安装只适用于一般的测试场景，不能满足实际开发的需要。在实际开发中，我们需要通过配置 MySQL 来存储元数据，并且调节 Hive 的其他关键配置项，以此获得更好的性能。

2.1.2 MySQL 的安装和元数据配置

我们已经知道，Hive 默认的 derby 数据库不能满足多个客户端同时访问的需求，因此需要通过配置 MySQL 来存储元数据。本节主要进行 MySQL 的安装和元数据的配置。

1．安装 MySQL

（1）将本书附赠资料包中的 MySQL 安装脚本、MySQL 驱动 jar 包和 rpm 安装包上传至集群的 /opt/software/mysql 路径下。

```
install_mysql.sh
mysql-community-client-8.0.31-1.el7.x86_64.rpm
mysql-community-client-plugins-8.0.31-1.el7.x86_64.rpm
mysql-community-common-8.0.31-1.el7.x86_64.rpm
mysql-community-icu-data-files-8.0.31-1.el7.x86_64.rpm
mysql-community-libs-8.0.31-1.el7.x86_64.rpm
mysql-community-libs-compat-8.0.31-1.el7.x86_64.rpm
mysql-community-server-8.0.31-1.el7.x86_64.rpm
mysql-connector-j-8.0.31.jar
```

（2）如果读者使用的是阿里云服务器，那么需要执行以下操作，即卸载 MySQL 依赖并安装必要工具。

```
[atguigu@hadoop102 mysql]# sudo yum remove mysql-libs
[atguigu@hadoop102 mysql]# sudo yum install libaio
[atguigu@hadoop102 mysql]# sudo yum -y install autoconf
```

（3）将 hadoop102 节点服务器切换至 root 用户。

```
[atguigu@hadoop102 mysql]$ su root
```

（4）执行 MySQL 的安装脚本 install_mysql.sh，安装完成后，MySQL 的初始密码是"000000"。

```
[root@hadoop102 mysql]# sh install_mysql.sh
```

MySQL 安装脚本 install_mysql.sh 的代码如下所示。

```
[root@hadoop102 mysql]# vim install_mysql.sh

#!/bin/bash
set -x
[ "$(whoami)" = "root" ] || exit 1
[ "$(ls *.rpm | wc -l)" = "7" ] || exit 1
test -f mysql-community-client-8.0.31-1.el7.x86_64.rpm && \
test -f mysql-community-client-plugins-8.0.31-1.el7.x86_64.rpm && \
test -f mysql-community-common-8.0.31-1.el7.x86_64.rpm && \
test -f mysql-community-icu-data-files-8.0.31-1.el7.x86_64.rpm && \
test -f mysql-community-libs-8.0.31-1.el7.x86_64.rpm && \
test -f mysql-community-libs-compat-8.0.31-1.el7.x86_64.rpm && \
test -f mysql-community-server-8.0.31-1.el7.x86_64.rpm || exit 1

# 卸载 MySQL
systemctl stop mysql mysqld 2>/dev/null
rpm -qa | grep -i 'mysql\|mariadb' | xargs -n1 rpm -e --nodeps 2>/dev/null
rm -rf /var/lib/mysql /var/log/mysqld.log /usr/lib64/mysql /etc/my.cnf /usr/my.cnf

set -e
```

```
# 安装并启动 MySQL
yum install -y *.rpm >/dev/null 2>&1
systemctl start mysqld

#更改密码级别并重启 MySQL
sed -i '/\[mysqld\]/avalidate_password.length=4\nvalidate_password.policy=0' /etc/my.cnf
systemctl restart mysqld

# 更改 MySQL 配置
tpass=$(cat /var/log/mysqld.log | grep "temporary password" | awk '{print $NF}')
cat << EOF | mysql -uroot -p"${tpass}" --connect-expired-password >/dev/null 2>&1
set password='000000';
update mysql.user set host='%' where user='root';
alter user 'root'@'%' identified with mysql_native_password by '000000';
flush privileges;
EOF
```

(5)退出 root 用户。

```
[root@hadoop102 mysql]# exit
```

(6)若因为安装失败或其他原因,MySQL 需要卸载重装,则可重新运行脚本 install_mysql.sh。

2. 配置 Hive 元数据并存储到 MySQL 中

(1)在 MySQL 中创建 Hive 元数据库 metastore。

```
#登录 MySQL
[atguigu@hadoop102 software]$ mysql -uroot -p000000

#创建 Hive 元数据库
mysql> create database metastore;
mysql> quit;
```

(2)将 MySQL 的 JDBC 驱动复制到 Hive 的 lib 目录下。

```
[atguigu@hadoop102 software]$ cp /opt/software/ mysql-connector-j-8.0.31.jar
$HIVE_HOME/lib
```

(3)在$HIVE_HOME/conf 目录下新建 hive-site.xml 文件。

```
[atguigu@hadoop102 software]$ vim $HIVE_HOME/conf/hive-site.xml
```

添加如下内容。

```xml
<?xml version="1.0"?>
<?xml-stylesheet type="text/xsl" href="configuration.xsl"?>

<configuration>
    <!-- JDBC 连接的 URL -->
    <property>
        <name>javax.jdo.option.ConnectionURL</name>
        <value>jdbc:mysql://hadoop102:3306/metastore?useSSL=false</value>
    </property>

    <!-- JDBC 连接的 Driver-->
    <property>
        <name>javax.jdo.option.ConnectionDriverName</name>
        <value>com.mysql.jdbc.Driver</value>
    </property>

    <!-- JDBC 连接的 username-->
```

```xml
    <property>
        <name>javax.jdo.option.ConnectionUserName</name>
        <value>root</value>
    </property>

    <!-- JDBC 连接的 password -->
    <property>
        <name>javax.jdo.option.ConnectionPassword</name>
        <value>000000</value>
    </property>

    <!-- Hive 默认在 HDFS 的工作目录 -->
    <property>
        <name>hive.metastore.warehouse.dir</name>
        <value>/user/hive/warehouse</value>
    </property>
</configuration>
```

（4）执行以下命令，初始化 Hive 的元数据库（修改为采用 MySQL 存储元数据）。

```
[atguigu@hadoop102 hive]$ bin/schematool -dbType mysql -initSchema -verbose
```

3. 测试

（1）再次启动 Hive 的 CLI 客户端。

```
[atguigu@hadoop102 hive]$ bin/hive
```

（2）执行简单的建表和查询操作。

```
hive> show databases;
hive> show tables;
hive> create table stu(id int, name string);
hive> insert into stu values(1,"ss");
hive> select * from stu;
```

（3）在 Xshell 中开启另一个窗口，并启动 Hive 的 CLI 客户端。可以发现，此时两个客户端同时访问 Hive 不再报错。

```
hive> show databases;
hive> show tables;
hive> select * from stu;
```

4. 验证元数据

（1）登录 MySQL。

```
[atguigu@hadoop102 hive]$ mysql -uroot -p000000
```

（2）查看元数据库 metastore。

```
mysql> show databases;
mysql> use metastore;
mysql> show tables;
+---------------------------+
| Tables_in_metastore       |
+---------------------------+
| AUX_TABLE                 |
| BUCKETING_COLS            |
| CDS                       |
| COLUMNS_V2                |
| COMPACTION_QUEUE          |
| COMPLETED_COMPACTIONS     |
```

```
| COMPLETED_TXN_COMPONENTS       |
| CTLGS                          |
| DATABASE_PARAMS                |
| DBS                            |
| DB_PRIVS                       |
| DELEGATION_TOKENS              |
| FUNCS                          |
| FUNC_RU                        |
| GLOBAL_PRIVS                   |
| HIVE_LOCKS                     |
| IDXS                           |
| INDEX_PARAMS                   |
| I_SCHEMA                       |
| KEY_CONSTRAINTS                |
| MASTER_KEYS                    |
| MATERIALIZATION_REBUILD_LOCKS  |
| METASTORE_DB_PROPERTIES        |
| MIN_HISTORY_LEVEL              |
| MV_CREATION_METADATA           |
| MV_TABLES_USED                 |
| NEXT_COMPACTION_QUEUE_ID       |
| NEXT_LOCK_ID                   |
| NEXT_TXN_ID                    |
| NEXT_WRITE_ID                  |
| NOTIFICATION_LOG               |
| NOTIFICATION_SEQUENCE          |
| NUCLEUS_TABLES                 |
| PARTITIONS                     |
| PARTITION_EVENTS               |
| PARTITION_KEYS                 |
| PARTITION_KEY_VALS             |
| PARTITION_PARAMS               |
| PART_COL_PRIVS                 |
| PART_COL_STATS                 |
| PART_PRIVS                     |
| REPL_TXN_MAP                   |
| ROLES                          |
| ROLE_MAP                       |
| RUNTIME_STATS                  |
| SCHEMA_VERSION                 |
| SDS                            |
| SD_PARAMS                      |
| SEQUENCE_TABLE                 |
| SERDES                         |
| SERDE_PARAMS                   |
| SKEWED_COL_NAMES               |
| SKEWED_COL_VALUE_LOC_MAP       |
| SKEWED_STRING_LIST             |
| SKEWED_STRING_LIST_VALUES      |
| SKEWED_VALUES                  |
| SORT_COLS                      |
| TABLE_PARAMS                   |
```

```
| TAB_COL_STATS              |
| TBLS                       |
| TBL_COL_PRIVS              |
| TBL_PRIVS                  |
| TXNS                       |
| TXN_COMPONENTS             |
| TXN_TO_WRITE_ID            |
| TYPES                      |
| TYPE_FIELDS                |
| VERSION                    |
| WM_MAPPING                 |
| WM_POOL                    |
| WM_POOL_TO_TRIGGER         |
| WM_RESOURCEPLAN            |
| WM_TRIGGER                 |
| WRITE_SET                  |
+----------------------------+
74 rows in set (0.00 sec)
```

2.1.3 Hive 的服务部署

在配置完元数据之后，Hive 还有两项重要的服务需要了解和配置，分别是 Hiveserver2 服务和元数据服务 Metastore。

1. Hiveserver2 服务

Hive 的 Hiveserver2 服务的作用是提供 JDBC/ODBC 协议的服务接口，从而为用户提供远程访问 Hive 数据的功能，如图 2-5 所示。例如，当用户期望在个人计算机上访问远程服务中的 Hive 数据时，就需要用到 Hiveserver2 服务。

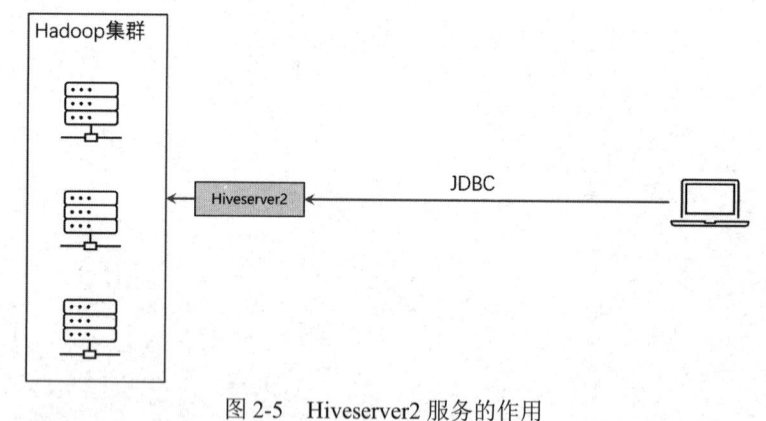

图 2-5　Hiveserver2 服务的作用

（1）用户说明。

在远程访问 Hive 数据时，客户端并未直接访问 Hadoop 集群，而是由 Hivesever2 服务代理访问。由于 Hadoop 对集群中的数据进行了访问权限的控制，所以此时需考虑一个问题：访问 Hadoop 集群的用户身份是什么？是 Hiveserver2 服务的启动用户，还是客户端的登录用户？

答案是都有可能，具体是谁由 Hiveserver2 服务的 hive.server2.enable.doAs 参数来决定，该参数的含义是，是否启用 Hiveserver2 服务的用户模拟功能。若启用，则 Hiveserver2 服务会通过模拟客户端的登录用户来访问 Hadoop 集群的数据；若不启用，则 Hivesever2 服务会直接使用启动用户访问 Hadoop 集群的数据。此用户模拟功能默认是开启的。

具体逻辑如下。

① 当未开启用户模拟功能时，访问 Hadoop 集群的用户身份情况，如图 2-6 所示。

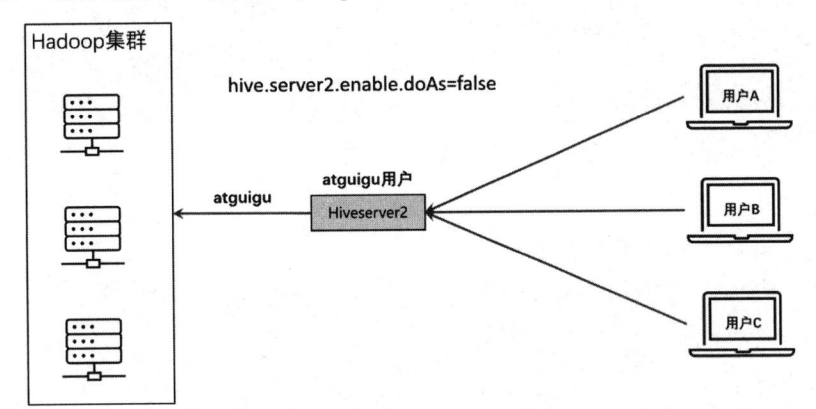

图 2-6　Hiveserver2 服务用户说明（1）

② 当开启用户模拟功能时，访问 Hadoop 集群的用户身份情况，如图 2-7 所示。

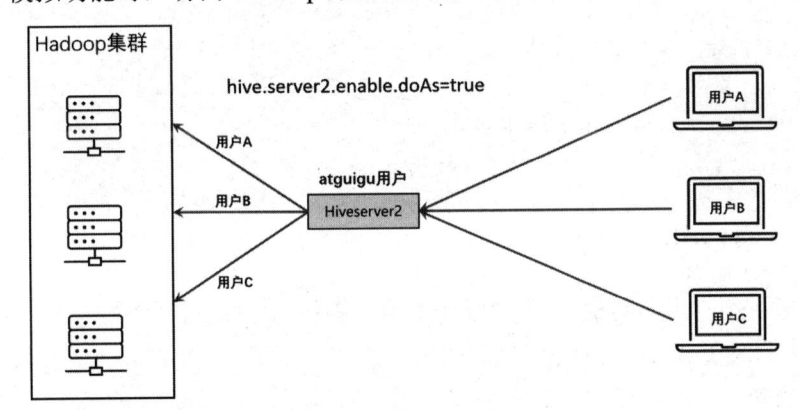

图 2-7　Hiveserver2 服务用户说明（2）

在实际开发中，推荐开启用户模拟功能，因为在开启后才能保证各用户之间具有权限隔离。

（2）Hiveserver2 服务的部署。

① Hadoop 端配置。

Hivesever2 服务的用户模拟功能依赖于 Hadoop 提供的 proxy user（代理用户功能），只有 Hadoop 中的代理用户才能模拟其他用户的身份访问 Hadoop 集群。因此，需要将 Hiveserver2 服务的启动用户设置为 Hadoop 的代理用户，配置过程如下。

修改 Hadoop 的配置文件 core-site.xml。在修改完毕后，分发并同步至 Hadoop 集群的所有节点服务器。

```
[atguigu@hadoop102 ~]$ cd $HADOOP_HOME/etc/hadoop
[atguigu@hadoop102 hadoop]$ vim core-site.xml
```

增加如下配置。

```
<!--配置所有节点的atguigu用户都可作为代理用户-->
<property>
    <name>hadoop.proxyuser.atguigu.hosts</name>
    <value>*</value>
</property>

<!--配置atguigu用户能够代理的用户组为任意组-->
<property>
```

```xml
    <name>hadoop.proxyuser.atguigu.groups</name>
    <value>*</value>
</property>

<!--配置atguigu用户能够代理的用户为任意用户-->
<property>
    <name>hadoop.proxyuser.atguigu.users</name>
    <value>*</value>
</property>
```

② Hive 端配置。

在 hive-site.xml 文件中添加如下配置信息。

```
[atguigu@hadoop102 conf]$ vim hive-site.xml

<!-- 指定Hiveserver2连接的host -->
<property>
    <name>hive.server2.thrift.bind.host</name>
    <value>hadoop102</value>
</property>

<!-- 指定Hiveserver2连接的端口号 -->
<property>
    <name>hive.server2.thrift.port</name>
    <value>10000</value>
</property>
```

（3）Hiveserver2 服务的测试。

① 启动 Hiveserver2 服务。

```
[atguigu@hadoop102 hive]$ bin/hive --service hiveserver2
```

② 使用命令行启动客户端 beeline 进行远程访问。

启动 beeline 客户端。

```
[atguigu@hadoop102 hive]$ bin/beeline -u jdbc:hive2://hadoop102:10000 -n atguigu
```

若看到如下界面，则表示启动成功。

```
Connecting to jdbc:hive2://hadoop102:10000
Connected to: Apache Hive (version 3.1.3)
Driver: Hive JDBC (version 3.1.3)
Transaction isolation: TRANSACTION_REPEATABLE_READ
Beeline version 3.1.3 by Apache Hive
0: jdbc:hive2://hadoop102:10000>
```

（4）使用 Datagrip 图形化客户端远程访问 Hiveserver2 服务。

① 安装完成并打开 Datagrip 图形化客户端，创建 Hive 连接，如图 2-8 所示。

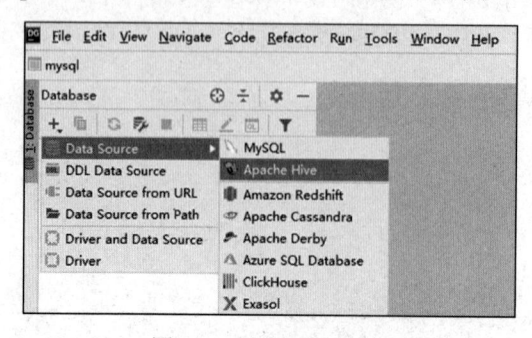

图 2-8　创建 Hive 连接

② 如图 2-9 所示为配置连接属性。所有属性配置与 Hive 的 beeline 客户端配置保持一致即可。在初次使用时，配置过程会提示缺少 JDBC 驱动，此时按照提示下载即可。

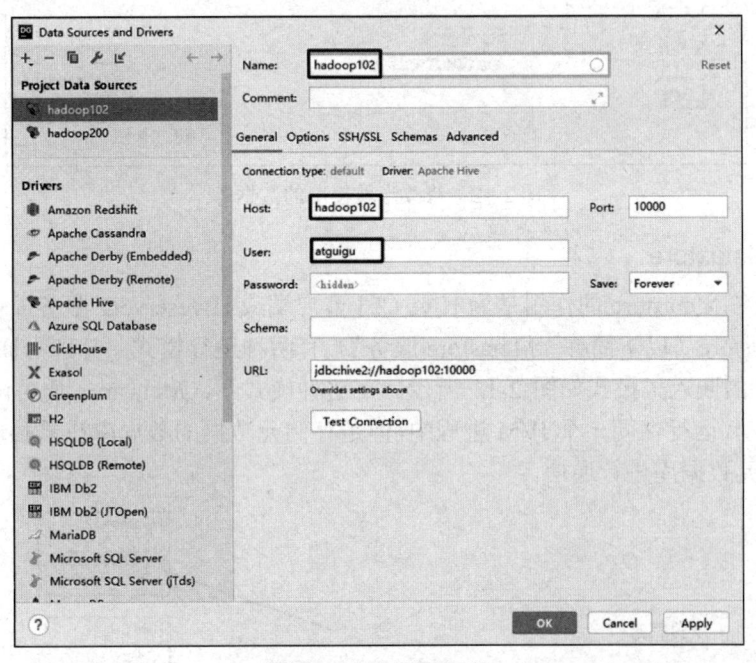

图 2-9　配置连接属性

③ 如图 2-10 所示，即为 Datagrip 图形化客户端连接 Hiveserver2 服务成功后的界面。左侧显示当前连接的数据库名，右侧空白处可以编写查询语句。

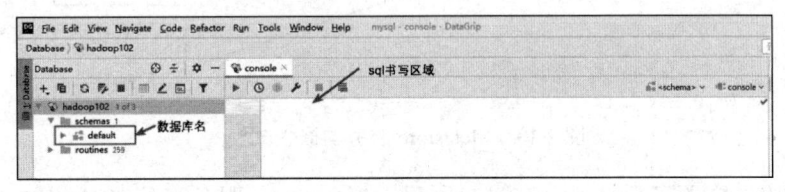

图 2-10　界面介绍

④ 如图 2-11 所示，在右侧空白处输入一行查询语句，并按 Ctrl+Enter 键或右键执行，查询结果如图片下方部分所示。

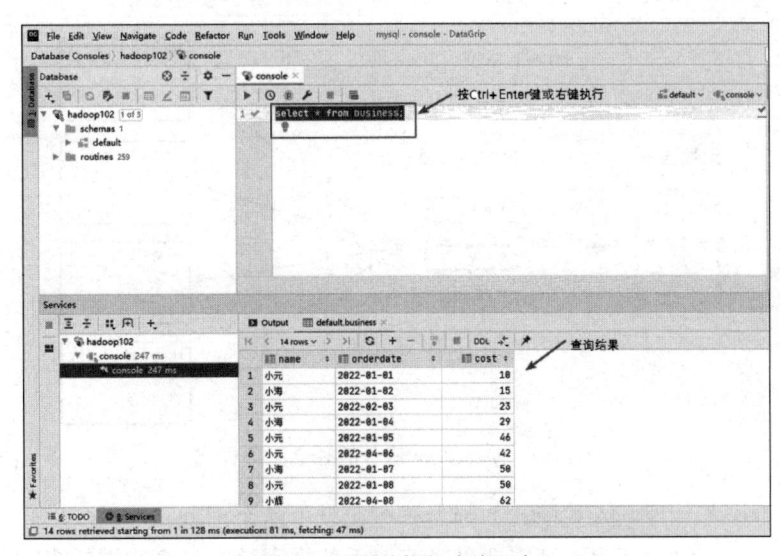

图 2-11　测试执行查询语句

⑤ 若想修改当前使用的数据库，则可以通过如下方式进行修改，如图 2-12 所示。

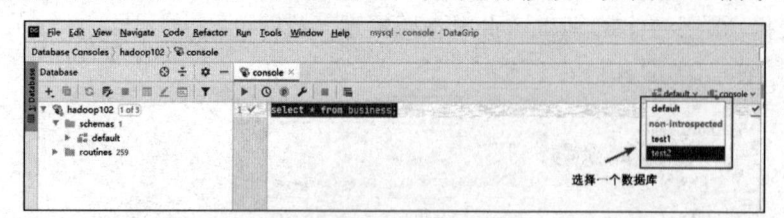

图 2-12　修改当前使用的数据库

2. 元数据服务 Metastore

Hive 的元数据服务 Metastore 的作用是为 Hive CLI 客户端或 Hiveserver2 服务提供元数据访问接口。

元数据服务 Metastore（以下简称"Metastore 服务"）有两种运行模式，分别为嵌入式模式和独立服务模式。Metastore 服务的嵌入式模式如图 2-13 所示。在这种模式下，Metastore 服务随 Hiveserver2 服务或 Hive CLI 客户端而启动，运行在同一个 JVM 进程中，但是存储元数据的数据库在单独进程中运行。Metastore 服务将通过 JDBC 与元数据库进行通信。

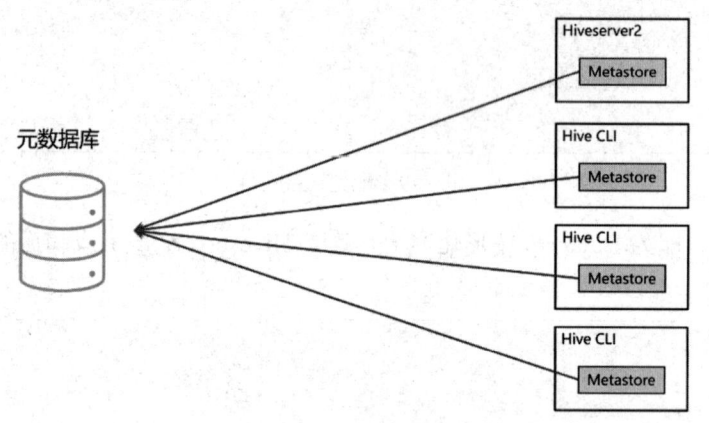

图 2-13　Metastore 服务的嵌入式模式

Metastore 服务的独立服务模式如图 2-14 所示。Metastore 服务运行在独立的 JVM 进程上，不随 Hiveserver2 服务的启动而启动。在这种模式下，Metastore 服务负责访问元数据库，然后为 Hivesever2 服务和客户端提供元数据访问接口。Hivesever2 服务和客户端则直接访问 Metastore 接口，以此获取元数据信息。

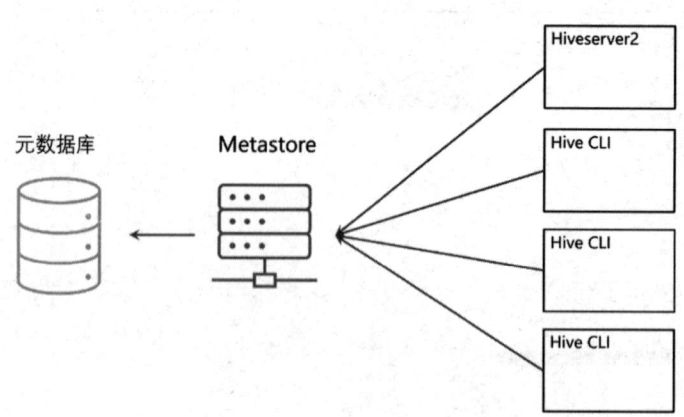

图 2-14　Metastore 服务的独立服务模式

在实际开发中，不推荐使用嵌入式模式，因为其存在以下两个问题。
- 在嵌入式模式下，每个客户端都需要直接连接元数据存储，当客户端较多时，数据库压力较大。

- 每个客户端都需要用户拥有元数据库的读写权限，元数据库的安全得不到保证。

下面分别讲解嵌入式模式和独立服务模式的配置方式。

（1）嵌入式模式。

在嵌入式模式下，只需保证在每个启动 Hiveserver2 服务和 Hive CLI 客户端的节点服务器上都存在配置文件 hive-site.xml，并且 hive-site.xml 文件中包含连接元数据库所需要的以下参数即可。

```xml
<!-- JDBC 连接的 URL -->
<property>
    <name>javax.jdo.option.ConnectionURL</name>
    <value>jdbc:mysql://hadoop102:3306/metastore?useSSL=false</value>
</property>

<!-- JDBC 连接的 Driver-->
<property>
    <name>javax.jdo.option.ConnectionDriverName</name>
    <value>com.mysql.jdbc.Driver</value>
</property>

<!-- JDBC 连接的 username-->
<property>
    <name>javax.jdo.option.ConnectionUserName</name>
    <value>root</value>
</property>

<!-- JDBC 连接的 password -->
<property>
    <name>javax.jdo.option.ConnectionPassword</name>
    <value>000000</value>
</property>
```

（2）独立服务模式。

独立服务模式需进行以下配置。

首先，保证在启动 Metastore 服务的节点服务器上存在配置文件 hive-site.xml，并且 hive-site.xml 文件中包含连接元数据库所需的以下参数。

```xml
<!-- JDBC 连接的 URL -->
<property>
    <name>javax.jdo.option.ConnectionURL</name>
    <value>jdbc:mysql://hadoop102:3306/metastore?useSSL=false</value>
</property>

<!-- JDBC 连接的 Driver-->
<property>
    <name>javax.jdo.option.ConnectionDriverName</name>
    <value>com.mysql.jdbc.Driver</value>
</property>

<!-- JDBC 连接的 username-->
<property>
    <name>javax.jdo.option.ConnectionUserName</name>
    <value>root</value>
</property>
```

```xml
<!-- JDBC 连接的 password -->
<property>
    <name>javax.jdo.option.ConnectionPassword</name>
    <value>000000</value>
</property>
```

其次，保证在启动 Hiveserver2 服务和 Hive CLI 客户端的节点服务器上存在配置文件 hive-site.xml，并且 hive-site.xml 文件中包含访问 Metastore 服务所需的以下参数。

```xml
<!-- 指定 Metastore 服务的地址 -->
<property>
    <name>hive.metastore.uris</name>
    <value>thrift://hadoop102:9083</value>
</property>
```

注意：以上配置中加粗的主机名需要改为 Metastore 服务所在的节点服务器的主机名，端口号无须修改，Metastore 服务的默认端口就是 9083。

（3）测试。

此时启动 Hive CLI 客户端，执行以下语句，会出现如下错误提示信息。

```
hive (default)> show databases;
FAILED: HiveException java.lang.RuntimeException: Unable to instantiate org.apache.hadoop.hive.ql.metadata.SessionHiveMetaStoreClient
```

这是因为在 Hive CLI 客户端的配置文件中配置了 hive.metastore.uris 参数，此时 Hive CLI 客户端会请求 Metastore 服务地址，因此必须启动 Metastore 服务才能正常使用。

Metastore 服务的启动命令如下所示。

```
[atguigu@hadoop102 hive]$ hive --service metastore
2023-04-24 16:58:08: Starting Hive Metastore Server
```

注意：在启动 Metastore 服务后，前台会发生阻塞，该窗口不能再进行操作，此时需打开一个新的 Xshell 窗口来对 Hive 进行操作。

重新启动 Hive CLI 客户端并执行 show databases 语句，就能正常访问了。

```
[atguigu@hadoop102 hive]$ bin/hive
```

3. 编写 Hive 服务启动脚本

（1）通过前台来启动 Hiveserver2 服务和 Metastore 服务的方式会导致需要打开多个 Xshell 窗口，此时可以执行以下命令，以后台的方式启动。

```
[atguigu@hadoop102 hive]$ nohup hive --service metastore 2>&1 &
[atguigu@hadoop102 hive]$ nohup hive --service hiveserver2 2>&1 &
```

参数解读如下。

- nohup：放在命令开头，表示即使关闭终端进程也继续保持运行状态。
- 2>&1：表示将错误重定向到标准输出上。
- &：放在命令结尾，表示后台运行。

一般会组合使用：nohup [xxx 命令操作]> file 2>&1 &，表示将 xxx 命令运行的结果输出到 file 中，并且保持命令启动的进程在后台运行。

（2）为了方便使用，可以通过直接编写脚本来管理服务的启动和关闭。

```
[atguigu@hadoop102 hive]$ vim $HIVE_HOME/bin/hiveservices.sh
```

脚本内容如下所示。

```bash
#!/bin/bash

HIVE_LOG_DIR=$HIVE_HOME/logs
if [ ! -d $HIVE_LOG_DIR ]
```

```
then
    mkdir -p $HIVE_LOG_DIR
fi

#检查进程是否运行正常,参数1为进程名,参数2为进程端口
function check_process()
{
    pid=$(ps -ef 2>/dev/null | grep -v grep | grep -i $1 | awk '{print $2}')
    ppid=$(netstat -nltp 2>/dev/null | grep $2 | awk '{print $7}' | cut -d '/' -f 1)
    echo $pid
    [[ "$pid" =~ "$ppid" ]] && [ "$ppid" ] && return 0 || return 1
}

function hive_start()
{
    metapid=$(check_process HiveMetastore 9083)
    cmd="nohup hive --service metastore >$HIVE_LOG_DIR/metastore.log 2>&1 &"
    [ -z "$metapid" ] && eval $cmd || echo " Metastore服务已启动"
    server2pid=$(check_process HiveServer2 10000)
    cmd="nohup hive --service hiveserver2 >$HIVE_LOG_DIR/hiveServer2.log 2>&1 &"
    [ -z "$server2pid" ] && eval $cmd || echo "Hiveserver2服务已启动"
}

function hive_stop()
{
metapid=$(check_process HiveMetastore 9083)
    [ "$metapid" ] && kill $metapid || echo "Metastore服务未启动"
    server2pid=$(check_process HiveServer2 10000)
    [ "$server2pid" ] && kill $server2pid || echo "Hiveserver2服务未启动"
}

case $1 in
"start")
    hive_start
    ;;
"stop")
    hive_stop
    ;;
"restart")
    hive_stop
    sleep 2
    hive_start
    ;;
"status")
    check_process HiveMetastore 9083 >/dev/null && echo "Metastore服务运行正常" || echo "Metastore服务运行异常"
    check_process HiveServer2 10000 >/dev/null && echo "Hiveserver2服务运行正常" || echo "Hiveserver2服务运行异常"
    ;;
*)
    echo Invalid Args!
```

```
        echo 'Usage: '$(basename $0)' start|stop|restart|status'
    ;;
esac
```

（3）为脚本增加执行权限。

```
[atguigu@hadoop102 hive]$ chmod +x $HIVE_HOME/bin/hiveservices.sh
```

（4）执行脚本，在后台启动 Hiveserver2 服务和 Metastore 服务。

```
[atguigu@hadoop102 hive]$ hiveservices.sh start
```

2.2 Hive 的使用技巧

在安装完 Hive 之后，用户还需要了解一些 Hive 的使用技巧，才能快速开启后续的学习。

2.2.1 常用交互命令

（1）执行以下命令，可以查看 Hive 的一些常用交互命令。

```
[atguigu@hadoop102 hive]$ bin/hive -help
usage: hive
 -d,--define <key=value>          Variable subsitution to apply to hive
                                  commands. e.g. -d A=B or --define A=B
    --database <databasename>     Specify the database to use
 -e <quoted-query-string>         SQL from command line
 -f <filename>                    SQL from files
 -H,--help                        Print help information
    --hiveconf <property=value>   Use value for given property
    --hivevar <key=value>         Variable subsitution to apply to hive
                                  commands. e.g. --hivevar A=B
 -i <filename>                    Initialization SQL file
 -S,--silent                      Silent mode in interactive shell
 -v,--verbose                     Verbose mode (echo executed SQL to the console)
```

（2）在 Hive CLI 客户端中创建一个表 student，并插入一条数据。

```
hive (default)> create table student(id int,name string);
OK
Time taken: 1.291 seconds

hive (default)> insert into table student values(1,"zhangsan");
hive (default)> select * from student;
OK
student.id    student.name
1       zhangsan
Time taken: 0.144 seconds, Fetched: 1 row(s)
```

（3）使用-e 参数，可以在不进入 Hive 的交互窗口的情况下执行 Hive SQL 语句，使用方式如下。

```
[atguigu@hadoop102 hive]$ bin/hive -e "select id from student;"
```

（4）使用-f 参数，可以执行脚本中的 Hive SQL 语句，使用方式如下。

① 在/opt/module/hive/下创建 datas 目录，并且在 datas 目录下创建 hivef.sql 文件。

```
[atguigu@hadoop102 hive]$ mkdir datas
[atguigu@hadoop102 datas]$ vim hivef.sql
```

② 在 hivef.sql 文件中写入正确的 Hive SQL 语句。

```
select * from student;
```

(5) 使用以下命令执行 hivef.sql 文件中的 Hive SQL 语句。
```
[atguigu@hadoop102 hive]$ bin/hive -f /opt/module/hive/datas/hivef.sql
```
(6) 执行 hivef.sql 文件中的 Hive SQL 语句并将结果写入文件。
```
[atguigu@hadoop102 hive]$ bin/hive -f /opt/module/hive/datas/hivef.sql > /opt/module/hive/datas/hive_result.txt
```

2.2.2 参数配置方式

Hive 的参数配置有三种方式，分别是配置文件方式、命令行参数方式、参数声明方式。

1. 配置文件方式

Hive 的默认配置文件是 hive-default.xml，这个文件中有所有配置项及默认值。用户自定义配置文件是 hive-site.xml。

注意：用户自定义配置会覆盖默认配置。另外，Hive 也会读入 Hadoop 的配置，因为 Hive 是作为 Hadoop 的客户端启动的，Hive 的配置会覆盖 Hadoop 的配置。配置文件中的参数配置对本机启动的所有 Hive 进程都有效。

2. 命令行参数方式

在启动 Hive CLI 客户端时，可以通过在命令行添加 -hiveconf param=value 来设定参数。
```
[atguigu@hadoop103 hive]$ bin/hive -hiveconf mapreduce.job.reduces=10;
```
注意：仅对本次 Hive 启动有效。

在启动 Hive CLI 客户端后，查看参数设置。
```
hive (default)> set mapreduce.job.reduces;
```

3. 参数声明方式

可以在 Hive SQL 中使用 set 关键字设定参数。
```
hive(default)> set mapreduce.job.reduces=10;
```
注意：仅对本次 Hive 启动有效。

查看参数设置。
```
hive(default)> set mapreduce.job.reduces;
```

上述三种设定方式的优先级依次递增，即配置文件方式<命令行参数方式<参数声明方式。需要注意的是，某些系统级的参数，如 log4j 相关的设置，必须使用前两种方式进行设置，因为那些参数的读取在会话建立以前已经完成了。

2.2.3 常见属性配置

1. Hive 客户端显示当前库和表头

（1）在 hive-site.xml 文件中加入如下两个配置。
```
[atguigu@hadoop102 conf]$ vim hive-site.xml

<property>
    <name>hive.cli.print.header</name>
    <value>true</value>
</property>
<property>
    <name>hive.cli.print.current.db</name>
```

```
<value>true</value>
</property>
```

(2) Hive CLI 客户端在运行时可以显示当前使用的库和表头信息。

```
[atguigu@hadoop102 conf]$ hive

hive (default)> select * from stu;
OK
stu.id  stu.name
1       ss
Time taken: 1.874 seconds, Fetched: 1 row(s)
hive (default)>
```

2. Hive 运行日志路径配置

(1) Hive 运行日志默认存放在/tmp/atguigu/hive.log 目录下（当前用户名下）。

```
[atguigu@hadoop102 atguigu]$ pwd
/tmp/atguigu
[atguigu@hadoop102 atguigu]$ ls
hive.log
hive.log.2023-06-27
```

(2) 因为查看以上路径的 Hive 运行日志需要具有 root 权限，所以需要修改配置文件，将运行日志存放到个人路径下，如/opt/module/hive/logs。

① 将$HIVE_HOME/conf/hive-log4j2.properties.template 文件名称修改为 hive-log4j2.properties。

```
[atguigu@hadoop102 conf]$ pwd
/opt/module/hive/conf

[atguigu@hadoop102 conf]$ mv hive-log4j2.properties.template hive-log4j2.properties
```

② 在 hive-log4j2.properties 文件中修改运行日志的存放位置。

```
[atguigu@hadoop102 conf]$ vim hive-log4j2.properties
```

修改配置。

```
property.hive.log.dir=/opt/module/hive/logs
```

3. Hive 的 JVM 堆内存设置

新版本的 Hive 在启动的时候，默认申请的 JVM 堆内存大小为 256MB。如果 JVM 堆内存申请得太小，就会导致在后期开启本地模式或执行复杂的 SQL 时经常报错：java.lang.OutOfMemoryError: Java heap space，因此最好提前调整 HADOOP_HEAPSIZE 这个参数。

(1) 将$HIVE_HOME/conf 下的 hive-env.sh.template 文件名称修改为 hive-env.sh。

```
[atguigu@hadoop102 conf]$ pwd
/opt/module/hive/conf

[atguigu@hadoop102 conf]$ mv hive-env.sh.template hive-env.sh
```

(2) 将 hive-env.sh 文件中的参数 export HADOOP_HEAPSIZE 修改为 2048，修改后重启 Hive 即可。

修改前的代码如下。

```
# The heap size of the jvm stared by hive shell script can be controlled via:
# export HADOOP_HEAPSIZE=1024
```

修改后的代码如下。

```
# The heap size of the jvm stared by hive shell script can be controlled via:
export HADOOP_HEAPSIZE=2048
```

4. 关闭 Hadoop 虚拟内存检查

在 Hadoop 的配置文件 yarn-site.xml 中关闭虚拟内存检查。如果不进行此项配置，那么在使用过程中可能就会出现虚拟内存溢出的错误。Java 虚拟机会申请大量虚拟内存，但并不会使用，这就导致 Container 的虚拟内存使用量非常高，但是 Container 实际使用的物理内存并不高，其运行也不会存在任何问题，在这种情况下，YARN 的虚拟内存检查机制就不能起到预期效果，因此通常会关闭虚拟内存检查。

（1）在修改前先关闭 Hadoop。找到 yarn-site.xml 配置文件。

```
[atguigu@hadoop102 hadoop]$ pwd
/opt/module/hadoop-3.1.3/etc/hadoop

[atguigu@hadoop102 hadoop]$ vim yarn-site.xml
```

（2）添加如下配置。

```
<property>
    <name>yarn.nodemanager.vmem-check-enabled</name>
    <value>false</value>
</property>
```

（3）在修改完成后，记得将 yarn-site.xml 配置文件分发至 Hadoop 所在的所有节点服务器，并且重启 Hadoop。

至此，Hive 的相关配置已经讲解完毕，读者可以通过"尚硅谷教育"公众号获取本书附赠资料，并从中找到完整的 hive-site.xml 配置文件。

2.3 本章总结

跟随本章的内容一步步操作，读者就可以搭建起我们所需要的 Hive 学习环境了。在搭建的过程中，相信读者可以更直观地了解 Hive，看到 Hive 是在什么环境下启动的，以及 Hive 的查询语句是如何提交执行的。通过对 Hive 的安装和部署，读者也可以了解在第 1 章中讲解的 Hive 各部分组件分别是如何运行的，这样读者对 Hive 的了解就不是抽象的，而是更加具体的。

第3章 数据定义语言

从本章开始，我们将正式开始讲解 Hive 的使用。Hive 是基于 Hadoop 的一个数据仓库工具，可以将结构化的数据映射成一张数据表，用户可以使用 Hive SQL 来查询表中的数据，而 Hive 可以将 Hive SQL 解析成 MapReduce 程序，因此我们对 Hive 的讲解也从 Hive SQL 入手。本章将要讲解数据定义语言（Data Definition Language，DDL），Hive 中的数据定义语言包括对数据库（Database）和数据表（Table）的定义操作，操作类型包括创建（create）、查看（show）、查看详细信息（describe）和修改（alter）。

3.1 数据库的定义

本节主要讲解数据定义语言中对数据库的创建、查看和修改等操作。

1. 创建数据库

创建数据库的完整语法如下所示。

```
create database [if not exists] database_name
[comment database_comment]
[location hdfs_path]
[with dbproperties (property_name=property_value, ...)];
```

现在根据以上完整语法完成以下创建数据库的案例。

创建 db_hive1 数据库，不指定存储路径。

```
hive (default)> create database db_hive1;
```

注意：若不指定路径，则其默认路径为 ${hive.metastore.warehouse.dir}/database_name.db。

创建 db_hive2 数据库，指定存储路径。

```
hive (default)> create database db_hive2 location '/db_hive2';
```

创建 db_hive3 数据库，其中带有 dbproperties。

```
hive (default)> create database db_hive3 with dbproperties('create_date'='2022-11-18');
```

2. 查询数据库

查询数据库的操作包括展示数据库列表和查看数据库详细信息两种。

（1）展示数据库列表。

展示数据库列表的完整语法如下所示，通过 like 关键字可以查看匹配通配表达式的数据库列表。

```
show databases [like 'identifier_with_wildcards'];
```

注意：在 like 通配表达式中，*表示任意个任意字符，|表示或的关系。

查看以"db_hive"开头的所有数据库。

```
hive (default)> show databases like 'db_hive*';
```

```
OK
db_hive_1
db_hive_2
```

(2）查看数据库详细信息。

查看数据库详细信息的完整语法如下所示，使用 extended 关键字可以查看更多更完整的数据库信息，如数据库的所属者、创建时指定的 dbproperties 等。

```
describe dabase [extended] db_name;
```

查看 db_hive3 数据库的详细信息。

```
hive (default)> desc database db_hive3;
OK
db_hive      hdfs://hadoop102:8020/user/hive/warehouse/db_hive.db    atguigu USER
```

查看 db_hive3 数据库的更多信息。

```
hive (default)> desc database extended db_hive3;
OK
db_name comment location     owner_name   owner_type  parameters
db_hive3            hdfs://hadoop102:8020/user/hive/warehouse/db_hive3.db  atguigu USER
    {create_date=2022-11-18}
```

3．修改数据库

用户可以使用 alter database 命令修改数据库的某些信息，能够修改的信息包括 dbproperties、location 和 owner user。需要注意的是，修改数据库的 location 不会改变当前已有表的路径信息，只会改变后续创建的新表的路径信息。

修改数据库信息的完整语法如下所示。

```
--修改 dbproperties
alter database database_name set dbpeoperties (property_name=property_value, ...);

--修改 location
alter database database_name set location hdfs_path;

--修改 owner user
alter database database_name set owner user user_name;
```

修改 db_hive3 数据库的 dbproperties，将 create_date 更改为 2022-11-20。

```
hive (default)> alter database db_hive3 set dbproperties ('create_date'='2022-11-20');
```

4．删除数据库

删除数据库的完整语法如下所示。

```
drop database [if exists] database_name [restrict|cascade];
```

注意：
- restrict：表示严格模式，若数据库不为空，则删除失败，默认使用严格模式。
- cascade：表示级联模式，若数据库不为空，则会将数据库中的表一起删除。

删除 db_hive2 数据库，若 db_hive2 数据库为空，则可以直接执行删除命令。

```
hive (default)> drop database db_hive2;
```

删除 db_hive3 数据库，使用 cascade 关键字，无论数据库是否为空，都可以将其删除。

```
hive (default)> drop database db_hive3 cascade;
```

5．切换数据库

切换数据库的语法如下所示。

```
use database_name;
```

3.2 表的定义

在 Hive 中，表的定义比数据库的定义语法复杂，因此本节主要分创建表和表的其他定义语言两部分进行讲解。

3.2.1 创建表

在 Hive 中创建表有三种方式，即一般创建方式、CTAS 建表方式和 CTL 建表方式。

1. 一般创建方式

一般创建方式的完整语法如下所示，从中可以看到涉及非常多的关键字，接下来会详细讲解。

```
create [temporary] [external] table [if not exists] [db_name.]table_name
[(col_name data_type [comment col_comment], ...)]
[comment table_comment]
[partitioned by (col_name data_type [comment col_comment], ...)]
[clustered by (col_name, col_name, ...)
[sorted by (col_name [asc|desc], ...)] into num_buckets buckets]
[row format row_format]
[stored as file_format]
[location hdfs_path]
[tblproperties (property_name=property_value, ...)]
```

（1）关键字讲解。

① temporary：表示创建临时表。临时表只在当前会话可见，会话结束后表会被删除。

② external：表示创建外部表，与之相对应的是内部表（管理表）。内部表意味着 Hive 会完全接管该表，包括元数据和 HDFS 中的数据。而外部表则意味着 Hive 只接管元数据，不完全接管 HDFS 中的数据。

③ data_type：用于定义 Hive 中列的数据类型。Hive 中列的数据类型可分为基本数据类型和复杂数据类型。

Hive 中的基本数据类型如表 3-1 所示。

表 3-1 Hive 中的基本数据类型

数据类型	说明	定义
tinyint	1Byte 有符号整数	
smallint	2Byte 有符号整数	
int	4Byte 有符号整数	
bigint	8Byte 有符号整数	
boolean	布尔类型，true 或 false	
float	单精度浮点数	
double	双精度浮点数	
decimal	十进制精准数字类型	decimal(16,2)
varchar	字符序列，需指定最大长度，最大长度的范围是[1,65535]	varchar(32)
string	字符串，无须指定最大长度	
timestamp	时间类型	
binary	二进制数据	

Hive 中的复杂数据类型如表 3-2 所示。

表 3-2 Hive 中的复杂数据类型

数据类型	说明	定义	取值
array	数组是一组相同类型的值的集合	array<string>	arr[0]
map	map 是一组相同类型的键-值对集合	map<string, int>	map['key']
struct	结构体由多个属性组成，每个属性都有自己的属性名和数据类型	struct<id:int, name:string>	struct.id

注意：Hive 的基本数据类型之间可以进行类型转换，转换的方式包括隐式转换和显示转换。

方式一：隐式转换。

具体规则如下，更详细的转换规则可以参考 Hive 官网的说明。

- 任何整数类型都可以隐式地转换为一个范围更大的类型，如 tinyint 类型可以转换成 int 类型，int 类型可以转换成 bigint 类型。
- 所有整数类型、float 类型和 string 类型都可以隐式地转换成 double 类型。
- tinyint 类型、smallint 类型、int 类型都可以转换为 float 类型。
- boolean 类型不可以转换为任何其他类型。

方式二：显示转换。

借助 cast 函数完成显示类型转换，所使用的语法如下所示。

```
cast(expr as <type>)
```

例如，使用 cast 函数将 string 类型的 1 转换为 int 类型，然后与 2 相加，代码如下所示。

```
hive (default)> select '1' + 2, cast('1' as int) + 2;

_c0    _c1
3.0    3
```

④ partitioned by：表示创建分区表，在第 11 章会对分区表进行更详细的讲解。

⑤ clustered by/sorted by/ into ... buckets：这些关键字表示创建分桶表，在第 11 章会对分桶表进行更详细的讲解。

⑥ row format：用于指定序列化与反序列化器 serde，serde 是 Serializer and Deserializer 的简写。Hive 使用 serde 来序列化和反序列化每行数据，语法说明如下。

语法一：delimited 关键字表示针对文件中的每个列，按照特定分隔符进行分隔，此时 Hive 会使用默认的 serde 对每行数据进行序列化和反序列化。

```
row foramt delimited
[fields terminated by char]
[collection items terminated by char]
[map keys terminated by char]
[lines terminated by char]
[null defined as char]
```

注意：

- fields terminated by：列分隔符。
- collection items terminated by：map、struct 和 array 中每个元素之间的分隔符。
- map keys terminated by：map 中的 key 与 value 的分隔符。
- lines terminated by：行分隔符。

语法二：serde 关键字可用于指定其他内置的 serde 或用户自定义的 serde，详细语法如下所示。例如，JSON serde 可用于处理 JSON 字符串。

```
row format serde serde_name [with serdeproperties (property_name=property_value,
property_name=property_value, ...)]
```

⑦ stored as：用于指定文件格式，常用的文件格式有 textfile（默认值）、sequence file、orc file 和 parquet file 等。

⑧ location：用于指定表所对应的 HDFS 路径，若不指定，则路径的默认值为${hive.metastore.warehouse.dir}/db_name.db/table_name。

⑨ tblproperties：用于配置表的一些 key-value 键值对参数。

（2）案例实操。

案例一：内部表的创建练习。

在 Hive 中默认创建的表都是内部表。对于内部表，Hive 会完全管理表中的元数据和数据文件。

创建内部表 student，并指定列分隔符和存储路径。

```
hive (default)>create table if not exists student(
    id int,
    name string
)
row format delimited fields terminated by '\t'
location '/user/hive/warehouse/student';
```

准备如下数据文件，注意列之间以"\t"分隔。

```
[atguigu@hadoop102 datas]$ vim /opt/module/datas/student.txt

1001    student1
1002    student2
1003    student3
1004    student4
1005    student5
1006    student6
1007    student7
1008    student8
1009    student9
1010    student10
1011    student11
1012    student12
1013    student13
1014    student14
1015    student15
1016    student16
```

将文件上传至 Hive 表指定的 HDFS 的存储路径下。

```
[atguigu@hadoop102 datas]$ hadoop fs -put student.txt /user/hive/warehouse/student
```

在 Hive 中删除表，观察 HDFS 中的数据文件是否还存在。可以发现，HDFS 中的数据文件也被同步删除了。

```
hive (default)> drop table student;
```

案例二：外部表的创建练习。

外部表通常可用于处理其他工具上传的数据文件。对于外部表，Hive 只负责管理元数据，不负责管理 HDFS 中的数据文件。

创建外部表 student，并指定列分隔符和存储路径。

```
hive (default)> create external table if not exists student(
    id int,
    name string
)
row format delimited fields terminated by '\t'
```

```
location '/user/hive/warehouse/student';
```
将案例一中准备的数据再次上传至 Hive 表指定的路径下。
```
[atguigu@hadoop102 datas]$ hadoop fs -put student.txt /user/hive/warehouse/student
```
删除 student 表，观察 HDFS 中的数据文件是否还存在。可以发现，HDFS 中的数据文件依然存在。
```
hive (default)> drop table student;
```
案例三：serde 和复杂数据类型的使用练习。

若现有如下格式的 JSON 文件，需要由 Hive 进行分析处理，请思考如何设计表（以下内容为格式化之后的结果，文件中每行数据为一个完整的 JSON 字符串）？
```
{
    "name": "dasongsong",
    "friends": [
        "bingbing",
        "lili"
    ],
    "students": {
        "xiaohaihai": 18,
        "xiaoyangyang": 16
    },
    "address": {
        "street": "hui long guan",
        "city": "beijing",
        "postal_code": 10010
    }
}
```
我们可以考虑使用专门负责处理 JSON 文件的 JSON serde 来进行表的设计。在设计表时，表中的字段与 JSON 字符串中的一级字段保持一致。对于具有嵌套结构的 JSON 字符串，考虑使用合适的复杂数据类型保存其内容。最终，设计出的表结构如下。
```
hive (default)> create table teacher
(
    name      string,
    friends   array<string>,
    students  map<string,int>,
    address   struct<city:string,street:string,postal_code:int>
)
row format serde 'org.apache.hadoop.hive.serde2.JsonSerDe'
location '/user/hive/warehouse/teacher';
```
准备数据文件，如下所示。请注意，要先确保文件中的每行数据都是一个完整的 JSON 字符串，然后 JSON serde 才能进行正确处理。
```
[atguigu@hadoop102 datas]$ vim /opt/module/datas/teacher.txt

{"name":"dasongsong","friends":["bingbing","lili"],"students":{"xiaohaihai":18,"xiaoyangyang":16},"address":{"street":"hui long guan","city":"beijing","postal_code":10010}}
```
将文件上传至 Hive 表指定的 HDFS 的存储路径下。
```
[atguigu@hadoop102 datas]$ hadoop fs -put teacher.txt /user/hive/warehouse/teacher
```
尝试从复杂数据类型的列中取值。
```
hive (default)> select name, address.city from teacher;
```

2. CTAS 建表方式

CTAS（Create Table as Select）建表方式允许用户利用 select 查询语句返回的结果直接建表，表的结构和查询语句的结构保持一致，并且保证包含 select 查询语句返回的内容，完整语法如下所示。

```
create [temporary] table [if not exists] table_name
[comment table_comment]
[row format row_format]
[stored as file_format]
[location hdfs_path]
[tblproperties (property_name=property_value, ...)]
[as select_statement]
```

从 teacher 表中查询数据，并根据格式创建 teacher1 表。

```
hive (default)> create table teacher1 as select * from teacher;
```

3. CTL 建表方式

CTL（Create Table Like）建表方式允许用户复刻一张已经存在的表的结构，与 CTAS 建表方式的语法不同，使用 CTL 建表方式创建出来的表中不包含数据，完整语法如下所示。

```
create [temporary] [external] table [if not exists] [db_name.]table_name
[like exist_table_name]
[row format row_format]
[stored as file_format]
[location hdfs_path]
[tblproperties (property_name=property_value, ...)]
```

按照 teacher 表的格式创建 teacher2 表，teacher2 表中不包含数据。

```
hive (default)> create table teacher2 like teacher;
```

3.2.2 表的其他定义语言

1. 查看表

（1）查看所有表。

查看所有表的完整语法如下所示，同查看数据库列表的语法相同，此时可以使用 like 关键字搭配通配表达式来查看一部分符合条件的表。

```
show tables [in database_name] like ['identifier_with_wildcards'];
```

注意：在 like 通配表达式中，*表示任意个任意字符，|表示或的关系。

查看以"stu"开头的所有表。

```
hive (default)> show tables like 'stu*';
```

（2）查看表信息。

查看表的详细信息的完整语法如下所示。

```
describe [extended | formatted] [db_name.]table_name;
```

注意：
- extended：表示展示详细信息。
- formatted：表示对详细信息进行格式化展示。

查看 teacher 表的基本信息。

```
hive (default)> desc teacher;
```

查看 teacher 表的详细信息。

```
hive (default)> desc formatted stu;
```

2. 修改表

（1）重命名表。

重命名表的完整语法如下所示。

```
alter table table_name rename to new_table_name;
```
将 teacher 表重命名为 teacher_information 表。
```
hive (default)> alter table teacher rename to teacher_information;
```
（2）修改列信息。

在 Hive 中，允许对表的列信息进行修改，可使用的方式包括增加列、更新列和替换列。

增加列的完整语法如下所示。该语句允许用户增加新的列，并且新增列的位置位于语句的末尾。
```
alter table table_name add columns (col_name data_type [comment col_comment], ...)
```
更新列的完整语法如下所示。该语句允许用户修改指定列的列名、数据类型、注释信息，以及在表中的位置。
```
alter table table_name change [column] col_old_name col_new_name column_type [comment col_comment] [first|after column_name]
```
替换列的完整语法如下所示。该语句允许用户使用新的列集替换表中原有的全部列。
```
alter table table_name replace columns (col_name data_type [comment col_comment], ...)
```
接下来以 teacher 表为例，展示如何修改表的列信息。

查询 teacher 表的结构。
```
hive (default)> desc teacher;
```
在 teacher 表中增加 age 列。
```
hive (default)> alter table stu add columns(age int);
```
再次查询 teacher 表的结构。
```
hive (default)> desc stu;
```
将 teacher 表中 age 列的数据类型由 int 类型修改为 double 类型。
```
hive (default)> alter table stu change column age ages double;
```
替换掉 teacher 表中所有的列信息。
```
hive (default)> alter table stu replace columns(id int, name string);
```

3. 删除表

删除表的语法如下所示。
```
drop table [if exists] table_name;
```
删除 teacher 表。
```
hive (default)> drop table teacher;
```

4. 清空表

清空表的语法如下所示。清空表会保留表结构，只清空表中的数据。truncate 命令只能清空内部表的数据，不能删除外部表的数据。
```
truncate [table] table_name;
```
例如，清空 student 表中的数据。
```
hive (default)> truncate table student;
```

3.3 本章总结

本章主要讲解了 Hive SQL 中的数据定义语言，带领读者认识了如何定义数据库和表。本章的操作相对比较简单，跟随代码操作可以帮助读者逐步熟悉 Hive 的使用方式。本章的学习重点是表的创建，尤其是在讲解创建表的语法时，出现了内部表和外部表的概念、serde 的使用和复杂数据类型的使用等知识，这些内容在后续的章节中也会频繁出现，因此从现在开始就要对其熟悉起来。

第4章 数据操作语言

Hive 的数据操作语言（Data Manipulation Language，DML），简单理解就是操作数据的语言，例如，数据的插入就是典型的 DML 操作。Hive 的数据操作语言继承了关系型数据库的一些特点，同时根据自身特点进行了一定程度的发展，例如，海量数据集的加载、数据的导出和导入等。本章主要讲解 Hive 的三类重要 DML 操作：数据加载、数据插入，以及数据的导出和导入。

4.1 数据加载

load 语句可将数据文件导入 Hive 表，完整语法如下所示。filepath 可以是文件，也可以是目录，若为目录，则目录不可包含子目录。若指定 local 关键字，则将 filepath 下的所有文件复制（copy）到相应路径下；若不指定 local 关键字，则将 filepath 下所有文件移动（move）至相应路径下。

```
load data [local] inpath 'filepath' [overwrite] into table tablename [partition (partcol1=val1, partcol2=val2 ...)];
```

（1）关键字说明。
- local：表示将本地的数据加载到 Hive 表中，若不添加 local 关键字，则表示将 HDFS 的数据加载到 Hive 表中。
- overwrite：表示覆盖表中已有数据，若不添加 overwrite 关键字，则表示要追加数据。
- partition：表示上传到 Hive 表的指定分区，若目标表是分区表，则需要指定分区。

（2）案例实操。
创建 student 表。

```
hive (default)> create table student(
    id int,
    name string
)
row format delimited fields terminated by '\t';
```

案例一：加载本地文件。

将本地的 student.txt 文件加载到 student 表中。

```
hive (default)> load data local inpath '/opt/module/datas/student.txt' into table student;
```

案例二：加载 HDFS 文件。

将本地的 student.txt 文件上传到 HDFS 中。

```
[atguigu@hadoop102 ~]$ hadoop fs -put /opt/module/datas/student.txt /user/atguigu
```

将 HDFS 中的 student.txt 文件加载到 student 表中，加载完成后，在 HDFS 上查看 student.txt 文件是否还存在。

```
hive (default)>
load data inpath '/user/atguigu/student.txt' into table student;
```
案例三：加载数据并覆盖表中已有的数据。

将本地的 student.txt 文件上传到 HDFS 中。
```
hive (default)> dfs -put /opt/module/datas/student.txt /user/atguigu;
```
将 HDFS 中的 student.txt 文件加载到 student 表中，并且使用 overwrite 关键字覆盖表中原有数据。
```
hive (default)>
load data inpath '/user/atguigu/student.txt'
overwrite into table student;
```

4.2 数据插入

数据插入（insert）操作包括将查询结果插入表中、将给定 values 插入表中，以及将查询结果写入目标路径。

4.2.1 将查询结果插入表中

将查询结果插入表中的完整语法如下所示。
```
insert (into | overwrite) table tablename [partition (partcol1=val1, partcol2=val2 ...)] select_statement;
```
（1）关键字说明。
- into：表示将结果追加至目标表。
- overwrite：表示用结果数据覆盖原有数据。

（2）案例实操。

创建 student1 表。
```
hive (default)>
create table student1(
    id int,
    name string
)
row format delimited fields terminated by '\t';
```
查询 student 表的数据，并将查询结果插入 student1 表。
```
hive (default)> insert overwrite table student3
select
    id,
    name
from student;
```

4.2.2 将给定 values 插入表中

将给定 values 插入表中的操作与关系型数据库中的插入操作相同，完整语法如下所示。
```
insert (into | overwrite) table tablename [partition (partcol1[=val1], partcol2[=val2] ...)] values values_row [, values_row ...]
```
向 student1 表中插入两条新数据。
```
hive (default)> insert into table student1 values(1,'wangwu'),(2,'zhaoliu');
```

4.2.3 将查询结果写入目标路径

将查询结果写入目标路径的操作，即把 Hive 表的查询结果插入文件系统目录，完整语法如下所示。

```
insert overwrite [local] directory directory_path
[row format row_format] [stored as file_format] select_statement;
```

查询 student 表的数据，并且以 JSON 格式将数据保存至本地的/opt/module/datas/student 目录下。

```
hive (default)>
insert overwrite local directory '/opt/module/datas/student' ROW FORMAT SERDE
'org.apache.hadoop.hive.serde2.JsonSerDe'
select id,name from student;
```

4.3 数据的导出和导入

export 导出语句可将表的数据和元数据信息一并导出到 HDFS 路径，import 导入语句可将 export 导出的内容导入 Hive，表的数据和元数据信息都会恢复。export 导出语句和 import 导入语句可用于在两个 Hive 实例之间进行数据迁移。

数据的导出和导入的完整语法如下所示。

```
--导出
export table tablename to 'export_target_path'

--导入
import [external] table new_or_original_tablename from 'source_path' [location 'import_target_path']
```

将 student 表的数据导出，再将导出的数据导入 student2 表。

```
--导出
hive>
export table default.student to '/user/hive/warehouse/export/student';

--导入
hive>
import table student2 from '/user/hive/warehouse/export/student';
```

4.4 本章总结

Hive 是大数据领域的重要工具，用来分析和处理海量的数据集，与 Hadoop 有非常频繁的互动。只有充分了解 Hive 表与 Hadoop 中的数据之间的关系，熟练掌握数据操作语言，才能完成大数据处理过程中基本的数据准备工作。在本章讲解的数据操作语言中，读者需要重点掌握数据加载的语句、将查询结果插入表中的语句，以及数据的导出和导入的语句等。

第 5 章 查询

通俗来讲，数据查询语言指的就是以 select 开头的查询语句，是 Hive 数据分析的主要手段，也是学习 Hive 时最应熟练掌握的语言。Hive 的数据查询语言基本继承了传统关系型数据库的语言规则，熟悉数据库的读者学习起来会比较轻松。

5.1 数据准备

1. 创建数据文件

（1）在/opt/module/hive/datas 目录下创建 dept.txt 文件，并输入以下内容，列之间以 "\t" 分隔。文件中的三列数据分别是部门编号、部门名称和部门位置 id。

```
[atguigu@hadoop102 datas]$ vim dept.txt

10      行政部    1700
20      财务部    1800
30      教学部    1900
40      销售部    1700
```

（2）在/opt/module/hive/datas 目录下创建 emp.txt 文件，并输入如下内容，列之间以 "\t" 分隔。文件中的五列数据分别是员工编号、员工姓名、员工岗位、员工薪资和所属部门编号。

```
[atguigu@hadoop102 datas]$ vim emp.txt

7369    张三    研发    800.00    30
7499    李四    财务    1600.00   20
7521    王五    行政    1250.00   10
7566    赵六    销售    2975.00   40
7654    侯七    研发    1250.00   30
7698    马八    研发    2850.00   30
7782    金九    \N      2450.00   30
7788    银十    行政    3000.00   10
7839    小芳    销售    5000.00   40
7844    小明    销售    1500.00   40
7876    小李    行政    1100.00   10
7900    小元    讲师    950.00    30
7902    小海    行政    3000.00   10
7934    小红明  讲师    1300.00   30
```

2. 创建表并导入数据

（1）创建部门表 dept。

```
hive (default)>
create table if not exists dept(
    deptno int,      -- 部门编号
    dname string,    -- 部门名称
    loc int          -- 部门位置id
)
row format delimited fields terminated by '\t';
```

（2）创建员工表 emp。

```
hive (default)>
create table if not exists emp(
    empno int,       -- 员工编号
    ename string,    -- 员工姓名
    job string,      -- 员工岗位
    sal double,      -- 员工薪资
    deptno int       -- 所属部门编号
)
row format delimited fields terminated by '\t';
```

（3）加载数据。

```
hive (default)>
load data local inpath '/opt/module/hive/datas/dept.txt' into table dept;
load data local inpath '/opt/module/hive/datas/emp.txt' into table emp;
```

5.2 基本查询

本节将通过讲解一些基本查询语句来带领读者初步认识数据查询语句。

5.2.1 select 子句——全表和特定列查询

在 Hive SQL 中，使用频率最高的查询语句就是全表查询和特定列查询，通俗来讲，就是 select 子句。Hive 的查询语句都是以 select 开头的。使用 select 子句可以从表中选取特定列或全部列。

以 5.1 节创建的 emp 表为例，从 emp 表中选取出员工编号（empno）列、员工姓名（ename）列和所属部门编号（deptno）列，如图 5-1 所示。

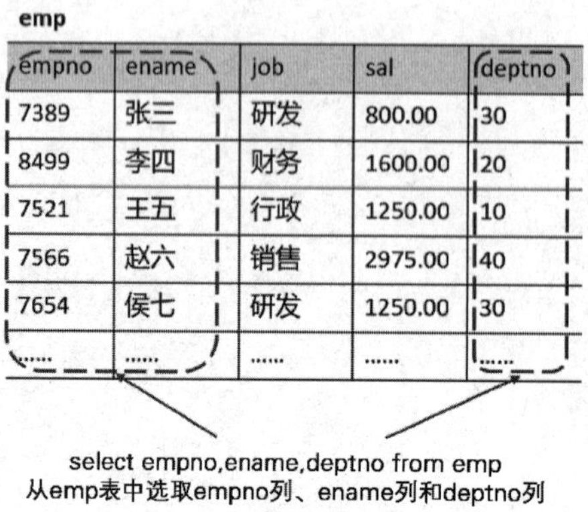

图 5-1 选取 emp 表中的特定列

以上案例对应的查询语句如下所示。

```
hive (default)> select empno, ename, deptno from emp;
```

查询结果如下所示。

```
empno    ename    deptno
7789     丁一      70
7989     艾斯      70
7369     张三      30
7499     李四      20
7521     王五      10
7566     赵六      40
7654     侯七      30
7698     马八      30
7782     金九      30
7788     银十      10
7839     小芳      40
7844     小明      40
7876     小李      10
7900     小元      30
7902     小海      10
7934     小红明    30
Time taken: 0.177 seconds, Fetched: 14 row(s)
```

如果想从表中直接查询所有列，就可以使用星号（*）代替列名。使用 select * 子句查询出的所有列，列的顺序是固定的，如果用户想按照自己的意愿来显示列，那么建议将列名按顺序列举出来。

使用 select * 子句查询 emp 表的所有列数据，查询语句如下所示。

```
hive (default)> select * from emp;
```

查询结果如下所示。

```
emp.empno  emp.ename  emp.job  emp.sal   emp.deptno
7369       张三        研发      800.00    30
7499       李四        财务      1600.00   20
7521       王五        行政      1250.00   10
7566       赵六        销售      2975.00   40
7654       侯七        研发      1250.00   30
7698       马八        研发      2850.00   30
7782       金九        NULL     2450.00   30
7788       银十        行政      3000.00   10
7839       小芳        销售      5000.00   40
7844       小明        销售      1500.00   40
7876       小李        行政      1100.00   10
7900       小元        讲师      950.00    30
7902       小海        行政      3000.00   10
7934       小红明      讲师      1300.00   30
Time taken: 2.242 seconds, Fetched: 14 row(s)
```

以上两个示例查询语句都是由 select 子句和 from 子句构成的。子句是 Hive SQL 的关键组成部分，一个完整的查询语句由以下子句构成，子句关键词进行了加粗。需要注意的是，子句的前后顺序需要严格遵守，如本节出现的 from 子句必须位于 select 子句后。

```
select [all | distinct] select_expr, select_expr, ...
from table_reference
[where where_condition]
[group by col_list]
```

```
[having having_condition]
[order by col_list]]
[limit number];
```

select 子句展示了需要选取的数据或列名称，而 from 子句则指出了查询数据的来源表。select 子句并不一定需要与 from 子句同时出现，在 select 后可以直接给出常量值或表达式，通过这种方式可以进行函数的测试等工作。

注意：
- Hive SQL 的大小写不敏感。
- Hive SQL 可以写为一行或多行。
- 关键字不能被缩写，也不能分行。
- Hive SQL 的各子句一般建议分行写。
- 可以适当使用缩进来提高语句的可读性。

5.2.2 列别名

列别名指的是为一列起的别名，即对一个列进行重命名，这样的操作便于进行数据分析与计算。列别名可以紧跟在列名后出现，在列名和列别名之间也可以加入关键字 as。

查询 emp 表的 ename 列和 deptno 列，并为 ename 列取列别名 name，为 deptno 列取列别名 dn，查询语句如下所示。

```
hive (default)>
select
    ename as name,
    deptno dn
from emp;
```

查询结果如下所示。

```
name     dn
张三      30
李四      20
王五      10
赵六      40
侯七      30
马八      30
金九      30
银十      10
小芳      40
小明      40
小李      10
小元      30
小海      10
小红明    30
Time taken: 0.16 seconds, Fetched: 14 row(s)
```

5.2.3 limit 子句

limit 子句用于限制返回的行数，一般位于整个查询语句的最后。常用的语法如下。

查询 emp 表，并限制只显示前 5 行，查询语句如下所示。

```
hive (default)> select * from emp limit 5;
```

查询结果如下所示。

```
emp.empno    emp.ename    emp.job emp.sal emp.deptno
7369         张三         研发    800.00  30
7499         李四         财务    1600.00 20
7521         王五         行政    1250.00 10
7566         赵六         销售    2975.00 40
7654         侯七         研发    1250.00 30
Time taken: 2.886 seconds, Fetched: 5 row(s)
```

limit 子句还可以用来限制显示指定范围的行，如图 5-2 所示，限制显示从索引为 2 的行开始，向下抓取 3 行。需要注意的是，行的索引是从 0 开始的。

emp

empno	ename	job	sal	deptno	索引
7389	张三	研发	800.00	30	0
8499	李四	财务	1600.00	20	1
7521	王五	行政	1250.00	10	2
7566	赵六	销售	2975.00	40	3
7654	侯七	研发	1250.00	30	4
7698	马八	研发	2850.00	30	5
7782	金九	null	2450.00	30	6
7788	银十	行政	3000.00	10	7
7839	小芳	销售	5000.00	40	8
7844	小明	销售	1500.00	40	9
7876	小李	行政	1100.00	10	10
7900	小元	讲师	950.00	30	11
7902	小海	行政	3000.00	10	12
7934	小红明	讲师	1300.00	30	13

从索引为2的行开始
向下抓取3行

图 5-2 limit 子句的效果

查询语句如下所示。

```
hive (default)> select * from emp limit 2,3;
```

查询结果如下所示，其结果与图 5-2 中的演示效果一致。

```
emp.empno    emp.ename    emp.job emp.sal emp.deptno
7521         王五         行政    1250.00 10
7566         赵六         销售    2975.00 40
7654         侯七         研发    1250.00 30
Time taken: 2.434 seconds, Fetched: 3 row(s)
```

5.2.4 order by 子句

order by 子句用于表数据的全局排序，order by 后直接跟列名或列别名。使用 order by 子句对结果集进行全局排序，只会生成一个 Reduce Task，若数据量较大，则势必会造成较大的内存负担，因此在使用时需要谨慎，或者使用 limit 子句来限制排序结果的数量。在列名后可以添加 asc 关键字，表示升序排序，也可以添加 desc 关键字，表示降序排序，若没有 asc 关键字或 desc 关键字，则默认为升序排序。

目前我们已经接触过的子句有 select 子句、from 子句、limit 子句和 order by 子句，一般的书写顺序是：select 子句→from 子句→order by 子句→limit 子句。

子句必须遵守上述顺序来书写，否则查询语句在运行时就会报错。

接下来我们通过几个案例来了解 order by 子句的使用方式，并解析在不同使用场景下 Hive SQL 的执行过程。

（1）查询 emp 表，按照 sal 列升序排序，查询语句如下所示。

```
hive (default)>
select
    *
from emp
order by sal;
```

以上查询语句的执行结果，如图 5-3 所示。

图 5-3 将 emp 表按照 sal 列升序排序

以上 Hive SQL 的执行过程解析如图 5-4 所示。在各 Map Task 中分别执行 select 操作和排序操作，各 Map Task 生成的结果文件会汇总到一个 Reduce Task 中执行全局排序。图 5-4 展示的执行过程就是根据 Hive SQL 的执行计划绘制的，关于执行计划的生成和解读，在第 13 章会详细讲解。

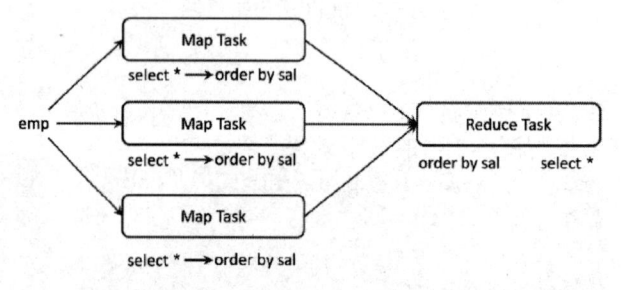

图 5-4 Hive SQL 执行过程解析（1）

（2）将 sal 列的数据改为现在的 2 倍并为其起别名 doublesal，按照 doublesal 列降序排序，查询语句如下所示。在列名后使用 desc 关键字就可以实现降序排序。

```
hive (default)>
select
    ename,
    sal * 2 doublesal
from emp
order by doublesal desc;
```

以上查询语句的执行结果，如图 5-5 所示。

图 5-5　将 emp 表按照 doublesal 列降序排序

以上 Hive SQL 的执行过程解析如图 5-6 所示。在各 Map Task 中执行 select 操作、sal 列中数据*2 的操作和排序操作，并将各 Map Task 生成的结果文件汇总至 1 个 Reduce Task 中执行全局排序。

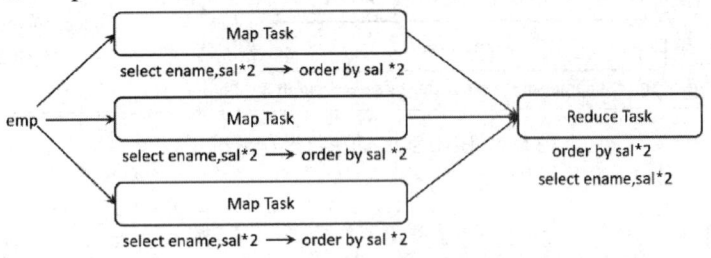

图 5-6　Hive SQL 的执行过程解析（2）

（3）使用 order by 子句指定多个排序键。查询 emp 表，按照 sal 列升序排序，若 sal 列中数据相同，则按照 deptno 列降序排序，查询语句如下所示。多个排序键之间使用逗号分隔。

```
hive (default)>
select
    *
from emp
order by sal asc, deptno desc;
```

以上查询语句的执行效果，如图 5-7 所示。

图 5-7　按照 sal 列升序且 deptno 列降序排序

（4）使用 limit 关键字，查询所有员工中薪资排名前三的员工。

```
hive (default)>
select
    ename,
    sal
from emp
order by sal desc
limit 3;
```

以上 Hive SQL 的执行过程解析如图 5-8 所示。在各 Map Task 中执行 select 操作，排序并保留各 Map Task 中 sal 列排名前三的数据，将各 Map Task 生成的结果文件汇总至一个 Reduce Task 中执行全局排序。可以看到，通过使用 limit 关键字，各 Map Task 生成的结果文件的大小大大减小了，Reduce Task 的计算压力也同步降低。

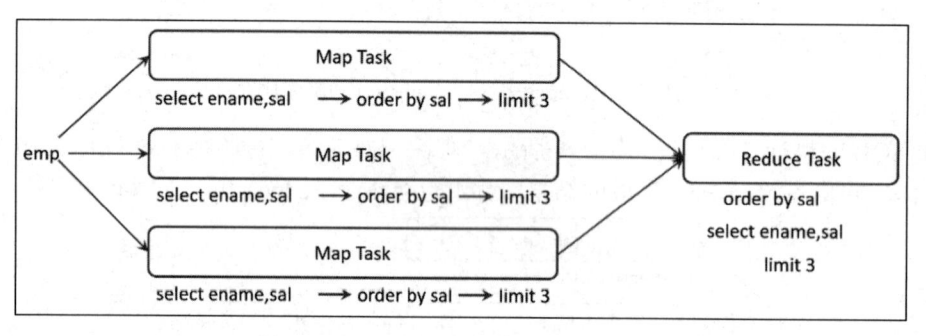

图 5-8　Hive SQL 的执行过程解析（3）

5.2.5　where 子句

使用 where 子句可以将不满足条件的行过滤掉。where 子句必须紧跟在 from 子句后出现。

where 子句后面的内容被称为条件表达式。例如，查询 emp 表，获得 sal 大于 2000 的所有员工，在这一查询语句中，"sal > 2000" 就是条件表达式，查询语句会将条件表达式判断为 true 的行选取出来，如下所示。

```
hive (default)> select ename, sal from emp where sal > 2000;
```

如图 5-9 所示，查询语句首先通过 where 子句筛选出想要选取的行，其次通过 select 子句确定要输出的列。

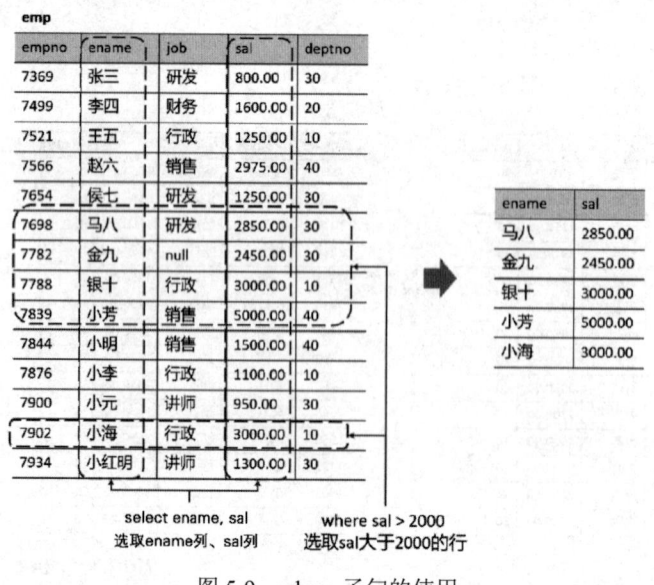

图 5-9　where 子句的使用

查询结果如下所示。
```
ename    sal
赵六     2975.00
马八     2850.00
金九     2450.00
银十     3000.00
小芳     5000.00
小海     3000.00
Time taken: 0.2 seconds, Fetched: 6 row(s)
```

注意：在 where 子句中不能使用列别名，因为在执行到 where 子句的时候，尚未对列进行赋别名的操作。

5.2.6 关系运算符

Hive 内置关系运算符，关系运算符放置在两个操作数之间，返回值为 true 或 false。关系运算符通常用在 where 子句和 having 子句中，或者 if 函数中。Hive 内置的关系运算符如表 5-1 所示。

表 5-1　Hive 内置的关系运算符

操作符	支持的数据类型	描述
A=B	基本数据类型	若 A 等于 B，则返回 true，反之返回 false
A<=>B	基本数据类型	若 A 和 B 都为 null 或都不为 null，则返回 true；若只有一边为 null，则返回 false
A<>B, A!=B	基本数据类型	若 A 或 B 为 null，则返回 null；若 A 不等于 B，则返回 true，反之返回 false
A<B	基本数据类型	若 A 或 B 为 null，则返回 null；若 A 小于 B，则返回 true，反之返回 false
A<=B	基本数据类型	若 A 或 B 为 null，则返回 null；若 A 小于等于 B，则返回 true，反之返回 false
A>B	基本数据类型	若 A 或 B 为 null，则返回 null；若 A 大于 B，则返回 true，反之返回 false
A>=B	基本数据类型	若 A 或 B 为 null，则返回 null；若 A 大于等于 B，则返回 true，反之返回 false
A [not] between B and C	基本数据类型	若 A、B 或 C 任一为 null，则结果为 null。若 A 大于等于 B 且小于等于 C，则结果为 true，反之为 false。若使用 not 关键字，则可达到相反的效果
A is null	所有数据类型	若 A 等于 null，则返回 true，反之返回 false
A is not null	所有数据类型	若 A 不等于 null，则返回 true，反之返回 false
[not] in(数值 1，数值 2)	所有数据类型	使用 in 显示在列表中的值，使用 not in 排除在列表中的值
A [not] like B	string 类型	B 是一个 SQL 下的简单正则表达式，也叫作通配符模式，若 A 与其匹配，则返回 true，反之返回 false。B 的表达式说明如下："x%" 表示 A 必须以字母 "x" 开头，"%x" 表示 A 必须以字母 "x" 结尾，而 "%x%" 表示 A 包含有字母 "x"，可以位于开头，结尾或字符串中间。若使用 not 关键字，则可达到相反的效果
A rlike B, A regexp B	string 类型	B 是基于 Java 的正则表达式，若 A 与其匹配，则返回 true，反之返回 false。匹配使用 JDK 中的正则表达式接口实现，因为正则表达式也依据其中的规则进行匹配。例如，正则表达式必须与整个字符串 A 相匹配，而不是只与其子字符串匹配

1. 比较运算符

在对 where 子句的学习中，我们已经通过关系运算符构建了 where 子句的条件表达式。关系运算符中包含一些比较运算符，如=、>、<、<>等，可以用于比较运算符两边的数据，使用方式如下所示。

```
hive (default)> select 100 > 200,
              >        100 = 200,
              >        100 < 200;
```

查询结果如下所示。

```
_c0  _c1  _c2
false false true
Time taken: 0.793 seconds, Fetched: 1 row(s)
```

接下来使用比较运算符构成条件表达式,并从 emp 表中分别查询不同的数据。

案例一:选取出 emp 表中 sal 列不为 3000 的员工信息。

```
hive (default)> select * from emp where sal <> 3000;
```

查询结果如下所示。

```
emp.empno  emp.ename  emp.job  emp.sal  emp.deptno
7369       张三        研发      800.00   30
7499       李四        财务      1600.00  20
7521       王五        行政      1250.00  10
7566       赵六        销售      2975.00  40
7654       侯七        研发      1250.00  30
7698       马八        研发      2850.00  30
7782       金九        NULL     2450.00  30
7839       小芳        销售      5000.00  40
7844       小明        销售      1500.00  40
7876       小李        行政      1100.00  10
7900       小元        讲师      950.00   30
7934       小红明      讲师      1300.00  30
Time taken: 0.322 seconds, Fetched: 12 row(s)
```

案例二:选取 emp 表中 deptno 列为 10 的所有员工信息。

```
hive (default)> select * from emp where deptno = 10;
```

查询结果如下所示。

```
emp.empno  emp.ename  emp.job  emp.sal  emp.deptno
7521       王五        行政      1250.00  10
7788       银十        行政      3000.00  10
7876       小李        行政      1100.00  10
7902       小海        行政      3000.00  10
Time taken: 0.183 seconds, Fetched: 4 row(s)
```

比较运算符可以用于比较几乎所有数据类型的数据和列,还可以用于比较表达式。例如,我们如果想查询 emp 表中 sal 列中数据与 deptno 列中数据相加大于 2000 的所有员工(当然这种查询在现实中是没有具体意义的),那么查询语句如下所示。

```
hive (default)> select * from emp where sal + deptno > 2000;
```

查询结果如下所示。

```
emp.empno  emp.ename  emp.job  emp.sal  emp.deptno
7566       赵六        销售      2975.00  40
7698       马八        研发      2850.00  30
7782       金九        NULL     2450.00  30
7788       银十        行政      3000.00  10
7839       小芳        销售      5000.00  40
7902       小海        行政      3000.00  10
Time taken: 0.177 seconds, Fetched: 6 row(s)
```

2. 对 null 的判断

通过表 5-1 可以得知,当我们对 null 使用比较运算符时,不能得到 true 或 false,而是 null,此时判断就失效了。若想对 null 进行判断,则需要使用 is null 或 is not null,使用方式如下所示。

```
hive (default)> select * from emp where job is null;
```

查询结果如下所示。

```
emp.empno    emp.ename    emp.job  emp.sal  emp.deptno
7782         金九          NULL     2450.00  30
Time taken: 0.159 seconds, Fetched: 1 row(s)
```

5.2.7 逻辑运算符

Hive 内置的逻辑运算符如表 5-2 所示。逻辑运算符用于将多个 boolean 类型的结果的表达式连接起来。

表 5-2 Hive 内置的逻辑运算符

操作符	含义
and	逻辑并
or	逻辑或
not	逻辑否

通过 and 和 or 可以将多个条件表达式组合起来。当 and 两侧的条件表达式均为 true 时，整个表达式才为 true。当 or 两侧的条件表达式至少有一个为 true 时，整个表达式才为 true。

逻辑运算符的使用示例如下所示。

（1）查询 sal 列大于 1000 且 deptno 列是 30 的所有员工。查询语句如下所示。

```
hive (default)>
select
    *
from emp
where sal > 2000 and deptno = 30;
```

查询结果如下所示。

```
emp.empno    emp.ename    emp.job  emp.sal  emp.deptno
7654         侯七          研发     1250.00  30
7698         马八          研发     2850.00  30
7782         金九          NULL     2450.00  30
7934         小红明        讲师     1300.00  30
Time taken: 0.226 seconds, Fetched: 4 row(s)
```

查询 sal 列大于 1000 且 deptno 列是 30 的所有员工的思路如图 5-10 所示。

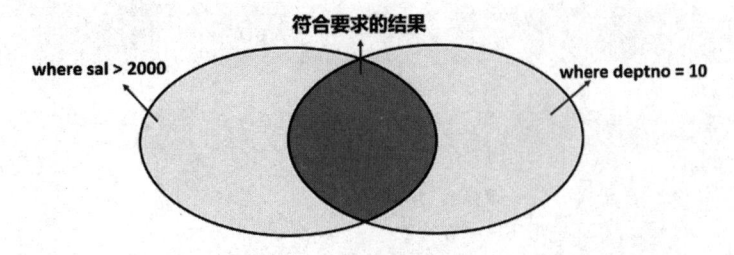

图 5-10 查询 sal 列大于 1000 且 deptno 列是 30 的所有员工的思路

（2）查询 sal 列大于 2000 或 deptno 列是 30 的所有员工。查询语句如下所示。

```
hive (default)>
select
    *
from emp
where sal > 2000 or deptno=30;
```

查询结果如下所示。

```
emp.empno    emp.ename    emp.job  emp.sal  emp.deptno
7369         张三           研发      800.00    30
7566         赵六           销售      2975.00   40
7654         侯七           研发      1250.00   30
7698         马八           研发      2850.00   30
7782         金九           NULL     2450.00   30
7788         银十           行政      3000.00   10
7839         小芳           销售      5000.00   40
7900         小元           讲师      950.00    30
7902         小海           行政      3000.00   10
7934         小红明         讲师      1300.00   30
Time taken: 0.173 seconds, Fetched: 10 row(s)
```

查询 sal 列大于 2000 或 deptno 列是 30 的所有员工的思路如图 5-11 所示。

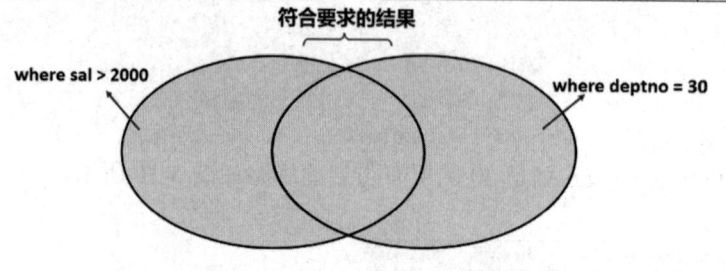

图 5-11　查询 sal 列大于 2000 或 deptno 列是 30 的所有员工的思路

（3）查询 deptno 列不是 20 和 30 的所有员工。

```
hive (default)>
select
    *
from emp
where deptno not (30, 20);
```

查询结果如下所示。

```
emp.empno    emp.ename    emp.job  emp.sal  emp.deptno
7521         王五           行政      1250.00   10
7566         赵六           销售      2975.00   40
7788         银十           行政      3000.00   10
7839         小芳           销售      5000.00   40
7844         小明           销售      1500.00   40
```

```
7876          小李          行政          1100.00 10
7902          小海          行政          3000.00 10
Time taken: 0.284 seconds, Fetched: 7 row(s)
```

上述查询语句使用了 not，查询了符合"deptno not in(30,20)"的所有员工，接下来去掉 not，再次查看查询结果，如下所示。

```
hive (default)> select * from emp where deptno in(30,20);
OK
emp.empno     emp.ename     emp.job   emp.sal emp.deptno
7369          张三          研发      800.00  30
7499          李四          财务      1600.00 20
7654          侯七          研发      1250.00 30
7698          马八          研发      2850.00 30
7782          金九          NULL      2450.00 30
7900          小元          讲师      950.00  30
7934          小红明        讲师      1300.00 30
Time taken: 2.463 seconds, Fetched: 7 row(s)
```

可以看到，两个查询语句的查询结果完全不同，并且两个查询结果组合起来就是完整的 emp 表，二者的关系如图 5-12 所示。读者还会发现，查询条件"deptno not in(30,20)"和查询条件"deptno in(40,10)"是完全等价的，那么为什么还要费力使用 not 呢？这种方式实际上没有问题，因为两个查询条件完全等价，都可以得到我们想要的结果。但是我们可以继续思考一下，如果 deptno 列有 10 个不同的值呢？显然，列举出 deptno 列不是 30 和 20 的员工就是一件比较麻烦的事情。在符合要求的查询条件比较难以描述，但不符合要求的查询条件相对容易表示时，使用 not 可使查询语句更加简洁且可读性更高。

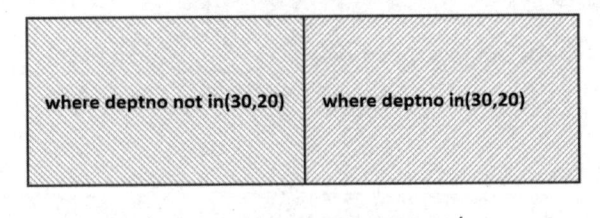

图 5-12 两个查询结果的关系

5.2.8 算术运算符

Hive 内置的算术运算符如表 5-3 所示。算术运算符的操作数必须是数值类型的。

表 5-3 Hive 内置的算术运算符

操作符	描述
A+B	A 和 B 相加
A-B	A 减 B
A*B	A 和 B 相乘
A/B	A 除以 B
A%B	A 对 B 取余
A&B	A 和 B 按位取与
A|B	A 和 B 按位取或
A^B	A 和 B 按位取异或
~A	A 按位取反

查询 emp 表，将所有员工的 sal 列中的数据加 1，查询语句如下所示。

```
hive (default)> select ename,sal + 1 as sal_plus_1 from emp;
```

查询结果如下所示。

```
ename    sal_plus_1
张三       801.00
李四       1601.00
王五       1251.00
赵六       2976.00
侯七       1251.00
马八       2851.00
金九       2451.00
银十       3001.00
小芳       5001.00
小明       1501.00
小李       1101.00
小元       951.00
小海       3001.00
小红明     1301.00
Time taken: 0.169 seconds, Fetched: 14 row(s)
```

需要注意的是，算术运算符与 null 的计算结果都是 null，如下所示。

```
hive (default)> select 1 + null, 2 * null,null / 0;
```

查询结果如下所示。

```
_c0     _c1     _c2
NULL    NULL    NULL
Time taken: 0.183 seconds, Fetched: 1 row(s)
```

5.3 分组聚合

聚合函数、group by 子句和 having 子句经常一起出现，因此本节放在一起讲解。

5.3.1 聚合函数

Hive 提供了很多聚合函数，聚合函数既可以分组使用，又可以全局使用，最常用的聚合函数如下所示。
- count(*)：表示统计所有行数，包含 null。
- count(列名)：表示统计该列一共有多少行，不包含 null。
- sum(列名)：统计该列所有值的总和，不包含 null。
- avg(列名)：统计该列所有值的平均值，不包含 null。
- max(列名)：统计该列的最大值，不包含 null，除非所有值都是 null。
- min(列名)：统计该列的最小值，不包含 null，除非所有值都是 null。

查询 emp 表，并统计员工人数、最高薪资、最低薪资、薪资总和与平均薪资，查询语句如下所示。

```
hive (default)> select count(*) cnt,
    max(sal) max_sal,
    min(sal) min_sal,
    sum(sal) sum_sal,
    avg(sal) avg_sal
from emp;
```

查询结果如下所示。
```
cnt max_sal min_sal sum_sal avg_sal
14  5000.0  800.0   29025.0 2073.214285714286
Time taken: 29.875 seconds, Fetched: 1 row(s)
```

1. count 函数

count 函数用来统计行数，count 函数的括号中的内容是函数的参数，得到的值是函数的返回值。count 函数的参数可以是列名，也可以是*。查询语句如下所示，分别展示了 count(*)和 count(列名)的使用方式。

```
hive (default)> select count(*) total_count,
    count(job) job_count
from emp;
```

得到的查询结果如下所示。

```
total_count job_count
14          13
Time taken: 25.46 seconds, Fetched: 1 row(s)
```

可以看到，count(*)得到的返回值是 14，count(job)得到的返回值是 13。在创建 emp 表时，job 列中存在 1 个 null，因此可以得出结论，使用 count(*)统计得出的是包含 null 的所有数据的行数，使用 count(列名)统计得到的是除 null 外的数据行数，二者的区别如图 5-13 所示。

图 5-13 count(*)与 count(列名)的区别

在上述查询语句中，select count(*)的执行过程如图 5-14 所示。

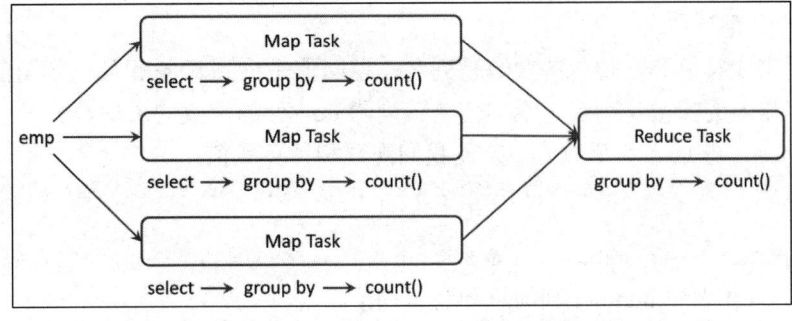

图 5-14 select count(*)的执行过程

在上面的案例中，通过使用 count(job)，我们得到了 job 列除 null 外所有岗位的个数。在这些岗位中，有很多重复的内容。在实际使用中，更有意义的需求是统计不同岗位的个数，这就意味着要对 job 列进行去重。此时，我们可以使用 distinct 关键字，查询语句如下所示。

```
hive (default)> select count(distinct job) distinct_job_count from emp;
```

查询结果如下所示。

```
distinct_job_count
5
Time taken: 21.316 seconds, Fetched: 1 row(s)
```

统计去重后的行数，如图 5-15 所示。

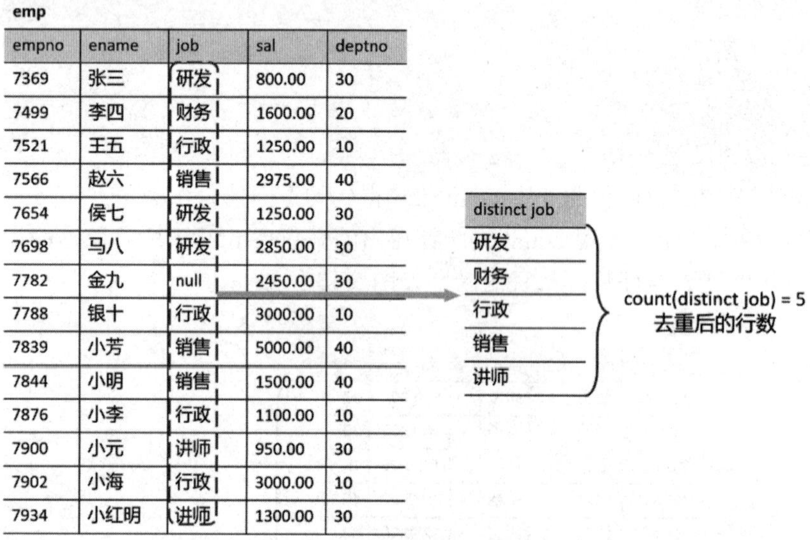

图 5-15 统计去重后的行数

distinct 关键字除了与 count 函数搭配使用，还可以单独使用，或者与其他聚合函数搭配使用。例如，单独使用 distinct 关键字来查询 job 列，查询语句如下所示。

```
hive (default)> select distinct job distinct_job from emp;
```

查询结果如下所示。

```
distinct_job
NULL
研发
行政
讲师
财务
销售
Time taken: 28.725 seconds, Fetched: 6 row(s)
```

2. sum 函数和 avg 函数

sum 函数可以用来计算总和，传入的参数是列名，返回值是该列除 null 外的数值的总和。avg 函数可以用来计算平均值，传入的参数是列名，返回值是该列除 null 外的数值的平均数。

创建表 number_test，并插入 5 个数值，方便我们观察和计算数值。

```
hive (default)> create table number_test(number int) row format delimited fields terminated by '\t';
hive (default)> insert into table number_test values (100),(200),(300),(null),(null);
```

分别统计 number_test 表中 number 列的总和与平均值。

```
hive (default)> select sum(number) sum,
```

```
    avg(number) avg
from number_test;
```
得到的结果如下所示。
```
sum     avg
600     200.0
Time taken: 32.966 seconds, Fetched: 1 row(s)
```
通过上述结果可以知道，在统计 number 列的总和与平均值时，均未将 null 计算在内，并且在计算平均值时使用的分母是 3 而不是 5，如图 5-16 所示。

$$\text{sum(number)} = 100 + 200 + 300 = 600$$

$$\text{avg(number)} = \frac{100 + 200 + 300}{3} = 200$$

图 5-16　number 列的总和与平均值

前文我们曾经提过，distinct 关键字可以与聚合函数搭配使用。查询 emp 表，搭配使用 distinct 关键字与 sum 函数，查询语句如下所示。
```
hive (default)> select sum(sal) total_sal, sum(distinct sal) total_distinct_sal from emp;
```
查询结果如下所示。
```
total_sal       total_distinct_sal
29025.00        24775.00
Time taken: 25.216 seconds, Fetched: 1 row(s)
```
可以明显地看到，去重后的 sal 列总和小于未去重的 sal 列总和，这是去除掉重复数据的结果。

接下来，我们来了解 sum 函数和 avg 函数在 MapReduce 底层的实际执行过程。

在上述查询语句中，sum 函数的执行过程如图 5-17 所示。

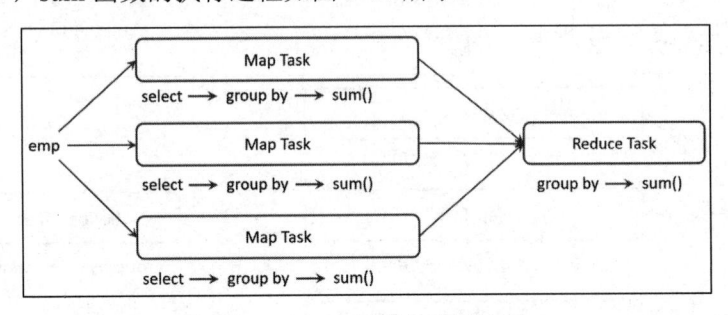

图 5-17　sum 函数的执行过程

avg 函数的执行过程如图 5-18 所示。

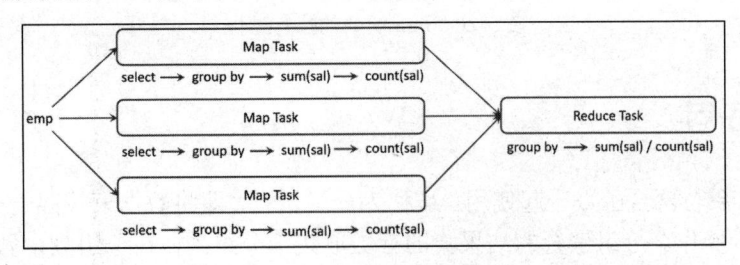

图 5-18　avg 函数的执行过程

3. max 函数和 min 函数

max 函数和 min 函数可以用来计算最大值和最小值，与 sum 函数和 avg 函数只适用于数值类型的列不同，max 函数和 min 函数适用于几乎所有数据类型的列。例如，job 列是字符串类型的，统计 job 列的最大值与最小值的查询语句如下所示。

```
hive (default)> select max(job), min(job) from emp;
```

查询结果如下所示。

```
_c0     _c1
销售    研发
Time taken: 27.413 seconds, Fetched: 1 row(s)
```

显然，上述统计没有太大的实际意义，对数值类型 sal 列的最大值与最小值进行统计更为常见，使用如下所示。

```
hive (default)> select max(sal), min(sal) from emp;
```

查询结果如下所示。

```
_c0       _c1
5000.00   800.00
Time taken: 21.576 seconds, Fetched: 1 row(s)
```

在上述查询语句中，max 函数的执行过程如图 5-19 所示。

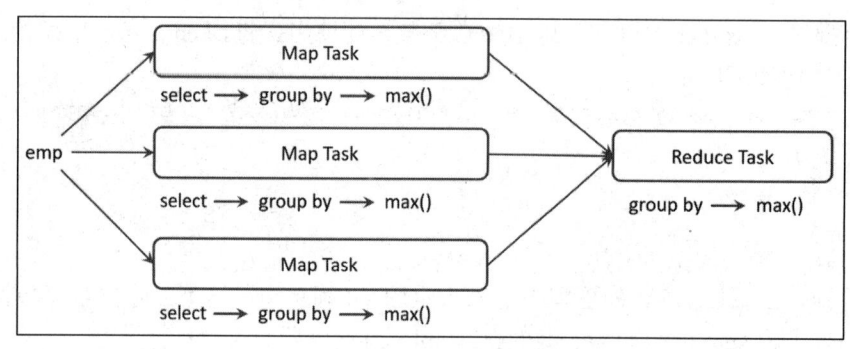

图 5-19 max 函数的执行过程

min 函数的执行过程如图 5-20 所示。

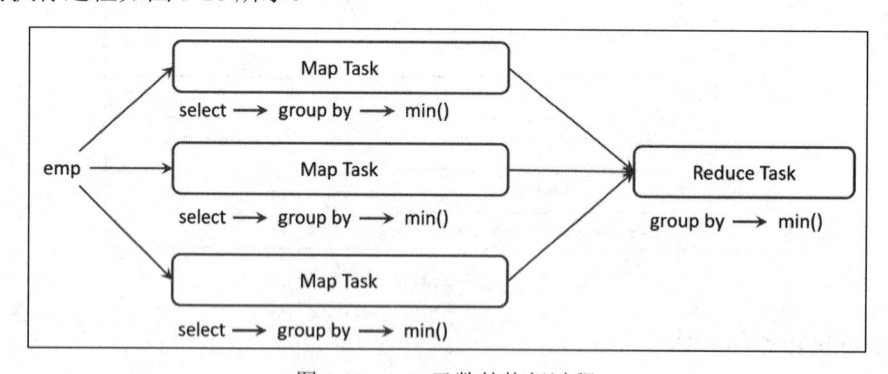

图 5-20 min 函数的执行过程

5.3.2 group by 子句

group by 子句通常会与聚合函数一起使用，被称为分组聚合，即将数据表按照一个或多个列进行分组，然后对每个组执行聚合操作。分组聚合的结果集的行数取决于分组列，在分组列中数据被分为几组，结果集就会有几行。

group by 子句是我们接触到的第 6 个子句，一般位于 where 子句（如果存在 where 子句）之后、order by 子句之前。已经接触过的子句的书写顺序为：select 子句→from 子句→where 子句→group by 子句→order by 子句→limit 子句。

我们通过 3 个案例来理解 group by 子句与聚合函数的配合应用。

（1）查询 emp 表，统计每个部门的平均薪资，查询语句如下所示。

```
hive (default)>
select
    deptno,
    avg(sal) avg_sal
from emp
group by deptno;
```

以上查询语句将 emp 表根据 deptno 列进行分组，并统计每组的平均薪资，如图 5-21 所示。

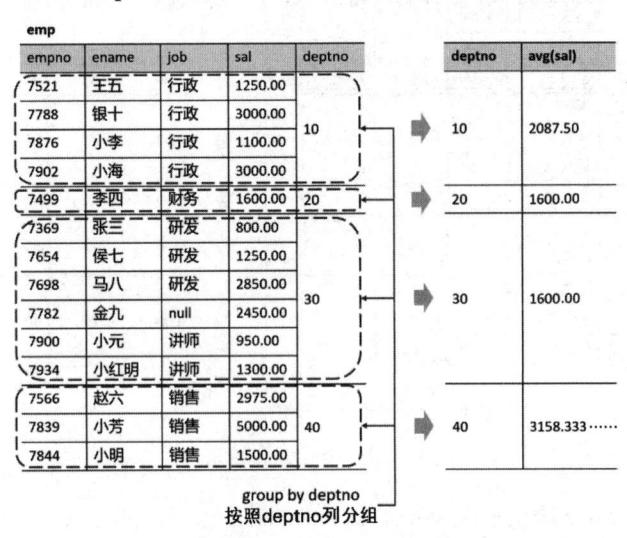

图 5-21　分组统计不同部门的平均薪资

查询结果如下所示。

```
deptno  avg_sal
10      2087.50
20      1600.00
30      1600.00
40      3158.3333333333335
Time taken: 23.709 seconds, Fetched: 4 row(s)
```

上述查询语句在 MapReduce 底层的执行过程，如图 5-22 所示。

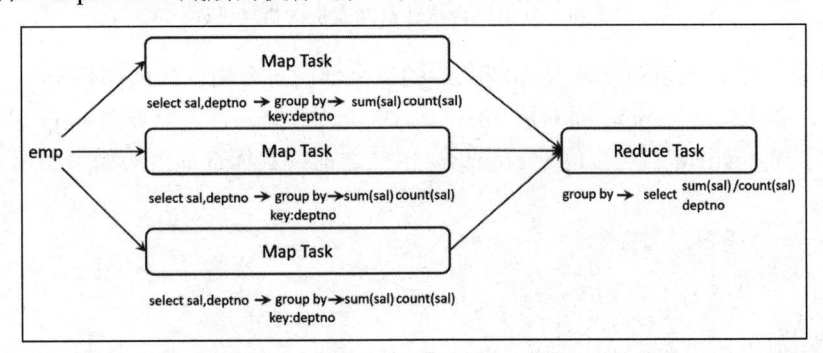

图 5-22　分组聚合计算平均值的执行过程

（2）查询 emp 表，并统计每个部门每个岗位的最高薪资，查询语句如下所示。

```
hive (default)>
select
   deptno,
   job,
   max(sal) max_sal
from emp
group by deptno, job;
```

在本案例中，我们将 deptno 列和 job 列作为组合键对 emp 表进行分组聚合，并统计每组中的最高薪资，分组聚合结果如图 5-23 所示。

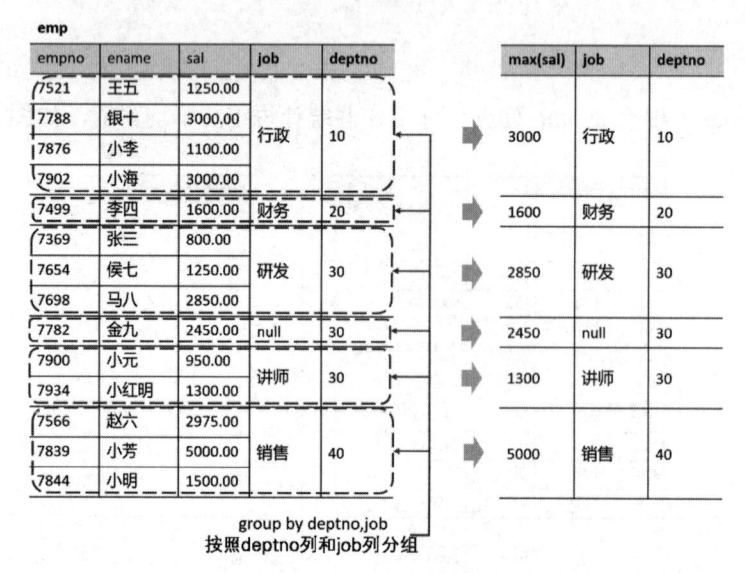

图 5-23　分组聚合结果

上述查询语句在 MapReduce 底层的实际执行过程，如图 5-24 所示。

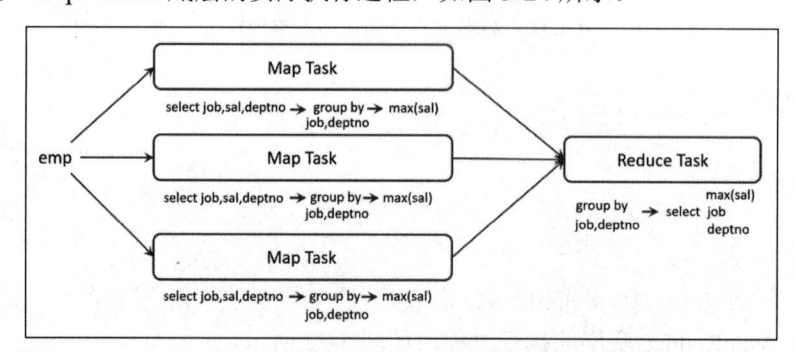

图 5-24　分组聚合统计最高薪资的执行过程

（3）查询 emp 表，统计 deptno 列不是 10 和 20 的每个部门每个岗位的最高薪资。

根据案例需求，要想统计 deptno 列不是 10 和 20 的相关数据，首先需要对 emp 表进行筛选过滤，这就需要使用 where 子句。where 子句应位于 group by 子句之前，具体查询语句如下所示。

```
hive (default)>
select
   deptno,
   job,
   max(sal) max_sal
from emp
where deptno not in(10,20)
group by deptno, job;
```

其次在使用 where 子句后，会先对 emp 表进行筛选过滤，再对数据进行分组聚合，如图 5-25 所示。

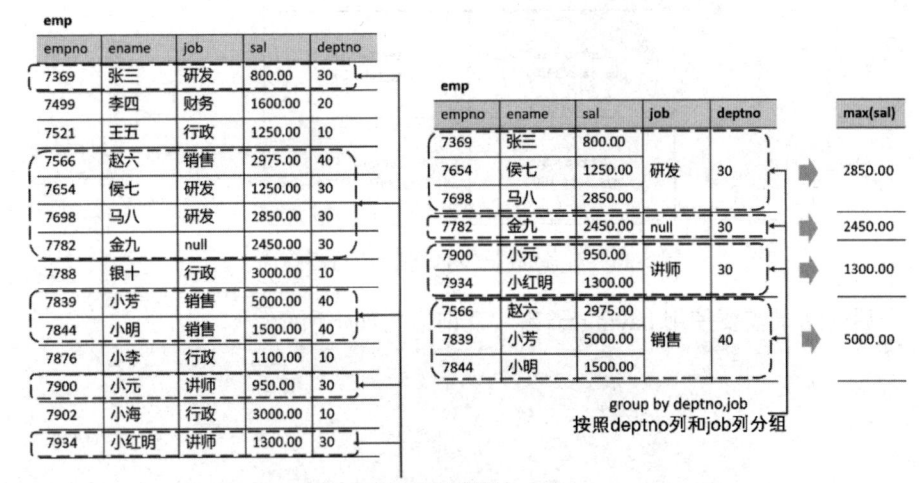

图 5-25 where 子句与 group by 子句联合使用

查询结果如下所示。
```
deptno  job      max_sal
30      NULL     2450.00
30      研发     2850.00
30      讲师     1300.00
40      销售     5000.00
Time taken: 51.517 seconds, Fetched: 4 row(s)
```

可以看到，同案例二相比，聚合结果只剩下 4 行，这就是使用 where 子句过滤过 emp 表的结果。

注意：在使用 group by 子句时，最需要记住的一点是，select 关键字后的列只能有 2 种——分组列和聚合函数，不能出现其他列，否则会报错。在使用 group by 子句对数据表分组之后，分组列与非分组列形成了一对多的关系，若想分组列与非分组列形成一对一的关系，则需要对非分组列使用聚合函数。

在使用 group by 子句时还应注意，分组列中不能出现列别名，否则就会报错。例如，现有以下查询语句，在 select 子句中，为 deptno 列起别名为 dn，并在 group by 子句中使用了 dn，得到的结果就是错误的。

```
hive (default)>
select
    deptno dn,
    job,
    max(sal) max_sal
from emp
where deptno not in(10,20)
group by dn, job;
```

5.3.3 having 子句

使用 having 子句可以对不满足条件的结果进行过滤。需要注意的是，having 子句只能对使用 group by 子句进行分组统计之后的结果集进行过滤，不能单独使用。

接下来我们通过 2 个案例来学习 having 子句的使用方式。

（1）查询 emp 表，统计平均薪资大于 2000 元的部门。

对上述需求进行拆分，首先统计各部门的平均薪资，其次筛选平均薪资大于 2000 元的结果。统计各部

59

门的平均薪资很简单，使用分组聚合即可，如图 5-26 所示，我们只想得到平均薪资大于 2000 元的结果。

图 5-26　对各部门平均薪资结果进行筛选

过滤分组聚合后的结果需要使用 having 子句，查询语句如下所示。

```
hive (default)>
select
    deptno,
    avg(sal) avg_sal
from emp
group by deptno
having avg_sal > 2000;
```

以上查询语句的执行过程，如图 5-27 所示。

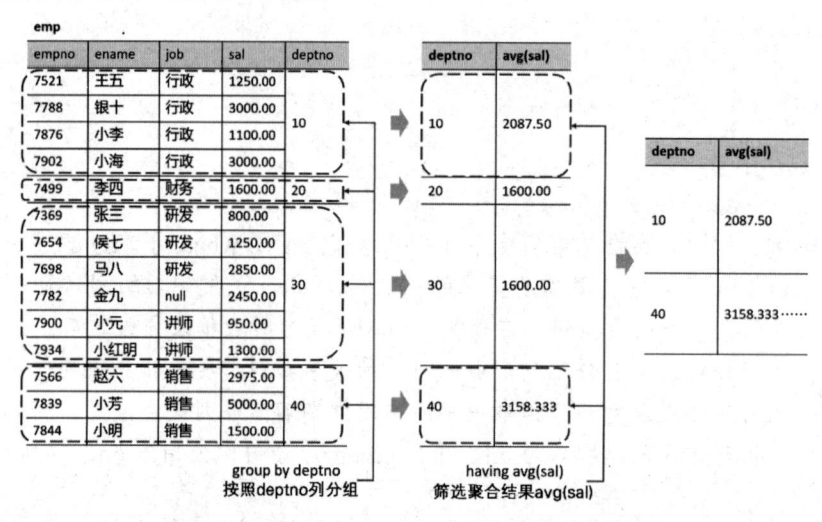

图 5-27　使用 having 子句对平均薪资进行筛选

查询结果如下所示。

```
deptno  avg_sal
10  2087.50
40  3158.3333333333335
Time taken: 29.74 seconds, Fetched: 2 row(s)
```

上述查询语句在 MapReduce 底层的实际执行过程，如图 5-28 所示。

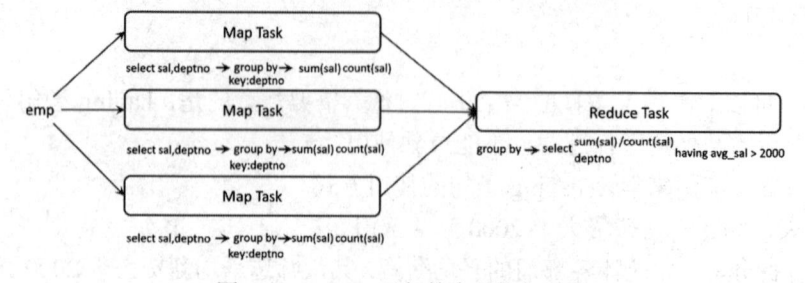

图 5-28　having 子句的底层执行过程

需要注意，having 子句位于 group by 子句之后。在本案例中，我们使用 having 子句对分组聚合结果集进行筛选过滤，从而得到我们需要的结果。

可能有读者会有疑问，这里能否使用 where 子句对结果进行筛选？

```
hive (default)>
select
    deptno,
    avg(sal) avg_sal
from emp
where avg(sal) > 2000
group by deptno;
```

执行以上查询语句后，Hive 立即报错，主要报错信息如下所示。

```
FAILED: SemanticException [Error 10128]: Line 5:6 Not yet supported place for UDAF 'avg'
```

出现以上报错信息的原因是，where 子句中不能出现聚合函数，不能用来过滤分组聚合后的结果。如果想要使用 where 子句，就需要再嵌套一层子查询，这与使用 having 子句的效果等价，但这种写法增加了查询语句的复杂程度。

（2）查询 emp 表，统计部门编号（deptno）大于 20 且平均薪资（avg_sal）大于 2000 元的部门。

通过上面的案例，我们已经知道在 where 子句中不能使用聚合函数，要想对分组聚合的结果进行筛选过滤，只能使用 having 子句，因此可以得到以下查询语句。

```
hive (default)>
select
    deptno,
    avg(sal) avg_sal
from emp
where deptno > 20
group by deptno
having avg_sal > 2000;
```

查询结果如下所示。

```
deptno  avg_sal
40      3158.3333333333335
Time taken: 23.614 seconds, Fetched: 1 row(s)
```

有读者可能会问，是否可以利用 having 子句替代 where 子句执行简单的筛选工作呢？答案是可以的。查询语句如下所示。

```
hive (default)>
select
    deptno,
    avg(sal) avg_sal
from emp
group by deptno
having deptno > 20 and avg_sal > 2000;
```

从中可以看到，同样可以得到查询结果。

但是需要注意，此时写在 having 子句中的必须是聚合函数或在 group by 子句中出现的分组列，例如，上述查询语句中的 avg_sal 列和 deptno 列。

虽然使用这两种写法都能得到最终结果，但是我们并不建议这样做。由 group by 子句中的分组列构成的条件表达式写在 where 子句中更加合理，因此我们更推荐第一种写法。对此，我们可以简单总结出一个原则，那就是"where 子句用于筛选行，having 子句用于筛选组"。

了解了这一原则，我们就应该明白 having 子句与 group by 子句不可分割的关系，只有使用 group by 子句，having 子句对分组结果的筛选过滤才有意义。

到此为止，我们已经学习了 Hive 查询语句中的所有关键子句，包括 select 子句、from 子句、where 子句、group by 子句、having 子句、order by 子句和 limit 子句，这些均是最常用的子句，读者应该多加练习，并熟练掌握子句的书写顺序，顺序如下所示。

```
select [all | distinct] select_expr, select_expr, ...
from table_reference
[where where_condition]
[group by col_list]
[having having_condition]
[order by col_list]]
[limit number];
```

5.4 join 连接

join 连接是标准 SQL 中的一个重要部分，Hive 也支持 join 连接的相关操作。join 连接的作用是，通过连接键将两个表的列组合起来，从而将数据库中的两个或更多个表的记录合并起来。join 连接可以将其他表的列添加至连接主表，如图 5-29 所示，表 A 通过与表 B 连接，获取到了表 B 的列。

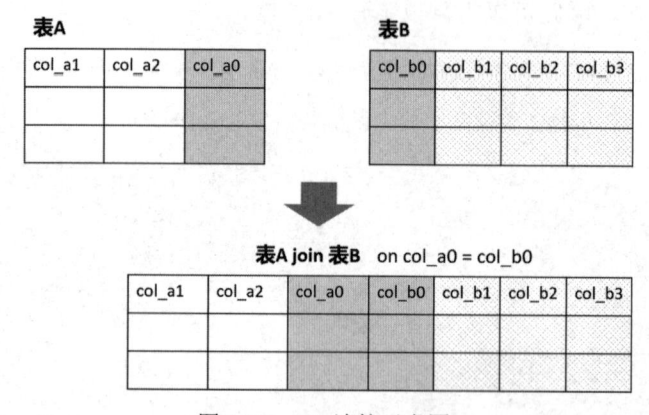

图 5-29　join 连接示意图

在数据库或数据仓库的日常工作中，通常无法从一个表中获取全部期望数据。例如，在电商系统中，订单表的一行数据包含订单 id、用户 id、商品 id、订单金额等信息，若想获取用户的详细信息，则需要通过用户 id 将订单表与用户表连接；若想获取商品的详细信息，则需要通过商品 id 将订单表与商品表连接。

本节将要讲解的就是 Hive 中的 join 连接操作。Hive 的 join 连接与传统数据库的 join 语法有相似之处，但也存在细微不同，读者在使用过程中需要注意这些不同点。

5.4.1 join 连接语法的简介与表别名

Hive 官网提供的 join 连接的完整语法如下所示，为了与其他关键字区别显示，这里将与 join 连接相关的关键字均加粗显示。

```
join_table:
    table_reference [inner] join table_factor [join_condition]
  | table_reference {left|right|full} [outer] join table_reference join_condition
  | table_reference left semi join table_reference join_condition
  | table_reference cross join table_reference [join_condition] (as of hive 0.10)
```

```
table_reference:
    table_factor
    | join_table

table_factor:
    tbl_name [alias]
    | table_subquery alias
    | ( table_references )

join_condition:
    on expression
```

上面给出的就是 join 连接的完整语法，读者在初次接触的时候可能较难接受和理解，在后面的内容中，将会给出更详细的展示和练习。

在以上 join 连接语法中，有三个重要的组成部分，分别是 table_reference、table_factor 和 join_condition。

join_condition 的概念比较容易理解，其是两表连接的连接条件、由 on 关键字开头的连接条件表达式，如 on tableA.col_a = tableB.col_b。那么，table_reference 和 table_factor 分别代表什么呢？

table_reference 的含义是表引用，在这里指连接的主表，可以是表名、表别名或子查询别名。

table_factor 是对表引用内容的扩充和功能的增强，在这里指被连接的从表，可以是表名、表别名或子查询别名。

table_reference、table_factor 和 join_condition 的简单示意图如图 5-30 所示。

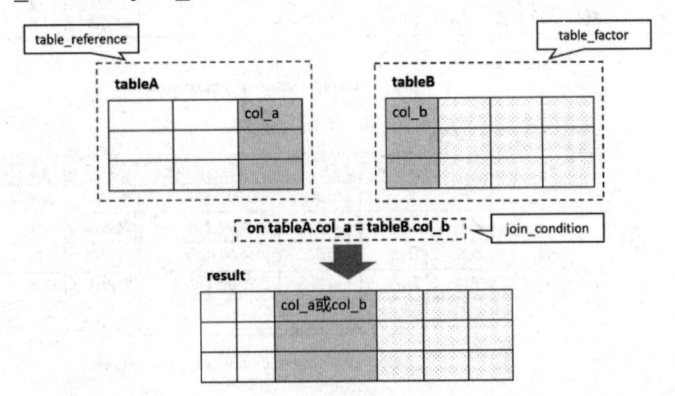

图 5-30　table_reference、table_factor 和 join_condition 的简单示意图

接下来我们展示一个典型的 join 连接案例。

通过 join 连接查询所有员工的员工编号、员工姓名和部门名称。因为员工编号（empno）列和员工姓名（ename）列在 emp 表中，部门名称（dname）列在 dept 表中，所以需要使用 join 连接将 emp 表和 dept 表组合起来，连接条件就是 emp 表的 deptno 列和 dept 表的 deptno 列相等，如此就能查询到 emp 表中不存在的 dname 列，查询语句如下所示。

```
hive (default)>
select
    emp.empno,
    emp.ename,
    dept.dname
from emp
join dept
on emp.deptno = dept.deptno;
```

查询结果如下所示。

```
emp.empno      emp.ename      dept.dname
7369           张三           教学部
7499           李四           财务部
7521           王五           行政部
7566           赵六           销售部
7654           侯七           教学部
7698           马八           教学部
7782           金九           教学部
7788           银十           行政部
7839           小芳           销售部
7844           小明           销售部
7876           小李           行政部
7900           小元           教学部
7902           小海           行政部
7934           小红明         教学部
Time taken: 52.962 seconds, Fetched: 14 row(s)
```

通过 join 连接，我们获取了 emp 表（连接主表）中不存在的 dname 列，emp 表与 dept 表的连接过程如图 5-31 所示。

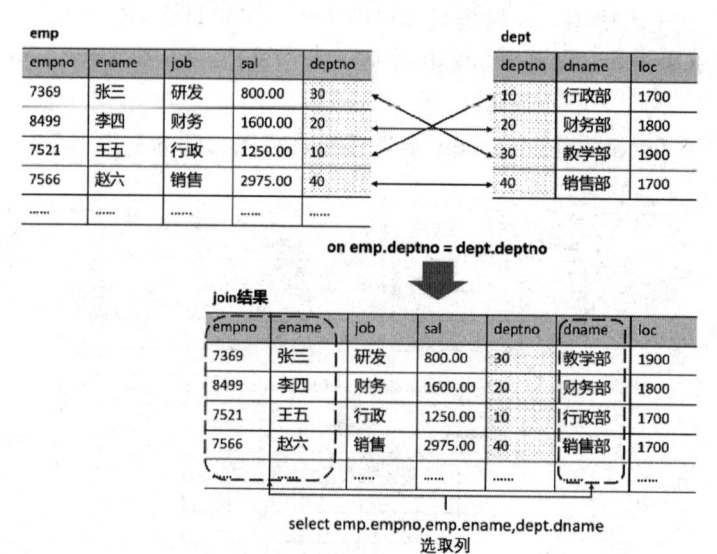

图 5-31 emp 表与 dept 表的连接过程

以上的典型 join 连接查询语句的实际执行过程，如图 5-32 所示。

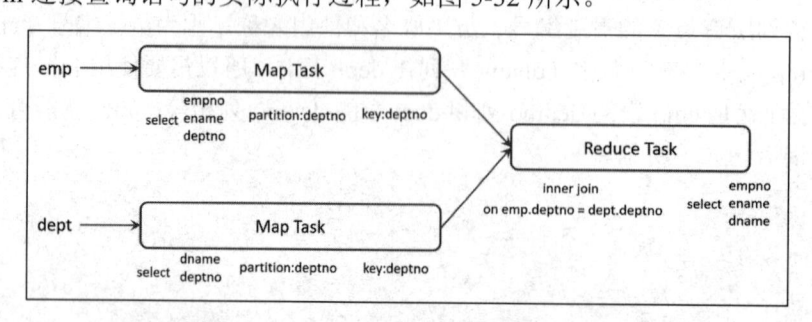

图 5-32 join 连接查询语句的实际执行过程

以上案例就是对 join 连接的标准应用，随着时间的推移，Hive 的 join 连接语法有了很大的变化和发展。

从 Hive 0.13.0 版本开始，Hive 开始支持隐式连接符号。隐式连接符号的含义是，允许使用 from 子句连接以逗号分隔的列表，省略 join 关键字。例如，省略 join 关键字的连接语句如下所示。

```
select *
from tableA, tableB, tableC
where tableA.col_a = tableB.col_b and tableB.col_b = tableC.col_c;
```

从 Hive 0.13.0 开始，Hive 开始支持不合格的列引用。合格的列引用指的是 table_name.col_name 类型的引用，其可以精确地指向对应列。自 Hive 0.13.0 开始，Hive 尝试根据 join 连接的输入来解决这些问题，将不合格的列引用对应到正确的表上。当不合格的列引用被解析为多个表时，Hive 才会将其标记为不明确的引用。例如，现有以下两个表，每个表有两个列。

```
create table a (k1 string, v1 string);
create table b (k2 string, v2 string);
```

以下查询语句即为不合格的列引用，其中，k1 列和 k2 列分属不同表，即使未标明表名，Hive 也可以正确解析。

```
select k1, v1, k2, v2
from a join b on k1 = k2;
```

从 Hive 2.2.0 版本开始，Hive 开始支持在 on 子句中使用复杂表达式，并且支持不等值连接。复杂条件表达式和不等值连接语句如下所示。

```
select * from a join b on a.id = b.id and a.no = b.no;
select * from a left outer join b on a.id <> b.id;
```

在前面的讲解中，我们已经提到过一个概念——表别名。除了给列起别名，我们还可以给表起别名。使用表别名可以简化查询语句，并且区分列的来源。

以本节的案例为例，为 emp 表起别名 e，为 dept 表起别名 d，简化后如下所示。

```
hive (default)>
select
    e.empno,
    e.ename,
    d.dname
from emp e
join dept d
on e.deptno = d.deptno;
```

为表起别名并不是必须的，直接使用表原名也可以完成查询。但是当表名太长时，会影响语句的可读性。从本节开始，后文中的查询语句将开始使用表别名简化查询语句。

5.4.2 数据准备

为了使表连接的结果更丰富，我们需要对 5.1 节准备的数据进行一定程度的扩充，即在 dept 表和 emp 表中分别插入两条数据。

```
hive (default)> insert into table dept values (50, '运营部', 1800), (60, '人事部', 1600);
hive (default)> insert into table emp values (7789, '丁一', '助教', 1200.00, 70), (7989, '艾斯', '助教', 1300.00, 70);
```

为了更好地演示多表连接，在 5.1 节准备的数据的基础上，我们还需要再创建一个位置表 location。

首先在 /opt/module/hive/datas 目录下创建文件 location.txt，并输入以下内容。文件中的两列数据分别是部门位置编号（loc）和部门位置（loc_name）。

```
[atguigu@hadoop102 datas]$ vim location.txt

1700    北京
1800    上海
1900    深圳
```

其次创建位置表 location。

```
hive (default)>
create table if not exists location(
    loc int,              -- 部门位置编号
    loc_name string       -- 部门位置
)
row format delimited fields terminated by '\t';
```

最后加载数据。

```
hive (default)> load data local inpath '/opt/module/hive/datas/location.txt' into table
location;
```

5.4.3 连接分类

Hive 支持的连接类型有 inner join（内连接）、left outer join（左外连接）、right outer join（右外连接）、full outer join（满外连接）、cross join（交叉连接，也叫作笛卡儿积连接）。

1. 内连接

在内连接中，进行连接的两个表中与连接条件相匹配的数据才会被保留下来。内连接示意图如图 5-33 所示。使用内连接时，inner join 中的 inner 关键字可以省略。

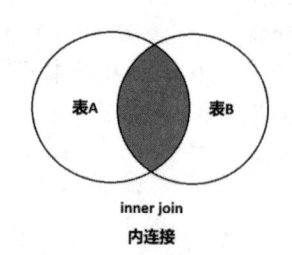

图 5-33　内连接示意图

例如，使用如下查询语句统计员工的基本信息和部门信息，此时只会返回 emp 表与 dept 表的 deptno 列成功连接的数据。

```
hive (default)>
select
    e.empno,
    e.ename,
    d.deptno
from emp e
join dept d
on e.deptno = d.deptno;
```

如图 5-34 所示为 emp 表与 dept 表的内连接过程示意图，其中画×的数据都未在 join 连接的结果（以下简称"join 结果"）中保留，而是只保留了连接成功的数据。

图 5-34　emp 表与 dept 表的内连接过程示意图

查询结果如下所示。

```
e.empno e.ename  d.deptno
7369    张三      30
7499    李四      20
7521    王五      10
7566    赵六      40
7654    侯七      30
7698    马八      30
7782    金九      30
7788    银十      10
7839    小芳      40
7844    小明      40
7876    小李      10
7900    小元      30
7902    小海      10
7934    小红明    30
Time taken: 36.959 seconds, Fetched: 14 row(s)
```

在编写内连接语句时，join 子句体现了表与表之间的连接关系，表名也可以使用子查询替代。

on 子句用来指定 join 连接的连接条件，必须紧跟在 join 子句之后出现。连接条件可以使用等号连接，也可以使用其他比较运算符，如>、<>等。当使用等号连接时，就是等值连接；当使用不等号时，就是不等值连接。

join 连接发生在 where 子句执行之前，因此，如果想要限制连接语句的输出结果，就应在 where 子句中提出要求。例如，对内连接的结果进行筛选，只保留 sal 列大于 2000 的数据。

```
hive (default)>
select
    e.empno,
    e.ename,
    e.sal,
    d.deptno
from emp e
join dept d
on e.deptno = d.deptno
where e.sal > 2000;
```

查询结果如下所示，从中可以看到，数据行数相对于上一个案例减少了。

```
e.empno e.ename  e.sal     d.deptno
7566    赵六     2975.00   40
7698    马八     2850.00   30
7782    金九     2450.00   30
7788    银十     3000.00   10
7839    小芳     5000.00   40
7902    小海     3000.00   10
Time taken: 29.096 seconds, Fetched: 6 row(s)
```

2. 左外连接

左外连接的完整语法如下所示，left outer join 中的 outer 关键字可以省略。以下示例语句将为 tableA 中的每一行输出一行对应数据。当存在等于 a.key 的 b.key 时，该输出行将是 a.val、b.val；当没有对应的 b.key 时，输出行将是 a.val、null。tableB 中没有相应 a.key 的行将被删除。

```
select a.val, b.val from tableA a left outer join tableB b on (a.key=b.key)
```

在左外连接中，join 关键字左边的表中所有符合 where 子句中的连接条件（如果存在 where 子句）的记录都将会被返回。在连接时，若 join 关键字右边的表中没有找到符合连接条件的记录，则从右边的表中选择的列的值将会是 null。

我们需要理解语法中的 from tableA a left outer join tableB b，在这个语句中，tableA 在 tableB 的左边，tableA 是左表也是连接主表，因此来自 tableA 的所有行都会被保留，如图 5-35 所示。

依然以统计员工的基本信息和部门信息为例，使用左外连接编写的查询语句如下所示。其中，emp 表为左表，dept 表为右表。在最终结果中，emp 表的全部记录都会被返回，若 emp 表中有些数据对应的 deptno 列的值在 dept 表中不能找到对应记录，则 d.deptno 列和 d.dname 列显示为 null，这样的数据表明这些员工的部门编号在 dept 表中没有记录。

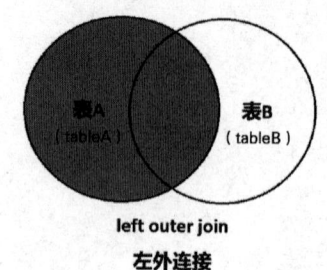

图 5-35　左外连接示意图

```
hive (default)>
select
    e.empno,
    e.ename,
    d.deptno,
    d.dname
from emp e
left join dept d
on e.deptno = d.deptno;
```

如图 5-36 所示为 emp 表与 dept 表的左外连接过程示意图。在两个表未连接上的数据中，只有 emp 表中的数据得以保留，并且 dept 表中没有对应值的列以 null 进行了补充。

图 5-36　emp 表与 dept 表的左外连接过程示意图

查询结果如下所示。

```
e.empno e.ename d.deptno    d.dname
7789    丁一      NULL       NULL
7989    艾斯      NULL       NULL
7369    张三      30         教学部
7499    李四      20         财务部
7521    王五      10         行政部
7566    赵六      40         销售部
7654    侯七      30         教学部
```

```
7698    马八      30      教学部
7782    金九      30      教学部
7788    银十      10      行政部
7839    小芳      40      销售部
7844    小明      40      销售部
7876    小李      10      行政部
7900    小元      30      教学部
7902    小海      10      行政部
7934    小红明    30      教学部
Time taken: 22.408 seconds, Fetched: 16 row(s)
```

3. 右外连接

右外连接的完整语法如下所示，right outer join 中的 outer 关键字可以省略。

```
select a.val, b.val from tableA a right outer join tableB b on (a.key=b.key)
```

可以看到，右外连接与左外连接的语法基本相同。在该语法的 from tableA a right outer join tableB b 语句中，tableB 为右表也是连接主表，因此 tableB 中的所有行都将被保留，如图 5-37 所示。在连接时，若 join 关键字左边的表中没有找到符合连接条件的记录，则从左表（tableA）中选择的列的值将会是 null。

继续以 emp 表和 dept 表为例，使用右外连接将 emp 表与 dept 表连接起来，查询语句如下所示。在以下查询语句中，dept 表是右表，也是连接主表，因此 dept 表中的全部记录都会被返回。若 dept 表中的 deptno 列在 emp 表中不能找到对应记录，则 e.empno 列和 e.ename 列显示为 null，这样的数据表明这些部门编号代表的部门在 emp 表中没有记录。

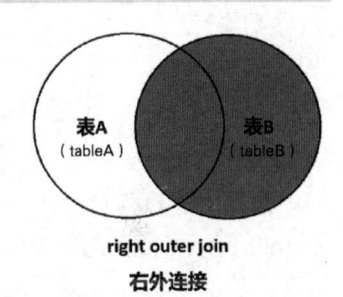

图 5-37 右外连接示意图

```
hive (default)>
select
    e.empno,
    e.ename,
    d.deptno
from emp e
right join dept d
on e.deptno = d.deptno;
```

如图 5-38 所示为 emp 表与 dept 表的右外连接过程示意图，其中，在两个表未连接上的数据中，只有右表（dept 表）中的数据得以保留，左表（emp 表）中没有对应值的列以 null 进行了补充。

图 5-38 emp 表与 dept 表的右外连接过程示意图

查询结果如下所示。

```
e.empno e.ename d.deptno
NULL    NULL    50
NULL    NULL    60
7521    王五    10
7788    银十    10
7876    小李    10
7902    小海    10
7499    李四    20
7369    张三    30
7654    侯七    30
7698    马八    30
7782    金九    30
7900    小元    30
7934    小红明  30
7566    赵六    40
7839    小芳    40
7844    小明    40
Time taken: 25.57 seconds, Fetched: 16 row(s)
```

根据上述执行过程，很容易想到，可以将以上右外连接的查询语句改写为 dept 表左外连接 emp 表，如图 5-39 所示，得到的结果将完全相同。在实际开发中，左外连接和右外连接完全可以互换，开发者可以根据自己的需要进行选择。在通常情况下，左外连接的使用更为普遍。

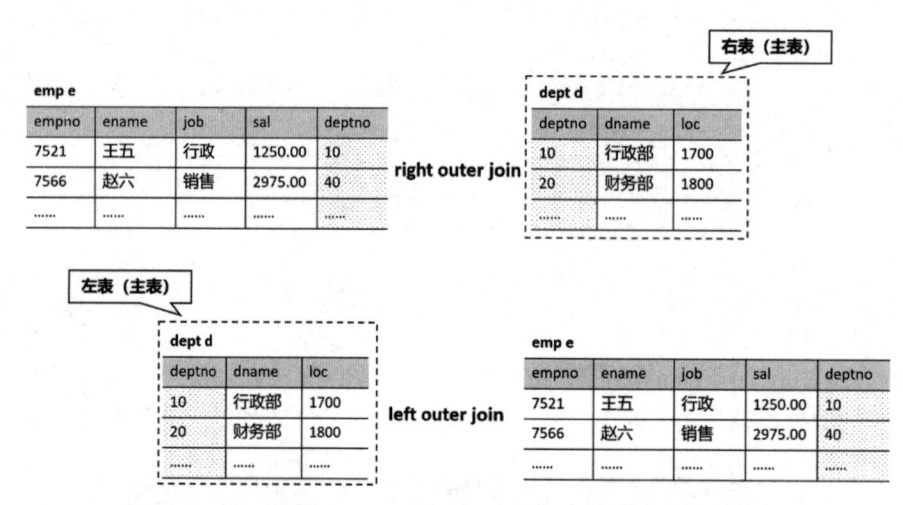

图 5-39 左外连接与右外连接的转换

4. 满外连接

满外连接也被称为全外连接，将会返回所有表中符合 where 子句条件的所有记录，如图 5-40 所示。full outer join 中的 outer 关键字可以省略。如果任意一表的指定列没有符合条件的值，那么就使用 null 替代。

继续以 emp 表和 dept 表为例，使用满外连接的查询语句如下所示。

```
hive (default)>
select
    e.empno,
    e.ename,
    d.deptno
from emp e
```

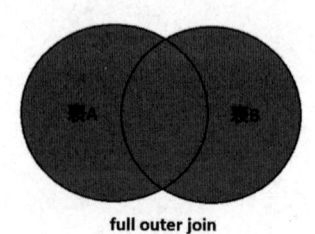

图 5-40 满外连接示意图

```
full join dept d
on e.deptno = d.deptno;
```

如图 5-41 所示为 emp 表与 dept 表的满外连接过程示意图，从中可以看到，在 2 个表中所有数据都被保留了。

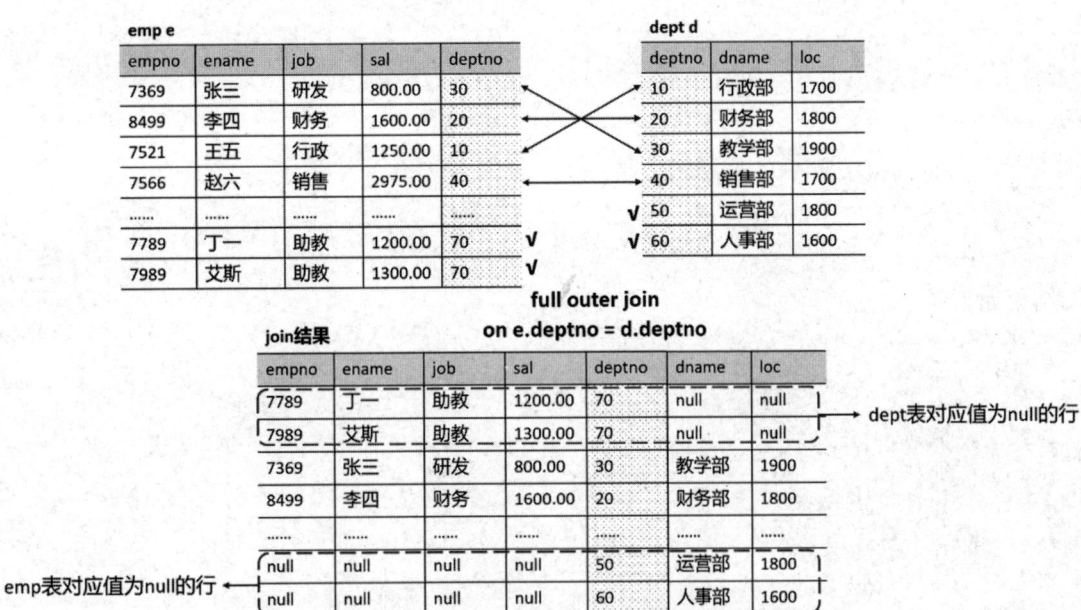

图 5-41 emp 表与 dept 表的满外连接过程示意图

查询结果如下所示。

```
e.empno e.ename d.deptno
7521    王五     10
7788    银十     10
7902    小海     10
7876    小李     10
7499    李四     20
7934    小红明   30
7900    小元     30
7782    金九     30
7698    马八     30
7654    侯七     30
7369    张三     30
7839    小芳     40
7844    小明     40
7566    赵六     40
NULL    NULL    50
NULL    NULL    60
7789    丁一     NULL
7989    艾斯     NULL
Time taken: 44.576 seconds, Fetched: 18 row(s)
```

比较容易想到的是，满外连接的结果就是左外连接与右外连接结果的并集。

5.4.4 多表连接

join 连接除了可以实现 2 个表之间的连接，还可以实现多表连接。需要注意的是，若要连接 n 个表，

则至少需要 $n-1$ 个连接条件。例如，若要连接 3 个表，则至少需要 2 个连接条件。

将 emp 表、dept 表和 location 表这 3 个表进行连接，查询语句如下所示。

```
hive (default)>
select
    e.ename,
    d.dname,
    l.loc_name
from emp e
join dept d
on d.deptno = e.deptno
join location l
on d.loc = l.loc;
```

查询结果如下所示。

```
e.ename  d.dname  l.loc_name
张三      教学部    深圳
李四      财务部    上海
王五      行政部    北京
赵六      销售部    北京
侯七      教学部    深圳
马八      教学部    深圳
金九      教学部    深圳
银十      行政部    北京
小芳      销售部    北京
小明      销售部    北京
小李      行政部    北京
小元      教学部    深圳
小海      行政部    北京
小红明    教学部    深圳
Time taken: 26.556 seconds, Fetched: 14 row(s)
```

在大多数情况下，Hive 会为每对 join 连接的连接对象启动一个 MapReduce 任务。在本例中，会首先启动一个 MapReduce 任务对 emp 表和 dept 表进行连接，再启动一个 MapReduce 任务将第一个 MapReduce 任务的输出和 location 表进行连接。

请思考一个问题，为什么不是 dept 表和 location 表先进行连接呢？这是因为 Hive 的查询语句解析总是按照从左到右的顺序执行的。

在以上查询语句中，2 个 join 连接均选用的是内连接。我们来分析以上查询语句的执行过程。首先，emp 表与 dept 表进行内连接，获得的结果是两表的共有行；其次，将结果与 location 表进行内连接，此时会发现，最终结果集中并不包含 emp 表中所有员工的信息，因为在 emp 表与 dept 表的内连接过程中，emp 表中的一部分行由于在 dept 表没有对应值而被丢弃了。

以 3 个表为例进行讲解，其结构示意图如图 5-42 所示。

a

key	val1	val2
1	v01	v11
2	v02	v12
3	v03	v13

b

key	val
1	v21
2	v22

c

key	val
2	v32
3	v33

图 5-42　3 个表的结构示意图

针对上述 3 个表执行以下查询语句。

```
select a.val1, a.val2, b.val, c.val
```

```
from a
join b on (a.key = b.key)
left outer join c on (a.key = c.key)
```

分析以上查询语句的执行过程,如图 5-43 所示,首先执行表 a 内连接表 b,会丢弃掉表 a 在表 b 中没有对应键的内容,即图 5-42 中表 a 的 key 为 3 的数据。当表 a 与表 b 的内连接结果再与表 c 进行左外连接时,表 c 与表 a 的共同键所有行(key 为 3 的数据)将不会出现,因为这行数据在表 a 与表 b 的内连接过程中已经被丢弃了,这样的结果显然是不完整的。

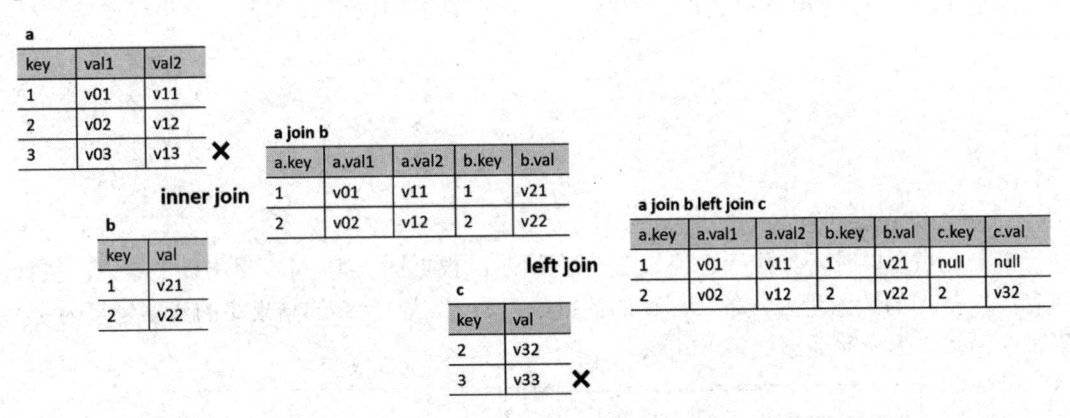

图 5-43 表 a 内连接表 b 左外连接表 c 的执行过程

为了达到更完整且直观的效果,我们应该对查询语句进行如下修改。

```
select a.val1, a.val2, b.val, c.val
from a
left join b on (a.key = b.key)
left join c on (a.key = c.key)
```

修改后,查询语句的执行过程如图 5-44 所示,这样的结果就是完整的。

图 5-44 修改后查询语句的执行过程

以上案例的讲解希望能令读者感受到,在进行多表连接时,表的连接顺序和选用的连接类型都会影响最终的结果集,因此在选用连接类型时,读者应该谨慎分析。

5.4.5 笛卡儿积连接

Hive 中提供了 cross join 关键字,用于实现笛卡儿积连接。

在将 hive.strict.checks.cartesian.product 参数设置为 true 的严格模式下,以上语法不能实现,只有将该参数设置为 false 时，以上语法才可以使用。

以 emp 表和 dept 表为例，使用 cross join 关键字完成笛卡儿积连接。

```
hive (default)>
select
    empno,
    dname
from emp cross join dept;
```

笛卡儿积连接不需要使用连接条件，省略 cross join 关键字也可以达到笛卡儿积连接的效果，如下所示。

```
hive (default)>
select
    empno,
    dname
from emp ,dept;
```

在进行笛卡儿积连接时，其执行过程如图 5-45 所示。根据图 5-45 可以提出以下结论，执行笛卡儿积连接的两表，若表 A 的数据量为 n 条，表 B 的数据量为 m 条，则最终的结果集的数据量将为 $n \times m$ 条，因此在使用时应谨慎，尽量避免造成笛卡儿积。

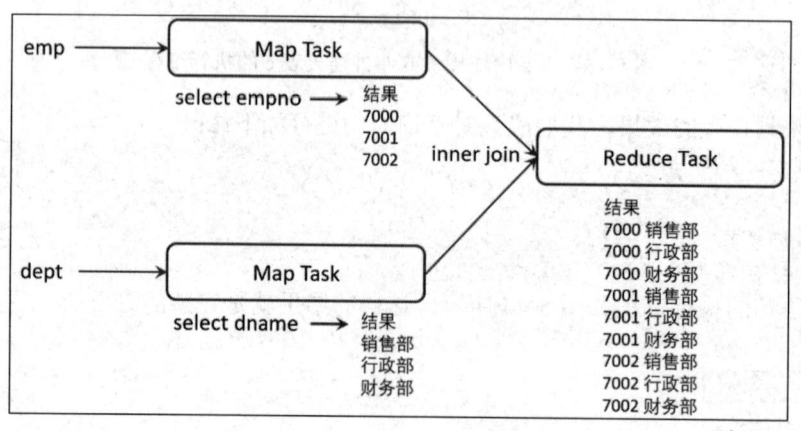

图 5-45　笛卡儿积连接的执行过程

5.4.6　join 连接与 MapReduce 程序

我们已经知道，Hive SQL 会被解析成 MapReduce 任务。一个简单的双表 join 查询语句，会被解析成一个 MapReduce 任务。

对于多表连接中的每个表，如果在 on 子句中使用相同的列组成连接条件，那么 Hive 就会将多个表的连接转换为单个 MapReduce 任务，如下所示。

```
select a.val, b.val, c.val from a join b on (a.key = b.key1) join c on (c.key = b.key1)
```

以上查询语句就被转换为单个 MapReduce 任务，因为在连接中只涉及表 b 的 key1 列。

如下所示的查询语句将会被转换为两个 MapReduce 任务，因为来自表 b 的 key1 列应用于第一个连接条件，而来自表 b 的 key2 列应用于第二个连接条件。第一个 MapReduce 任务连接表 a 和表 b，然后在第二个 MapReduce 任务中将结果与表 c 连接。

```
select a.val, b.val, c.val from a join b on (a.key = b.key1) join c on (c.key = b.key2)
```

在连接的每个 Map/Reduce 任务中，序列中的最后一个表会通过 Reduce 任务进行流式传输，而其他表则会被缓冲。因此，通过合理安排 join 连接顺序，使最大的表出现在序列的最后，有助于减少在 Reduce 任务中，缓冲连接键的特定值所在行所需的内存，查询语句如下所示。

```
select a.val, b.val, c.val from a join b on (a.key = b.key1) join c on (c.key = b.key1)
```
三个表都在一个单独的 MapReduce 任务中进行连接，对于表 a 和表 b 的键值的特定值，它们会在 Reduce 任务的内存中被缓冲；对于从表 c 中检索到的每一行，都会使用缓冲行进行连接，查询语句如下所示。
```
select a.val, b.val, c.val from a join b on (a.key = b.key1) join c on (c.key = b.key2)
```
计算连接涉及两个 MapReduce 任务。其中，第一个任务将表 a 与表 b 进行连接，并在 Reduce 任务中流式传输表 b 的值时缓冲表 a 的值；第二个任务则在 Reduce 任务中缓冲第一个连接结果，同时通过 Reduce 任务流式传输表 c 的值。

5.4.7 联合（union&union all）

除表与表之间有条件的连接外，Hive 还支持表之间的联合，使用的关键字是 union 或 union all。表之间的联合含义是，将两个查询语句的查询结果直接拼接在一起，关键语法如下所示。

```
select_statement union [all | distinct] select_statement union [all | distinct] select_statement ...
```

通过以上语法可以得知，union 关键字用于将多个查询语句的结果组成一个结果集。Hive 1.2.0 之前的版本只支持 union all 关键字，也就是不去重的表联合。

使用 union 关键字和 union all 关键字时，要注意以下几点。
- union 关键字和 union all 关键字都是将查询语句的查询结果上下联合，这一点和 join 连接是有区别的，join 连接实现的是两表的"左右连接"，union 关键字和 union all 关键字实现的是"上下拼接"。
- union 关键字会对联合结果去重，union all 关键字不去重。
- union 关键字和 union all 关键字在上下拼接查询语句时要求，两个查询语句的结果，其列的个数和名称必须相同，并且上下对应列的类型必须一致。

查询语句如下所示，将 emp 表中 deptno 列为 30 和 40 的员工信息，利用 union 关键字进行拼接显示。

```
hive (default)>
select
    *
from emp
where deptno=30
union
select
    *
from emp
where deptno=40;
```

使用 union 关键字对两个查询语句进行拼接的过程如图 5-46 所示。

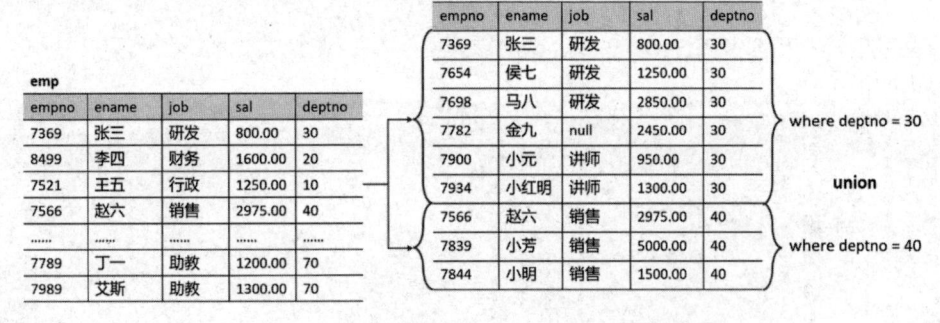

图 5-46　使用 union 关键字对两个查询语句进行拼接的过程

查询结果如下所示。

```
_u1.empno   _u1.ename   _u1.job   _u1.sal   _u1.deptno
7369        张三         研发      800.00    30
7566        赵六         销售      2975.00   40
7654        侯七         研发      1250.00   30
7698        马八         研发      2850.00   30
7782        金九         NULL      2450.00   30
7839        小芳         销售      5000.00   40
7844        小明         销售      1500.00   40
7900        小元         讲师      950.00    30
7934        小红明       讲师      1300.00   30
Time taken: 39.639 seconds, Fetched: 9 row(s)
```

当用户需要对使用 union 关键字进行查询所得出的结果进行额外处理时，可以将整个 union 语句嵌入 from 子句中，语法如下所示。

```
select *
from (
  select_statement
  union [all | distinct]
  select_statement
) union_result
```

例如，我们利用 union 关键字查询 emp 表中 deptno 列为 30 和 40 的所有员工信息，并将查询结果与 dept 表进行 join 连接，获取所有员工的部门名称，即对应的 dname 列的值，查询语句如下所示。

```
hive (default)>
select
   union_result.ename,
   union_result.deptno,
   dept.dname
from(
   select
      *
   from emp
   where deptno=30
   union
   select
      *
   from emp
   where deptno=40
) union_result
join dept
on union_result.deptno = dept.deptno;
```

查询结果如下所示。

```
union_result.ename  union_result.deptno  dept.dname
张三                 30                   教学部
侯七                 30                   教学部
马八                 30                   教学部
金九                 30                   教学部
小元                 30                   教学部
小红明               30                   教学部
赵六                 40                   销售部
小芳                 40                   销售部
```

| 小明 | 40 | 销售部 |

```
Time taken: 52.786 seconds, Fetched: 9 row(s)
```

5.5 本章总结

本章讲解了 Hive 中最常用也是最基本的查询语句，这是用户利用 Hive 构建数据仓库进行数据分析的重要武器。Hive 的查询语句的功能丰富多样，继承了标准 SQL 的绝大多数功能，使用过 RDBMS 系统的读者对其都不会感到陌生。读者在学习本章的时候，可以跟随案例讲解尝试自己操作，逐步适应 Hive SQL 的基本语法，在练习中巩固知识。第 6 章我们将针对目前所学的内容进行大量的案例练习。

第6章 综合案例练习之基础查询

通过前面几章内容的学习，相信读者对于 Hive 的具体使用已经有了一定的了解。本章将基于第 3 章至第 5 章讲解的 Hive SQL 语法，给出不同角度的综合案例练习题。

首先是环境准备部分，读者可以跟随讲解的内容创建数据表并载入数据，供后续练习使用。其次是练习题部分，读者可以先自行尝试解答，再对比给出的解答思路。需要注意的是，每道练习题的解答思路都不是唯一的，书中仅给出了其中一种解答思路，读者可以自行思考多种解决方案，并评估不同方案的性能，这也是后续将会重点讲解的内容。

6.1 环境准备

本章所有的练习题都将基于同一组数据表给出，故本节需要先完成数据准备工作。

1. 创建数据表

```
hive (default)>
-- 创建学生表
DROP TABLE IF EXISTS student;
create table if not exists student_info(
    stu_id string COMMENT '学生id',
    stu_name string COMMENT '学生姓名',
    birthday string COMMENT '出生日期',
    sex string COMMENT '性别'
)
row format delimited fields terminated by ','
stored as textfile;

-- 创建课程表
DROP TABLE IF EXISTS course;
create table if not exists course_info(
    course_id string COMMENT '课程id',
    course_name string COMMENT '课程名',
    tea_id string COMMENT '老师id'
)
row format delimited fields terminated by ','
stored as textfile;

-- 创建老师表
DROP TABLE IF EXISTS teacher;
create table if not exists teacher_info(
    tea_id string COMMENT '老师id',
```

```
    tea_name string COMMENT '老师姓名'
)
row format delimited fields terminated by ','
stored as textfile;

-- 创建分数表
DROP TABLE IF EXISTS score;
create table if not exists score_info(
    stu_id string COMMENT '学生id',
    course_id string COMMENT '课程id',
    score int COMMENT '分数'
)
row format delimited fields terminated by ','
stored as textfile;
```

2. 数据准备

（1）创建/opt/module/data 目录。

```
[atguigu@hadoop102 module]$ mkdir /opt/module/data
```

（2）将 student_info.txt、course_info.txt、teacher_info.txt 和 score_info.txt 这 4 个数据文件上传至 /opt/module/data 目录下。以上 4 个数据文件可以在本书附赠资料中找到。

（3）4 个数据文件中的数据分别如下所示，篇幅所限，此处仅展示部分数据。

```
[atguigu@hadoop102 data]$ vim student_info.txt

001,陈富贵,1995-05-16,男
002,李建国,1994-03-20,男
003,杨建军,1995-04-30,男
004,刘爱党,1998-08-28,男
[atguigu@hadoop102 data]$ vim course_info.txt

01,语文,1003
02,数学,1001
03,英语,1004
04,体育,1002
05,音乐,1002

[atguigu@hadoop102 data]$ vim teacher_info.txt

1001,张高数
1002,李体音
1003,王子文
1004,刘丽英

[atguigu@hadoop102 data]$ vim score_info.txt

001,01,94
002,01,74
004,01,85
005,01,64
```

3. 加载数据

（1）将数据文件分别加载至学生表 student_info、课程表 course_info、老师表 teacher_info，以及分数表 score_info 中。

```
hive (default)>
load data local inpath '/opt/module/data/student_info.txt' into table student_info;
load data local inpath '/opt/module/data/course_info.txt' into table course_info;
load data local inpath '/opt/module/data/teacher_info.txt' into table teacher_info;
load data local inpath '/opt/module/data/score_info.txt' into table score_info;
```

（2）验证插入数据的情况。

```
hive (default)>
select * from student_info limit 5;
select * from course_info limit 5;
select * from teacher_info limit 5;
select * from score_info limit 5;
```

6.2 简单查询练习

注意：本章所有思路讲解图片中使用的数据仅用于示意讲解，不作为最终查询结果的参考，查询结果请参考正文内容。

1. 查询姓名中带"山"的学生名单

（1）思路分析。

本题主要考察 where 子句与 like 关系运算符的结合使用。

如图 6-1 所示，根据题意我们需要输出 student_info 表的所有列，并在 where 过滤条件中使用 like 对学生姓名（stu_name）列进行筛选，选取 stu_name 中符合"%山%"表达式的所有行。"%山%"表示匹配所有包含"山"的字符串，"山"可以位于字符串的开头、中间和结尾的任意位置。

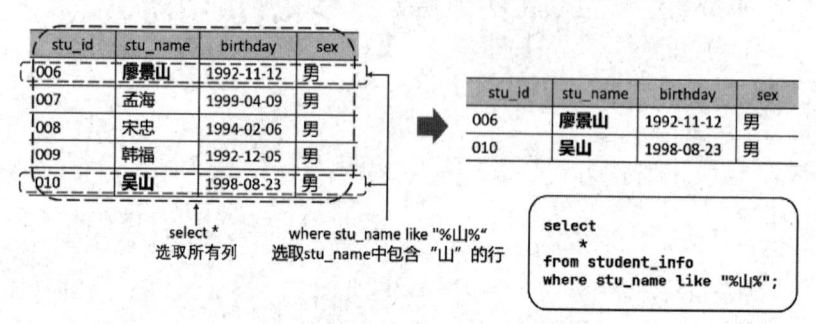

图 6-1 查询姓名中带"山"的所有学生

（2）查询语句。

```
hive (default)>
select
    *
from student_info
where stu_name like "%山%";
```

（3）查询结果。

```
stu_id  stu_name    birthday       sex
006     廖景山      1992-11-12     男
010     吴山        1998-08-23     男
```

2. 查询姓"王"的老师的人数

（1）思路分析。

本题主要考察 where 子句与 like 关系运算符的结合使用，然后结合 count()函数完成对符合结果的数据的个数统计。同上一题对 like 的使用方式相似，但需要注意的是，本题的题目要求是查询姓"王"的老师，说明要求字符串以"王"为开头，因此通配表达式应该是"王%"。

如图 6-2 所示，先通过 where 子句查询老师姓名（tea_name）中符合要求的行，再使用 count(*)统计结果的行数。

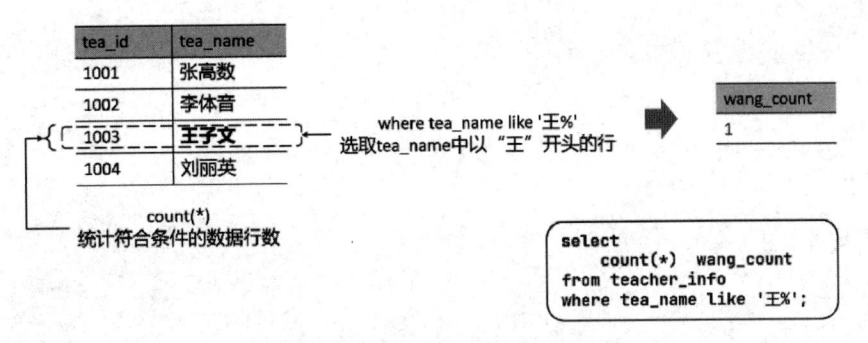

图 6-2 查询姓"王"的老师的个数

（2）查询语句。

```
hive (default)>
select
    count(*) wang_count
from teacher_info
where tea_name like '王%';
```

（3）查询结果。

```
wang_count
1
```

3. 检索课程 id 为 04 且分数低于 60 分的学生的分数信息，将结果按分数降序排序

（1）思路分析。

本题主要通过 where 子句、关系运算符和逻辑运算符的综合使用，得到课程 id 为 04 且分数（score）低于 60 分的学生的课程信息，并使用 order by 关键字进行排序操作。

如图 6-3 所示，使用 where 子句在 score_info 表中筛选出 course_id 为 04，并且 score 小于 60 的数据。在题目要求中，2 个筛选条件是"且"的关系，因此在 where 子句中使用 and 进行连接。在得到查询结果后，使用 order by 子句，按照 score 列降序排列。order by 子句的排序默认为升序，若想得到降序的结果，则需要在 score 列后增加 desc 关键字。

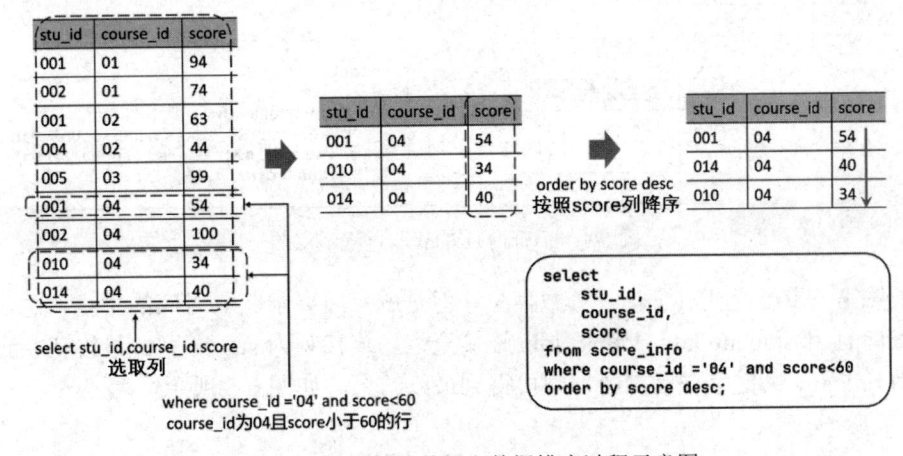

图 6-3 多条件筛选数据和数据排序过程示意图

（2）查询语句。

```
hive (default)>
select
    stu_id,
    course_id,
    score
from score_info
where course_id ='04' and score<60
order by score desc;
```

（3）查询结果。

```
stu_id  course_id  score
004     04         59
001     04         54
020     04         50
014     04         40
017     04         34
010     04         34
```

4. 查询数学不及格的学生和其对应的分数，并按照学生 id 升序排序

（1）思路分析。

本题分两步解答。

第一步：将课程名为"数学"作为查询条件，在 course_info 表中找到数学对应的 course_id，即 02，再根据 course_id 为 02 和 score 小于 60 的条件，在 score_info 表中获取相关的分数信息，并将结果作为子查询 t1，如图 6-4 所示。

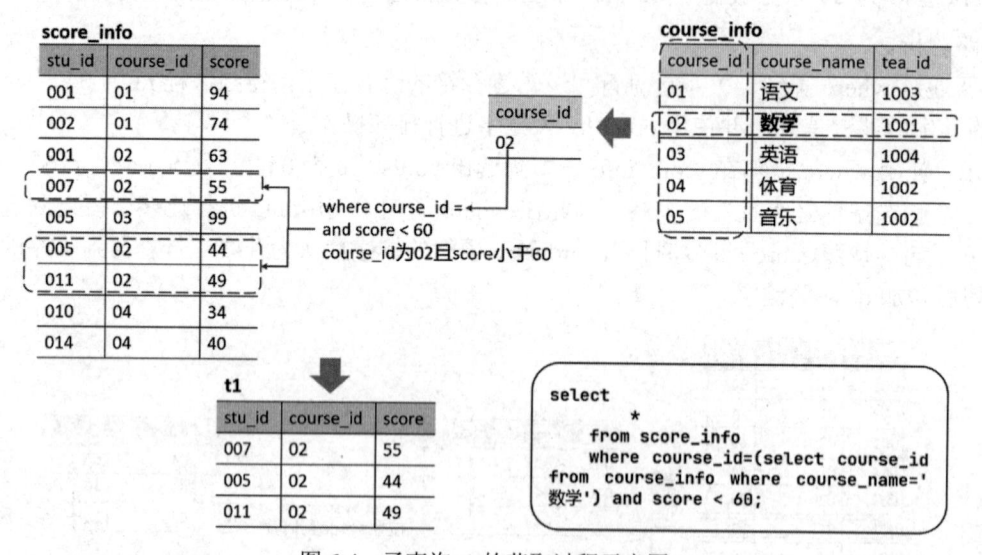

图 6-4　子查询 t1 的获取过程示意图

第二步：虽然第一步已经获取了相关分数信息，但是题目还要求获取对应的学生信息，因此要将第一步中获取的子查询 t1 和 student_info 表进行 join 连接查询，连接列为 stu_id 列。最终获取到学生及相关分数信息，再使用 order by 关键字进行排序，即可得到最终结果，如图 6-5 所示。

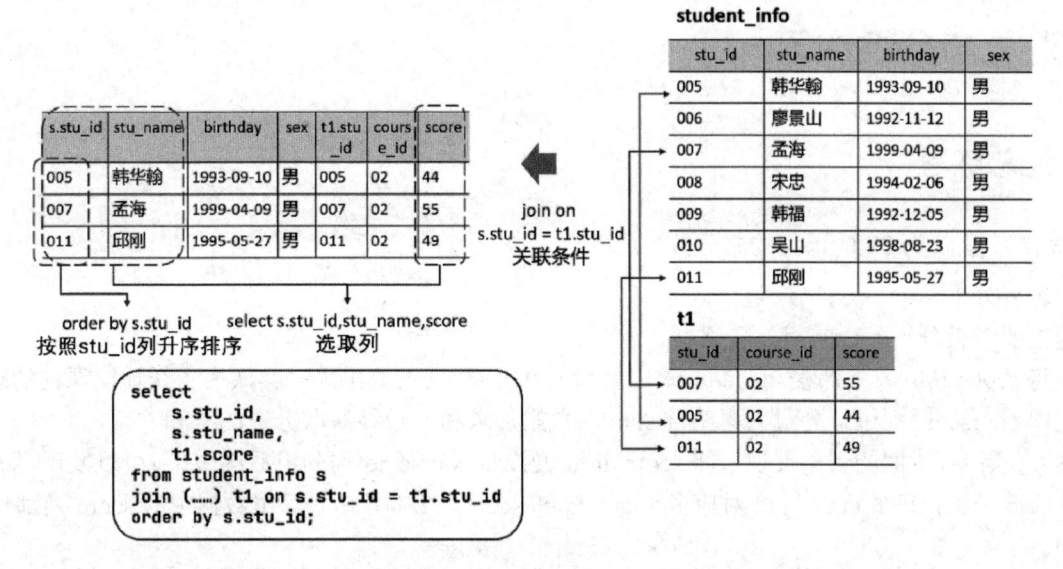

图 6-5　最终结果的获取过程示意图

（2）查询语句。

```
hive (default)>
select
   s.stu_id,
   s.stu_name,
   t1.score
from student_info s
join (
   select
      *
   from score_info
   where course_id=(select course_id from course_info where course_name='数学') and score
< 60
   ) t1 on s.stu_id = t1.stu_id
order by s.stu_id;
```

（3）查询结果。

```
s.stu_id   s.stu_name      t1.score
005        韩华翰           44
007        孟海             55
008        宋忠             34
011        邱钢             49
013        许晗晗           35
014        谢思萌           39
015        乔白凝           48
017        熊巧             34
018        黄瑗             58
019        乔颜             39
020        于丝             59
```

6.3 汇总与分组练习

6.3.1 汇总练习

1. 查询课程 id 为 02 的课程的总分数

（1）思路分析。

本题主要考查分组聚合的相关知识点。

首先将 score_info 表中课程 id（course_id）列为 02 的数据过滤出来；其次为了统计该课程的总分数，可以先利用 course_id 列进行分组，再结合 sum 函数累加求和，最终获取分数的总和。

如图 6-6 所示，中间的表格展现了将 score_info 表按照 course_id 列分组后的效果，可以发现，score_info 表被划分成若干组，每个 course_id 对应多个 stu_id 和 score。在本题中，每组数据中的 score 列都使用 sum 函数求和。

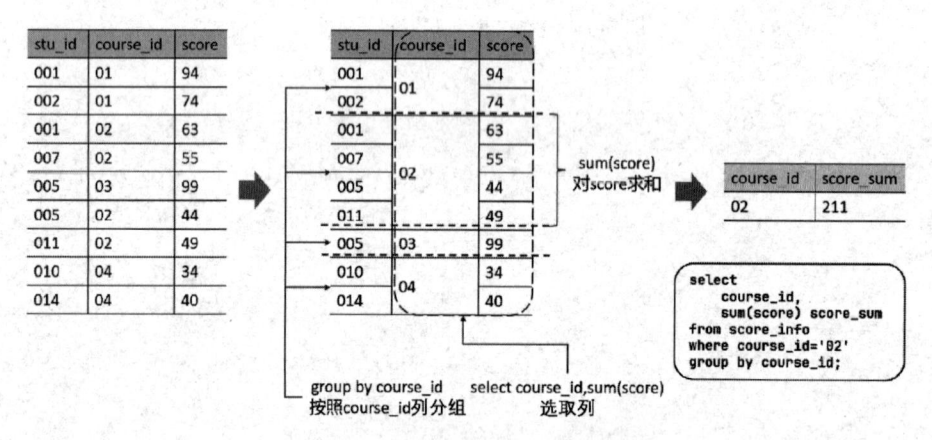

图 6-6 分组求和的使用过程示意图

（2）查询语句。

```
hive (default)>
select
    course_id,
    sum(score) score_sum
from score_info
where course_id='02'
group by course_id;
```

（3）查询结果。

```
course_id    score_sum
02           1133
```

2. 查询参加考试的学生人数

（1）思路分析。

本题主要考查如何使用 distinct 关键字去重，并结合 count 函数统计参加考试的学生人数。

在 score_info 表中，每个相同的 stu_id 均对应多条分数数据，因此直接对 stu_id 列使用 count 函数来统计行数显然是不准确的。如图 6-7 所示，先对 score_info 表的 stu_id 列使用 distinct 关键字去除重复行，再使用 count 函数统计行数，就能得到我们想要的结果了。

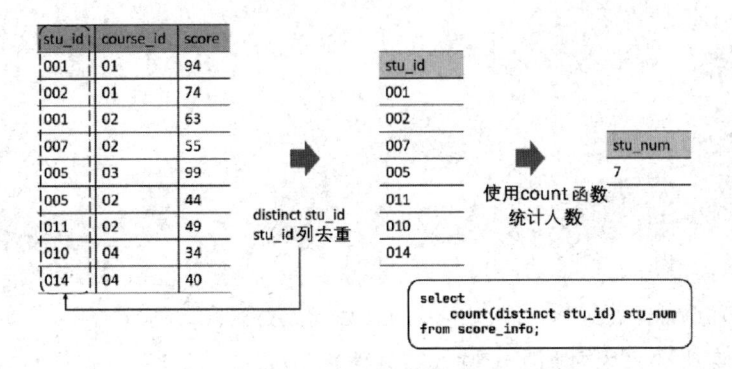

图 6-7 使用 distinct 关键字去重的过程示意图

（2）查询语句。
```
hive (default)>
select
    count(distinct stu_id) stu_num
from score_info;
```
（3）查询结果。
```
stu_num
19
```

6.3.2 分组练习

1. 查询各课程的最高分和最低分，并以课程 id、最高分、最低分的形式展示

（1）思路分析。

本题主要考查如何使用分组聚合求得最大值和最小值。

按照 course_id 列进行分组，通过 max 函数和 min 函数获取各课程分数的最大值和最小值。

如图 6-8 所示，score_info 表在按照 course_id 列分组后，被划分成了若干组，此时使用 max 函数和 min 函数，即可提取出每组中 score 的最大值和最小值。

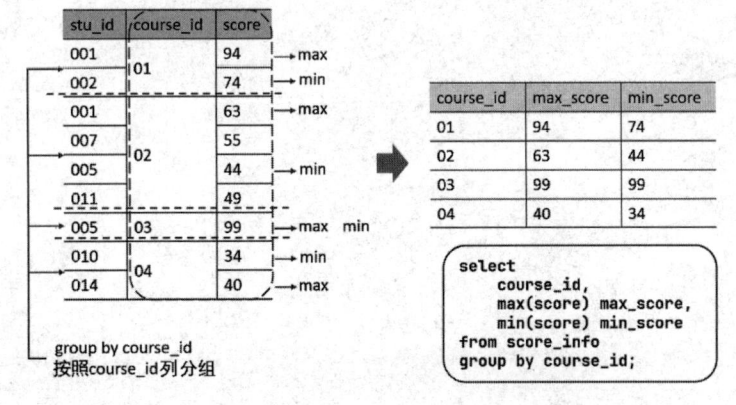

图 6-8 分组后求每组最大值和最小值的过程示意图

（2）查询语句。
```
hive (default)>
select
    course_id,
    max(score) max_score,
    min(score) min_score
```

```
from score_info
group by course_id;
```

（3）查询结果。

```
course_id    max_score    min_score
01           94           38
02           93           34
03           99           32
04           100          34
05           87           59
```

2. 查询每门课程有多少名学生参加了考试（有分数）

（1）思路分析。

本题主要考查分组聚合的使用。

如图 6-9 所示，首先按照 course_id 列进行分组，其次使用 count 函数对 stu_id 列进行个数统计，即可获取每门课程参加考试的学生人数。

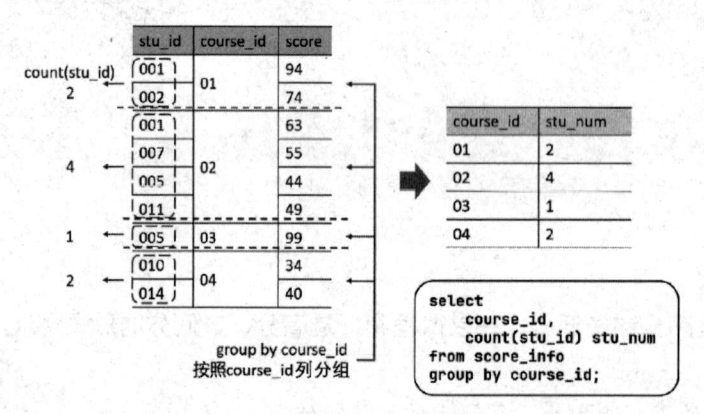

图 6-9 统计每门课程参加考试的学生人数的过程示意图

（2）查询语句。

```
hive (default)>
select
   course_id,
   count(stu_id) stu_num
from score_info
group by course_id;
```

（3）查询结果。

```
course_id    stu_num
01           19
02           19
03           19
04           12
05           5
```

3. 查询学生中男生、女生的人数

（1）思路分析。

本题主要考查的是分组聚合的使用。

按照 sex 列进行分组并使用 count 函数统计人数，即可得到想要的结果。

如图 6-10 所示，将 student_info 表中的数据按照 sex 列进行分组。

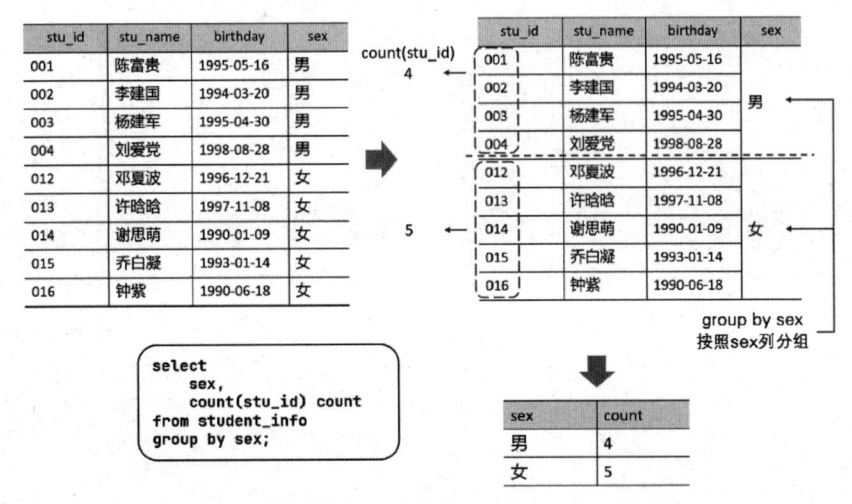

图 6-10 统计不同性别的学生人数的过程示意图

（2）查询语句。

```
hive (default)>
select
   sex,
   count(stu_id) count
from student_info
group by sex;
```

（3）查询结果。

```
sex     count
女      9
男      11
```

6.3.3 对分组结果进行条件查询

1. 查询平均分大于 60 分的学生 id 和对应的平均分

（1）思路分析。

如图 6-11 所示，首先使用分组聚合得到每名学生的平均分，其次将平均分按照指定条件进行过滤，得到平均分高于 60 分的学生 id 和分数。平均分是聚合得到的结果，在对聚合结果进行过滤时需要使用 having 关键字，而不是 where 子句。

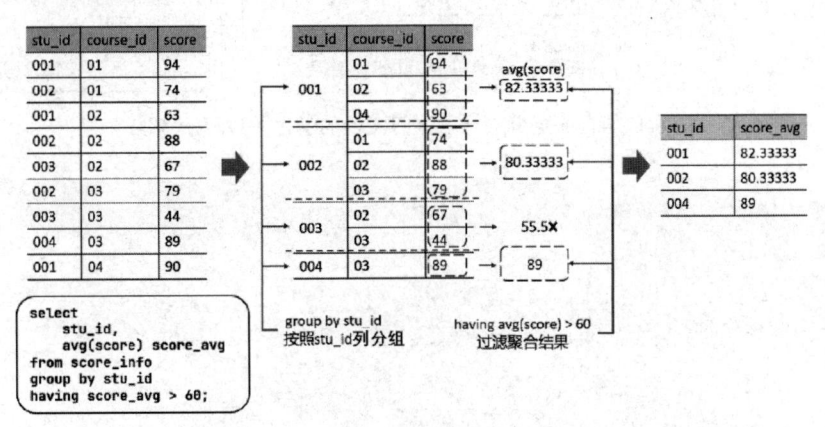

图 6-11 使用 having 关键字过滤聚合后的结果的过程示意图

(2) 查询语句。
```
hive (default)>
select
    stu_id,
    avg(score) score_avg
from score_info
group by stu_id
having score_avg > 60;
```
(3) 查询结果。
```
stu_id  score_avg
001     72.5
002     86.25
004     81.5
005     75.4
006     73.33333333333333
009     74.2
013     61.0
015     70.25
016     81.25
020     69.75
```

2. 查询至少选修了 4 门课程的学生 id

(1) 思路分析。

如图 6-12 所示，首先将 score_info 表按照 stu_id 列进行分组；其次使用 count 函数统计每组中 course_id 的个数，得到每名学生的选修课程数量；最后使用 having 关键字对聚合后得到的课程数量进行过滤，得到选修课程数量大于等于 4 门的学生。

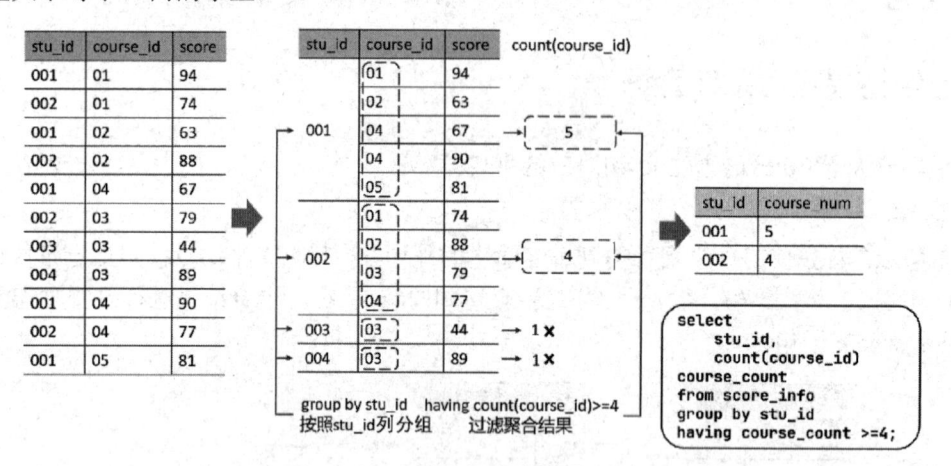

图 6-12 查询至少选修了 4 门课程的学生的过程示意图

(2) 查询语句。
```
hive (default)>
select
    stu_id,
    count(course_id) course_count
from score_info
group by stu_id
having course_count >=4;
```

（3）查询结果。

```
stu_id  course_count
001     4
002     4
004     4
005     5
007     5
009     5
010     4
013     4
014     4
015     4
016     4
017     4
018     4
020     4
```

3. 查询每门课程的平均分，并按照平均分升序、课程 id 降序排序

（1）思路分析。

本题的主要思路是使用分组聚合计算每门课程的平均分，并使用 order by 关键字按照题目要求对结果进行排序，如图 6-13 所示。在使用 order by 关键字时，若配合使用 asc 关键字则会升序排序，若配合使用 desc 关键字则会降序排序，默认为升序。

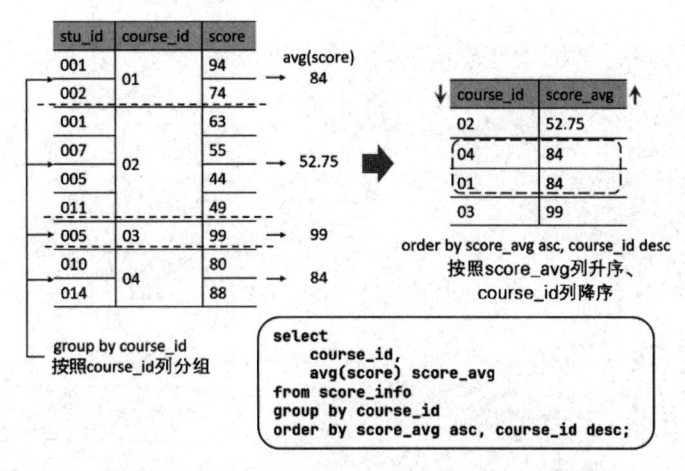

图 6-13 查询每门课程的平均分的过程示意图

（2）查询语句。

```
hive (default)>
select
    course_id,
    avg(score) score_avg
from score_info
group by course_id
order by score_avg asc, course_id desc;
```

（3）查询结果。

```
course_id   score_avg
02          59.63157894736842
```

```
04         63.4166666666666664
01         67.15789473684211
03         69.42105263157895
05         74.6
```

4. 统计参加考试人数大于等于 15 人的课程

（1）思路分析。

使用分组聚合得到每门课程参加考试的人数，并使用 having 关键字筛选出人数大于等于 15 人的课程，如图 6-14 所示。为了方便展示，在图 6-14 中，我们将 having 关键字的过滤条件修改为 4。

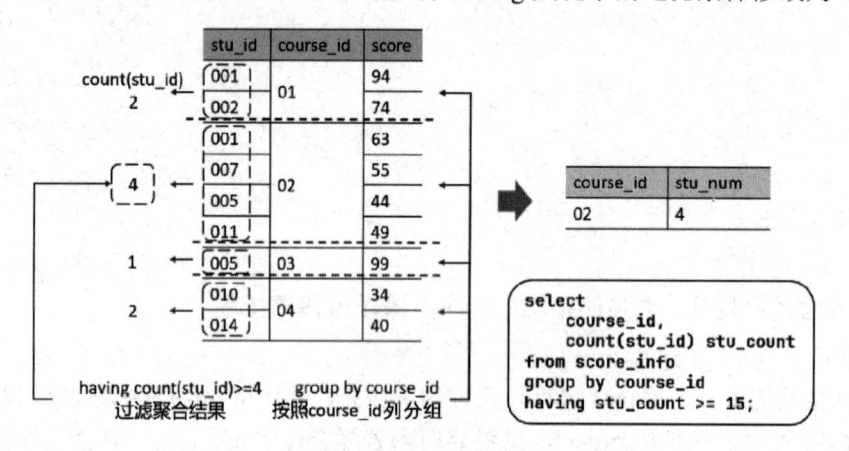

图 6-14 分组聚合结果的过滤过程示意图

（2）查询语句。

```
hive (default)>
select
    course_id,
    count(stu_id) stu_count
from score_info
group by course_id
having stu_count >= 15;
```

（3）查询结果。

```
course_id    stu_count
01           19
02           19
03           19
```

6.3.4 查询结果排序和分组指定条件

1. 查询学生的总分数并按照总分数降序排序

（1）思路分析。

本题主要考查分组聚合和 order by 关键字的使用。

如图 6-15 所示，将 score_info 表按照 stu_id 列划分成若干组，对每组 score 列使用 sum 函数求和，再按照总分数降序排序。

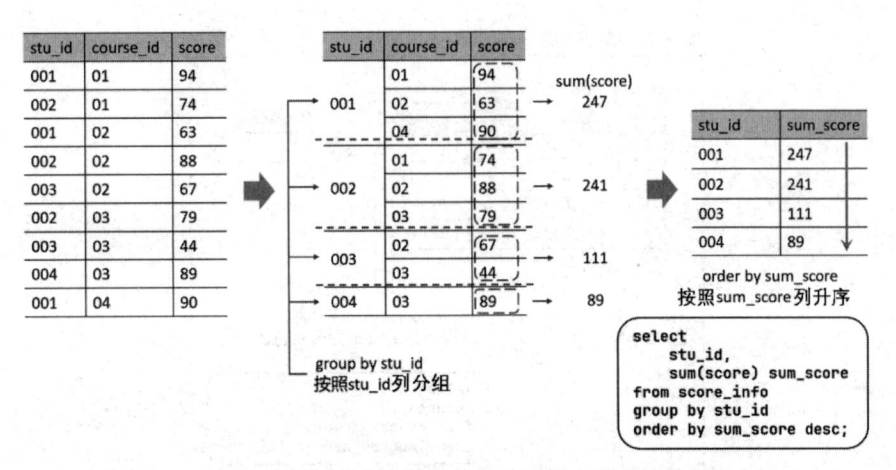

图 6-15　分组统计学生总分数并按总分数降序排序的过程示意图

（2）查询语句。

```
hive (default)>
select
    stu_id,
    sum(score) sum_score
from score_info
group by stu_id
order by sum_score desc;
```

（3）查询结果。

stu_id	sum_score
005	377
009	371
002	345
004	326
016	325
007	299
001	290
015	281
020	279
013	244
010	233
018	232
006	220
014	192
017	181
012	180
011	180
019	178
008	129

2. 查询一共选修 3 门课程且其中 1 门为语文的学生 id 和学生姓名

（1）思路分析。

本题主要考查分组并使用 having 关键字进行条件过滤，以及多表连接的综合使用。

第一步：在 course_info 表中的 course_name 列中搜索"语文"，查询得到语文对应的 course_id，即 01，如图 6-16 所示。

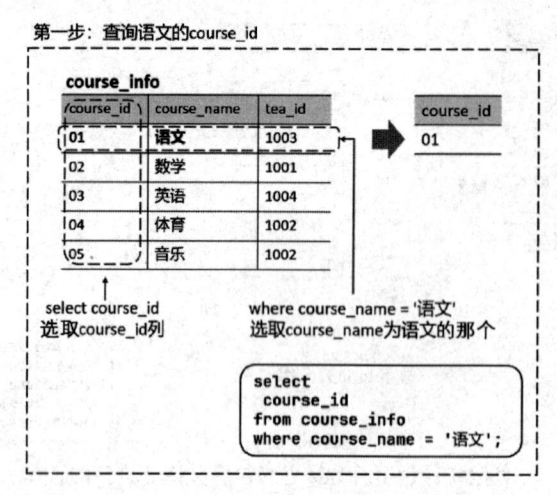

图 6-16　第一步的查询思路示意图

第二步：在 score_info 表中查询所有选修了 01 课程的学生的 stu_id，如图 6-17 所示。

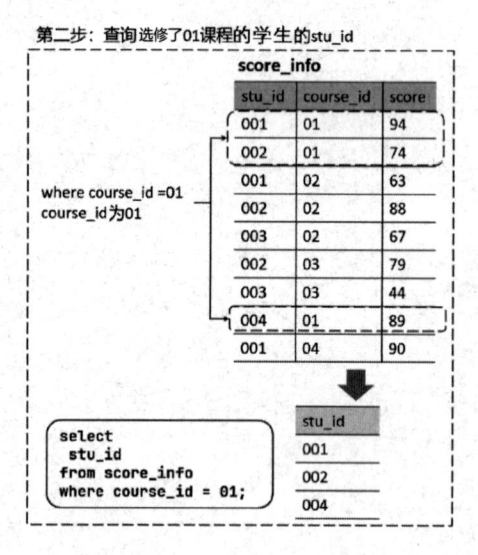

图 6-17　第二步的查询思路示意图

第三步：利用 in 关键字结合第二步的查询结果，查询 score_info 表，得到选修了 01 课程的学生所学的所有课程的 course_id，并将结果作为子查询 t1，如图 6-18 所示。

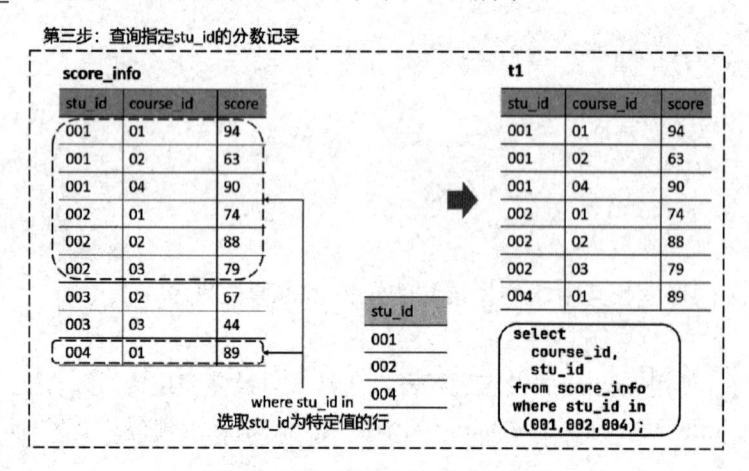

图 6-18　第三步的查询思路示意图

第四步：对第三步的查询结果按照 stu_id 列进行分组，使用 count 函数得到学生选修的课程数量，结合使用 having 关键字，筛选聚合结果为 3 的 stu_id，并将结果作为子查询 t2，如图 6-19 所示。

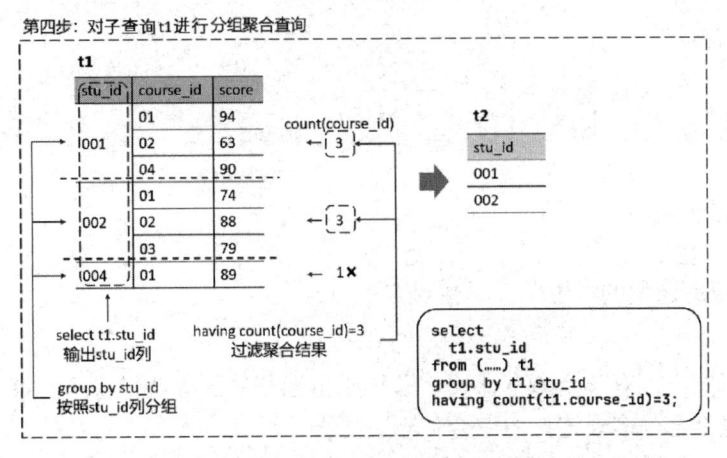

图 6-19　第四步的查询思路示意图

第五步：将子查询 t2 与 student_info 表连接，得到 stu_name 列，如图 6-20 所示。

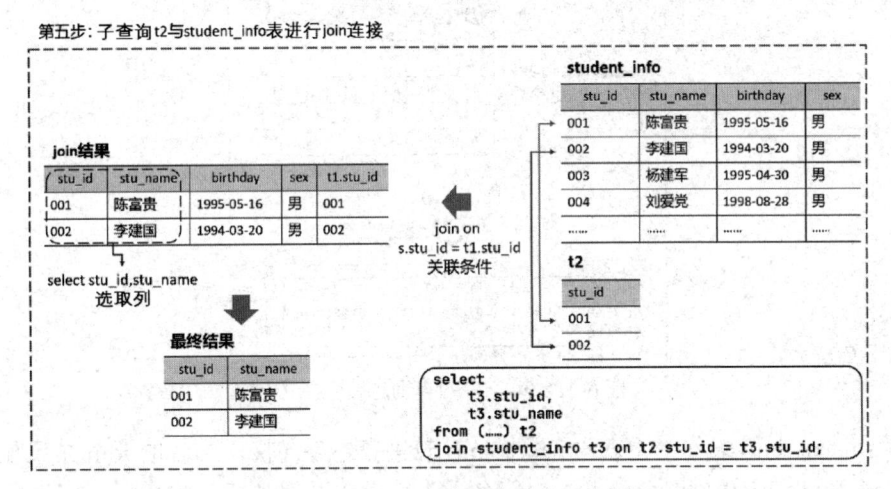

图 6-20　第五步的查询思路示意图

（2）查询语句。

```
hive (default)>
select
    t3.stu_id,
    t3.stu_name
from (
    select
        t1.stu_id
    from (
        select course_id,
            stu_id
        from score_info
        where stu_id in (select stu_id from score_info where course_id = (select course_id from course_info where course_name = '语文'))
    ) t1
    group by t1.stu_id having count(t1.course_id) = 3
) t2
join student_info t3 on t2.stu_id = t3.stu_id;
```

（3）查询结果。

```
stu_id      stu_name
006         廖景山
008         宋忠
011         邱钢
012         邓夏波
019         乔颜
```

6.4 复杂查询练习

1. 查询没有学全所有课程的学生 id、学生姓名

（1）思路分析。

对题目进行分析可知，没有学全所有课程，即该学生选修的课程数量小于总课程数量。

本题主要考查分组聚合与多表连接的综合使用。

第一步：从 course_info 表中获取课程数量，并将其结果作为子查询 t1，如图 6-21 所示。

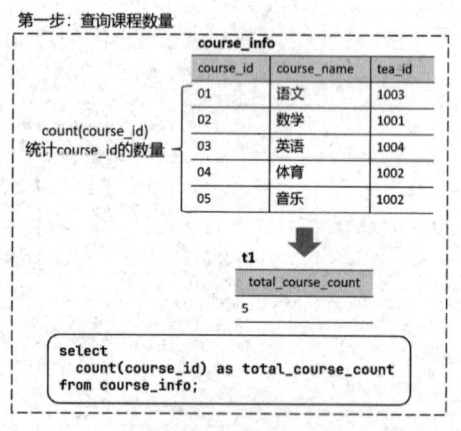

图 6-21　第一步的查询思路示意图

第二步：将 student_info 表作为主表与 score_info 表进行左外连接，二者的 join 结果如图 6-22 所示。将 join 结果按照学生 id 和学生姓名分组，并对每名学生所学的课程进行 count 函数统计，同时获取学生对应的 id 和姓名，将结果作为子查询 t2，如图 6-23 所示。

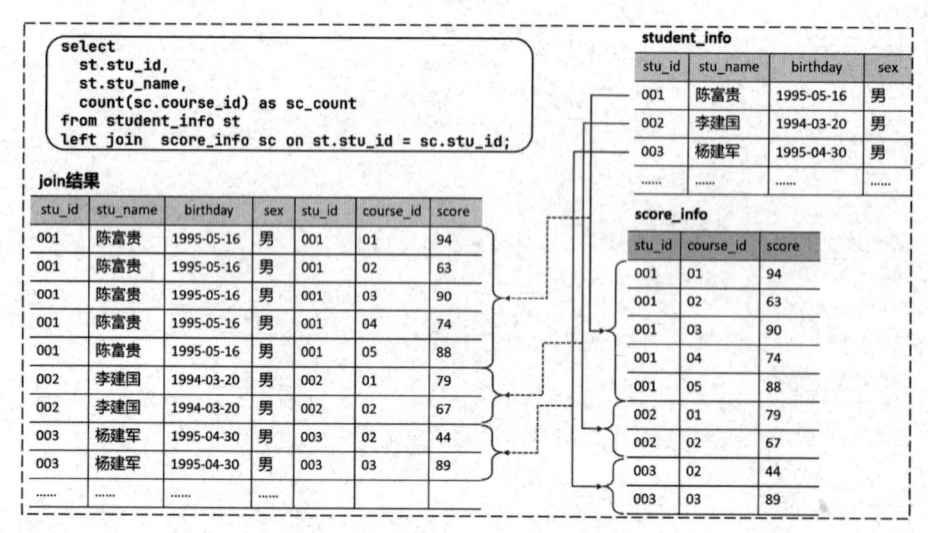

图 6-22　student_info 表和 score_info 表的 join 结果示意图

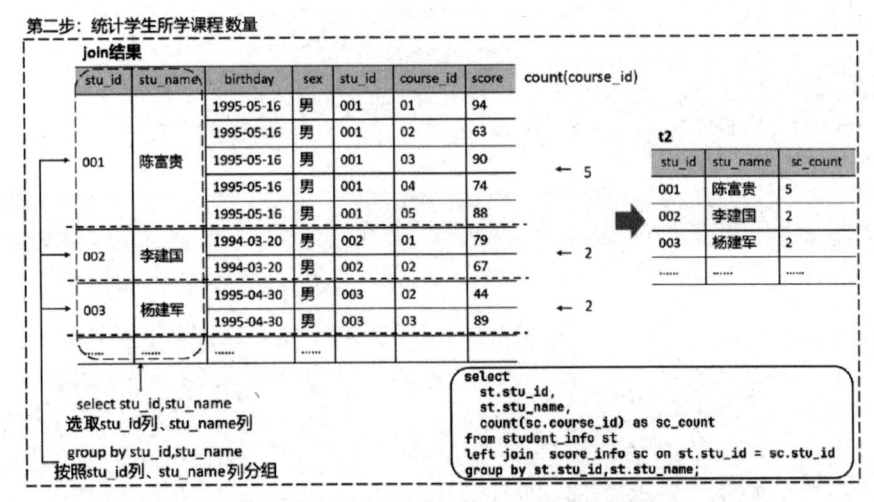

图 6-23 从 join 结果中统计学生所学的课程数量示意图

第三步：因为我们需要为子查询 t2 的每一行数据均增加上子查询 t1 的结果，所以使用笛卡儿积连接对子查询 t1 和子查询 t2 进行连接，并根据该学生选修的课程数量小于总课程数量这一条件进行数据过滤，获取最终结果，如图 6-24 所示。

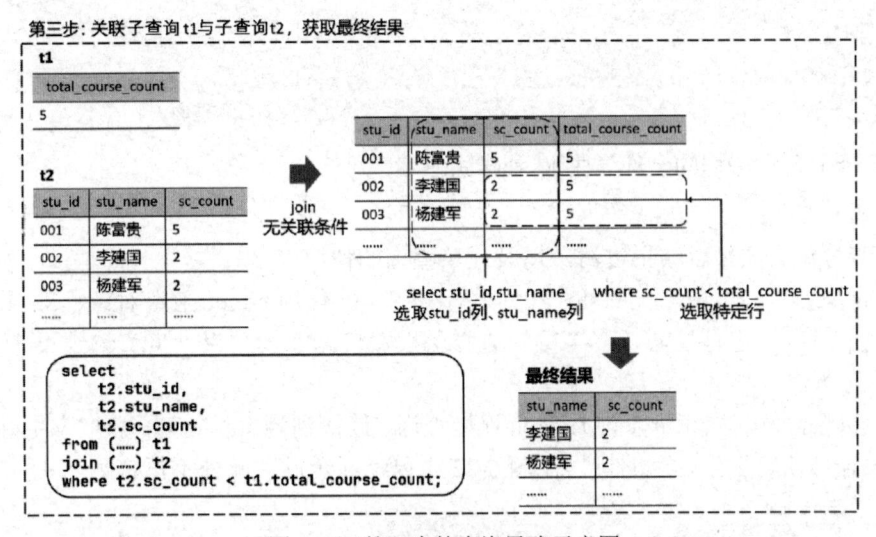

图 6-24 第三步的查询思路示意图

（2）查询语句。

```
hive (default)>
select
    t2.stu_id,
    t2.stu_name,
    t2.sc_count
from (
    select
        count(course_id) as total_course_count
    from course_info) t1
join(
    select
        st.stu_id,
        st.stu_name,
        count(sc.course_id) as sc_count
```

```
    from student_info st
    left join  score_info sc on st.stu_id = sc.stu_id
    group by st.stu_id,st.stu_name) t2
where t2.sc_count < t1.total_course_count;
```

(3) 查询结果。

```
t2.stu_id    t2.stu_name  t2.sc_count
001          陈富贵        4
002          李建国        4
003          杨建军        0
004          刘爱党        4
006          廖景山        3
008          宋忠          3
010          吴山          4
011          邱钢          3
012          邓夏波        3
013          许晗晗        4
014          谢思萌        4
015          乔白凝        4
016          钟紫          4
017          熊巧          4
018          黄瑗          4
019          乔颜          3
020          于丝          4
```

2. 查询只选修了 3 门课程的全部学生 id 和学生姓名

（1）思路分析。

本题主要考查分组后的聚合结果过滤，以及连接查询的使用。

第一步：查询 score_info 表，按照 stu_id 列进行分组，并使用 count 函数对课程数量进行统计，同时利用 having 关键字对数据进行过滤，最终得到选修课程数量为 3 的结果。将查询结果作为子查询 t1，如图 6-25 所示。

第二步：对 student_info 表和子查询 t1 进行连接查询，连接列为 stu_id 列，获取学生姓名（stu_name）。与 student_info 表连接获取学生姓名的过程在图 6-22 中已经展示过，此处不再赘述。

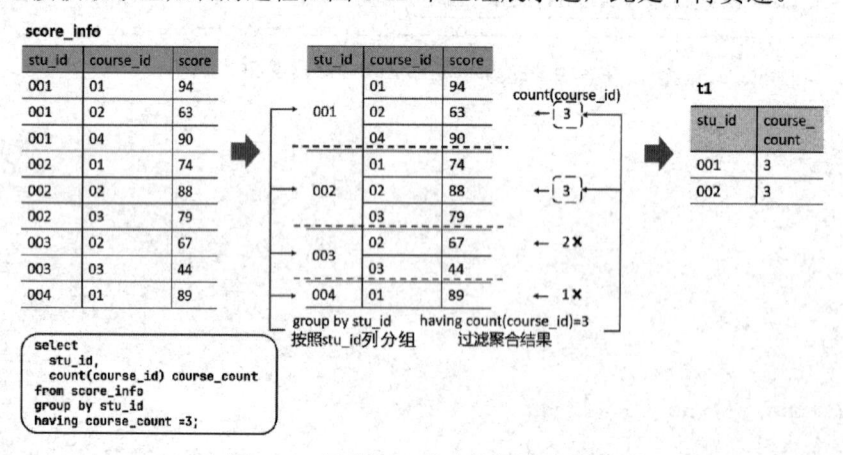

图 6-25　子查询 t1 的查询思路示意图

（2）查询语句。

```
hive (default)>
select
```

```
    s.stu_id,
    s.stu_name
from student_info s
join (
    select
        stu_id,
        count(course_id) course_count
    from score_info
    group by stu_id
    having course_count =3
    ) t1
on s.stu_id = t1.stu_id;
```

（3）查询结果。

s.stu_id	s.stu_name
006	廖景山
008	宋忠
011	邱钢
012	邓夏波
019	乔颜

6.5 多表查询练习

6.5.1 表连接

1. 查询所有学生的 id、姓名、选课数量和总分数

（1）思路分析。

本题主要考查多表的连接查询和分组聚合的使用。

题目要求查询所有学生的相关信息，而学生信息最完整的表是 student_info 表，因此将 student_info 表作为主表，使用左外连接将其与 score_info 表进行连接查询，并将 stu_id 列作为连接列，连接过程如图 6-26 所示。图中以 3 条学生信息为例进行演示，并假设 stu_id 为 003 的学生没有考试分数。

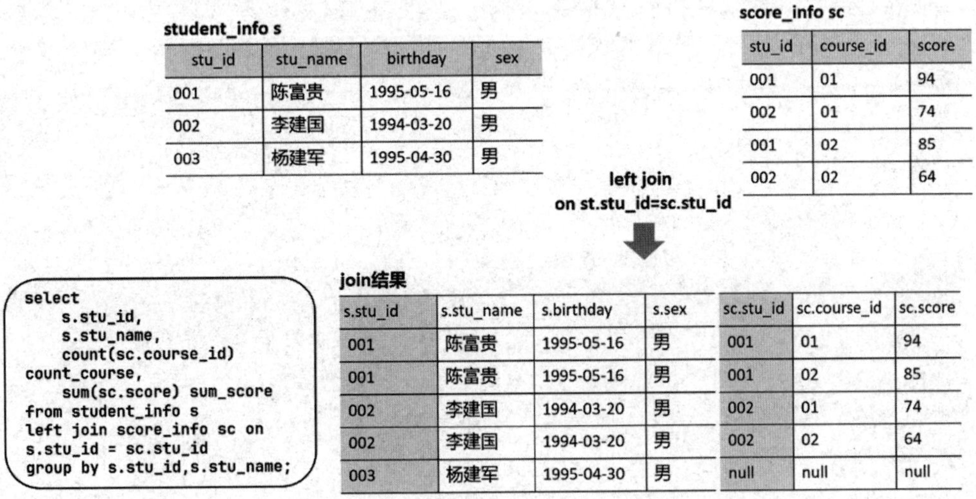

图 6-26 student_info 表与 score_info 表的连接过程

在连接之后，将 stu_id 列和 stu_name 列作为分组列，对课程数量和总分数进行统计，如图 6-27 所示。

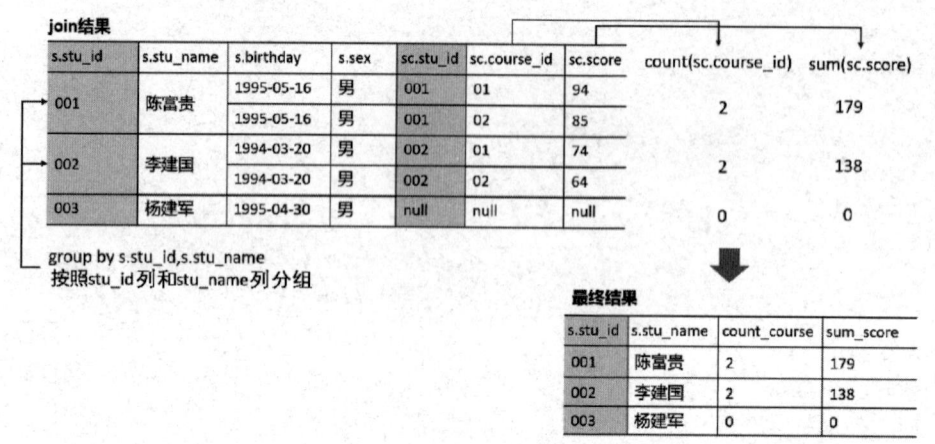

图 6-27 分组聚合得到最终结果

（2）查询语句。

```
hive (default)>
select
    s.stu_id,
    s.stu_name,
    count(sc.course_id) count_course,
    sum(sc.score) sum_score
from student_info s
left join score_info sc on s.stu_id = sc.stu_id
group by s.stu_id,s.stu_name;
```

（3）查询结果。

stu_id	stu_name	course_count	course_sum
001	陈富贵	4	290
002	李建国	4	345
003	杨建军	0	0
004	刘爱党	4	326
005	韩华翰	5	377
006	廖景山	3	220
007	孟海	5	299
008	宋忠	3	129
009	韩福	5	371
010	吴山	4	233
011	邱钢	3	180
012	邓夏波	3	180
013	许晗晗	4	244
014	谢思萌	4	192
015	乔白凝	4	281
016	钟紫	4	325
017	熊巧	4	181
018	黄瑗	4	232
019	乔颜	3	178
020	于丝	4	279

2. 查询平均分大于 85 分的所有学生 id、姓名，以及对应的平均分

（1）思路分析。

本题依然主要考查多表的连接查询和分组聚合的使用。

与上一道题目的要求有所不同，本题需要查询平均分大于 85 分的学生，这说明我们只需要关心有分数记录的学生信息。通过分析可以得知，score_info 表的 stu_id 列的值是 student_info 表的 stu_id 列的值子集，因此将 score_info 表作为主表，使用左外连接连接 student_info 表，或者将 score_info 表与 student_info 表进行内连接，都能得到同样的结果。将 student_info 表和 score_info 表进行左外连接的过程和连接结果如图 6-28 所示。

图 6-28　student_info 表和 score_info 表进行左外连接的过程和连接结果

将连接后的结果根据 stu_id 列和 stu_name 列进行分组，并通过 avg 函数获取组内平均分，同时使用 having 关键字过滤聚合结果，得到平均分大于 85 分的数据，如图 6-29 所示。

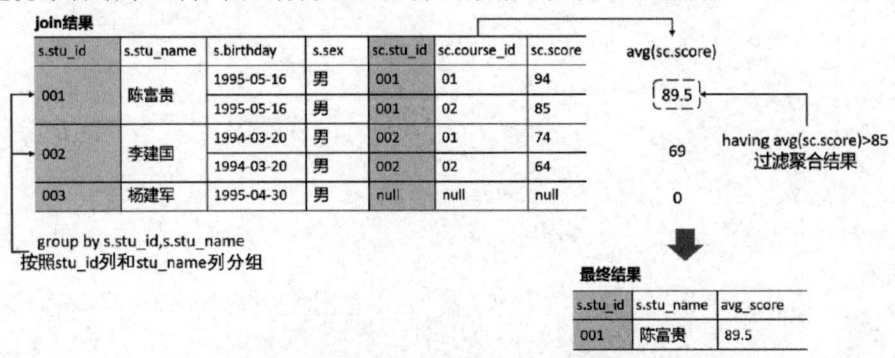

图 6-29　分组聚合并过滤聚合结果后得到最终结果

（2）查询语句。

```
hive (default)>
select s.stu_id,
       s.stu_name,
       avg(sc.score) avg_score
from score_info sc
left join student_info st on st.stu_id = sc.stu_id
group by st.stu_id, s.stu_name
having avg_score > 85;
```

（3）查询结果。

```
stu_id      stu_name        avg_score
002         李建国            86.25
```

3. 查询学生的选课情况（掌握学生 id、学生姓名、课程 id、课程名）

（1）思路分析。

本题主要考查多表连接。

根据题目中的信息可知，需要分别关注 score_info 表、student_info 表和 course_info 表，本题的关键就是确定表与表之间的连接列。如图 6-30 所示，展示了 3 张表的连接关系，course_info 表与 score_info 表通过 course_id 列进行连接，student_info 表与 score_info 表通过 stu_id 列进行连接，虚线框圈出了每张表可以提供的列信息。从图 6-30 中可以看出，score_info 表并未提供列信息，其主要作为 student_info 表与 course_info 表之间连接的桥梁。

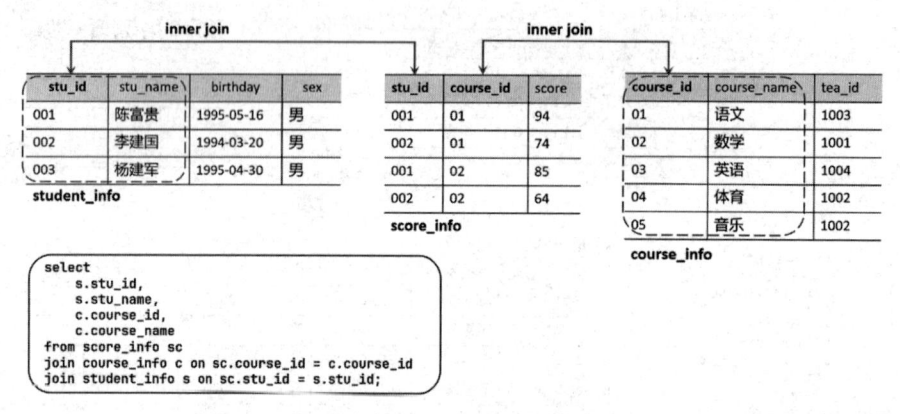

图 6-30　3 张表的连接关系示意图

（2）查询语句。

```
hive (default)>
select
    s.stu_id,
    s.stu_name,
    c.course_id,
    c.course_name
from score_info sc
join course_info c on sc.course_id = c.course_id
join student_info s on sc.stu_id = s.stu_id;
```

（3）查询结果。

```
sti.stu_id  sti.stu_name    ci.course_id    ci.course_name
001         陈富贵           01              语文
001         陈富贵           02              数学
001         陈富贵           03              英语
001         陈富贵           04              体育
002         李建国           01              语文
002         李建国           02              数学
002         李建国           03              英语
002         李建国           04              体育
003         杨建军           NULL            NULL
004         刘爱党           01              语文
004         刘爱党           02              数学
004         刘爱党           03              英语
004         刘爱党           04              体育
...
答案一共 75 行　此处仅进行部分展示
```

4. 查询课程 id 为 03 且分数在 80 分以上的学生 id、学生姓名、课程信息

（1）思路分析。

本题主要考查多表连接和条件过滤的综合使用。

第一步：查询 score_info 表，筛选出课程 id 为 03 且分数在 80 分以上的信息，并将结果作为子查询 t1，如图 6-31 所示。

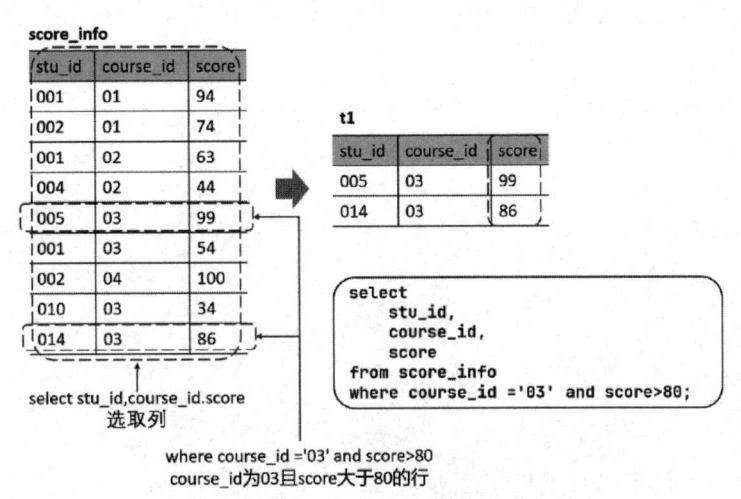

图 6-31 子查询 t1 的获取

第二步：为了获取学生姓名和课程信息，需要将子查询 t1 与 student_info 表、course_info 表进行连接。如图 6-32 所示，将子查询 t1 与 student_info 表和 course_info 表分别进行内连接，即可得到所有我们需要的信息。

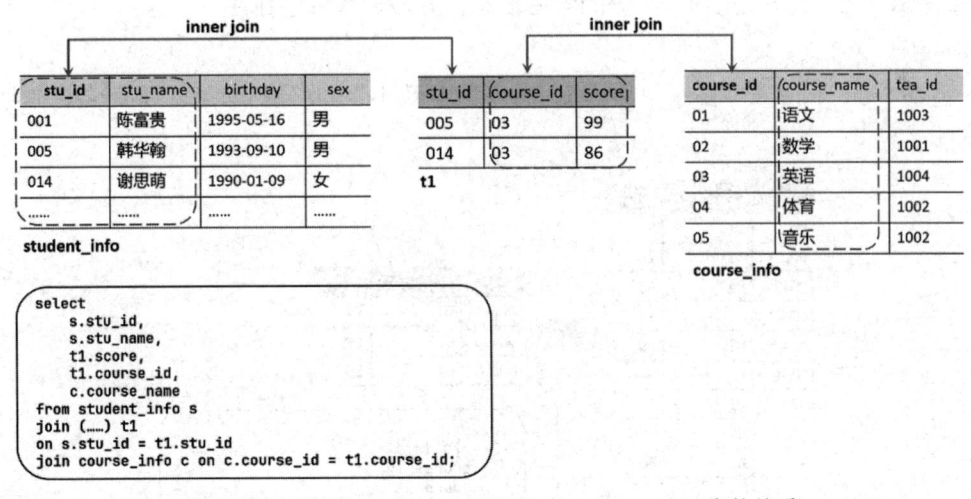

图 6-32 子查询 t1 与 student_info 表、course_info 表的关系

（2）查询语句。

```
hive (default)>
select
    s.stu_id,
    s.stu_name,
    t1.score,
    t1.course_id,
    c.course_name
from student_info s
```

```
join (
    select
        stu_id,
        score,
        course_id
    from score_info
    where score > 80 and course_id = '03'
) t1
on s.stu_id = t1.stu_id
join course_info c on c.course_id = t1.course_id;
```

（3）查询结果。

```
s.stu_id        s.stu_name        t1.score        t1.course_id        c.course_name
002             李建国              87              03                  英语
004             刘爱党              89              03                  英语
005             韩华翰              99              03                  英语
013             许晗晗              93              03                  英语
015             乔白凝              84              03                  英语
019             乔颜                93              03                  英语
020             于丝                81              03                  英语
Time taken: 9.064 seconds, Fetched: 7 row(s)
```

6.5.2 多表连接

1. 查询课程 id 为 01 且分数小于 60 分的学生信息，并按分数降序排序

（1）思路分析。

第一步：查询 score_info 表，筛选出课程 id 为 01 且分数小于 60 分的信息，并将结果作为子查询 t1，如图 6-33 所示。

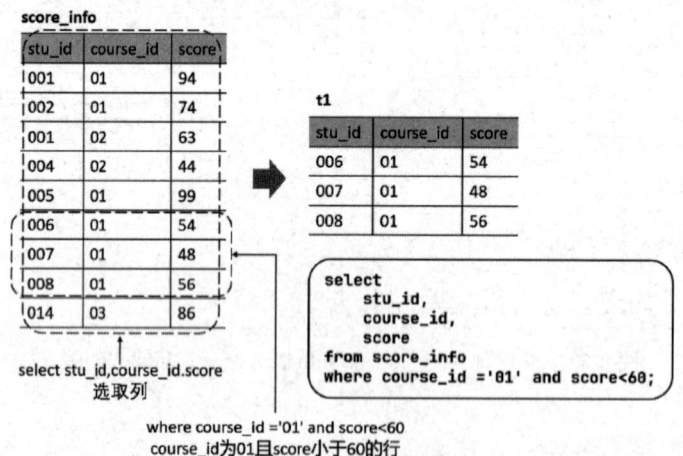

图 6-33 子查询 t1 的获取

第二步：查询 student_info 表，将其与子查询 t1 进行内连接，连接列为 stu_id 列。从 student_info 表中获取学生姓名、出生日期、性别等信息，如图 6-34 所示。最终使用 order by 子句按照 score 列进行降序排序。

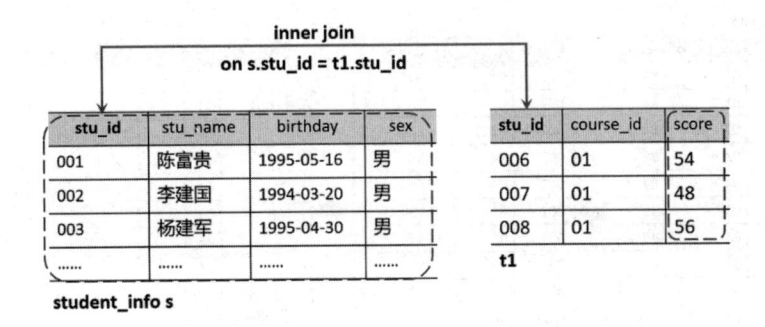

图 6-34 子查询 t1 与 student_info 表进行内连接

（2）查询语句。

```
hive (default)>
select
    s.stu_id,
    s.stu_name,
    s.birthday,
    s.sex,
    t1.score
from student_info s
join (
    select
        stu_id,
        course_id,
        score
    from score_info
    where score < 60 and course_id = '01'
) t1
on s.stu_id=t1.stu_id
order by t1.score desc;
```

（3）查询结果。

```
s.stu_id    s.stu_name    s.birthday    s.sex    t1.score
017         熊巧           1992-07-04    女       58
008         宋忠           1994-02-06    男       56
007         孟海           1999-04-09    男       48
013         许晗晗         1997-11-08    女       47
019         乔颜           1994-08-31    女       46
012         邓夏波         1996-12-21    女       44
018         黄瑷           1993-09-24    女       38
Time taken: 8.936 seconds, Fetched: 7 row(s)
```

2. 查询所有课程分数在 70 分以上的学生的姓名、课程名和分数，并按分数升序排序

（1）思路分析。

分析题目要求可知，本题的关键在于如何查询得到所有课程分数在 70 分以上的学生信息。

第一步：查询 score_info 表，筛选 score 列的值大于 70 的数据，之后按照 stu_id 列进行分组，使用 count 函数统计所有学生分数在 70 分以上的课程数量，并将结果作为子查询 t1，如图 6-35 所示。

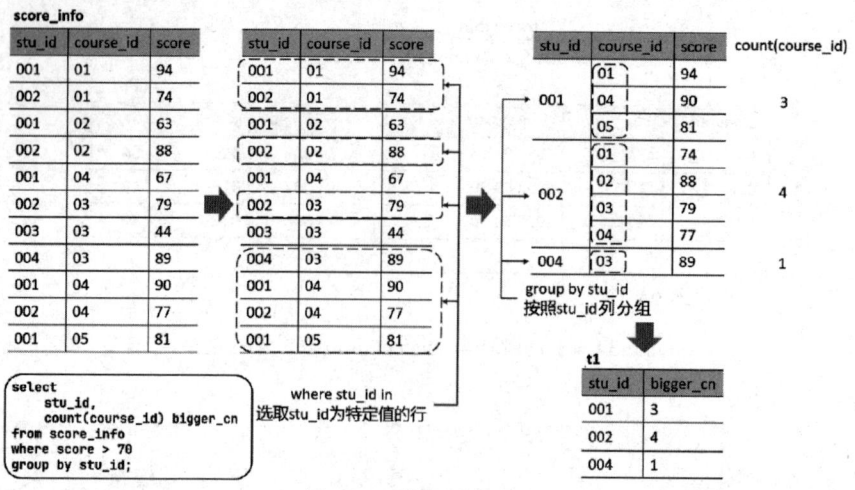

图 6-35 获取子查询 t1

第二步：查询 score_info 表，按照 stu_id 列分组，使用 count 函数统计所有学生所学的课程数量，并将结果作为子查询 t2，如图 6-36 所示。

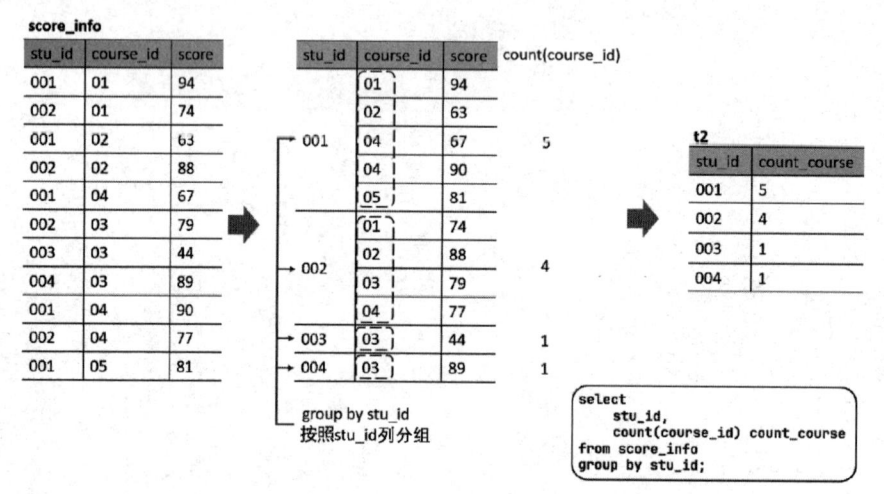

图 6-36 获取子查询 t2

第三步：将子查询 t1 和子查询 t2 通过 stu_id 列进行连接，筛选 70 分以上课程数量等于所学课程数量的 stu_id，并将结果作为子查询 t3，如图 6-37 所示。

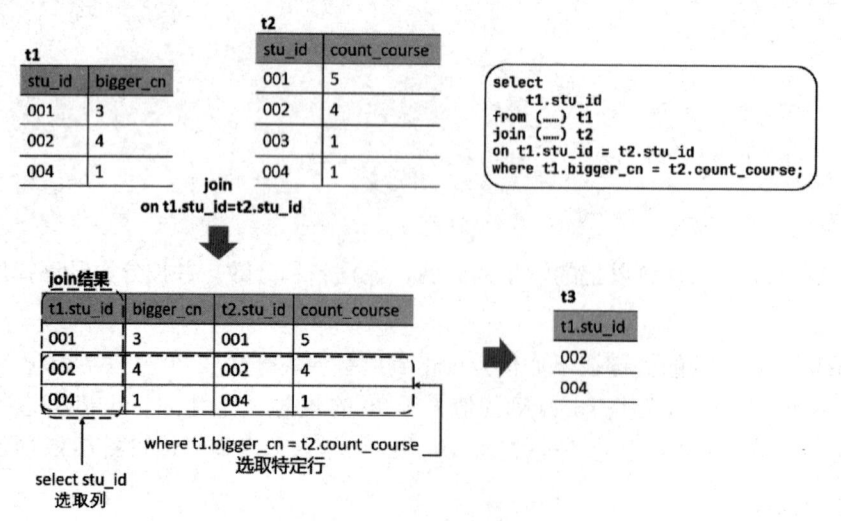

图 6-37 获取子查询 t3

第四步：将 score_info 表与子查询 t3、student_info 表和 course_info 表依次连接，得到学生姓名、课程名、分数等信息，并按照 score 列对查询结果进行排序，得到最终结果，如图 6-38 所示。

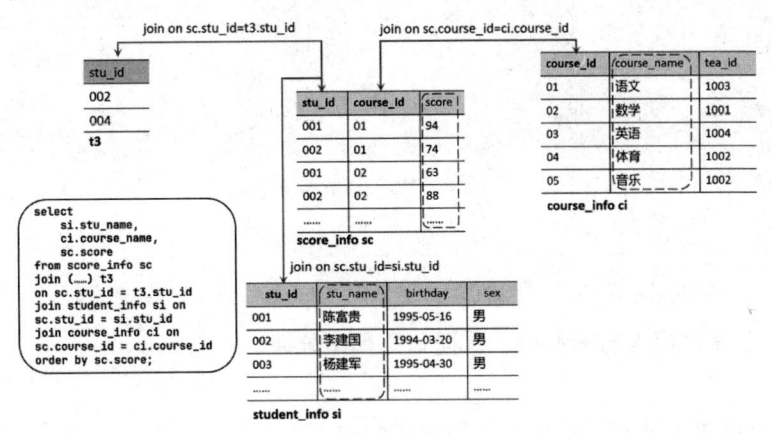

图 6-38　获取最终结果

在以上的思路讲解中，我们使用了 3 个子查询才得到了 70 分以上课程数量等于所学课程数量的 stu_id，这一过程未免有些复杂。在第 7 章中，我们将会讲解 if 函数，并在 7.2.6 节的案例六中讲解如何结合使用 sum 函数和 if 函数。将 sum 函数和 if 函数结合使用，可以更加快速、便捷地求解，读者可以自行尝试。

（2）查询语句。

```
hive (default)>
select
    si.stu_name,
    ci.course_name,
    sc.score
from score_info sc
join (
    select
        t1.stu_id
    from (
        select
            stu_id,
            count(course_id) bigger_cn
        from score_info
        where score > 70
        group by stu_id
    ) t1
    join (
        select
            stu_id,
            count(course_id) count_course
        from score_info
        group by stu_id
    ) t2
    on t1.stu_id = t2.stu_id
    where t1.bigger_cn = t2.count_course
) t3
on sc.stu_id = t3.stu_id
join student_info si on sc.stu_id = si.stu_id
join course_info ci on sc.course_id = ci.course_id
order by sc.score;
```

（3）查询结果。

```
si.stu_name        ci.course_name      sc.course
钟紫               语文                 71
钟紫               英语                 71
李建国             语文                 74
李建国             数学                 84
李建国             英语                 87
钟紫               数学                 89
钟紫               体育                 94
李建国             体育                 100
Time taken: 27.166 seconds, Fetched: 8 row(s)
```

3. 查询不同课程中分数相同的学生 id、课程 id、具体分数

（1）思路分析。

本题主要考查在进行表连接时，连接条件的灵活应用。

本题要求查询在不同课程中分数相同的学生，这就要求对相同 stu_id 的不同课程分数进行比较。在 score_info 表中，相同 stu_id 的不同课程分数位于不同行，只查询一次 score_info 表无法完成跨行数据比较，因此可以考虑将 score_info 表与自身进行 join 连接，如图 6-39 所示。图 6-39 以 stu_id 为 001 的数据为例，完成了 score_info 表的自身连接。在进行 join 连接后，得到的结果还应进一步过滤，其中 course_id 不同但 score 相同的结果是我们需要的，如图 6-40 所示。

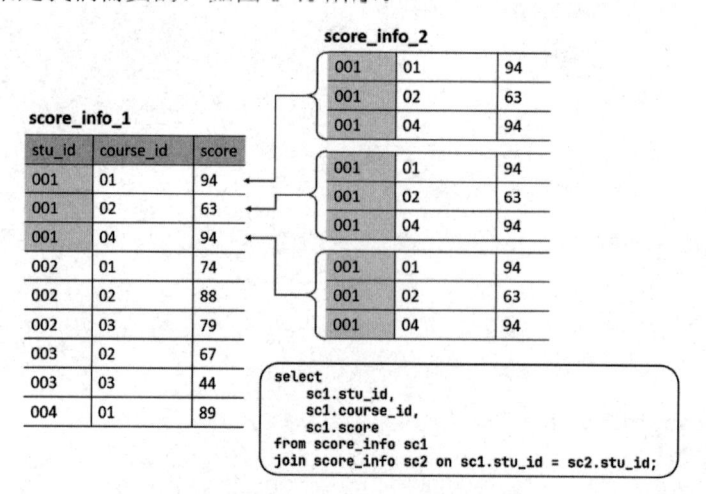

图 6-39　score_info 表的自身 join 连接

图 6-40　过滤 join 结果示意图

（2）查询语句。

```
hive (default)>
select
    sc1.stu_id,
    sc1.course_id,
    sc1.score
from score_info sc1
join score_info sc2 on sc1.stu_id = sc2.stu_id
where sc1.course_id <> sc2.course_id
and sc1.score = sc2.score;
```

（3）查询结果。

```
sc1.stu_id   sc1.course_id    sc1.score
016          03               71
017          04               34
016          01               71
005          05               85
007          05               63
009          05               79
017          02               34
005          04               85
007          04               63
009          04               79
Time taken: 8.881 seconds, Fetched: 10 row(s)
```

4. 查询 01 课程比 02 课程分数高的所有学生的 id

（1）思路分析。

本题主要考查嵌套查询，结合 join 连接查询获取信息。

第一步：首先查询 score_info 表，分别获取 01 课程（课程 id 为 01，即 course_id 为 01）和 02 课程（课程 id 为 02，course_id 为 02）的分数信息，所得结果分别作为子查询 s1 和子查询 s2，如图 6-41 所示。

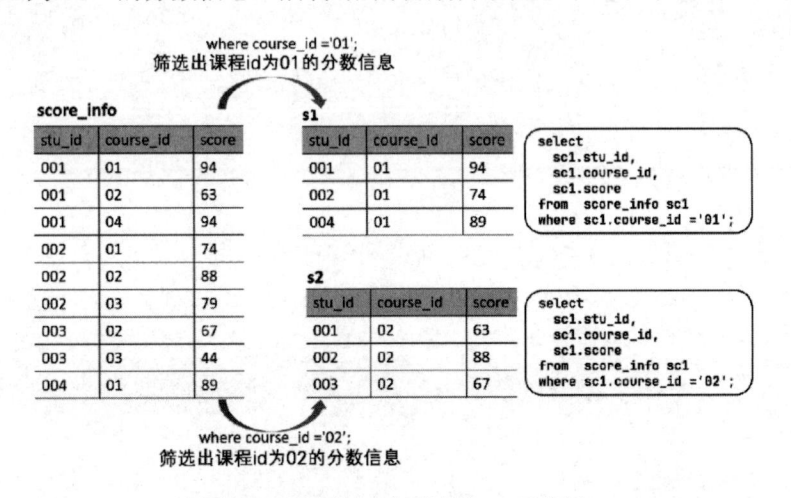

图 6-41 子查询 s1 与子查询 s2 示意图

第二步：将子查询 s1 和子查询 s2 进行 join 连接，连接列为 stu_id 列，并结合子查询 s1 中的分数大于子查询 s2 的分数这一条件进行筛选，从而获得最终结果，如图 6-42 所示。

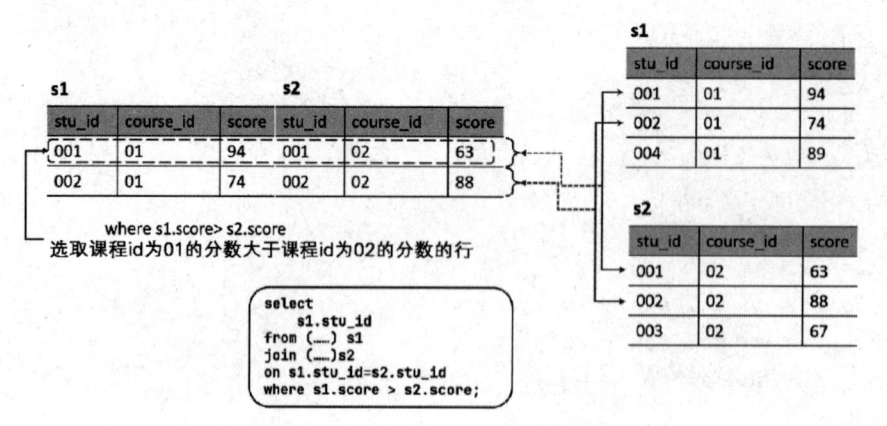

图 6-42 连接后获取最终结果示意图

（2）查询语句。

```
hive (default)>
select
    s1.stu_id
from
(
    select
        sc1.stu_id,
        sc1.course_id,
        sc1.score
    from  score_info sc1
    where sc1.course_id ='01'
) s1
join
(
    select
        sc2.stu_id,
        sc2.course_id,
        score
    from score_info sc2
    where sc2.course_id ="02"
)s2
on s1.stu_id=s2.stu_id
where s1.score > s2.score;
```

（3）查询结果。

```
stu_id
001
005
008
010
011
013
014
015
017
019
020
```

5. 查询学过 01 课程且学过 02 课程的学生 id、学生姓名

（1）思路分析。

本题主要考查嵌套查询，结合 join 连接获取信息。

第一步：如图 6-43 所示，右侧部分表示查询 score_info 表，获取所有学过 02 课程（course_id 为 02）的学生 id；左侧部分表示再次查询 score_info 表，使用 in 关键字进行范围查询，将得到的课程 id 为 02 的学生 id 作为联合条件，筛选出同时选修了 01 课程（course_id 为 01）的学生 id，并将查询结果作为子查询 t1。

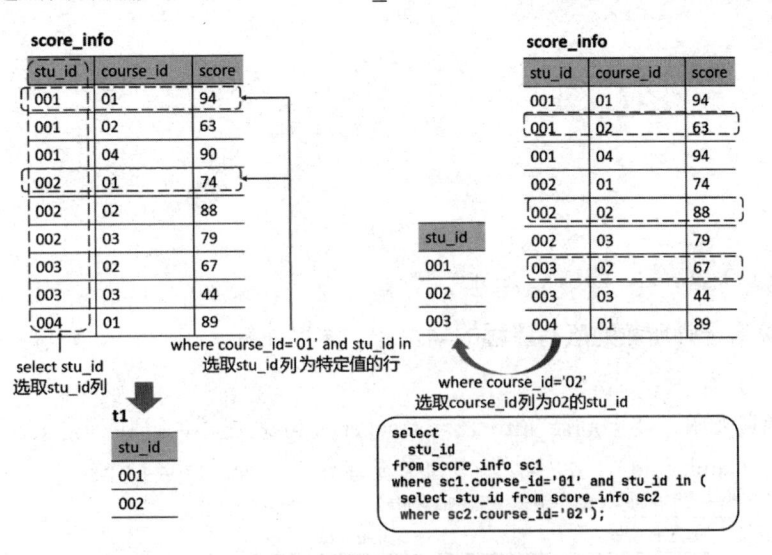

图 6-43　子查询 t1 的获取示意图

第二步：将子查询 t1 和 student_info 表进行 join 连接，获取学生姓名。

（2）查询语句。

```
hive (default)>
select
    t1.stu_id as `学号`,
    s.stu_name as `姓名`
from
(
    select
        stu_id
    from score_info sc1
    where sc1.course_id='01'
    and stu_id in (
        select
            stu_id
        from score_info sc2
        where sc2.course_id='02'
        )
)t1
join student_info s
on t1.stu_id = s.stu_id;
```

（3）查询结果。

学号	姓名
001	陈富贵
002	李建国
004	刘爱党
005	韩华翰

```
006    廖景山
007    孟海
008    宋忠
009    韩福
010    吴山
011    邱钢
012    邓夏波
013    许晗晗
014    谢思萌
015    乔白凝
016    钟紫
017    熊巧
018    黄瑗
019    乔颜
020    于丝
Time taken: 10.161 seconds, Fetched: 19 row(s)
```

6. 查询学过李体音老师所教的所有课程的学生 id、学生姓名

（1）思路分析。

第一步：根据题目要求，将 course_info 表与 teacher_info 表连接，连接列是 tea_id 列，获取李体音老师所教课程的课程 id（course_id），并将结果作为子查询 tmp1，如图 6-44 所示。

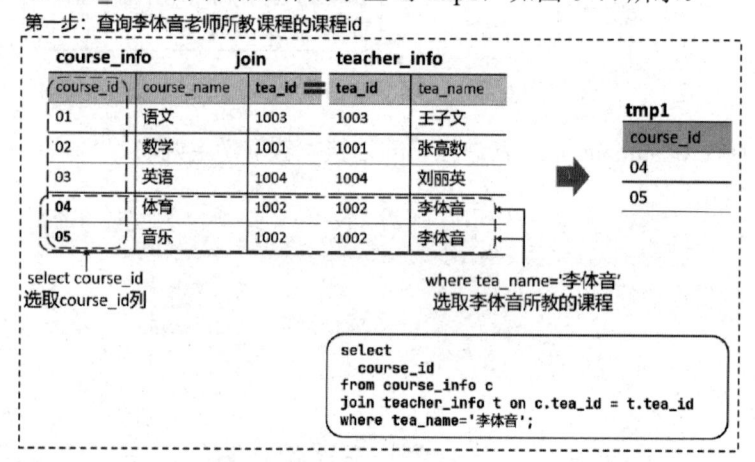

图 6-44　获取李体音老师所教课程的课程 id 示意图

第二步：将 course_info 表与 teacher_info 表通过 tea_id 列连接，获取李体音老师所教课程的数量，如图 6-45 所示。

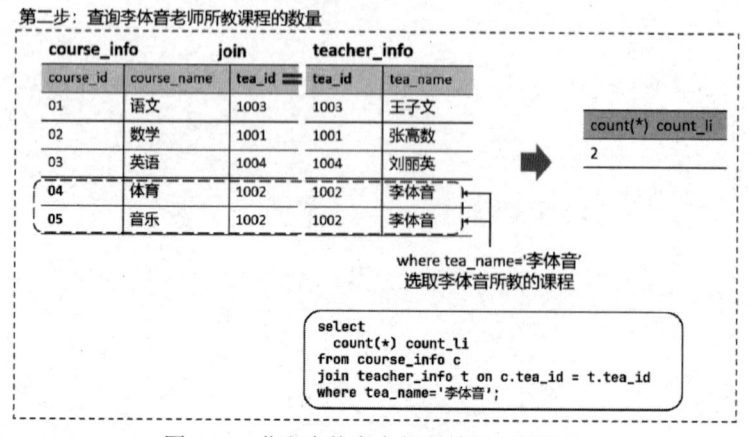

图 6-45　获取李体音老师所教课程的数量

第三步：查询 score_info 表，以第一步中获得的子查询 tmp1 作为 in 关键字的参数，即可得到学过李体音老师所教课程的学生。按照 stu_id 列分组，通过 having 关键字进行组内过滤，筛选所学课程数等于李体音所教课程总数的 stu_id，如图 6-46 所示，并将结果作为子查询 t1。

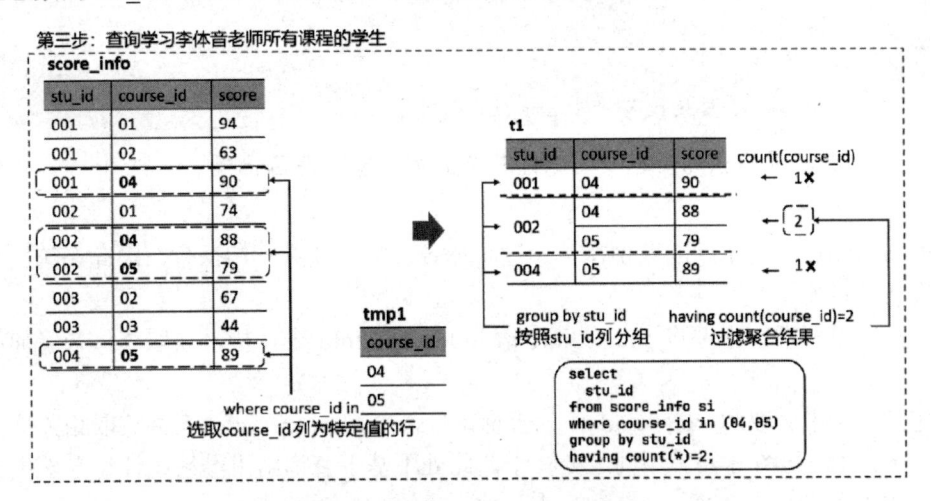

图 6-46　查询学习李体音老师所有课程的学生示意图

第四步：将子查询 t1 和 student_info 表进行连接查询，获取学生姓名。

（2）查询语句。

```
hive (default)>
select
    t1.stu_id,
    si.stu_name
from
(
    select
        stu_id
    from score_info si
    where course_id in
    (
        select
            course_id
        from course_info c
        join teacher_info t
        on c.tea_id = t.tea_id
        where tea_name='李体音'      --李体音教的所有课程
    )
    group by stu_id
    having count(*)=
    (
        select
            count(*) count_li
        from course_info c
        join teacher_info t
        on c.tea_id = t.tea_id
        where tea_name='李体音'      --李体音所教课程的数量
    )
)t1
left join student_info si
```

```
on t1.stu_id=si.stu_id;
```
（3）查询结果。
```
s.stu_id        s.stu_name
005             韩华翰
007             孟海
009             韩福
Time taken: 27.16 seconds, Fetched: 3 row(s)
```

7. 查询学过李体音老师所教的任意一门课程的学生id、学生姓名

（1）思路分析。

与上一题的要求相近，但本题的区别在于学过李体音老师的任意一门课程，因此在第二步中，不再对查询结果进行有条件过滤。

第一步：根据题目要求，通过将 course_info 表和 teacher_info 表连接，获取李体音老师所教课程的课程 id，见图 6-44。

第二步：将第一步中获取的 course_id 作为查询条件，查询 score_info 表并获取相关信息，同时根据 stu_id 列分组，查询过程同图 6-46。不同之处在于，此处不基于查询结果继续统计每名学生学习的课程总数。将查询结果作为子查询 t1。

第三步：将子查询 t1 和 student_info 表进行连接查询，获取学生姓名。

（2）查询语句。
```
hive (default)>
select
    t1.stu_id,
    si.stu_name
from
(
    select
        stu_id
    from score_info si
    where course_id in
    (
        select
            course_id
        from course_info c
        join teacher_info t
        on c.tea_id = t.tea_id
        where tea_name='李体音'
    )
    group by stu_id
)t1
left join student_info si
on t1.stu_id=si.stu_id;
```
（3）查询结果。
```
s.stu_id        s.stu_name
001             陈富贵
002             李建国
004             刘爱党
005             韩华翰
007             孟海
009             韩福
```

```
010         吴山
013         许晗晗
014         谢思萌
015         乔白凝
016         钟紫
017         熊巧
018         黄瑗
020         于丝
Time taken: 9.391 seconds, Fetched: 14 row(s)
```

8. 查询没学过李体音老师教的任意一门课程的学生姓名

（1）思路分析。

本题考查的是获取上一题的查询结果的反向查询结果，关键在于 not in 关键字的使用。

第一步：根据题目要求，如图 6-44 所示，通过将 course_info 表和 teacher_info 表连接，获取李体音老师所教课程的课程 id（course_id）。

第二步：将第一步中获取的 course_id 作为条件，查询 score_info 表，进行 in 包含查询，获取李体音老师所教的学生 id（stu_id），在查询结果中，stu_id 存在重复，因此需要对 stu_id 列进行分组并去重。

第三步：查询 student_info 表，根据第二步得到的结果进行 not in 过滤即可获取结果，即没有学过李体音老师教的任意一门课程的学生姓名。

（2）查询语句。

```
hive (default)>
select
    stu_id,
    stu_name
from student_info
where stu_id not in
(
    select
        stu_id
    from score_info si
    where course_id in
    (
        select
            course_id
        from course_info c
        join teacher_info t
        on c.tea_id = t.tea_id
        where tea_name='李体音'
    )
    group by stu_id
);
```

（3）查询结果。

```
stu_id   stu_name
003      杨建军
006      廖景山
008      宋忠
011      邱钢
012      邓夏波
019      乔颜
Time taken: 36.559 seconds, Fetched: 6 row(s)
```

9. 查询至少有 1 门与学生 id 为 001 的学生所学课程相同的学生 id、学生姓名

（1）思路分析。

本题主要考查多条件数据过滤，关键是分析需求并利用逆向思维解题。

第一步：查询 score_info 表，获取学生 id 为 001 的学生所学的课程 id 列表，如图 6-47 所示。

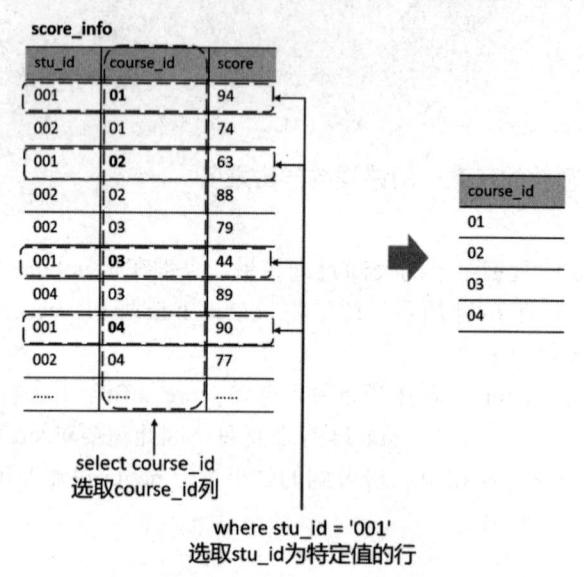

图 6-47　获取学生 id 为 001 的学生所学的课程 id 列表

第二步：将 score_info 表和 student_info 表进行连接查询，连接列为 stu_id 列，二者的连接结果如图 6-48 所示。

图 6-48　score_info 表和 student_info 表的连接结果

第三步：对第二步获取的 join 结果进行筛选和去重。

以第一步获取的课程 id 为条件进行 in 包含查询，即可筛选出至少有 1 门与学生 id 为 001 的学生所学课程相同的学生。在 where 子句中要排除学生 id 为 001 的学生，如图 6-49 所示。

图 6-49　对连接结果进行筛选

第四步：按照 stu_id 列和 stu_name 列分组，实现对最终结果的去重，如图 6-50 所示。

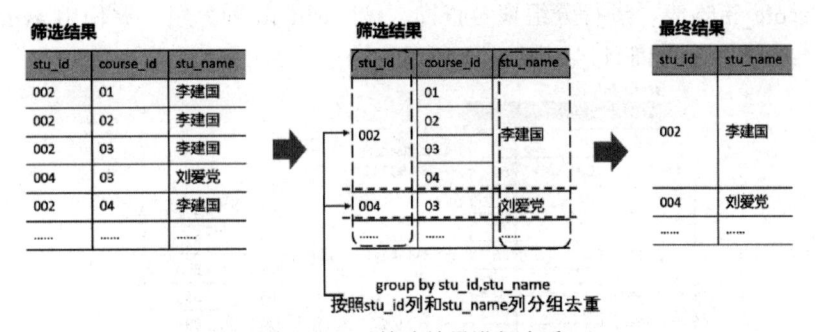

图 6-50　对筛选结果进行去重

（2）查询语句。

```
hive (default)>
select
   si.stu_id,
   si.stu_name
from score_info sc
join student_info si
on sc.stu_id = si.stu_id
where sc.course_id in
(
   select
      course_id
   from score_info
   where stu_id='001'    --学生 id 为 001 的学生所学的课程
) and sc.stu_id <> '001'  --排除学生 id 为 001 的学生
group by si.stu_id,si.stu_name;
```

（3）查询结果。

```
s1.stu_id        s2.stu_name
002              李建国
004              刘爱党
005              韩华翰
006              廖景山
```

```
007          孟海
008          宋忠
009          韩福
010          吴山
011          邱钢
012          邓夏波
013          许晗晗
014          谢思萌
015          乔白凝
016          钟紫
017          熊巧
018          黄瑗
019          乔颜
020          于丝
Time taken: 8.97 seconds, Fetched: 18 row(s)
```

10. 按平均分从高到低显示所有学生所有课程的分数及平均分

（1）思路分析。

本题主要考查多表联查，结合分组统计查询。

第一步：查询 score_info 表，进行分组聚合查询。按照 stu_id 列分组，并使用 avg 函数获取每名学生的平均分，将查询结果作为子查询 t1，如图 6-51 所示。

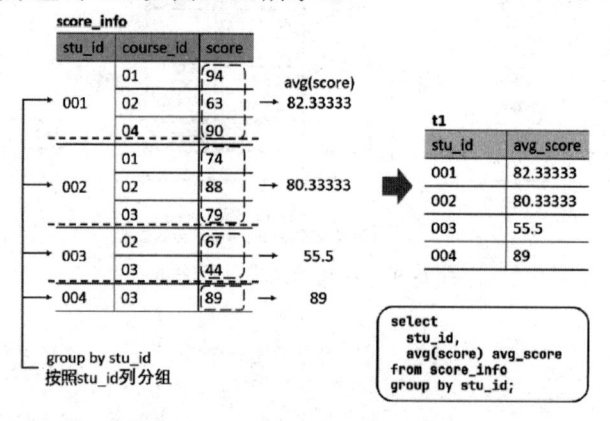

图 6-51　平均分的获取示意图

第二步：查询 score_info 表，将其分别与 student_info 表、course_info 表和子查询 t1 进行连接查询。如图 6-52 所示，展示了以 score_info 表为中心，其与其余表的连接关系，虚线框圈选出了从不同表中获取的关键列信息。将所得结果按照平均分进行 order by desc 倒序排序。

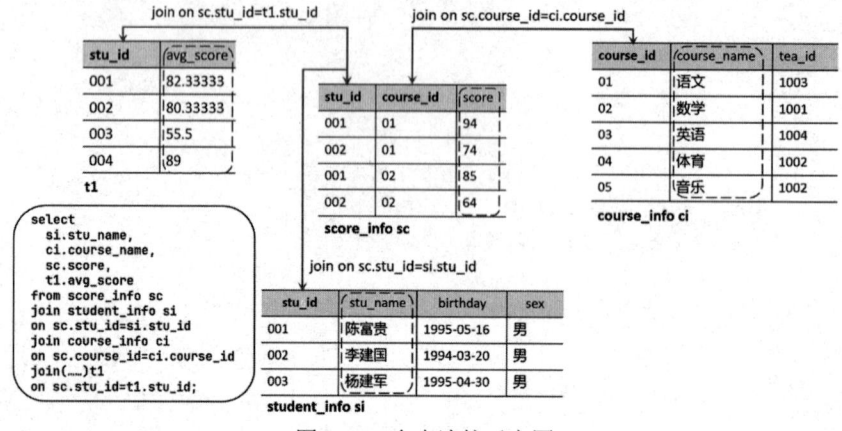

图 6-52　多表连接示意图

（2）查询语句。

```
hive (default)>
select
    si.stu_name,
    ci.course_name,
    sc.score,
    t1.avg_score
from score_info sc
join student_info si
on sc.stu_id=si.stu_id
join course_info ci
on sc.course_id=ci.course_id
join
(
    select
        stu_id,
        avg(score) avg_score
    from score_info
    group by stu_id
)t1
on sc.stu_id=t1.stu_id
order by t1.avg_score desc;
```

（3）查询结果。

```
t2.stu_name     t2.course_name     t2.score     t1.avg_score
李建国           数学               84           86.25
李建国           英语               87           86.25
李建国           体育               100          86.25
李建国           语文               74           86.25
刘爱党           体育               59           81.5
...
熊巧             体育               34           45.25
熊巧             英语               55           45.25
熊巧             数学               34           45.25
熊巧             语文               58           45.25
宋忠             英语               39           43.0
宋忠             语文               56           43.0
宋忠             数学               34           43.0
杨建军           NULL               NULL         NULL
Time taken: 20.137 seconds, Fetched: 75 row(s)
```

6.6 本章总结

本章的主要内容是，结合前面章节讲解的基础查询语法给出综合案例练习题，主要考察单表和多表的连接查询，以及常用关键字的综合使用，其中包含对分组聚合的大量练习。本章通过大量的基础练习案例，呈现了 Hive SQL 语法的基本知识点，并且锻炼了读者进行业务需求分析时应采取的基本思路，旨在使 Hive 初学者更快、更好地入门，为后面更复杂的 Hive SQL 使用和练习做好准备。

第 7 章 初级函数

本章讲解的主要内容是 Hive 的初级函数。在大数据处理中，函数是处理数据的重要工具。初级函数是 Hive 中最基础、最常用的函数类型，主要包括数值函数、字符串函数、日期函数、流程控制函数和集合函数等。通过学习初级函数，读者能够更好地理解和处理数据。

在本章中，我们将详细介绍各种初级函数的使用方法和实际应用案例。此外，我们还将介绍一些高级聚合函数，如 collect_list 和 collect_set 等。这些聚合函数能够将多个行或列的值合并成一个单独的集合，为数据处理提供更加高效的方法。

在学习本章时需要注意的是，要仔细理解每个函数的语法和使用方法，并通过实际案例来巩固所学内容。同时，还需要了解不同函数的适用范围和注意事项，避免在实际使用时出现问题。希望通过本章的学习，读者能够更加深入地了解 Hive 函数的使用方法和应用场景，为数据处理提供更好的支持。

7.1 函数简介

Hive 会将常用的计算逻辑封装成函数，然后提供给用户使用，类似于 Java 对函数的封装。函数的优点在于，可以避免用户反复编写相同的计算逻辑，方便用户直接拿来使用。但是，Hive 提供的函数众多，用户必须明确知道自己想要使用的函数叫什么，因此要充分了解 Hive 的函数。

Hive 提供了大量内置函数，根据函数的输入与输出特点，可以将其大致分为单行函数、聚合函数（简单的聚合函数已在第 5 章进行讲解）、炸裂函数和窗口函数四类。炸裂函数和窗口函数相对复杂，我们将在第 9 章中详细讲解。本章将主要讲解单行函数和高级聚合函数。

以下命令可用于查询所有内置函数的相关信息。

（1）查看所有系统内置函数（篇幅所限，仅展示部分内置函数）。

```
hive (default)> show functions;
OK
tab_name
!
!=
$sum0
%
&
*
+
-
/
<
```

```
<=
<=>
<>
=
==
……
```

（2）查看内置函数的用法。
```
hive (default)> desc function upper;
OK
tab_name
upper(str) - Returns str with all characters changed to uppercase
Time taken: 0.024 seconds, Fetched: 1 row(s)
```

（3）查看内置函数的详细信息。与 desc function 命令相比，这里增加了 extended 关键字，可以展示更加详细的函数用法。如下所示，命令结果中给出了函数的使用示例。
```
hive (default)> desc function extended upper;
OK
tab_name
upper(str) - Returns str with all characters changed to uppercase
Synonyms: ucase
Example:
  > SELECT upper('Facebook') FROM src LIMIT 1;
  'FACEBOOK'
Function class:org.apache.hadoop.hive.ql.udf.generic.GenericUDFUpper
Function type:BUILTIN
Time taken: 0.024 seconds, Fetched: 7 row(s)
```

7.2 单行函数

单行函数的特点是一进一出，即输入一行，输出一行。

单行函数按照功能可分为如下几类：数值函数、字符串函数、日期函数、流程控制函数、集合函数等。

7.2.1 数值函数

Hive 提供了很多数值函数，方便用户对数值类型的列进行处理。常用的数值函数有以下几个。

（1）round：取整函数。

语法：round(double A)或 round(double A,int b)。

说明：当 round 函数只传入一个 double 类型的参数时，会遵循四舍五入原则返回 double 类型的数值的整数部分。当传入第二个整数类型的参数时，会遵循四舍五入原则返回指定精度的 double 类型的结果。round 函数的使用如图 7-1 所示。

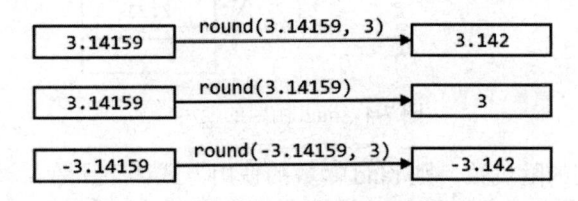

图 7-1 round 函数的使用

round 函数的使用代码如下所示。
```
hive (default)> select round(3.3);
3
hive (default)> select round(3.33336,4);
3.3334
```

（2）ceil：向上取整函数。

说明：传入 double 类型的参数，遵循向上取整的原则返回整数值。ceil 函数的使用如图 7-2 所示。

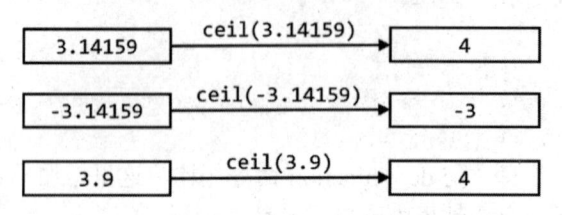

图 7-2　ceil 函数的使用

ceil 函数的使用代码如下所示。
```
hive (default)> select ceil(3.1) ;
4
```

（3）floor：向下取整函数。

说明：传入 double 类型的参数，遵循向下取整的原则返回整数值。floor 函数的使用如图 7-3 所示。

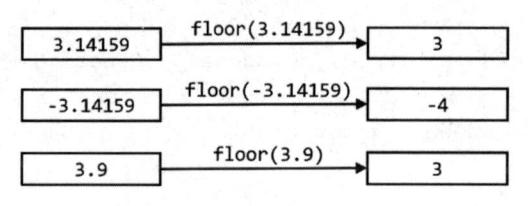

图 7-3　floor 函数的使用

floor 函数的使用代码如下所示。
```
hive (default)> select floor(4.8);
4
```

（4）rand：随机数函数。

说明：用来生成 0 到 1 之间的随机数。rand 函数的使用如图 7-4 所示。

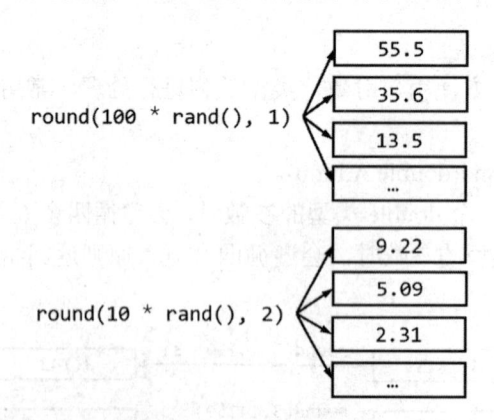

图 7-4　rand 函数的使用

若需要生成 0 至 100 之间的随机数，则 rand 函数的使用方式如下所示。
```
hive (default)> select round(100 * rand());
15.0
```

(5) abs：绝对值函数。

说明：用来返回数值的绝对值。abs 函数的使用如图 7-5 所示。

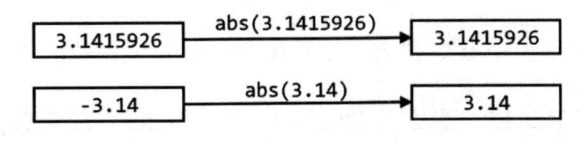

图 7-5　abs 函数的使用

abs 函数的使用代码如下所示。

```
hive (default)> select abs(-20);
20
hive (default)> select abs(20);
20
```

7.2.2　字符串函数

传入参数或返回值类型为字符串的函数，我们称之为字符串函数。Hive 提供的字符串函数较多，此处我们选取比较常用的进行讲解，读者可以访问 Hive 官网了解更多字符串函数的使用方式。

（1）substring：字符串截取函数。

① 语法一：substring(string A, int start)。

返回值：string。

说明：返回字符串 A 从 start 位置到结尾的字符串。

② 语法二：substring(string A, int start, int len)。

返回值：string。

说明：返回字符串 A 从 start 位置开始，长度为 len 的字符串。

substring 函数的使用如图 7-6 所示。

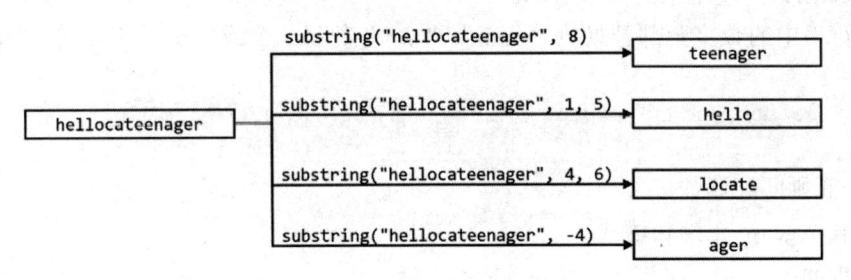

图 7-6　substring 函数的使用

substring 函数的使用案例如下所示。

案例一：获取字符串"atguigu"第二个字符以后的所有字符。

```
hive (default)> select substring("atguigu",2);
tguigu
```

案例二：获取字符串"atguigu"倒数第三个字符以后的所有字符。

```
hive (default)> select substring("atguigu",-3);
igu
```

案例三：从第三个字符开始，向后获取字符串"atguigu"的两个字符。

```
hive (default)> select substring("atguigu",3,2);
gu
```

(2) replace：字符串替换函数。

语法：replace(string A, string B, string C)。

返回值：string。

说明：将字符串 A 中的子字符串 B 替换为子字符串 C。replace 函数的使用如图 7-7 所示。

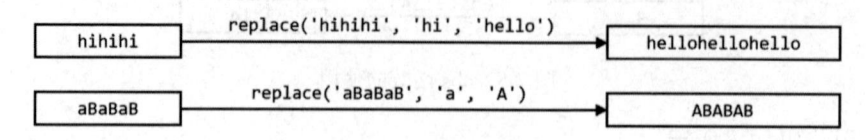

图 7-7 replace 函数的使用

replace 函数的使用案例如下所示。

案例：将字符串"atguigu"中所有的"a"替换为"A"。

```
hive (default)> select replace('atguigu', 'a', 'A');
Atguigu
```

(3) regexp_replace：正则替换函数。

语法：regexp_replace(string A, string pattern, string replacement)。

返回值：string。

说明：将字符串 A 中符合 Java 正则表达式 pattern 的部分替换为 replacement。注意，在某些情况下要使用转义字符。regexp_replace 函数的使用如图 7-8 所示。

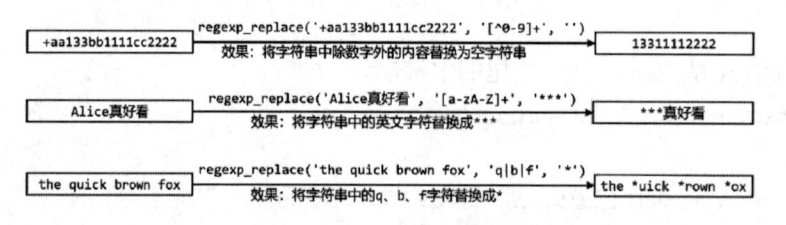

图 7-8 regexp_replace 函数的使用

regexp_replace 函数的使用案例如下所示。

案例：将字符串中的数字全部替换为"num"。"\d+"表示一个或多个数字字符，"\d"需要使用转义字符。

```
hive (default)> select regexp_replace('100-200', '(\\d+)', 'num');
num-num
```

(4) regexp：正则匹配函数。

语法：字符串 regexp 正则表达式。

返回值：boolean。

说明：若字符串符合正则表达式，则返回 true，否则返回 false。

案例一：与正则表达式匹配成功，输出 true。

```
hive (default)> select 'dfsaaaa' regexp 'dfsa+';
true
```

案例二：与正则表达式匹配失败，输出 false。

```
hive (default)> select 'dfsaaaa' regexp 'dfsb+';
false
```

(5) repeat：重复字符串函数。

语法：repeat(string A, int n)。

返回值：string。

说明：将字符串 A 重复 n 次，组成一个新的字符串。repeat 函数的使用如图 7-9 所示。

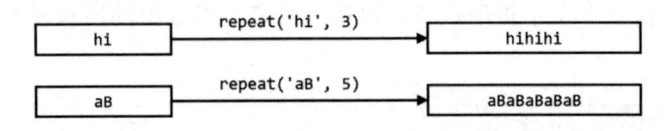

图 7-9 repeat 函数的使用

repeat 函数的使用案例如下所示。

案例：将字符串"123"重复三次。

```
hive (default)> select repeat('123', 3);
123123123
```

（6）split：字符串切割函数。

语法：split(string str, string pat)。

返回值：array。

说明：按照正则表达式 pat 的内容切割字符串 str，切割后的字符串将以数组的形式返回。需要注意的是，如果选择的分隔符在正则表达式中具有特殊含义，就需要对分隔符进行转义。例如，对字符串"192.168.11.12"按照"."进行切割，此时函数的使用方式为 split('192.168.11.12', '\\.')。split 函数的使用如图 7-10 所示。

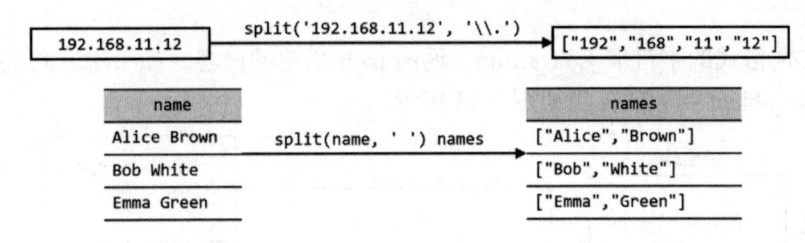

图 7-10 split 函数的使用

split 函数的使用案例如下所示。

案例：将字符串"a-b-c-d"按照"-"进行分割。

```
hive (default)> select split('a-b-c-d','-');
["a","b","c","d"]
```

（7）concat：字符串拼接函数。

语法：concat(string A, string B, string C, …)。

返回：string。

说明：将多个字符串拼接为一个字符串。concat 函数的使用如图 7-11 所示。

图 7-11 concat 函数的使用

concat 函数的使用代码如下所示。

```
hive (default)> select concat('beijing','-','shanghai','-','shenzhen');
beijing-shanghai-shenzhen
```

（8）concat_ws：以指定分隔符拼接字符串或字符串数组。

语法：concat_ws(string A, string…| array(string))。

返回值：string。

说明：使用分隔符 A 拼接多个字符串，或者拼接一个字符串数组的所有元素。concat_ws 函数的使用如图 7-12 所示。

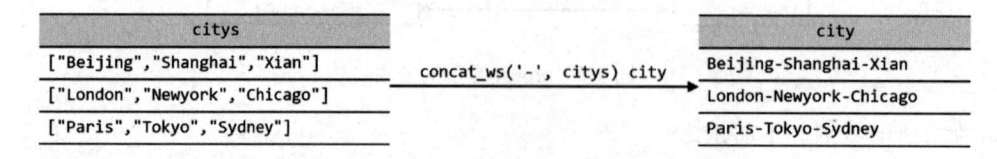

图 7-12　concat_ws 函数的使用

concat_ws 函数的使用案例如下所示。

案例一：使用分隔符"-"拼接多个字符串。

```
hive (default)>select concat_ws('-','beijing','shanghai','shenzhen');
beijing-shanghai-shenzhen
```

案例二：使用分隔符"-"拼接字符串数组的所有元素。

```
hive (default)> select concat_ws('-',array('beijing','shenzhen','shanghai'));
beijing-shanghai-shenzhen
```

（9）get_json_object：解析 JSON 字符串函数。

语法：get_json_object(string json_string, string path)。

返回值：string。

说明：解析 JSON 格式的字符串 json_string，返回 path 指定的内容。如果输入的 JSON 字符串无效，就返回 null。get_json_object 函数的使用如图 7-13 所示。

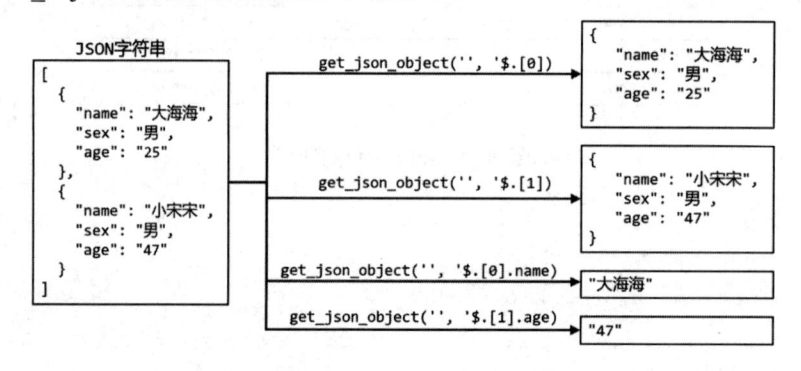

图 7-13　get_json_object 函数的使用

get_json_object 函数的使用案例如下所示。

案例一：获取 JSON 字符串数组中第一个对象的 name 属性。

```
hive (default)> select get_json_object('[{"name":"大海海","sex":"男","age":"25"},{"name":"小宋宋","sex":"男","age":"47"}]','$.[0].name');
大海海
```

案例二：获取 JSON 字符串数组中第一个对象。

```
hive (default)> select get_json_object('[{"name":"大海海","sex":"男","age":"25"},{"name":"小宋宋","sex":"男","age":"47"}]','$.[0]');
{"name":"大海海","sex":"男","age":"25"}
```

（10）length：字符串长度函数。

语法：length(string A)。

返回值：int。

说明：返回字符串 A 的长度。

```
hive (default)> select length('helloatguigu');
12
```

（11）lower、upper：字符串大小写转换函数。

语法：lower(string A)、upper(string A)。

返回值：string。

说明：lower 函数可以将字符串中的所有字母转换为小写字母，upper 函数可以将字符串中的所有字母转换为大写字母。lower 函数和 upper 函数的使用如图 7-14 所示。

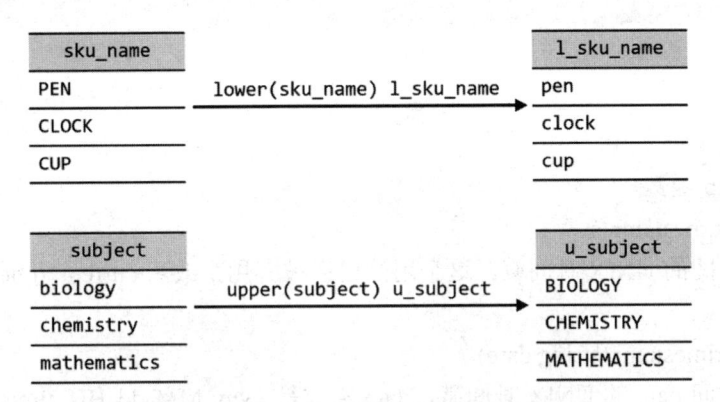

图 7-14 lower 函数和 upper 函数的使用

lower 函数和 upper 函数的使用代码如下所示。

```
hive (default)> select lower('ATGUIGU');
atguigu
hive (default)> select upper('hello');
HELLO
```

（12）ltrim、rtrim、trim：空格截断函数。

语法：ltrim(string A)、rtrim(string A)、trim(string A)。

返回值：string。

说明：ltrim 函数可以截断字符串首的空格，rtrim 函数可以截断字符串尾的空格，trim 函数可以同时截断字符串首和尾的空格。在 Hive 的使用过程中，有时需要对数据进行清洗，部分字符串可能会因为不正确的字段分隔所以首尾存在空格，影响数据分析，此时就需要截断字符串首尾的空格。ltrim、rtrim、trim 函数的使用如图 7-15 所示。

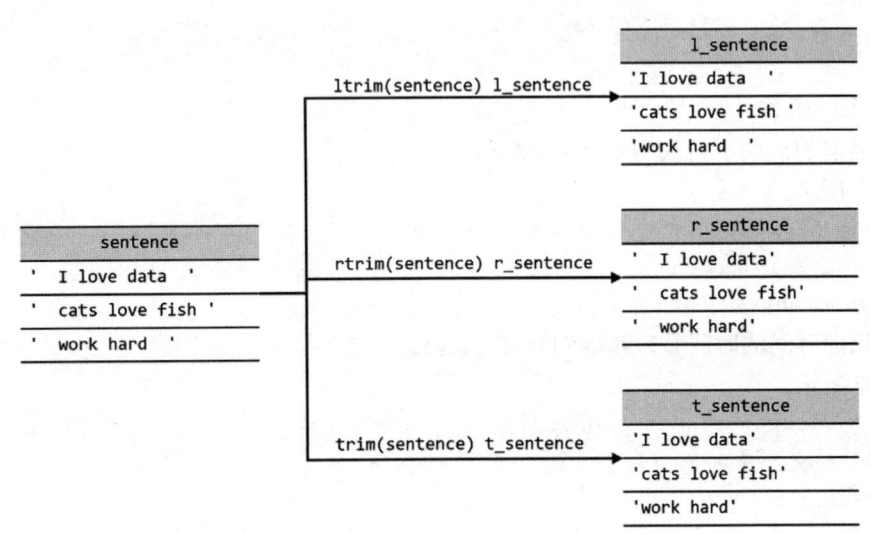

图 7-15 ltrim、rtrim、trim 函数的使用

ltrim、rtrim、trim 函数的使用代码如下所示。

```
hive (default)> select ltrim('  ATGUIGU  ');
ATGUIGU
hive (default)> select rtrim('  ATGUIGU  ');
  ATGUIGU
hive (default)> select trim('  ATGUIGU  ');
ATGUIGU
```

7.2.3 日期函数

（1）unix_timestamp 函数。

① 语法一：unix_timestamp()。

说明：返回当前时间的 UNIX 时间戳。这个用法已经被弃用，改用 current_timestamp 函数获取当前时间戳。

② 语法二：unix_timestamp(string date)。

说明：返回指定时间 date 的 UNIX 时间戳，date 需要是 yyyy-MM-dd HH:mm:ss 格式的，如果转换失败，就返回 0。

③ 语法三：unix_timestamp(string date, string pattern)。

返回值：bigint。

说明：将指定的 pattern 格式的 date 转换为 UNIX 时间戳。

案例代码如下所示。

```
hive (default)> select unix_timestamp('2022/08/08 08-08-08','yyyy/MM/dd HH-mm-ss');
1659946088
```

（2）from_unixtime 函数。

语法：from_unixtime(bigint unixtime[, string format])。

返回值：string。

说明：将 UNIX 时间戳（从 1970-01-01 00:00:00 UTC 到指定时间的秒数）转换为当前时区的时间格式。

案例代码如下所示。

```
hive (default)> select from_unixtime(1659946088);
2022-08-08 08:08:08
```

（3）current_date 函数。

说明：返回当前的日期，格式为 yyyy-MM-dd。

案例代码如下所示。

```
hive (default)> select current_date;
2022-07-11
```

（4）current_timestamp 函数。

说明：返回当前时间的时间戳，精确到毫秒（ms）。

案例代码如下所示。

```
hive (default)> select current_timestamp;
2022-07-11 15:32:22.402
```

（5）month 函数。

语法：month(string date)。

返回值：int。

说明：获取日期 date 中的月份。month 函数的使用如图 7-16 所示。

```
                '2022-08-08 08:08:08'          month('2022-08-08 08:08:08')        8

                    '2022-11-08'                    month('2022-11-08')            11
```

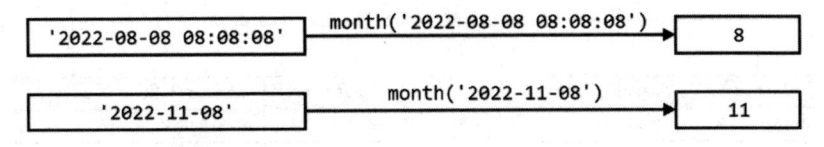

图 7-16　month 函数的使用

案例代码如下所示。

```
hive (default)> select month('2022-08-08 08:08:08');
8
hive (default)> select month('2022-11-08');
11
```

（6）day 函数。

语法：day(string date)。

返回值：int。

说明：获取日期 date 中的日。day 函数的使用如图 7-17 所示。

```
                '2022-08-08 08:08:08'          day('2022-08-08 08:08:08')          8

                    '2022-11-08'                    day('2022-11-08')              8
```

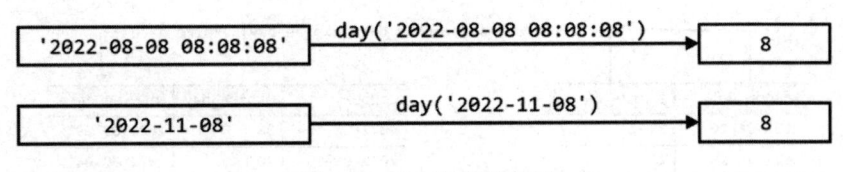

图 7-17　day 函数的使用

案例代码如下所示。

```
hive (default)> select day('2022-08-08 08:08:08');
8
```

（7）hour 函数。

语法：hour(string date)。

返回值：int。

说明：获取日期 date 中的小时。hour 函数的使用如图 7-18 所示。

```
                '2022-08-08 08:08:08'          hour('2022-08-08 08:08:08')         2022

                    '2022-11-08'                    hour('2022-11-08')             2011
```

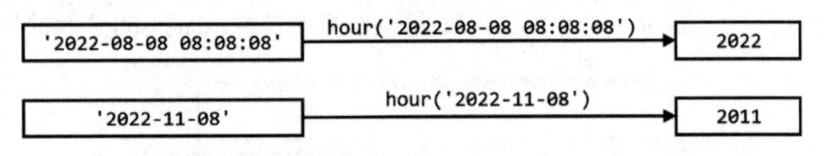

图 7-18　hour 函数的使用

案例代码如下所示。

```
hive (default)> select hour('2022-08-08 08:08:08');
8
```

（8）datediff 函数。

语法：datediff(string enddate, string startdate)。

返回值：int。

说明：计算两个日期相差的天数，即结束日期（enddate）减去开始日期（startdate）得出的天数。datediff 函数的使用如图 7-19 所示。

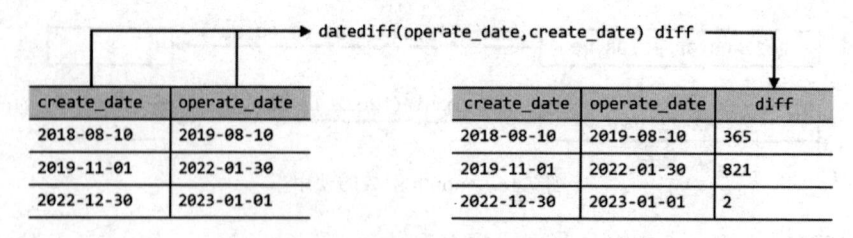

图 7-19 datediff 函数的使用

案例代码如下所示。
```
hive (default)> select datediff('2021-08-08','2022-10-09');
-427
```

（9）date_add 函数。

语法：date_add(string startdate, int days)。

返回值：string。

说明：返回开始日期（startdate）增加指定天数（days）后的日期。date_add 函数的使用如图 7-20 所示。

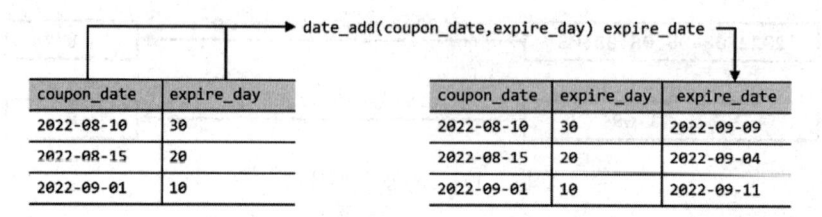

图 7-20 date_add 函数的使用

案例代码如下所示。
```
hive (default)> select date_add('2022-08-08',2);
2022-08-10
```

（10）date_sub 函数。

语法：date_sub (string startdate, int days)。

返回值：string。

说明：返回开始日期（startdate）减少指定天数（days）后的日期。date_sub 函数的使用如图 7-21 所示。

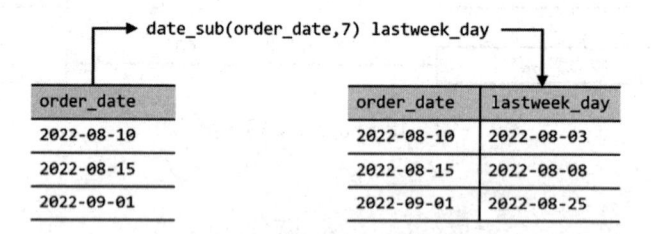

图 7-21 date_sub 函数的使用

案例代码如下所示。
```
hive (default)> select date_sub('2022-08-08',2);
2022-08-06
```

（11）date_format 函数。

语法：date_sub (date/timestamp/string ts, string fmt)。

返回值：string。

说明：将标准日期、时间戳或日期字符串解析成指定格式的字符串，日期和时间的格式由日期和时间模式字符串 fmt 指定。常用的模式字母如下。

- y：代表年份，yyyy 会将日期格式化成四位数的年份，yy 会将日期格式化成年份的后两位数字。
- M：代表月份，MMM 会将日期中的月份格式化成文本，如 Jul、Jan；MM 会将日期中的月份格式化成数字，如 07、01。
- d：代表月份中的天数，使用方式为 dd。
- u：代表星期几的天数（1 代表星期一，2 代表星期二，以此类推）。
- H：代表一天中的小时数，使用方式为 HH。
- m：代表小时中的分钟数，使用方式为 mm。
- s：代表分钟中的秒数，使用方式为 ss。

通过学习上述常用模式字母，我们了解到，模式字母通常会重复，其重复的数量决定了格式化的形式。通过模式字母的灵活组合可以将日期和时间格式化为用户所需要的各种格式。date_format 函数的使用如图 7-22 所示。

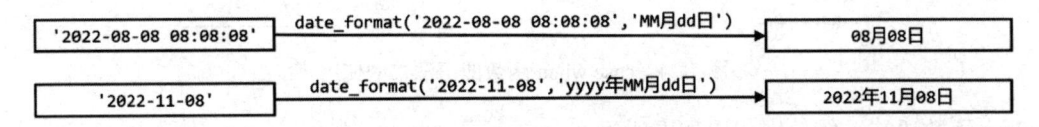

图 7-22 date_format 函数的使用

案例代码如下所示。

```
hive (default)> select date_format('2022-08-08','yyyy年-MM月-dd日')
2022年-08月-08日
```

7.2.4 流程控制函数

Hive 提供了一些流程控制函数，用来辅助用户完成一些复杂的运算。本节将要介绍的三个流程控制函数都可以结合聚合函数实现复杂的数据分析功能，在本书的综合案例练习中会经常使用。

（1）nvl：空值查找函数。

语法：nvl(A,B)。

说明：若 A 的值不为 null，则返回 A，否则返回 B。nvl 函数的使用如图 7-23 所示。

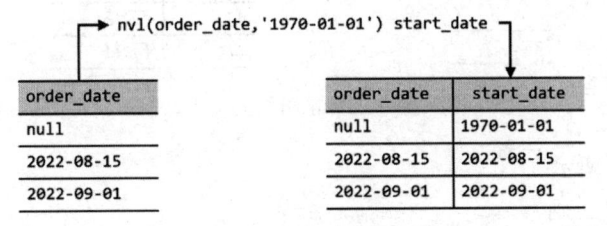

图 7-23 nvl 函数的使用

nvl 函数的使用代码如下所示。

```
hive (default)> select nvl(null,1);
hive (default)> 1
```

（2）case when：条件判断函数。

① 语法一：case when a then b [when c then d]* [else e] end。

返回值：T。

说明：若 a 为 true，则返回 b；若 c 为 true，则返回 d；否则返回 e。

案例代码如下所示。

```
hive (default)> select case when 1=2 then 'tom' when 2=2 then 'mary' else 'tim' end from
```

```
tabl eName;
mary
```

② 语法二：case a when b then c [when d then e]* [else f] end。

返回值：T。

说明：如果 a 等于 b，就返回 c；如果 a 等于 d，就返回 e；否则返回 f。case when 函数的语法二的使用如图 7-24 所示。

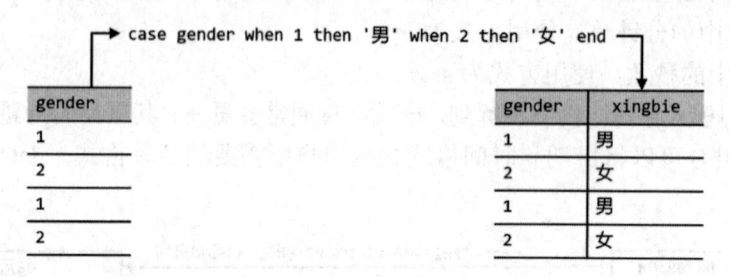

图 7-24　case when 函数的语法二的使用

case when 函数语法二的使用代码如下所示。

```
hive (default)> select case 100 when 50 then 'tom' when 100 then 'mary' else 'tim' end from t ableName;
mary
```

（3）if：条件判断函数。

语法：if(boolean testCondition, T valueTrue, T valueFalseOrNull)。

返回值：T。

说明：类似于 Java 中的三元运算符，当条件 testCondition 为 true 时，返回 valueTrue，否则返回 valueFalseOrNull。if 函数的使用如图 7-25 所示。

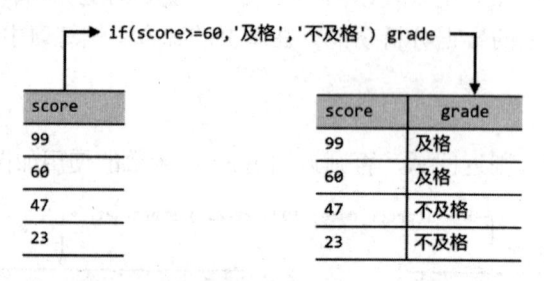

图 7-25　if 函数的使用

if 函数的使用代码如下所示。

若条件满足，则输出"正确"。

```
hive (default)> select if(10 > 5,'正确','错误');
正确
```

若条件不满足，则输出"错误"。

```
hive (default)> select if(10 < 5,'正确','错误');
错误
```

（4）coalesce：非空值查找函数。

语法：coalesce(T v1, T v2, …)。

返回值：T。

说明：coalesce 函数可以传入多个参数，函数会依次判断各参数，遇到非 null 就停止查找，并返回该值。如果所有的参数都是 null，就会返回 null。

coalesce 函数的使用场景是：需要依次查找多个变量，而我们只需要在多个变量中取一个非空的变量即可。例如，user_info 表中记录了用户的家庭住址（family_address）和办公地址（office_address），我们需要查询用户的一个地址，若家庭地址和办公地址均未记录，则显示"未登记"。coalesce 函数的使用如图 7-26 所示。

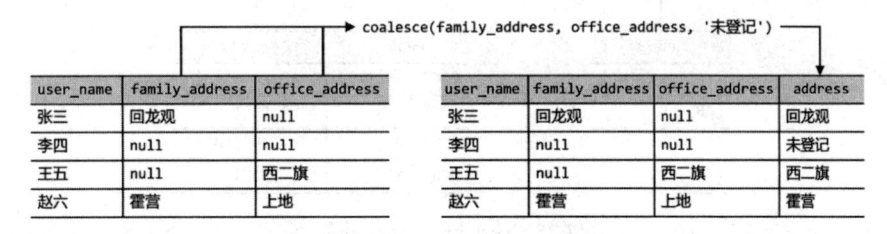

图 7-26 coalesce 函数的使用

案例代码如下所示。

```
select
   user_name,
   coalesce(family_address, office_address, '未登记')
from user_info;
```

7.2.5 集合函数

Hive 的数据类型中包含三种复杂数据类型，即 array、map 和 struct。针对复杂数据类型，Hive 也提供了多个函数，用来完成复杂数据类型的构建、访问和分析等操作。

（1）array 构建函数。

语法：array(val1, val2, …)。

说明：根据输入的参数构建数组 array。

案例代码如下所示。

```
hive (default)> select array('1','2','3','4');
["1","2","3","4"]
```

（2）array_contains 函数。

语法：array_contains(Array<T>, value)。

返回值：boolean。

说明：判断数组 array 中是否包含 value 元素，如果存在就返回 true，如果不存在就返回 false。array_contains 函数的使用如图 7-27 所示。

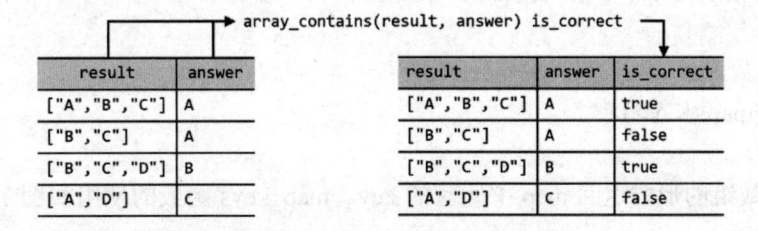

图 7-27 array_contains 函数的使用

array_contains 函数的使用代码如下所示。

```
hive (default)> select array_contains(array('a','b','c','d'),'a');
true
```

（3）sort_array 函数。

语法：sort_array(array<T>)。

返回值：array<T>。

说明：按照元素类型的自然顺序，将数组 array 中的元素升序排序。sort_array 函数的使用如图 7-28 所示。

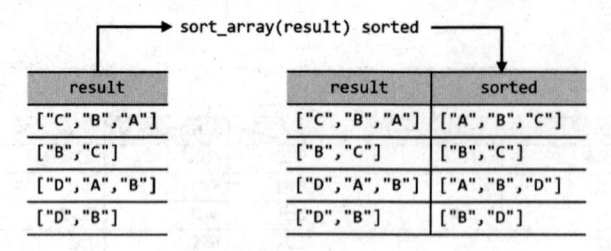

图 7-28 sort_array 函数的使用

sort_array 函数的使用代码如下所示。

```
hive (default)> select sort_array(array('a','d','c'));
["a","c","d"]
```

（4）size 函数。

语法：size(array<T>)。

返回值：int。

说明：用于获取数组中元素的个数。size 函数的使用如图 7-29 所示。

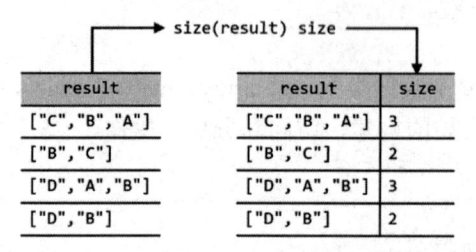

图 7-29 size 函数的使用

size 函数的使用代码如下所示。

```
hive (default)> select size(array("atguigu","hello","hive"));
3
```

（5）map 构建函数。

语法：map (key1, value1, key2, value2, …)。

说明：根据输入的 key 和 value 构建 map。

案例代码如下所示。

```
hive (default)> select map('xiaohai',1,'dahai',2);
{"xiaohai":1,"dahai":2}
```

（6）map_keys 函数。

语法：map_keys(map<K.V>)。

返回值：array<K>。

说明：以不排序数组的形式返回 map 中所有的 key。map_keys 函数的使用如图 7-30 所示。

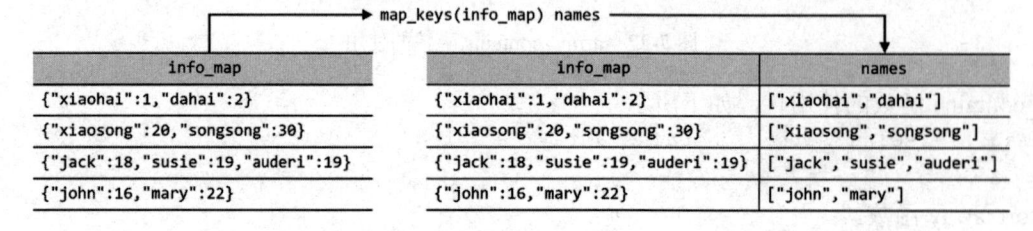

图 7-30 map_keys 函数的使用

map_keys 函数的使用代码如下所示。

```
hive (default)> select map_keys(map('xiaohai',1,'dahai',2));
["xiaohai","dahai"]
```

（7）map_values 函数。

语法：map_values(map<K,V>)。

返回值：array<V>。

说明：以不排序数组的形式返回 map 中所有的 value。map_values 函数的使用如图 7-31 所示。

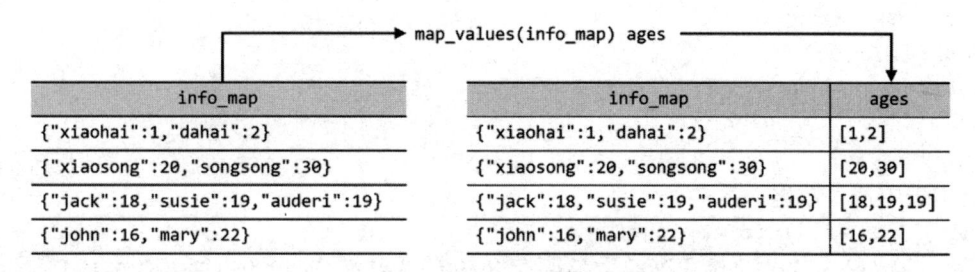

info_map		info_map	ages
{"xiaohai":1,"dahai":2}		{"xiaohai":1,"dahai":2}	[1,2]
{"xiaosong":20,"songsong":30}		{"xiaosong":20,"songsong":30}	[20,30]
{"jack":18,"susie":19,"auderi":19}		{"jack":18,"susie":19,"auderi":19}	[18,19,19]
{"john":16,"mary":22}		{"john":16,"mary":22}	[16,22]

图 7-31　map_values 函数的使用

map_values 函数的使用代码如下所示。

```
hive (default)> select map_values(map('xiaohai',1,'dahai',2));
[1,2]
```

（8）struct 函数。

语法：struct(val1, val2, val3, …)。

说明：声明 struct 中各属性的属性名，并根据输入的参数构建结构体 struct，但是并没有为各属性赋值。

案例代码如下所示。

```
hive (default)> select struct('name','age','weight');
{"col1":"name","col2":"age","col3":"weight"}
```

（9）named_struct 函数。

语法：struct(name1, val1, name2, val2, ...)。

说明：创建一个结构体 struct，其中包含 struct 的属性名和对应值。

案例代码如下所示。

```
hive (default)> select named_struct('name','xiaosong','age',18,'weight',80);
{"name":"xiaosong","age":18,"weight":80}
```

7.2.6　案例演示

结合 7.2 节已经讲解的单行函数，本节来完成一些简单的数据分析案例。

1. 数据准备

（1）本节需要准备的员工表结构如表 7-1 所示（未展示全部数据）。

表 7-1　员工表结构

name	sex	birthday	hiredate	job	salary	bonus	friends	children
张无忌	男	1980/02/12	2022/08/09	销售	3000	12000	[阿朱,小昭]	{张小无:8,张小忌:9}
赵敏	女	1982/05/18	2022/09/10	行政	9000	2000	[阿三,阿四]	{赵小敏:8}
黄蓉	女	1982/04/13	2022/06/11	行政	12000	null	[东邪,西毒]	{郭芙:5,郭襄:4}

（2）创建员工表。

```
hive (default)>
create table employee(
    name string,   --姓名
    sex string,   --性别
    birthday string,   --出生日期
    hiredate string,   --入职日期
    job string,   --岗位
    salary double,   --薪资
    bonus double,   --奖金
    friends array<string>,   --朋友
    children map<string,int>   --孩子
);
```

（3）往员工表中插入数据。

```
hive (default)> insert into employee
  values('张无忌','男','1980/02/12','2022/08/09','销售',3000,12000,array('阿朱','小昭'),map('张小无',8,'张小忌',9)),
         ('赵敏','女','1982/05/18','2022/09/10','行政',9000,2000,array('阿三','阿四'),map('赵小敏',8)),
         ('宋青书','男','1981/03/15','2022/04/09','研发',18000,1000,array('王五','赵六'),map('宋小青',7,'宋小书',5)),
         ('周芷若','女','1981/03/17','2022/04/10','研发',18000,1000,array('王五','赵六'),map('宋小青',7,'宋小书',5)),
         ('郭靖','男','1985/03/11','2022/07/19','销售',2000,13000,array('南帝','北丐'),map('郭芙',5,'郭襄',4)),
         ('黄蓉','女','1982/12/13','2022/06/11','行政',12000,null,array('东邪','西毒'),map('郭芙',5,'郭襄',4)),
         ('杨过','男','1988/01/30','2022/08/13','前台',5000,null,array('郭靖','黄蓉'),map('杨小过',2)),
         ('小龙女','女','1985/02/12','2022/09/24','前台',6000,null,array('张三','李四'),map('杨小过',2));
```

2. 案例

（1）案例一：统计每个月的入职人数。

① 期望输出结果如表 7-2 所示。

表 7-2 期望输出结果（1）

month	cnt
4	2
6	1
7	1
8	2
9	2

② 需求分析。

如果需要统计每个月的入职人数，那么首先应该从入职日期（hiredate）列中取得入职月份。可以使用 month 函数实现该功能，但是 month 函数要求输入的日期格式以 "-" 进行分隔，而员工表中的 hiredate 列以 "/" 进行分隔，因此首先要使用 replace 函数，将 hiredate 列中的 "/" 替换为 "-"；其次在获得入职月份（month）后，按照 month 列进行分组，并使用 count 函数来统计每个月的入职人数，具体思路分析如图 7-32 所示。

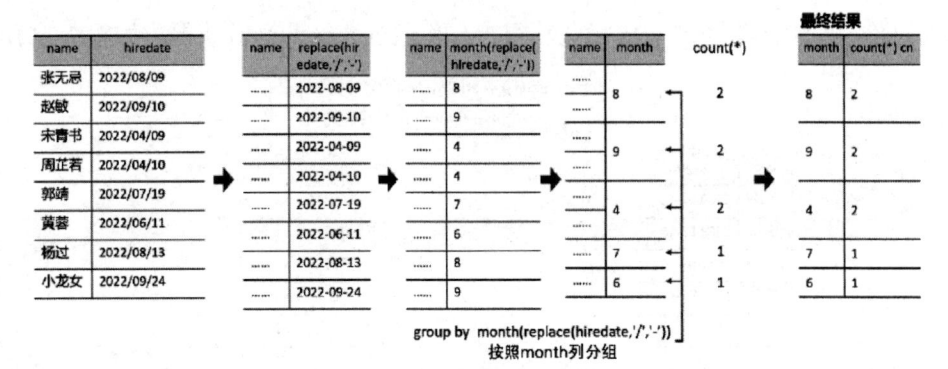

图 7-32 统计每个月的入职人数的思路分析

③ 查询语句。

```sql
select
  month(replace(hiredate,'/','-')) as month,
  count(*) as cn
from
  employee
group by
  month(replace(hiredate,'/','-'));
```

（2）案例二：查询每名员工的年龄，精确到月。

① 期望输出结果如表 7-3 所示。

表 7-3 期望输出结果（2）

name	age
张无忌	42 年 8 月
赵敏	40 年 5 月
宋青书	41 年 7 月
周芷若	41 年 7 月
郭靖	37 年 7 月
黄蓉	39 年 10 月
杨过	34 年 9 月
小龙女	37 年 8 月

② 需求分析。

本案例分三步完成。

第一步：将出生日期（birthday）列转换成以 "-" 分隔的标准日期格式，如图 7-33 所示。

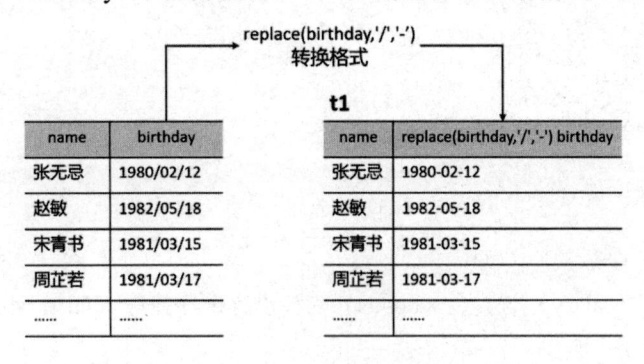

图 7-33 转换日期格式

第二步：使用当前日期（通过 current_date 函数获得）的年份减出生日期的年份，并使用当前日期的月份减出生日期的月份,其中年份通过 year 函数获得,月份通过 month 函数获得,如图 7-34 所示。

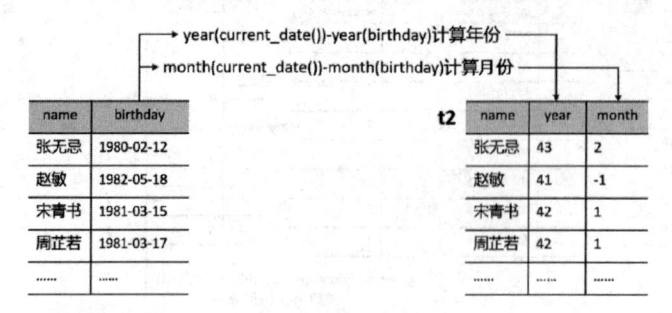

图 7-34 获取年份和月份

第三步:通过第二步计算得到的月份差值有可能为负,因此需要对这种情况进行处理。若月份差值为正,则直接将年份差值和月份差值进行拼接,得到员工年龄(age);若月份差值为负,则将年份差值减 1,月份差值加 12,拼接后得出员工年龄。对月份差值正负的判断可使用 if 函数完成,如图 7-35 所示。

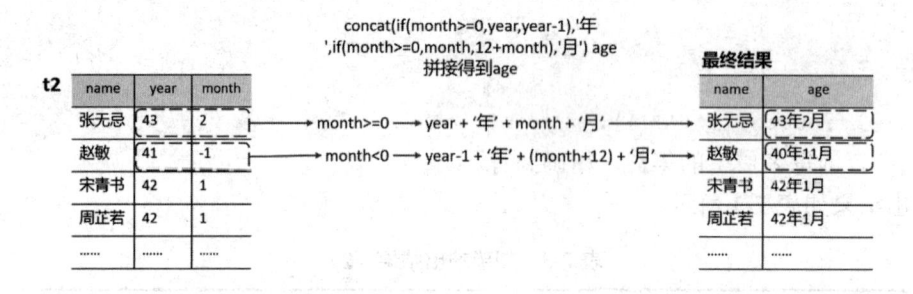

图 7-35 拼接后得出员工年龄

③ 查询语句。

```
hive (default)> select
  name,
  concat(if(month>=0,year,year-1),'年',if(month>=0,month,12+month),'月') age
from
(
  select
    name,
    year(current_date())-year(t1.birthday) year,
    month(current_date())-month(t1.birthday) month
  from
  (
    select
      name,
      replace(birthday,'/','-') birthday
    from
      employee
  )t1
)t2;
```

(3)案例三:按照薪资(salary)与奖金(bonus)的和进行倒序排序,如果 bonus 列为 null,则奖金为 0。
① 期望输出结果如表 7-4 所示。

表 7-4 期望输出结果（3）

name	sal
周芷若	19000
宋青书	19000
郭靖	15000
张无忌	15000
黄蓉	12000
赵敏	11000
小龙女	6000
杨过	5000

② 思路分析。

本案例关键之处在于对 bonus 列的 null 的处理，由于 bonus 列存在 null，若将 null 与数值相加，则得到的结果为 null，因此不能直接与 salary 列的值相加。使用 nvl 函数对 bonus 列进行判断，若 bonus 列为 null，则默认赋值为 0，如图 7-36 所示。

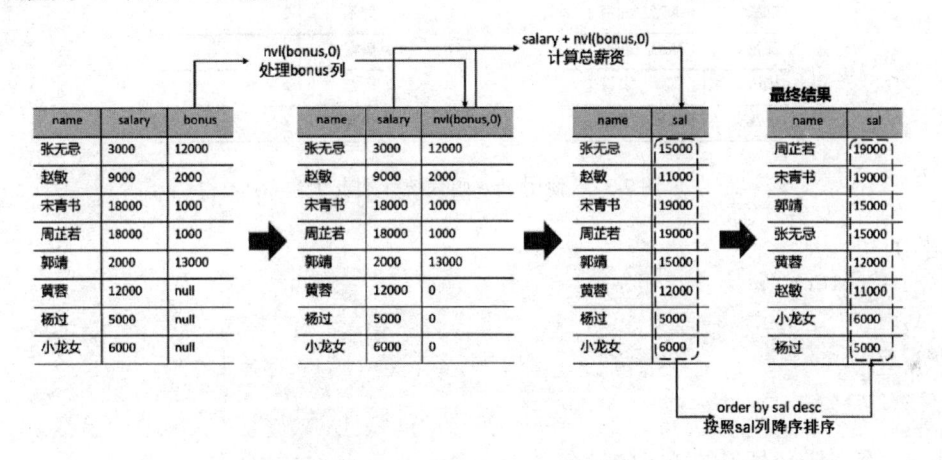

图 7-36 薪资统计思路分析

③ 查询语句。

```
hive (default)> select
  name,
  salary + nvl(bonus,0) sal
from
  employee
order by
  sal desc;
```

（4）案例四：查询每名员工有多少位朋友。

① 期望输出结果如表 7-5 所示。

表 7-5 期望输出结果（4）

name	cnt
张无忌	2
赵敏	2
宋青书	2
周芷若	2

name	cnt
郭靖	2
黄蓉	2
杨过	2
小龙女	2

② 思路分析。

员工的朋友（friends）列的类型是数组 array，统计朋友个数可以使用 size 函数，如图 7-37 所示。

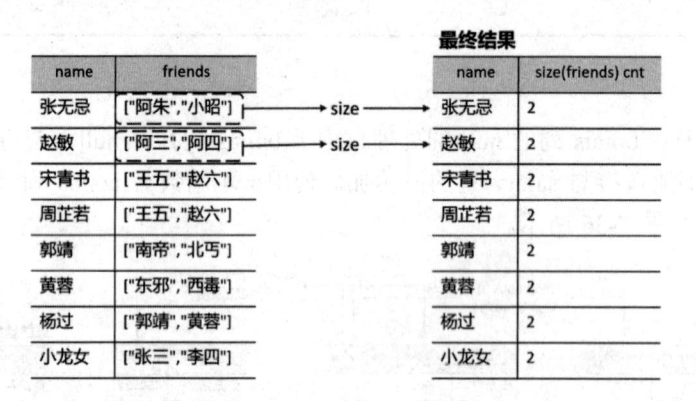

图 7-37 使用 size 函数统计朋友个数

③ 查询语句。

```
hive (default)> select
name,
size(friends) cnt
from
employee;
```

（5）案例五：查询每名员工的孩子的姓名。

① 期望输出结果如表 7-6 所示。

表 7-6 期望输出结果（5）

name	ch_name
张无忌	["张小无","张小忌"]
赵敏	["赵小敏"]
宋青书	["宋小青","宋小书"]
周芷若	["宋小青","宋小书"]
郭靖	["郭芙","郭襄"]
黄蓉	["郭芙","郭襄"]
杨过	["杨小过"]
小龙女	["杨小过"]

② 思路分析。

员工的孩子（children）列为 map 类型，map 的 key 即姓名，因此在统计每名员工的孩子的姓名时，直接使用 map_keys 函数即可返回由员工孩子姓名组成的数组 array，如图 7-38 所示。

图 7-38 使用 map_keys 函数统计员工的孩子的姓名

③ 查询语句。

```
hive (default)> select
name,
map_keys(children) ch_name
from
employee;
```

（6）案例六：查询每个岗位的性别构成。

① 期望输出结果如表 7-7 所示。

表 7-7 期望输出结果（6）

job	male	female
前台	1	1
研发	1	1
行政	0	2
销售	2	0

② 思路分析。

从案例需求来看，容易想到使用分组聚合来完成。需要注意的是，虽然直接按照岗位（job）列和性别（sex）列分组可以计算出结果，但是这与表 7-7 中的期望结果不符。

在本案例中，我们会联合使用 if 函数与 sum 函数，这一过程被称为有条件聚合。

使用 if 函数对 sex 列进行判断，若 sex 列为男，则返回值为 1，否则为 0，再对返回值进行求和，得到的结果即为男性员工的人数。

使用同样的思路即可得到女性员工的人数，如图 7-39 所示。

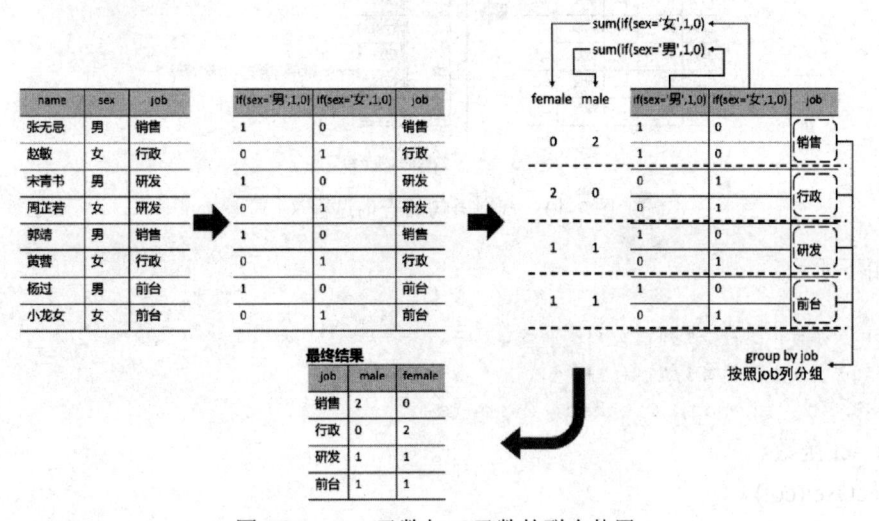

图 7-39 sum 函数与 if 函数的联合使用

sum 函数和 if 函数的联合使用是一种效率很高的查询技巧,在后面的内容中还会使用。
③ 查询语句。

```
hive (default)> select
  job,
  sum(if(sex='男',1,0)) male,
  sum(if(sex='女',1,0)) female
from
  employee
group by
  job;
```

7.3 高级聚合函数

在 5.3.1 节,我们已经初步了解了一些常用的聚合函数,本节主要讲解两个高级聚合函数。本节的示例查询语句以 7.2.6 节创建的员工表为基础进行编写。

(1) collect_list 函数。

语法:collect_list(col)。

返回值:array。

说明:将分组后,每个分组内的所有值进行收集并形成数组 array,结果不去重。

案例代码如下所示。

```
hive (default)> select
  sex,
  collect_list(job)
from
  employee
group by
  sex;
```

上述查询语句的查询过程,如图 7-40 所示。

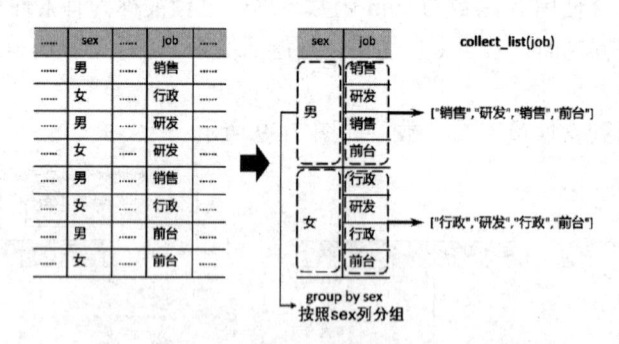

图 7-40 查询语句的查询过程(1)

查询结果如下所示。

```
sex     _c1
女     ["行政","研发","行政","前台"]
男     ["销售","研发","销售","前台"]
Time taken: 47.822 seconds, Fetched: 2 row(s)
```

(2) collect_set 函数。

语法:collect_set(col)。

返回值：array。

说明：将分组后，每个分组内的所有值进行收集并形成数组 array，结果去重。

案例代码如下所示。

```
hive (default)> select
  sex,
  collect_set(job)
from
  employee
group by
  sex;
```

上述查询语句的查询过程，如图 7-41 所示。

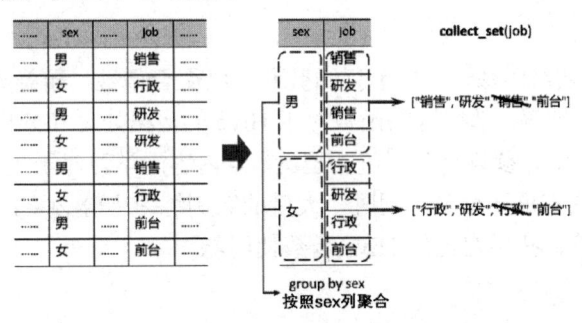

图 7-41　查询语句的查询过程（2）

查询结果如下所示，可以看到，与上一个案例相比，数组 array 中的内容已经去重。

```
sex    _c1
女    ["行政","研发","前台"]
男    ["销售","研发","前台"]
Time taken: 21.719 seconds, Fetched: 2 row(s)
```

以 7.2.6 节中的案例一（统计每个月的入职人数）为基础，增加统计每个月入职的员工的姓名，此时应使用 collect_list 函数，并传入 name 列。

```
hive (default)>
select
  month(replace(hiredate,'/','-')) as month,
  count(*) as cn,
  collect_list(name) as name_list
from
  employee
group by
  month(replace(hiredate,'/','-'));
```

上述查询语句的查询过程，如图 7-42 所示。

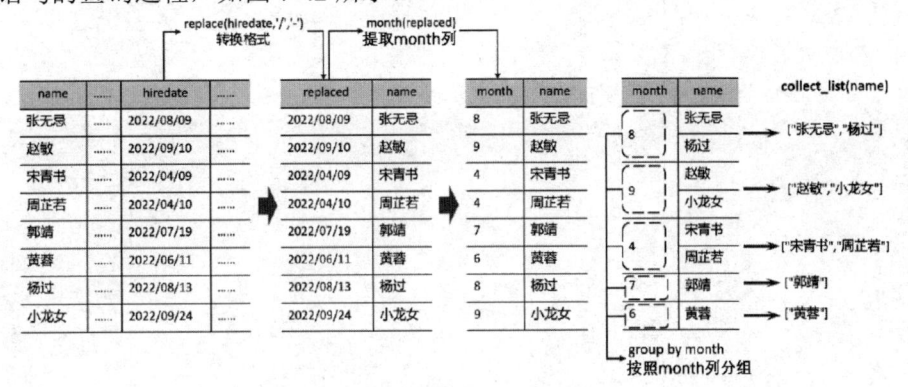

图 7-42　查询语句的查询过程（3）

141

查询结果如下所示。

```
month   cn   name_list
4       2    ["宋青书","周芷若"]
6       1    ["黄蓉"]
7       1    ["郭靖"]
8       2    ["张无忌","杨过"]
9       2    ["赵敏","小龙女"]
Time taken: 26.918 seconds, Fetched: 5 row(s)
```

7.4 本章总结

本章主要介绍了 Hive 的初级函数，包括单行函数和高级聚合函数，涵盖数值函数、字符串函数、日期函数、流程控制函数和集合函数等，掌握这些函数对于 Hive 的数据处理和分析至关重要。需要重点掌握的内容包括函数的语法、使用方法、参数及返回值类型。本章内容的学习对于提升 Hive 的数据分析能力、提高数据分析的效率和准确性具有重要意义。同时，大量的案例练习十分必要，读者可以尝试对本书中给出的案例使用多种思路进行解答，拓展自己的 Hive 函数使用能力。

第8章 综合案例练习之初级函数

通过第 7 章对初级函数的学习，我们对 Hive 的了解已经更进一层。我们已经了解了一些稍微复杂的函数的使用方式，例如，流程控制函数、高级聚合函数等。在第 7 章的学习中，针对这些初级函数曾经给出一些简单的案例，在本章中，我们将会基于完整的电商行业业务数据表，完成一系列比较复杂的案例练习。

8.1 环境准备

本章所有的案例均基于同一套电商行业的数据库表格呈现，本节主要完成所有表格的创建和数据导入工作。

8.1.1 用户信息表

（1）用户信息表结构如表 8-1 所示，此处只展示部分数据。

表 8-1 用户信息表结构

user_id（用户 id）	gender（性别）	birthday（生日）
101	男	1990-01-01
102	女	1991-02-01
103	女	1992-03-01
104	男	1993-04-01

（2）执行以下建表语句，创建用户信息表 user_info。

```
hive (default)>
DROP TABLE IF EXISTS user_info;
create table user_info(
    `user_id`  string COMMENT '用户id',
    `gender`   string COMMENT '性别',
    `birthday` string COMMENT '生日'
) COMMENT '用户信息表'
    ROW FORMAT DELIMITED FIELDS TERMINATED BY '\t';
```

（3）向 user_info 表中插入数据。

```
hive (default)>
insert overwrite table user_info
```

```
values ('101', '男', '1990-01-01'),
       ('102', '女', '1991-02-01'),
       ('103', '女', '1992-03-01'),
       ('104', '男', '1993-04-01'),
       ('105', '女', '1994-05-01'),
       ('106', '男', '1995-06-01'),
       ('107', '女', '1996-07-01'),
       ('108', '男', '1997-08-01'),
       ('109', '女', '1998-09-01'),
       ('1010', '男', '1999-10-01'),
       ('1011', '男', '1990-01-01'),
       ('1012', '女', '1991-11-11');
```

8.1.2 商品信息表

（1）商品信息表结构如表 8-2 所示，此处仅展示部分数据。

表 8-2　商品信息表结构

sku_id （商品 id）	name （商品名称）	category_id （品类 id）	from_date （上架日期）	price （商品单价：元）
1	xiaomi 10	1	2020-01-01	2000
6	洗碗机	2	2020-02-01	2000
9	自行车	3	2020-01-01	1000

（2）执行以下建表语句，创建商品信息表 sku_info。

```
hive (default)>
DROP TABLE IF EXISTS sku_info;
CREATE TABLE sku_info(
    `sku_id`       string COMMENT '商品id',
    `name`         string COMMENT '商品名称',
    `category_id`  string COMMENT '所属品类id',
    `from_date`    string COMMENT '上架日期',
    `price`        double COMMENT '商品单价'
) COMMENT '商品信息表'
    ROW FORMAT DELIMITED FIELDS TERMINATED BY '\t';
```

（3）向 sku_info 表中插入数据。

```
hive (default)>
insert overwrite table sku_info
values ('1', 'xiaomi 10', '1', '2020-01-01', 2000),
       ('2', '手机壳', '1', '2020-02-01', 10),
       ('3', 'apple 12', '1', '2020-03-01', 5000),
       ('4', 'xiaomi 13', '1', '2020-04-01', 6000),
       ('5', '破壁机', '2', '2020-01-01', 500),
       ('6', '洗碗机', '2', '2020-02-01', 2000),
       ('7', '热水壶', '2', '2020-03-01', 100),
       ('8', '微波炉', '2', '2020-04-01', 600),
       ('9', '自行车', '3', '2020-01-01', 1000),
       ('10', '帐篷', '3', '2020-02-01', 100),
       ('11', '烧烤架', '3', '2020-02-01', 50),
```

```
    ('12', '遮阳伞', '3', '2020-03-01', 20),
    ('13', '长粒香', '2', '2020-01-01', 20.0),
    ('14', '金龙鱼', '2', '2021-01-01', 20.0),
    ('15', '巧乐兹', '2', '2020-01-01', 20.0),
    ('16', '费列罗', '2', '2022-01-01', 20.0),
    ('17', '登山杖', '3', '2020-01-01', 1100);
```

8.1.3 商品品类信息表

（1）商品品类信息表结构如表 8-3 所示，此处仅展示部分数据。

表 8-3 商品品类信息表结构

gategory_id （品类 id）	category_name （品类名称）
1	数码
2	厨卫
3	户外
4	元器件

（2）执行以下建表语句，创建商品品类信息表 category_info。

```
hive (default)>
DROP TABLE IF EXISTS category_info;
create table category_info(
    `category_id`   string COMMENT '品类 id',
    `category_name` string COMMENT '品类名称'
) COMMENT '商品品类信息表'
    ROW FORMAT DELIMITED FIELDS TERMINATED BY '\t';
```

（3）向 category_info 表中插入数据。

```
hive (default)>
insert overwrite table category_info
values ('1','数码'),
       ('2','厨卫'),
       ('3','户外'),
       ('4','元器件');
```

8.1.4 订单信息表

（1）订单信息表结构如表 8-4 所示，此处仅展示部分数据。

表 8-4 订单信息表结构

order_id （订单 id）	user_id （用户 id）	create_date （下单日期）	total_amount （订单总金额：元）
1	101	2021-09-30	29000.00
10	103	2020-10-02	28000.00

（2）执行以下建表语句，创建订单信息表 order_info。

```
hive (default)>
DROP TABLE IF EXISTS order_info;
create table order_info(
    `order_id`      string COMMENT '订单id',
    `user_id`       string COMMENT '用户id',
    `create_date`   string COMMENT '下单日期',
    `total_amount`  decimal(16, 2) COMMENT '订单总金额'
) COMMENT '订单信息表'
    ROW FORMAT DELIMITED FIELDS TERMINATED BY '\t';
```

（3）向 order_info 表中插入数据。

```
hive (default)>
insert overwrite table order_info
values ('1', '101', '2021-09-27', 29000.00),
       ('2', '101', '2021-09-28', 70500.00),
       ('3', '101', '2021-09-29', 43300.00),
       ('4', '101', '2021-09-30', 860.00),
       ('5', '102', '2021-10-01', 46180.00),
       ('6', '102', '2021-10-01', 50000.00),
       ('7', '102', '2021-10-01', 75500.00),
       ('8', '102', '2021-10-02', 6170.00),
       ('9', '103', '2021-10-02', 18580.00),
       ('10', '103', '2021-10-02', 28000.00),
       ('11', '103', '2021-10-02', 23400.00),
       ('12', '103', '2021-10-03', 5910.00),
       ('13', '104', '2021-10-03', 13000.00),
       ('14', '104', '2021-10-03', 69500.00),
       ('15', '104', '2021-10-03', 2000.00),
       ('16', '104', '2021-10-03', 5380.00),
       ('17', '105', '2021-10-04', 6210.00),
       ('18', '105', '2021-10-04', 68000.00),
       ('19', '105', '2021-10-04', 43100.00),
       ('20', '105', '2021-10-04', 2790.00),
       ('21', '106', '2021-10-04', 9390.00),
       ('22', '106', '2021-10-05', 58000.00),
       ('23', '106', '2021-10-05', 46600.00),
       ('24', '106', '2021-10-05', 5160.00),
       ('25', '107', '2021-10-05', 55350.00),
       ('26', '107', '2021-10-05', 14500.00),
       ('27', '107', '2021-10-06', 47400.00),
       ('28', '107', '2021-10-06', 6900.00),
       ('29', '108', '2021-10-06', 56570.00),
       ('30', '108', '2021-10-06', 44500.00),
       ('31', '108', '2021-10-07', 50800.00),
       ('32', '108', '2021-10-07', 3900.00),
       ('33', '109', '2021-10-07', 41480.00),
       ('34', '109', '2021-10-07', 88000.00),
       ('35', '109', '2020-10-08', 15000.00),
       ('36', '109', '2020-10-08', 9020.00),
       ('37', '1010', '2020-10-08', 9260.00),
       ('38', '1010', '2020-10-08', 12000.00),
       ('39', '1010', '2020-10-08', 23900.00),
```

```
       ('40', '1010', '2020-10-08', 6790.00),
       ('41', '101',  '2020-10-08', 300.00),
       ('42', '101',  '2021-01-01', 260.00),
       ('43', '101',  '2021-01-02', 280.00),
       ('44', '101',  '2021-01-03', 420.00),
       ('45', '101',  '2021-01-04', 240.00),
       ('46', '1011', '2021-09-26', 240.00),
       ('47', '1011', '2021-10-24', 240.00),
       ('48', '1011', '2022-09-24', 240.00),
       ('49', '1012', '2022-09-24', 2010.00);
```

8.1.5 订单明细表

（1）order_detail 表结构如表 8-5 所示，此处仅展示部分数据。

表 8-5　order_detail 表结构

order_detail_id （订单明细 id）	order_id （订单 id）	sku_id （商品 id）	create_date （下单日期）	price （商品价格：元）	sku_num （下单商品件数：件）
1	1	1	2021-09-30	2000.00	2
2	1	3	2021-09-30	5000.00	5
22	10	4	2020-10-02	6000.00	1
23	10	5	2020-10-02	500.00	24
24	10	6	2020-10-02	2000.00	5

（2）执行以下建表语句，创建订单明细表 order_detail。

```
hive (default)>
DROP TABLE IF EXISTS order_detail;
CREATE TABLE order_detail
(
    `order_detail_id` string COMMENT '订单明细id',
    `order_id`        string COMMENT '订单id',
    `sku_id`          string COMMENT '商品id',
    `create_date`     string COMMENT '下单日期',
    `price`           decimal(16, 2) COMMENT '商品价格',
    `sku_num`         int COMMENT '下单商品件数'
) COMMENT '订单明细表'
    ROW FORMAT DELIMITED FIELDS TERMINATED BY '\t';
```

（3）向 order_detail 表中插入数据。

```
hive (default)>
INSERT overwrite table order_detail
values ('1', '1', '1',  '2021-09-27', 2000.00, 2),
       ('2', '1', '3',  '2021-09-27', 5000.00, 5),
       ('3', '2', '4',  '2021-09-28', 6000.00, 9),
       ('4', '2', '5',  '2021-09-28', 500.00, 33),
       ('5', '3', '7',  '2021-09-29', 100.00, 37),
       ('6', '3', '8',  '2021-09-29', 600.00, 46),
       ('7', '3', '9',  '2021-09-29', 1000.00, 12),
       ('8', '4', '12', '2021-09-30', 20.00, 43),
       ('9', '5', '1',  '2021-10-01', 2000.00, 8),
```

```
('10', '5', '2', '2021-10-01', 10.00, 18),
('11', '5', '3', '2021-10-01', 5000.00, 6),
('12', '6', '4', '2021-10-01', 6000.00, 8),
('13', '6', '6', '2021-10-01', 2000.00, 1),
('14', '7', '7', '2021-10-01', 100.00, 17),
('15', '7', '8', '2021-10-01', 600.00, 48),
('16', '7', '9', '2021-10-01', 1000.00, 45),
('17', '8', '10', '2021-10-02', 100.00, 48),
('18', '8', '11', '2021-10-02', 50.00, 15),
('19', '8', '12', '2021-10-02', 20.00, 31),
('20', '9', '1', '2021-09-30', 2000.00, 9),
('21', '9', '2', '2021-10-02', 10.00, 5800),
('22', '10', '4', '2021-10-02', 6000.00, 1),
('23', '10', '5', '2021-10-02', 500.00, 24),
('24', '10', '6', '2021-10-02', 2000.00, 5),
('25', '11', '8', '2021-10-02', 600.00, 39),
('26', '12', '10', '2021-10-03', 100.00, 47),
('27', '12', '11', '2021-10-03', 50.00, 19),
('28', '12', '12', '2021-10-03', 20.00, 13000),
('29', '13', '1', '2021-10-03', 2000.00, 4),
('30', '13', '3', '2021-10-03', 5000.00, 1),
('31', '14', '4', '2021-10-03', 6000.00, 5),
('32', '14', '5', '2021-10-03', 500.00, 47),
('33', '14', '6', '2021-10-03', 2000.00, 8),
('34', '15', '7', '2021-10-03', 100.00, 20),
('35', '16', '10', '2021-10-03', 100.00, 22),
('36', '16', '11', '2021-10-03', 50.00, 42),
('37', '16', '12', '2021-10-03', 20.00, 7400),
('38', '17', '1', '2021-10-04', 2000.00, 3),
('39', '17', '2', '2021-10-04', 10.00, 21),
('40', '18', '4', '2021-10-04', 6000.00, 8),
('41', '18', '5', '2021-10-04', 500.00, 28),
('42', '18', '6', '2021-10-04', 2000.00, 3),
('43', '19', '7', '2021-10-04', 100.00, 55),
('44', '19', '8', '2021-10-04', 600.00, 11),
('45', '19', '9', '2021-10-04', 1000.00, 31),
('46', '20', '11', '2021-10-04', 50.00, 45),
('47', '20', '12', '2021-10-04', 20.00, 27),
('48', '21', '1', '2021-10-04', 2000.00, 2),
('49', '21', '2', '2021-10-04', 10.00, 39),
('50', '21', '3', '2021-10-04', 5000.00, 1),
('51', '22', '4', '2021-10-05', 6000.00, 8),
('52', '22', '5', '2021-10-05', 500.00, 20),
('53', '23', '7', '2021-10-05', 100.00, 58),
('54', '23', '8', '2021-10-05', 600.00, 18),
('55', '23', '9', '2021-10-05', 1000.00, 30),
('56', '24', '10', '2021-10-05', 100.00, 27),
('57', '24', '11', '2021-10-05', 50.00, 28),
('58', '24', '12', '2021-10-05', 20.00, 53),
('59', '25', '1', '2021-10-05', 2000.00, 5),
('60', '25', '2', '2021-10-05', 10.00, 35),
```

```
('61', '25', '3', '2021-10-05', 5000.00, 9),
('62', '26', '4', '2021-10-05', 6000.00, 1),
('63', '26', '5', '2021-10-05', 500.00, 13),
('64', '26', '6', '2021-10-05', 2000.00, 1),
('65', '27', '7', '2021-10-06', 100.00, 30),
('66', '27', '8', '2021-10-06', 600.00, 19),
('67', '27', '9', '2021-10-06', 1000.00, 33),
('68', '28', '10', '2021-10-06', 100.00, 37),
('69', '28', '11', '2021-10-06', 50.00, 46),
('70', '28', '12', '2021-10-06', 20.00, 45),
('71', '29', '1', '2021-10-06', 2000.00, 8),
('72', '29', '2', '2021-10-06', 10.00, 57),
('73', '29', '3', '2021-10-06', 5000.00, 8),
('74', '30', '4', '2021-10-06', 6000.00, 3),
('75', '30', '5', '2021-10-06', 500.00, 33),
('76', '30', '6', '2021-10-06', 2000.00, 5),
('77', '31', '8', '2021-10-07', 600.00, 13),
('78', '31', '9', '2021-10-07', 1000.00, 43),
('79', '32', '10', '2021-10-07', 100.00, 24),
('80', '32', '11', '2021-10-07', 50.00, 30),
('81', '33', '1', '2021-10-07', 2000.00, 8),
('82', '33', '2', '2021-10-07', 10.00, 48),
('83', '33', '3', '2021-10-07', 5000.00, 5),
('84', '34', '4', '2021-10-07', 6000.00, 10),
('85', '34', '5', '2021-10-07', 500.00, 44),
('86', '34', '6', '2021-10-07', 2000.00, 3),
('87', '35', '8', '2020-10-08', 600.00, 25),
('88', '36', '10', '2020-10-08', 100.00, 57),
('89', '36', '11', '2020-10-08', 50.00, 44),
('90', '36', '12', '2020-10-08', 20.00, 56),
('91', '37', '1', '2020-10-08', 2000.00, 2),
('92', '37', '2', '2020-10-08', 10.00, 26),
('93', '37', '3', '2020-10-08', 5000.00, 1),
('94', '38', '6', '2020-10-08', 2000.00, 6),
('95', '39', '7', '2020-10-08', 100.00, 35),
('96', '39', '8', '2020-10-08', 600.00, 34),
('97', '40', '10', '2020-10-08', 100.00, 37),
('98', '40', '11', '2020-10-08', 50.00, 51),
('99', '40', '12', '2020-10-08', 20.00, 27),
('100', '41', '15', '2020-10-08', 300.00, 15),
('101', '42', '13', '2021-01-01', 260.00, 13),
('102', '43', '13', '2021-01-02', 280.00, 14),
('103', '44', '14', '2021-01-03', 420.00, 21),
('104', '45', '14', '2021-01-04', 240.00, 12),
('105', '46', '14', '2021-09-26', 240.00, 12),
('106', '47', '14', '2021-10-24', 240.00, 12),
('107', '48', '14', '2022-09-24', 240.00, 12),
('108', '49', '1', '2022-09-24', 2000.00, 1),
('109', '49', '2', '2022-09-24', 10.00, 1);
```

8.1.6 用户登录明细表

（1）用户登录明细表结构如表 8-6 所示，此处仅展示部分数据。

表 8-6　用户登录明细表结构

user_id （用户 id）	ip_address （ip 地址）	login_ts （登录时间）	logout_ts （登出时间）
101	180.149.130.161	2021-09-21 08:00:00	2021-09-27 08:30:00
102	120.245.11.2	2021-09-22 09:00:00	2021-09-27 09:30:00
103	27.184.97.3	2021-09-23 10:00:00	2021-09-27 10:30:00

（2）执行以下建表语句，创建用户登录明细表 user_login_detail。

```
hive (default)>
DROP TABLE IF EXISTS user_login_detail;
CREATE TABLE user_login_detail
(
    `user_id`     string COMMENT '用户id',
    `ip_address`  string COMMENT 'ip地址',
    `login_ts`    string COMMENT '登录时间',
    `logout_ts`   string COMMENT '登出时间'
) COMMENT '用户登录明细表'
    ROW FORMAT DELIMITED FIELDS TERMINATED BY '\t';
```

（3）向 user_login_detail 表中插入数据。

```
hive (default)>
INSERT overwrite table user_login_detail
VALUES ('101', '180.149.130.161', '2021-09-21 08:00:00', '2021-09-27 08:30:00'),
       ('101', '180.149.130.161', '2021-09-27 08:00:00', '2021-09-27 08:30:00'),
       ('101', '180.149.130.161', '2021-09-28 09:00:00', '2021-09-28 09:10:00'),
       ('101', '180.149.130.161', '2021-09-29 13:30:00', '2021-09-29 13:50:00'),
       ('101', '180.149.130.161', '2021-09-30 20:00:00', '2021-09-30 20:10:00'),
       ('102', '120.245.11.2', '2021-09-22 09:00:00', '2021-09-27 09:30:00'),
       ('102', '120.245.11.2', '2021-10-01 08:00:00', '2021-10-01 08:30:00'),
       ('102', '180.149.130.174', '2021-10-01 07:50:00', '2021-10-01 08:20:00'),
       ('102', '120.245.11.2', '2021-10-02 08:00:00', '2021-10-02 08:30:00'),
       ('103', '27.184.97.3', '2021-09-23 10:00:00', '2021-09-27 10:30:00'),
       ('103', '27.184.97.3', '2021-10-03 07:50:00', '2021-10-03 09:20:00'),
       ('104', '27.184.97.34', '2021-09-24 11:00:00', '2021-09-27 11:30:00'),
       ('104', '27.184.97.34', '2021-10-03 07:50:00', '2021-10-03 08:20:00'),
       ('104', '27.184.97.34', '2021-10-03 08:50:00', '2021-10-03 10:20:00'),
       ('104', '120.245.11.89', '2021-10-03 08:40:00', '2021-10-03 10:30:00'),
       ('105', '119.180.192.212', '2021-10-04 09:10:00', '2021-10-04 09:30:00'),
       ('106', '119.180.192.66', '2021-10-04 08:40:00', '2021-10-04 10:30:00'),
       ('106', '119.180.192.66', '2021-10-05 21:50:00', '2021-10-05 22:40:00'),
       ('107', '219.134.104.7', '2021-09-25 12:00:00', '2021-09-27 12:30:00'),
       ('107', '219.134.104.7', '2021-10-05 22:00:00', '2021-10-05 23:00:00'),
       ('107', '219.134.104.7', '2021-10-06 09:10:00', '2021-10-06 10:20:00'),
       ('107', '27.184.97.46', '2021-10-06 09:00:00', '2021-10-06 10:00:00'),
       ('108', '101.227.131.22', '2021-10-06 09:00:00', '2021-10-06 10:00:00'),
       ('108', '101.227.131.22', '2021-10-06 22:00:00', '2021-10-06 23:00:00'),
```

```
    ('109', '101.227.131.29', '2021-09-26 13:00:00', '2021-09-27 13:30:00'),
    ('109', '101.227.131.29', '2021-10-06 08:50:00', '2021-10-06 10:20:00'),
    ('109', '101.227.131.29', '2021-10-08 09:00:00', '2021-10-08 09:10:00'),
    ('1010', '119.180.192.10', '2021-09-27 14:00:00', '2021-09-27 14:30:00'),
    ('1010', '119.180.192.10', '2021-10-09 08:50:00', '2021-10-09 10:20:00'),
    ('1011', '180.149.130.161', '2021-09-21 08:00:00', '2021-09-27 08:30:00'),
    ('1011', '180.149.130.161', '2021-10-24 08:00:00', '2021-10-29 08:30:00'),
    ('1011', '180.149.130.161', '2022-09-21 08:00:00', '2022-09-27 08:30:00'),
    ('105', '119.180.192.212', '2021-10-06 09:10:00', '2021-10-04 09:30:00'),
    ('106', '119.180.192.66', '2021-10-05 08:50:00', '2021-10-05 12:40:00');
```

8.1.7 商品价格变更明细表

（1）商品价格变更明细表结构如表 8-7 所示，此处仅展示部分数据。

表 8-7 商品价格变更明细表结构

sku_id （商品 id）	new_price （变更后的价格：元）	change_date （变更日期）
1	1900.00	2021-09-25
1	2000.00	2021-09-26
2	80.00	2021-09-29
2	10.00	2021-09-30

（2）执行以下建表语句，创建商品价格变更明细表 sku_price_modify_detail。

```
hive (default)>
DROP TABLE IF EXISTS sku_price_modify_detail;
CREATE TABLE sku_price_modify_detail
(
    `sku_id`        string COMMENT '商品id',
    `new_price`     decimal(16, 2) COMMENT '变更改后的价格',
    `change_date`   string COMMENT '变更日期'
) COMMENT '商品价格变更明细表'
    ROW FORMAT DELIMITED FIELDS TERMINATED BY '\t';
```

（3）向 sku_price_modify_detail 表中插入数据。

```
hive (default)>
insert overwrite table sku_price_modify_detail
values ('1', 1900, '2021-09-25'),
    ('1', 2000, '2021-09-26'),
    ('2', 80, '2021-09-29'),
    ('2', 10, '2021-09-30'),
    ('3', 4999, '2021-09-25'),
    ('3', 5000, '2021-09-26'),
    ('4', 5600, '2021-09-26'),
    ('4', 6000, '2021-09-27'),
    ('5', 490, '2021-09-27'),
    ('5', 500, '2021-09-28'),
    ('6', 1988, '2021-09-30'),
    ('6', 2000, '2021-10-01'),
    ('7', 88, '2021-09-28'),
```

```
    ('7', 100, '2021-09-29'),
    ('8', 800, '2021-09-28'),
    ('8', 600, '2021-09-29'),
    ('9', 1100, '2021-09-27'),
    ('9', 1000, '2021-09-28'),
    ('10', 90, '2021-10-01'),
    ('10', 100, '2021-10-02'),
    ('11', 66, '2021-10-01'),
    ('11', 50, '2021-10-02'),
    ('12', 35, '2021-09-28'),
    ('12', 20, '2021-09-29');
```

8.1.8 配送信息表

（1）配送信息表结构如表 8-8 所示，此处仅展示部分数据。

表 8-8　配送信息表结构

delivery_id（运单 id）	order_id（订单 id）	user_id（用户 id）	order_date（下单日期）	custom_date（期望配送日期）
1	1	101	2021-09-27	2021-09-29
2	2	101	2021-09-28	2021-09-28
3	3	101	2021-09-29	2021-09-30

（2）执行以下建表语句，创建配送信息表 delivery_info。

```
hive (default)>
DROP TABLE IF EXISTS delivery_info;
CREATE TABLE delivery_info
(
    `delivery_id` string COMMENT '运单 id',
    `order_id`    string COMMENT '订单 id',
    `user_id`     string COMMENT '用户 id',
    `order_date`  string COMMENT '下单日期',
    `custom_date` string COMMENT '期望配送日期'
) COMMENT '配送信息表'
    ROW FORMAT DELIMITED FIELDS TERMINATED BY '\t';
```

（3）向 delivery_info 表中插入数据。

```
hive (default)>
insert overwrite table delivery_info
values ('1', '1', '101', '2021-09-27', '2021-09-29'),
    ('2', '2', '101', '2021-09-28', '2021-09-28'),
    ('3', '3', '101', '2021-09-29', '2021-09-30'),
    ('4', '4', '101', '2021-09-30', '2021-10-01'),
    ('5', '5', '102', '2021-10-01', '2021-10-01'),
    ('6', '6', '102', '2021-10-01', '2021-10-01'),
    ('7', '7', '102', '2021-10-01', '2021-10-03'),
    ('8', '8', '102', '2021-10-02', '2021-10-02'),
    ('9', '9', '103', '2021-10-02', '2021-10-03'),
    ('10', '10', '103', '2021-10-02', '2021-10-04'),
    ('11', '11', '103', '2021-10-02', '2021-10-02'),
```

```
    ('12', '12', '103', '2021-10-03', '2021-10-03'),
    ('13', '13', '104', '2021-10-03', '2021-10-04'),
    ('14', '14', '104', '2021-10-03', '2021-10-04'),
    ('15', '15', '104', '2021-10-03', '2021-10-03'),
    ('16', '16', '104', '2021-10-03', '2021-10-03'),
    ('17', '17', '105', '2021-10-04', '2021-10-04'),
    ('18', '18', '105', '2021-10-04', '2021-10-06'),
    ('19', '19', '105', '2021-10-04', '2021-10-06'),
    ('20', '20', '105', '2021-10-04', '2021-10-04'),
    ('21', '21', '106', '2021-10-04', '2021-10-04'),
    ('22', '22', '106', '2021-10-05', '2021-10-05'),
    ('23', '23', '106', '2021-10-05', '2021-10-05'),
    ('24', '24', '106', '2021-10-05', '2021-10-07'),
    ('25', '25', '107', '2021-10-05', '2021-10-05'),
    ('26', '26', '107', '2021-10-05', '2021-10-06'),
    ('27', '27', '107', '2021-10-06', '2021-10-06'),
    ('28', '28', '107', '2021-10-06', '2021-10-07'),
    ('29', '29', '108', '2021-10-06', '2021-10-06'),
    ('30', '30', '108', '2021-10-06', '2021-10-06'),
    ('31', '31', '108', '2021-10-07', '2021-10-09'),
    ('32', '32', '108', '2021-10-07', '2021-10-09'),
    ('33', '33', '109', '2021-10-07', '2021-10-08'),
    ('34', '34', '109', '2021-10-07', '2021-10-08'),
    ('35', '35', '109', '2021-10-08', '2021-10-10'),
    ('36', '36', '109', '2021-10-08', '2021-10-09'),
    ('37', '37', '1010', '2021-10-08', '2021-10-10'),
    ('38', '38', '1010', '2021-10-08', '2021-10-10'),
    ('39', '39', '1010', '2021-10-08', '2021-10-09'),
    ('40', '40', '1010', '2021-10-08', '2021-10-09');
```

8.1.9 好友关系表

（1）好友关系表结构如表 8-9 所示，此处仅展示部分数据。

表 8-9　好友关系表结构

user1_id （用户 1 id）	user2_id （用户 2 id）
101	1010
101	108
101	106

注意：表中同一行数据中的 2 个 user_id，表示 2 个用户互为好友。

（2）执行以下建表语句，创建好友关系表 friendship_info。

```
hive (default)>
DROP TABLE IF EXISTS friendship_info;
CREATE TABLE friendship_info(
    `user1_id` string COMMENT '用户 1 id',
    `user2_id` string COMMENT '用户 2 id'
) COMMENT '好友关系表'
```

```
ROW FORMAT DELIMITED FIELDS TERMINATED BY '\t';
```

（3）向 friendship_info 表中插入数据。

```
hive (default)>
insert overwrite table friendship_info
values ('101', '1010'),
       ('101', '108'),
       ('101', '106'),
       ('101', '104'),
       ('101', '102'),
       ('102', '1010'),
       ('102', '108'),
       ('102', '106'),
       ('102', '104'),
       ('103', '1010'),
       ('103', '108'),
       ('103', '106'),
       ('103', '104'),
       ('103', '102'),
       ('104', '1010'),
       ('104', '108'),
       ('104', '106'),
       ('104', '104'),
       ('104', '102'),
       ('105', '1010'),
       ('105', '108'),
       ('105', '106'),
       ('105', '104'),
       ('105', '102'),
       ('106', '1010'),
       ('106', '108'),
       ('106', '106'),
       ('106', '104'),
       ('106', '102'),
       ('107', '1010'),
       ('107', '108'),
       ('107', '106'),
       ('107', '104'),
       ('107', '102'),
       ('108', '1010'),
       ('108', '108'),
       ('108', '106'),
       ('108', '104'),
       ('108', '102'),
       ('109', '1010'),
       ('109', '108'),
       ('109', '106'),
       ('109', '104'),
       ('109', '102'),
       ('1010', '1010'),
       ('1010', '108'),
       ('1010', '106'),
```

```
      ('1010', '104'),
      ('1010', '102'),
      ('101', '1011');
```

8.1.10 收藏信息表

(1) 收藏信息表结构如表 8-10 所示,此处仅展示部分数据。

表 8-10 收藏信息表结构

user_id (用户 id)	sku_id (商品 id)	create_date (收藏日期)
101	3	2021-09-23
101	12	2021-09-23
101	6	2021-09-25

(2) 执行以下建表语句,创建收藏信息表 favor_info。

```
hive (default)>
DROP TABLE IF EXISTS favor_info;
CREATE TABLE favor_info
(
    `user_id`     string COMMENT '用户 id',
    `sku_id`      string COMMENT '商品 id',
    `create_date` string COMMENT '收藏日期'
) COMMENT '收藏信息表'
    ROW FORMAT DELIMITED FIELDS TERMINATED BY '\t';
```

(3) 向 favor_info 表中插入数据。

```
hive (default)>
insert overwrite table favor_info
values ('101', '3', '2021-09-23'),
      ('101', '12', '2021-09-23'),
      ('101', '6', '2021-09-25'),
      ('101', '10', '2021-09-21'),
      ('101', '5', '2021-09-25'),
      ('102', '1', '2021-09-24'),
      ('102', '2', '2021-09-24'),
      ('102', '8', '2021-09-23'),
      ('102', '12', '2021-09-22'),
      ('102', '11', '2021-09-23'),
      ('102', '9', '2021-09-25'),
      ('102', '4', '2021-09-25'),
      ('102', '6', '2021-09-23'),
      ('102', '7', '2021-09-26'),
      ('103', '8', '2021-09-24'),
      ('103', '5', '2021-09-25'),
      ('103', '6', '2021-09-26'),
      ('103', '12', '2021-09-27'),
      ('103', '7', '2021-09-25'),
      ('103', '10', '2021-09-25'),
      ('103', '4', '2021-09-24'),
```

```
('103', '11', '2021-09-25'),
('103', '3', '2021-09-27'),
('104', '9', '2021-09-28'),
('104', '7', '2021-09-28'),
('104', '8', '2021-09-25'),
('104', '3', '2021-09-28'),
('104', '11', '2021-09-25'),
('104', '6', '2021-09-25'),
('104', '12', '2021-09-28'),
('105', '8', '2021-10-08'),
('105', '9', '2021-10-07'),
('105', '7', '2021-10-07'),
('105', '11', '2021-10-06'),
('105', '5', '2021-10-07'),
('105', '4', '2021-10-05'),
('105', '10', '2021-10-07'),
('106', '12', '2021-10-08'),
('106', '1', '2021-10-08'),
('106', '4', '2021-10-04'),
('106', '5', '2021-10-08'),
('106', '2', '2021-10-04'),
('106', '6', '2021-10-04'),
('106', '7', '2021-10-08'),
('107', '5', '2021-09-29'),
('107', '3', '2021-09-28'),
('107', '10', '2021-09-27'),
('108', '9', '2021-10-08'),
('108', '3', '2021-10-10'),
('108', '8', '2021-10-10'),
('108', '10', '2021-10-07'),
('108', '11', '2021-10-07'),
('109', '2', '2021-09-27'),
('109', '4', '2021-09-29'),
('109', '5', '2021-09-29'),
('109', '9', '2021-09-30'),
('109', '8', '2021-09-26'),
('1010', '2', '2021-09-29'),
('1010', '9', '2021-09-29'),
('1010', '1', '2021-10-01'),
('1012', '3', '2021-09-23'),
('1010', '13', '2021-09-23');
```

8.2 初级函数练习

8.2.1 筛选 2021 年总销量低于 100 件的商品

1. 题目需求

从 order_detail 表中筛选出 2021 年总销量低于 100 件的商品及其销量，假设今天的日期是 2022-01-10，不考虑上架时间少于 1 个月的商品，期望结果如表 8-11 所示。

表 8-11 期望结果

sku_id <string> （商品 id）	name <string> （商品名称）	order_num <bigint> （销量：件）
1	xiaomi 10	49
3	apple 12	35
4	xiaomi 13	53
6	洗碗机	26
13	长粒香	27
14	金龙鱼	57

2. 思路分析

（1）知识储备。

- year(string datestr)函数：参数 datestr 是格式化的日期字符串，返回值为日期所属年份，返回值类型是 int 类型。
- datediff(string enddate, string startdate)函数：enddate 和 startdate 均为 yyyy-MM-dd 格式的日期字符串，返回值为二者的天数差，返回值类型为 int 类型。例如，datediff('2022-03-01', '2022-02-21')的返回值为 8。

（2）执行步骤。

分析题目需求可以发现，目标数据需要满足 3 个条件，即下单操作发生在 2021 年、2021 年的总销量低于 100 件和上架时间不少于 1 个月。

第一步：获取子查询 t1。

统计 2021 年商品总销量低于 100 件的商品的 id 及其销量，具体思路如下。

① 从 order_detail 表中筛选 2021 年的下单明细。

② 按照 sku_id 列分组，通过 sum(sku_num)统计每个商品的销量。

③ 使用 having 子句过滤 2021 年销量低于 100 件的商品。

如图 8-1 所示，查询结果即第一个子查询，我们为之起别名 t1。在后面的讲解中，我们会将其称为子查询 t1。

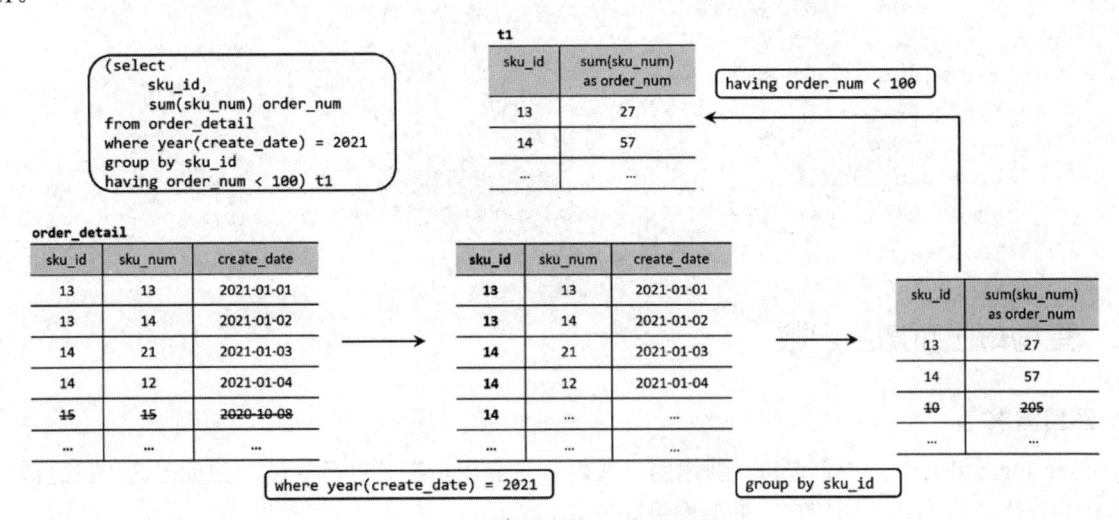

图 8-1 获取子查询 t1 的思路

第二步：获取子查询 t2。

从 sku_info 表中筛选上架时间不少于 1 个月的商品，具体思路是使用 datediff 函数计算当日和上架日期的差值，并保留该值大于 30 的记录。

第三步：关联子查询 t1、t2，得到最终结果。

子查询 t1 的数据满足条件一和条件二，子查询 t2 的数据满足条件三，3 个条件需要同时满足，因此子查询 t1 和子查询 t2 应使用内连接进行关联，并选取 sku_id 列、name 列和 order_num 列。

子查询 t2 和最终结果的获取思路如图 8-2 所示。

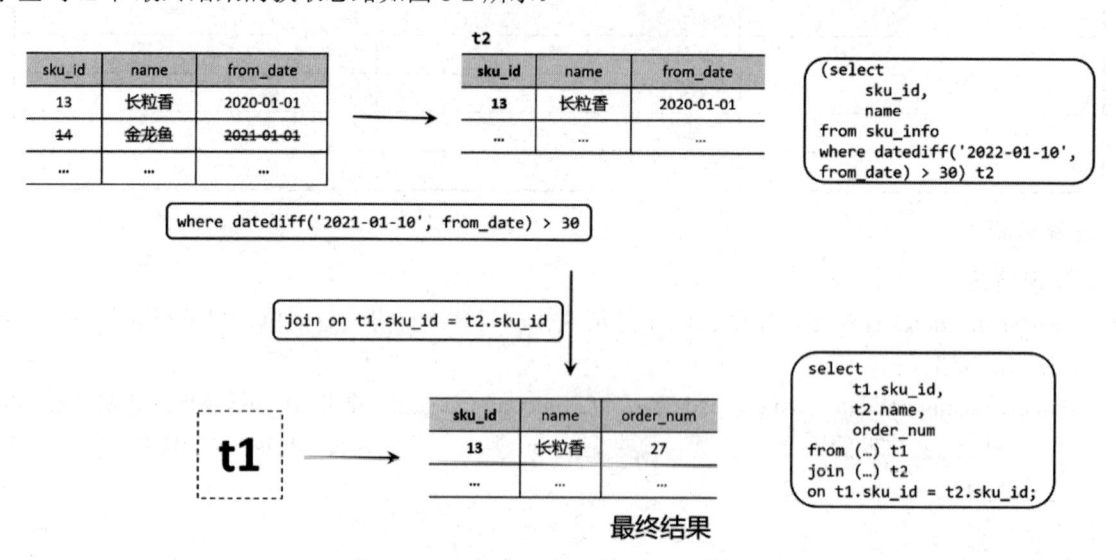

图 8-2　子查询 t2 和最终结果的获取思路

3. 代码实现

```
hive (default)>
select t1.sku_id,
       t2.name,
       order_num
from (select sku_id,
             sum(sku_num) order_num
      from order_detail
      where year(create_date) = 2021
      group by sku_id
      having order_num < 100) t1
    join (select sku_id,
                 name
          from sku_info
          where datediff('2022-01-10', from_date) > 30) t2
    on t1.sku_id = t2.sku_id;
```

8.2.2　查询每日新增用户数

1. 题目需求

从 user_login_detail 表中查询每日新增用户数。若一名用户在某日登录过，并且在这一日之前没登录过，则认为该用户为本日新增用户。期望结果如表 8-12 所示。

表 8-12 期望结果

login_date_first <string> （首次登录日期）	user_count <bigint> （新增用户数：人）
2021-09-21	2
2021-09-22	1
2021-09-23	1
2021-09-24	1
2021-09-25	1
2021-09-26	1
2021-09-27	1
2021-10-04	2
2021-10-06	1

2．思路分析

（1）知识储备。

date_format(date/timestamp/string dt, string formatstr)函数：将 date/timestamp/string 类型的日期列 dt 转换为 formatstr 格式的日期字符串。

（2）执行步骤。

第一步：获取子查询 t1。

读取 user_login_detail 表，获取每名用户的首次登录日期。原表中 login_ts 列为"yyyy-MM-dd HH:mm:ss"格式的日期字符串，此时首先调用 date_format 函数将该列格式化为"yyyy-MM-dd"的字符串，获取登录日期；其次按照 user_id 列分组，所得分组结果即为子查询 t1；最后使用 min 函数选取登录日期的最小值，即可获得每名用户的首次登录日期。

第二步：获取最终结果。

将子查询 t1 作为数据源，按照 login_date_first 列分组，统计 user_id 的数量并将其作为当日首次登录用户数。因为 user_id 列不为 null，所以 user_id 的数量等价于数据条数，此时使用 count(*)即可得到最终结果。

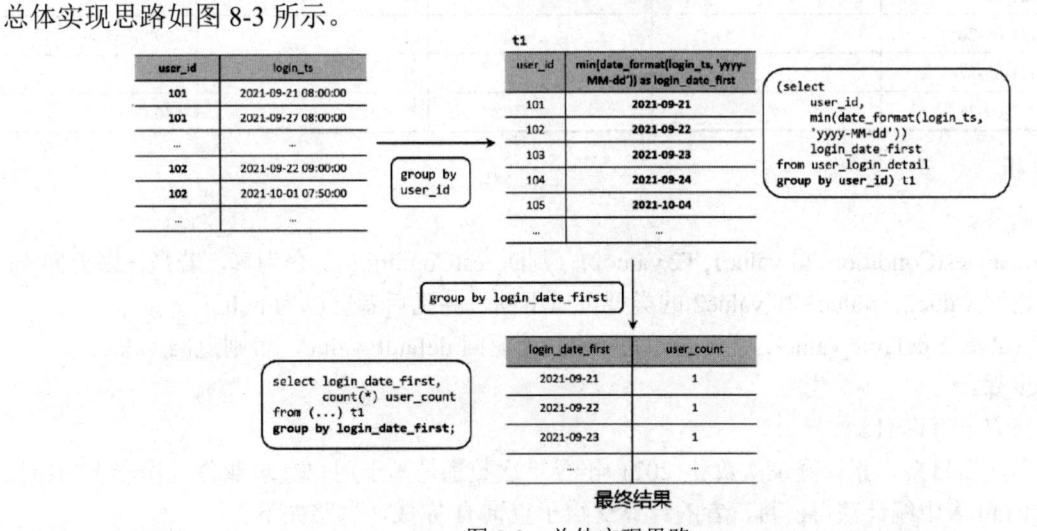

总体实现思路如图 8-3 所示。

图 8-3 总体实现思路

3．代码实现

```
hive (default)>
select
```

```
    login_date_first,
    count(*) user_count
from (
    select
        user_id,
        min(date_format(login_ts, 'yyyy-MM-dd')) login_date_first
    from user_login_detail
    group by user_id
    ) t1
group by login_date_first;
```

8.2.3 用户注册、登录、下单综合统计

1. 题目需求

从 user_login_detail 表和 order_info 表中查询每名用户的注册日期（首次登录日期）、累计登录次数，以及 2021 年的登录次数、订单数和订单总金额。期望结果如表 8-13 所示。

表 8-13 期望结果

user_id <string> （用户 id）	register_date <string> （注册日期）	total_login_count <bigint> （累计登录次数：次）	login_count_2021 <bigint> （2021 年登录次数：次）	order_count_2021 <bigint> （2021 年订单数：个）	order_amount_2021 <decimal(16,2)> （2021 年订单总金额：元）
101	2021-09-21	5	5	8	144860.00
102	2021-09-22	4	4	4	177850.00
103	2021-09-23	2	2	4	75890.00
104	2021-09-24	4	4	4	89880.00
105	2021-10-04	2	2	4	120100.00
106	2021-10-04	3	3	4	119150.00
107	2021-09-25	4	4	4	124150.00
108	2021-10-06	2	2	4	155770.00
109	2021-09-26	3	3	2	129480.00
1010	2021-09-27	2	2	0	0.00
1011	2021-09-21	3	2	2	480.00

2. 思路分析

（1）知识储备。

- if(boolean testCondition, T1 value1, T2 value2)：判断 testCondition 是否为真，若是，则返回 value1，否则返回 value2。value1 和 value2 的类型可以不同，并且后者可以为 null。
- nvl(T value, T default_value)：若 value 为 null，则返回 default_value，否则返回 value。

（2）执行步骤。

第一步：获取子查询 t1。

每名用户的注册日期、累计登录次数和 2021 年登录次数都是基于用户登录业务过程产生的指标，应从 user_login_detail 表中统计获得，将三者的计算交给子查询 t1 完成，思路如下。

① 读取 user_login_detail 表中的数据，并按照 user_id 列分组。

② 统计用户的注册日期。调用 date_foramt() 函数将 login_ts 列转化为 yyyy-MM-dd 格式的字符串，调用 min 函数取其最小值，即为用户的注册日期。

③ 统计用户的累计登录次数。因为每条记录都对应一次用户登录行为，所以记录条数等于用户登录

次数，因而使用count(1)统计用户登录总次数。

④ 统计用户在 2021 年的登录次数。首先通过 year(login_ts)获取登录时间的所属年份；其次调用 if((year(login_ts)=xxx,1,null)判断登录年份，若年份为2021年则返回1，否则返回null；再次在最外层调用 count函数，即 count(if(year(login_ts)=2021,1,null))，而 count(null)等于 0，因此该语句的含义是，发生在 2021 年的登录操作记为 1，其他年份的登录操作记为 0；最后求和，其和即用户 2021 年的登录次数。

获取子查询 t1 的思路如图 8-4 所示。

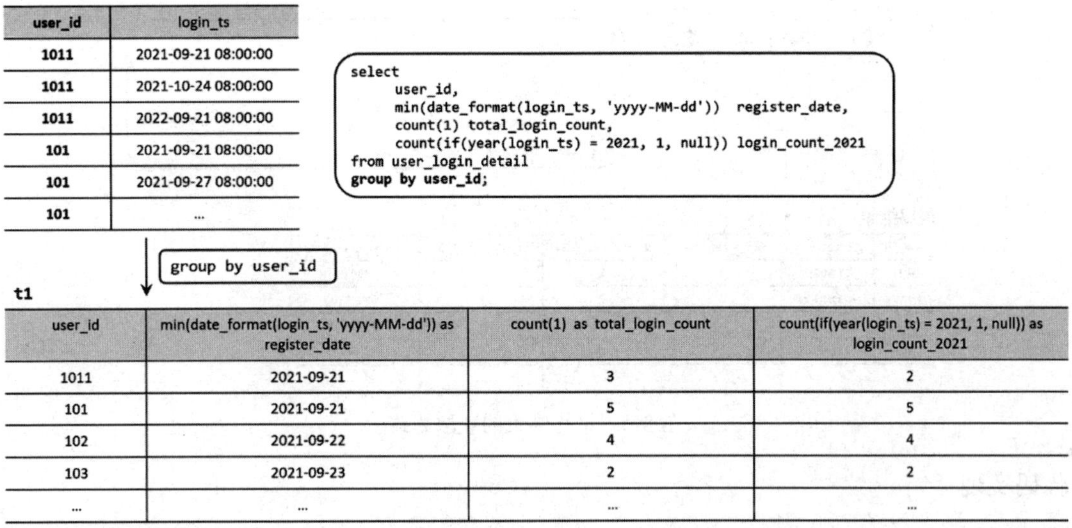

图 8-4 获取子查询 t1 的思路

第二步：获取子查询 t2。

订单数和订单总金额都是与用户下单业务过程相关的指标，而 order_detail 表和 order_info 表均涉及下单业务过程，此处需要用到 order_id 列和 total_amount 列，2 张表均可满足需求，但 order_detail 表的粒度更细，聚合需要统计更多的数据，因此选择将 order_info 表作为数据源。

① 读取 order_info 表中的数据，筛选发生在 2021 年的下单操作，调用 year()函数并通过 where 子句过滤即可。

② 按照 user_id 分组列并将分组结果作为子查询 t2。

③ 统计订单数和订单总金额。order_info 表的粒度为 1 次下单记录，而每个 order_id 都是唯一的，因此统计订单数时无须去重。

获取子查询 t2 的思路如图 8-5 所示。

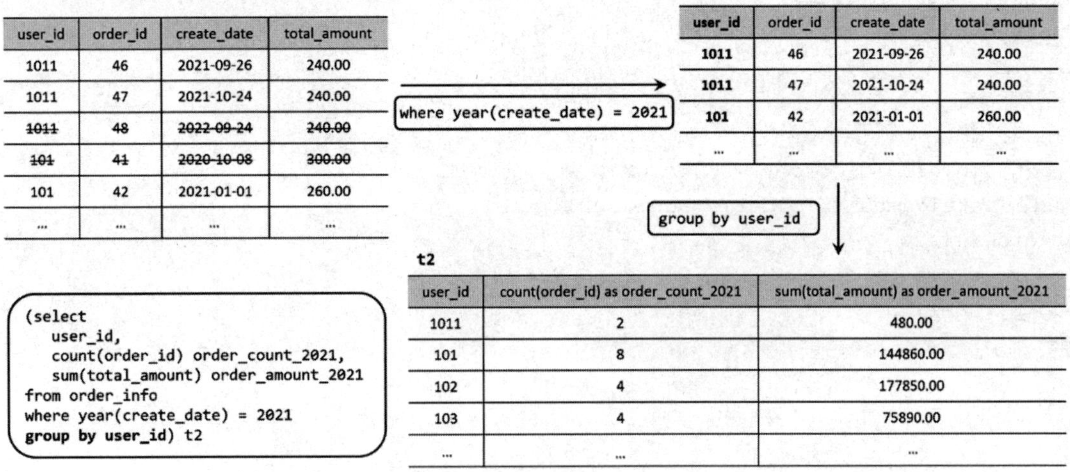

图 8-5 获取子查询 t2 的思路

第三步：获取最终结果。

登录未必下单，但下单必须登录，因此登录用户是下单用户的超集。以子查询 t1 作为主表，通过 user_id 列左外连接子查询 t2，从而获取目标列。需要注意的是，在子查询 t2 中，order_count_2021 列和 order_amount_2021 列可能为 null，因此使用 nvl 函数为其赋默认值。

最终结果的获取思路如图 8-6 所示。

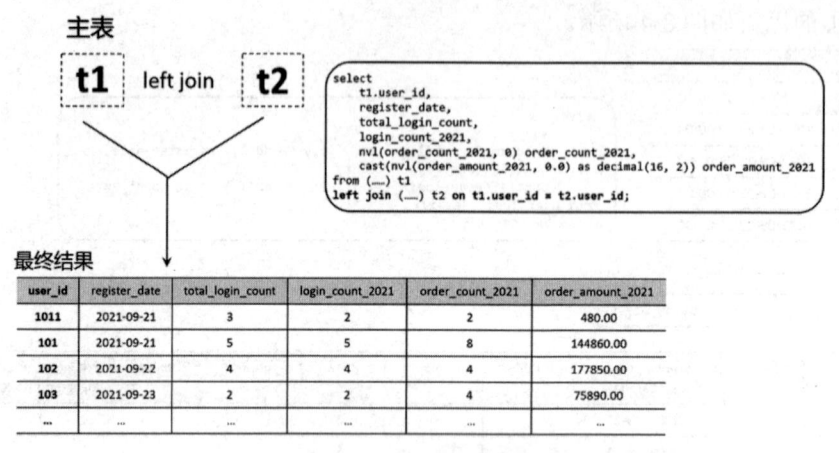

图 8-6 最终结果的获取思路

3. 代码实现

```
hive (default)>
select
    t1.user_id,
    register_date,
    total_login_count,
    login_count_2021,
    nvl(order_count_2021, 0) order_count_2021,
    cast(nvl(order_amount_2021, 0.0) as decimal(16, 2)) order_amount_2021
from (
    select
        user_id,
        min(date_format(login_ts, 'yyyy-MM-dd')) register_date,
        count(1) total_login_count,
        count(if(year(login_ts) = 2021, 1, null)) login_count_2021
    from user_login_detail
    group by user_id) t1
left join (
    selec
        user_id,
        count(order_id) order_count_2021,
        sum(total_amount) order_amount_2021
    from order_info
    where year(create_date) = 2021
    group by user_id) t2
on t1.user_id = t2.user_id;
```

8.2.4 向用户推荐好友收藏的商品

1. 题目需求

要想向所有用户推荐其朋友收藏但是自己未收藏的商品，需从 friendship_info 表和 favor_info 表中查询出应向哪位用户推荐哪些商品。期望结果如表 8-14 所示。

表 8-14 期望结果

user_id <string> （用户 id）	sku_id <string> （应向该用户推荐的商品 id）
101	2
101	4
101	7
101	9
101	8
101	11
101	1
101	13

2. 思路分析

（1）知识储备。

distinct 关键字可用于数据去重，其通常有如下 2 种用法。

- 置于 select 之后、所有列之前，如 select distinct user_id, login_ts from user_login_detail。
- 搭配聚合函数使用，如 select distinct count(distinct user_id) from user_login_detail。

（2）执行步骤。

本题需要使用用户的收藏记录和好友信息，因此从 favor_info 表和 friendship_info 表中获取数据。

第一步：获取子查询 t1。

子查询 t1 的任务是获取所有用户的所有好友，因此应从 friendship_info 表中读取数据。该表有 2 个列，即 user1_id 列和 user2_id 列，如果将 user1_id 作为用户、user2_id 作为好友，那么可能会导致数据丢失。因为 user2_id 是 user1_id 的好友，反之 user1_id 也是 user2_id 的好友，此时我们丢弃了将 user2_id 作为用户、user1_id 作为好友的数据。因此，将 user1_id 列和 user2_id 列对调，再与原表 union，即可获取完整的好友数据，即子查询 t1，如图 8-7 所示。

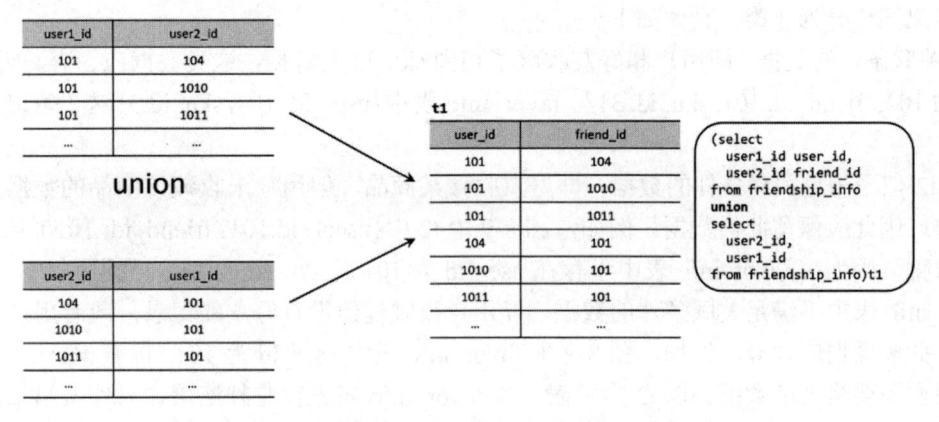

图 8-7 获取子查询 t1 的思路

第二步：关联 favor_info 表获取好友的收藏记录。

这一步要通过匹配子查询 t1 中好友的 user_id 列与 favor_info 表的 user_id 列将二者关联，关联结果中包含 3 类数据，具体如下。

① 来自 favor_info 表，无法在子查询 t1 中找到相匹配 user2_id 的数据，即收藏了商品，但不是任何人好友的用户（等价于没有任何好友），不可能基于他们的收藏做任何推荐，此类数据应舍弃，如图 8-8 所示的 favor_info 表中 user_id 为 1012 的数据。

② 来自子查询 t1，无法在 favor_info 表找到相匹配 user_id 的数据，即某用户的某位好友没有任何收藏，我们不可能通过这位好友向用户推荐任何商品，这类数据同样应舍弃，如图 8-8 所示的子查询 t1 中 user_id 为 101 且 friend_id 为 1011 的数据。

③ 满足关联条件的数据，即某用户的某位好友收藏了某个商品。本题正是需要向该用户推荐此类商品，因此这类数据应保留。在图 8-8 中，子查询 t1 和 favor_info 表中没有被划掉的记录都是此类数据。

综上所述，只保留第三类数据，因此两表通过内连接关联，从而获取每位用户的每位好友收藏的 sku_id，如图 8-8 所示。

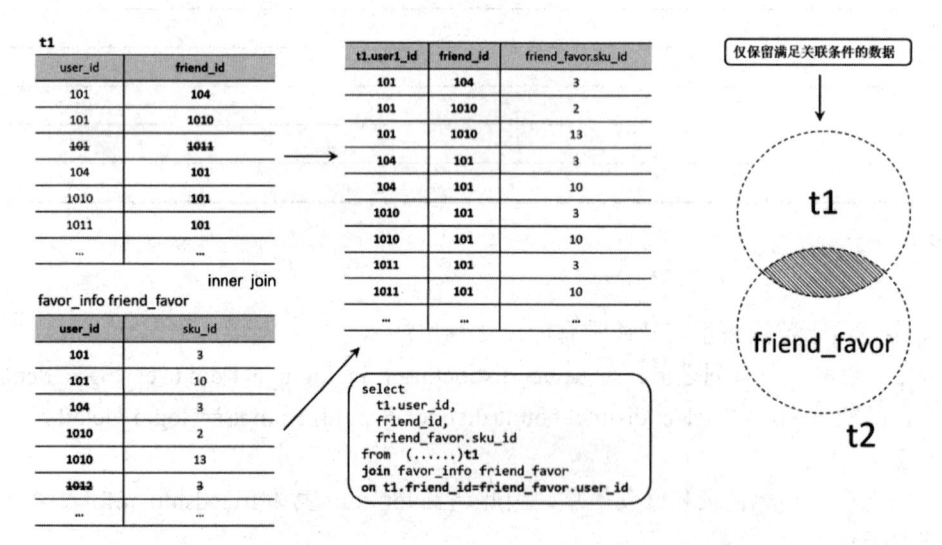

图 8-8　关联 favor_info 表获取好友的收藏记录的思路

第三步：关联 favor_info 表并获得最终结果。

注意：执行第二步中得到查询结果并没有被封装为子查询，因此没有别名，此处为便于论述，姑且将第二步中获取的数据集称为 t2。

这一步要通过 t2 的 user_id 和好友收藏的 sku_id 来匹配 favor_info 表的 user_id 和 sku_id，因此将二者进行关联，结果同样分为 3 类，具体如下。

① 满足关联条件的数据，即用户和好友收藏了相同 sku_id 的数据，这类数据应舍弃。例如，图 8-9 中 t2 中 {user1_id:104, friend_id: 101, sku_id: 3} 与 favor_info 表中 {user_id: 104, sku_id:3} 这 2 条记录关联后得到的数据。

② 来自 t2 但不满足关联条件的数据，即好友收藏某商品、但用户未收藏该商品的数据，这部分商品应推荐给用户，因此应保留此类数据。例如，图 8-9 中 t2 中 {user1_id:101, friend_id: 1010, sku_id: 13} 的数据属于此类数据，因为在 favor_info 表中不存在 user_id 为 101 且 sku_id 为 13 的数据。

③ favor_info 表中不满足关联条件的数据，即用户收藏过但没有好友的记录，或者用户收藏但好友未收藏的记录，此类数据应舍弃。例如，图 8-9 中 favor_info 表中 user_id 为 1012 的数据。

综上，我们需要第二类数据。以 t2 为主表，与 favor_info 表进行左外连接，只保留第二类数据，使用 where 子句将过滤条件设置为来自 favor_info 表的 sku_id 为 null。

最终，我们获取了所有用户好友收藏但本人未收藏的 sku_id。此处可能存在重复数据，因为 user1_id 的不同好友可能收藏了相同的商品，若用户本人未收藏该商品，则会生成多条 user_id 和 sku_id 相同的数据，此时使用 distinct 关键字去重即可获得最终结果。

t2 与 favor_info 表关联的思路如图 8-9 所示。

图 8-9　t2 与 favor_info 表关联的思路

过滤得到所需要的数据并对最终结果进行去重，其思路如图 8-10 所示。

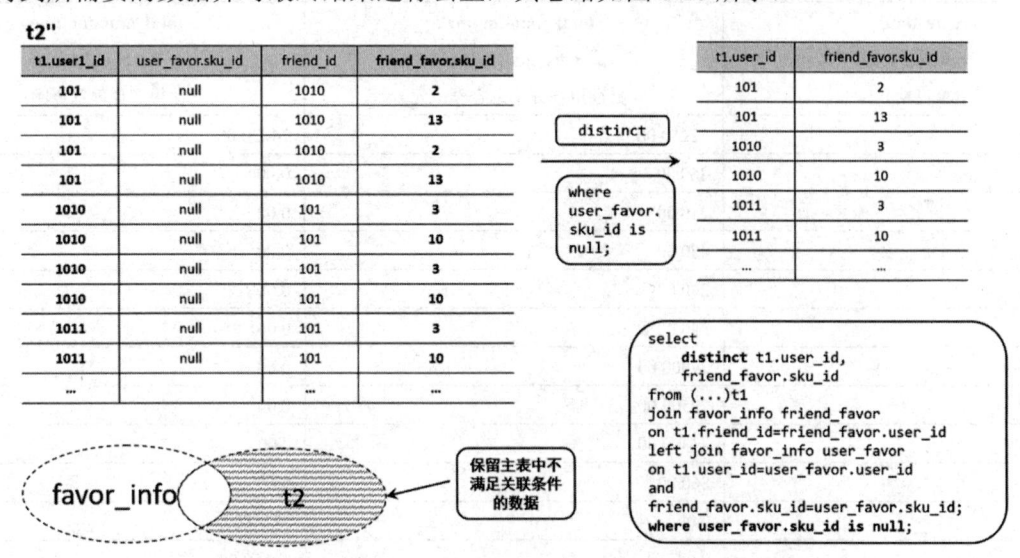

图 8-10　过滤得到所需要的数据并对最终结果去重的思路

注意：在图 8-10 中，将 t2 关联 favor_info 表时产生的中间结果命名为 t2"。

3. 代码实现

```
hive (default)>
select
    distinct t1.user_id,
    friend_favor.sku_id
from (
    select
        user1_id user_id,
        user2_id friend_id
```

```
    from friendship_info
    union
    select
        user2_id,
        user1_id
    from friendship_info
)t1
join favor_info friend_favor
on t1.friend_id=friend_favor.user_id
left join favor_info user_favor
on t1.user_id=user_favor.user_id
and friend_favor.sku_id=user_favor.sku_id
where user_favor.sku_id is null;
```

8.2.5 男性和女性用户每日订单总金额统计

1. 题目需求

从 order_info 表和 user_info 表中，分别统计每日男性和女性用户的订单总金额，若当日男性或女性用户没有购物，则统计结果为 0。期望结果如表 8-15 所示。

表 8-15 期望结果

create_date <string> （下单日期）	total_amount_male <decimal(16,2)> （男性用户订单总金额：元）	total_amount_female <decimal(16,2)> （女性用户订单总金额：元）
2020-10-08	52250.00	24020.00
2021-01-01	260.00	0.00
2021-01-02	280.00	0.00
2021-01-03	420.00	0.00
2021-01-04	240.00	0.00
2021-09-26	240.00	0.00
2021-09-27	29000.00	0.00
2021-09-28	70500.00	0.00
2021-09-29	43300.00	0.00
2021-09-30	860.00	0.00
2021-10-01	0.00	171680.00
2021-10-02	0.00	76150.00
2021-10-03	89880.00	5910.00
2021-10-04	9390.00	120100.00
2021-10-05	109760.00	69850.00
2021-10-06	101070.00	54300.00
2021-10-07	54700.00	129480.00
2021-10-24	240.00	0.00
2022-09-24	240.00	2010.00

2. 思路分析

（1）知识储备。

cast(expr as <type>)函数：将 expr 的执行结果转换为<type>类型的数据并返回，expr 可以是函数（可以嵌套）、列或字面值。若转换失败，则返回 null。对于 cast(expr as boolean)，应对任意非空字符串 expr 返回 true。

（2）执行步骤。

第一步：关联。

① 考虑数据源的选取。本题需要获取下单日期（create_date）、订单总金额（total_amount）、用户 id（user_id）及性别（gender）等信息，前 3 列可以从 order_info 表获得，而用户性别需要从 user_info 表获得。

② 考虑 2 张表数据的整合方式。我们要从 order_info 表中获取用户的订单信息，从 user_info 表中获取用户的性别信息。显然，应通过 user_id 列进行 join 连接，关联条件为 order_info.user_id=user_info.user_id。而 user_info 表的 user_id 列是 order_info 表 user_id 列的超集，即订单记录一定可以在 user_info 表中找到 user_id 相同的数据，反之则未必。user_info 表中不满足关联条件的数据，即未下单的用户数据不参与本题统计，应舍弃。综上所述，使用内连接即可关联两表。

第二步：分组聚合。

① 统计每日指标，应按照下单日期，即 order_info 表中的 create_date 列分组。

② 男性和女性用户的订单总金额应对应 2 个不同的列，这可以通过 sum(if(gender = 'x', total_amount, 0)实现。该语句的含义是：当性别为 x 时，将本条数据对应的 total_amount 加到总和上，否则加 0。若 x 为男，则总和为男性用户的订单总金额，女性用户同理。

③ 当使用 decimal 类型数据进行统计时，保留的小数位数可能会发生改变，可在计算完成后将类型统一为 decimal(16,2)。

本题的总体思路如图 8-11 所示。

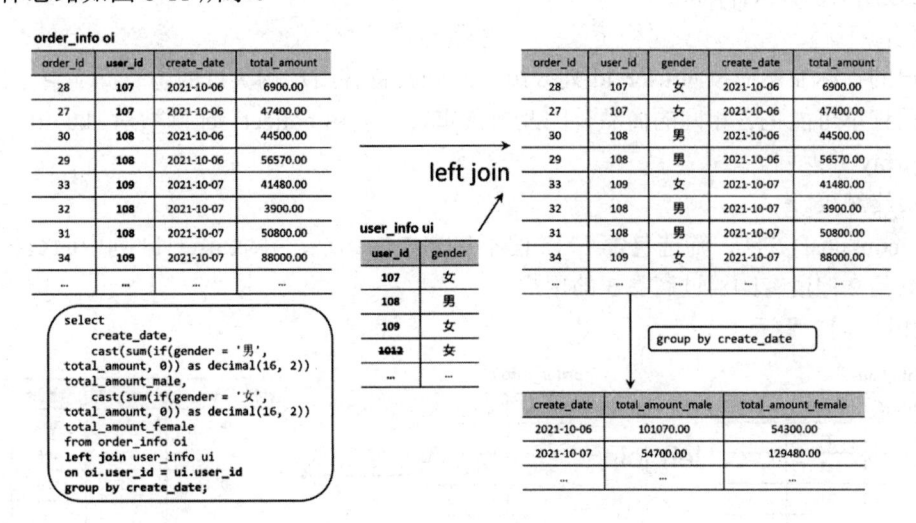

图 8-11 本题的总体思路

3. 代码实现

```
hive (default)>
select create_date,
  cast(sum(if(gender = '男', total_amount, 0)) as decimal(16, 2)) total_amount_male,
  cast(sum(if(gender = '女', total_amount, 0)) as decimal(16, 2)) total_amount_female from
order_info oi
    left join
  user_info ui
    on oi.user_id = ui.user_id
group by create_date;
```

8.2.6 购买过商品 1 和商品 2 但没有购买过商品 3 的用户统计

1. 题目需求

从 order_detail 表中查询所有购买过商品 1 和商品 2，但是没有购买过商品 3 的用户。

2. 思路分析

（1）知识储备。

- collect_set(col)：将 col 列所有的值去重后置于一个 array 类型的对象中。
- collect_list(col)：将 col 列所有的值置于一个 array 类型的对象中，不去重。
- array_contains(Array<T> arr, T value)：判断数组 arr 中是否包含 value，若是则返回 true。

（2）实现步骤。

第一步：获取子查询 t1。

① 关联。

这一步要获取用户购买过的所有商品。各商品的下单记录存储在 order_detail 表中，用户和订单的映射关系存储在 order_info 表中，因此可通过关联 2 张表获取用户和商品的对应关系。显然，order_detail 表和 order_info 表可通过 order_id 列建立联系，关联条件为 order_detail.id=order_info.order_id。order_detail 表内一定对应的 order_info 表的记录，order_info 表也一定有对应的订单明细记录，因此 2 张表的所有数据均可满足关联条件，inner join、left [outer] join、right [outer] join、full [outer] join 的结果都是一样的（[]表示可省略）。此处选用 left [outer] join。

② 分组聚合。

统计各用户的指标显然应按照 user_id 列分组。此处要将各用户购买过的所有商品置于同一个数组中，同一用户的不同订单可能包含相同的商品，因此要去重，在调用 collect_set 函数对 sku_id 列进行去重后，将其放入数组 array 并返回。

第二步：最终结果。

调用 array_contains()方法，筛选包含 1、2 但不包含 3 的记录，并取 user_id 列中的数据，即可得出购买过商品 1 和商品 2 但没有购买过商品 3 的用户。

总体思路如图 8-12 所示。

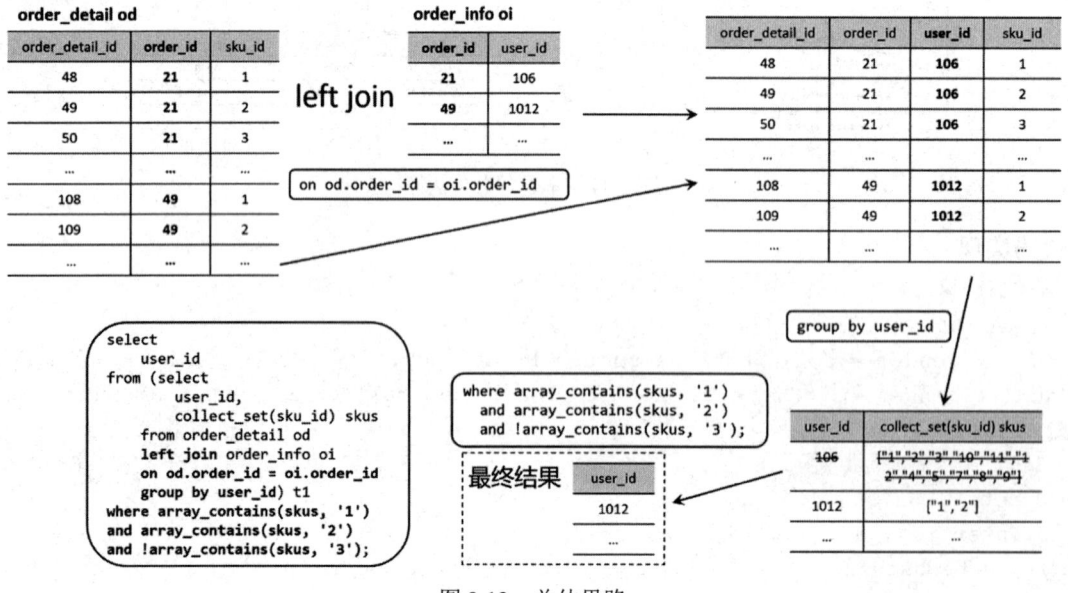

图 8-12 总体思路

3. 代码实现

```
hive (default)>
select user_id
from (
        select user_id,
               collect_set(sku_id) skus
        from order_detail od
             left join
             order_info oi
             on od.order_id = oi.order_id
        group by user_id
    ) t1
where array_contains(skus, '1')
  and array_contains(skus, '2')
  and !array_contains(skus, '3');
```

8.2.7 每日商品 1 和商品 2 的销量差值统计

1. 题目需求

从 order_detail 表中统计每日商品 1 和商品 2 的销量（件数）差值（商品 1 销量-商品 2 销量），期望结果如表 8-16 所示。

表 8-16 期望结果

create_date <string> （日期）	diff <bigint> （差值：件）
2020-10-08	-24
2021-09-27	2
2021-09-30	9
2021-10-01	-10
2021-10-02	-5800
2021-10-03	4
2021-10-04	-55
2021-10-05	-30
2021-10-06	-49
2021-10-07	-40
2022-09-24	0

2. 思路分析

（1）知识储备。

A in (val1, val2, ...)：只要 A 与括号中任意一值相等，就返回 true。从 Hive 0.13 开始，括号内支持子查询。

（2）实现步骤。

第一步：通过 in 语法筛选 sku_id 为 1 或 2 的数据。

第二步：按照 create_date 列分组，通过 sum(if(sku_id='x', sku_num, 0)) 分别统计商品 1 和商品 2 的每日销量，二者相减得到的销量差值。

整体思路如图 8-13 所示。

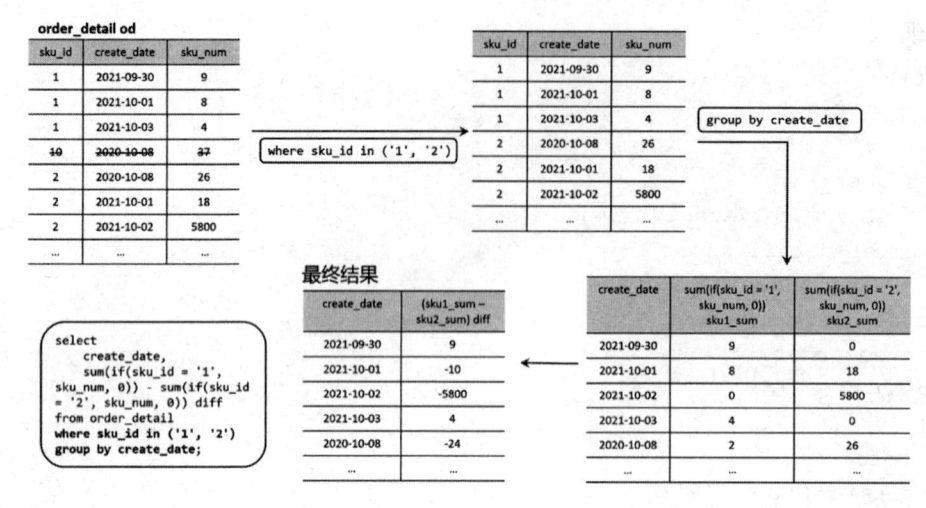

图 8-13 整体思路

3. 代码实现

```
hive (default)>
select create_date,
       sum(if(sku_id = '1', sku_num, 0)) - sum(if(sku_id = '2', sku_num, 0)) diff
from order_detail
where sku_id in ('1', '2')
group by create_date;
```

8.2.8 根据商品销售情况进行商品分类

1. 题目需求

通过分析 order_detail 表中的数据，根据销售件数对商品进行分类，销售件数为 0～5000 件的是冷门商品，销售件数为 5001～19999 件的是一般商品，销售件数为 20000 件（含）以上的是热门商品。统计不同类别的商品的数量，期望结果如表 8-17 所示。

表 8-17 期望结果

category <string> （类型）	cn <bigint> （数量：件）
一般商品	1
冷门商品	13
热门商品	1

2. 思路分析

（1）知识储备。

- case when A then B [when C then D]* [else E] end：当 A 为 true 时返回 B，当 C 为 true 时返回 D，方括号包裹的部分可以有 0 个或多个。若所有分支条件都不满足，则返回 E。
- case A when B then C [when D then E]* [else F] end：当 A=B 时返回 C，当 A=D 时返回 E，方括号部分同上。若所有分支条件均不满足，则返回 F。

（2）执行步骤。

第一步：按照 sku_id 列分组，调用 sum 函数对 sku_num 列求和，从而获得商品累计销量，并将其作为子查询 t1。

第二步：在子查询 t1 的基础上，通过 case when 语法根据商品累计销量对商品进行分类，并为 category 列赋不同值，将其作为子查询 t2。

第三步：在子查询 t2 的基础上，按照 category 列分组，统计各类商品的数量，从而获得最终结果。

完整思路如图 8-14 所示。

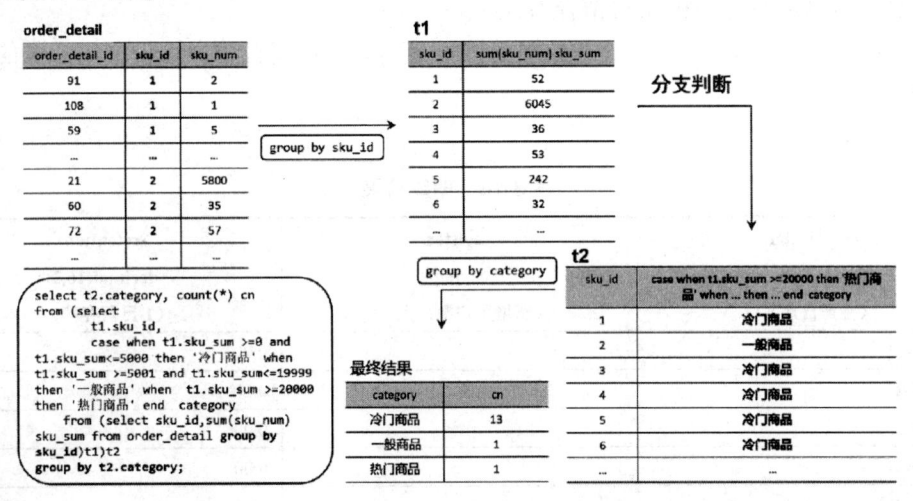

图 8-14 完整思路

3. 代码实现

```
hive (default)>
select
  t2.category,
  count(*) cn
from
  (
    select
      t1.sku_id,
      case
      when  t1.sku_sum >=0 and t1.sku_sum<=5000 then '冷门商品'
      when  t1.sku_sum >=5001 and t1.sku_sum<=19999 then '一般商品'
      when  t1.sku_sum >=20000 then '热门商品'
      end   category
    from
      (
        select
          sku_id,
          sum(sku_num)   sku_sum
        from
          order_detail
        group by
          sku_id
      )t1
  )t2
group by
  t2.category;
```

8.2.9 查询有新增用户的日期的新增用户数和新增用户 1 日留存率

1. 题目需求

从 user_login_detail 表中统计有新增用户的日期的新增用户数（若某日未出现新增用户，则不出现在统计结果中），并统计这些新增用户的 1 日留存率。

用户首次登录为当日新增，若次日也登录则为 1 日留存。1 日留存用户占新增用户数的比率即为新增用户 1 日留存率。

期望结果如表 8-18 所示。

表 8-18 期望结果

register_date <string> （注册日期）	register <string> （新增用户数：人）	retention <decimal(16,2)> （1 日留存率）
2021-09-21	2	0.00
2021-09-22	1	0.00
2021-09-23	1	0.00
2021-09-24	1	0.00
2021-09-25	1	0.00
2021-09-26	1	0.00
2021-09-27	1	0.00
2021-10-04	2	0.50
2021-10-06	1	0.00

2. 思路分析

（1）知识储备。

- hive.compat 参数：用于配置 Hive 算术运算符的向后兼容级别，其决定了整数相除时返回值的类型。其默认值为 0.12，此时 int 类型与 int 类型做除法运算，返回值类型为 double；若设置为 0.13，则 int 类型与 int 类型做除法运算，返回值类型为 decimal。
- int 类型与 decimal 类型做除法运算，返回值类型为 decimal。

（2）执行步骤。

第一步：获取子查询 t1。

若要统计每日新增用户数，则应先获取各用户的注册日期。用户注册日期的获取思路为：读取 user_login_detail 表，按照 user_id 列分组，调用 min 函数获取用户首次登录记录，而后将其转化为 yyyy-MM-dd 格式的日期字符串，并将其作为子查询 t1。

获取子查询 t1 的思路如图 8-15 所示。

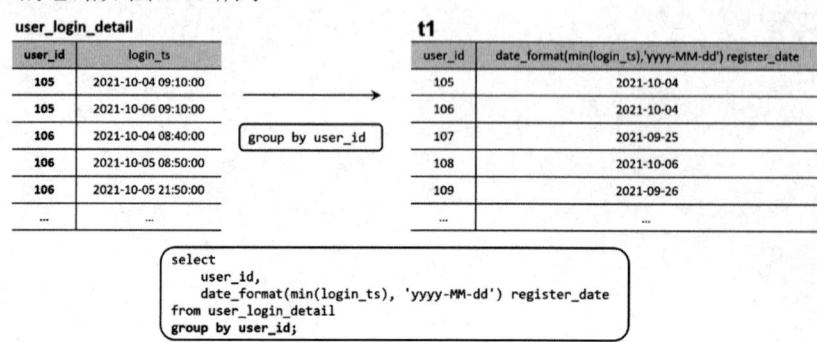

图 8-15 获取子查询 t1 的思路

第二步：获取 t2 与子查询 t3。

① 获取新增用户的 1 日留存记录。

新增用户的 1 日留存率的计算依赖于 1 日留存人数，计算留存人数需要使用注册次日的登录记录，这部分数据的筛选思路如下。

- 注册次日的登录行为应满足如下 2 个条件：user_id 与注册用户的 id 相同，登录日期比注册日期大 1。注册记录取自子查询 t1，登录数据取自 user_login_detail 表。满足上述关联条件的数据即为注册用户的 1 日留存记录。
- 统计注册人数需要所有的注册记录，因此无论是否满足关联条件，子查询 t1 中的数据都应保留。而不满足 1 日留存条件的登录记录对指标计算无用，应舍弃，因此将子查询 t1 作为主表，通过左外连接与 user_login_detail 表关联，并为 user_login_detail 表起别名 t2。

② 统计每日的新增用户数和 1 日留存用户数（留存记录为统计日期次日）。

子查询 t1 中的 user_id 数量即注册用户数，如果从子查询 t1 中查询，使用 count(*)即可得出注册用户数，但同一用户可能在次日会多次登录，子查询 t1 在与 user_login_detail 表关联后，同一用户可能会对应多条记录，即 user_id 可能重复，因此统计时要去重。按照 register_date 列分组，使用 count(distinct t1.user_id)即可得出当日注册用户数。

只有用户在注册日期的次日登录时，关联后取自 t2 的 user_id 才不为 null，因此非 null 的 t2.user_id 个数即留存用户数。但如果用户在次日多次登录，同样可能出现重复的 t2.user_id，因而要去重。按照 register_date 列分组，并将其作为子查询 t3，使用 count(distinct t2.user_id)即可得出注册次日的留存用户数。

获取子查询 t3 的思路如图 8-16 所示。

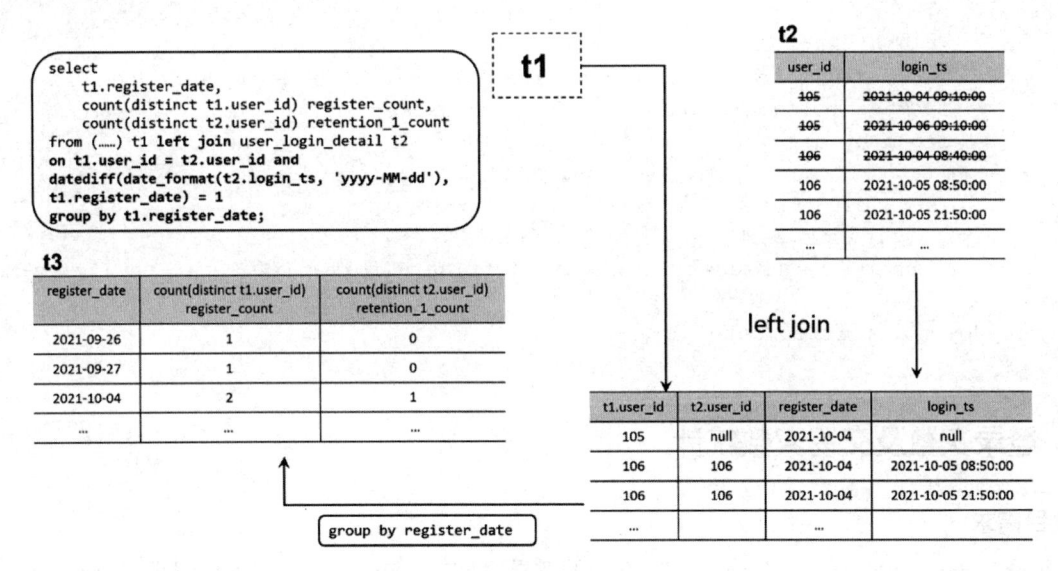

图 8-16　获取子查询 t3 的思路

第三步：获取最终结果。

从子查询 t3 中读取数据，注册日期和新增用户数可以直接获取，1 日留存率可由 1 日留存人数除以新增用户数获得，二者均由 count()计算得出，类型为 int。上文提到，int 类型之间相除，返回值类型为 double，而 double 类型可能会有精度损失，因而要在计算之前将除数或被除数转换为 decimal 类型。此外，运算后数据的小数位数可能会发生改变，应统一转换为 decimal(16,2)。

最终结果的获取思路如图 8-17 所示。

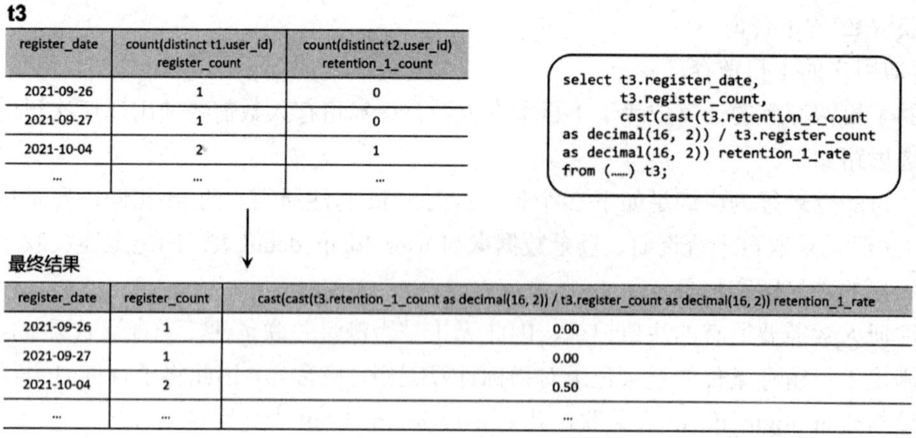

图 8-17　最终结果的获取思路

3. 代码实现

```
hive (default)>
select t3.register_date,
       t3.register_count,
       cast(cast(t3.retention_1_count as decimal(16, 2)) / t3.register_count as decimal(16, 2)) retention_1_rate
from (
    select t1.register_date,
           count(distinct t1.user_id) register_count,
           count(distinct t2.user_id) retention_1_count
    from (
        select user_id,
               date_format(min(login_ts), 'yyyy-MM-dd') register_date
        from user_login_detail
        group by user_id
    ) t1
        left join
    user_login_detail t2
    on t1.user_id = t2.user_id and datediff(date_format(t2.login_ts, 'yyyy-MM-dd'), t1.register_date) = 1
    group by t1.register_date
) t3;
```

8.2.10　登录次数及交易次数统计

1. 题目需求

根据 user_login_detail 表和 delivery_info 表中的登录时间（login_ts）列和下单日期（order_date）列，统计登录次数和交易次数，期望结果如表 8-19 所示。

表 8-19　期望结果

user_id <string> （用户 id）	login_date <string> （登录时间）	login_count <bigint> （登录次数：次）	order_count <bigint> （交易次数：次）
101	2021-09-21	1	0
101	2021-09-27	1	1
101	2021-09-28	1	1
101	2021-09-29	1	1

续表

user_id <string> （用户 id）	login_date <string> （登录时间）	login_count <bigint> （登录次数：次）	order_count <bigint> （交易次数：次）
101	2021-09-30	1	1
1010	2021-09-27	1	0
1010	2021-10-09	1	0
1011	2021-09-21	1	0
1011	2021-10-24	1	0
1011	2022-09-21	1	0
102	2021-09-22	1	0
102	2021-10-01	2	3
102	2021-10-02	1	1

2. 思路分析

第一步：获取子查询 t1。

这一步应获取登录次数（login_count），数据来源于 user_login_detail 表。分析题目可知，只有用户在某日登录时才需要统计当日的登录次数，并且 user_login_detail 表的一条记录对应一次登录，因此只要按照登录明细的 user_id 列和 login_ts 列分组，并统计各组的数据条数即可，我们将获取的结果创建为子查询 t1。

获取子查询 t1 的思路如图 8-18 所示。

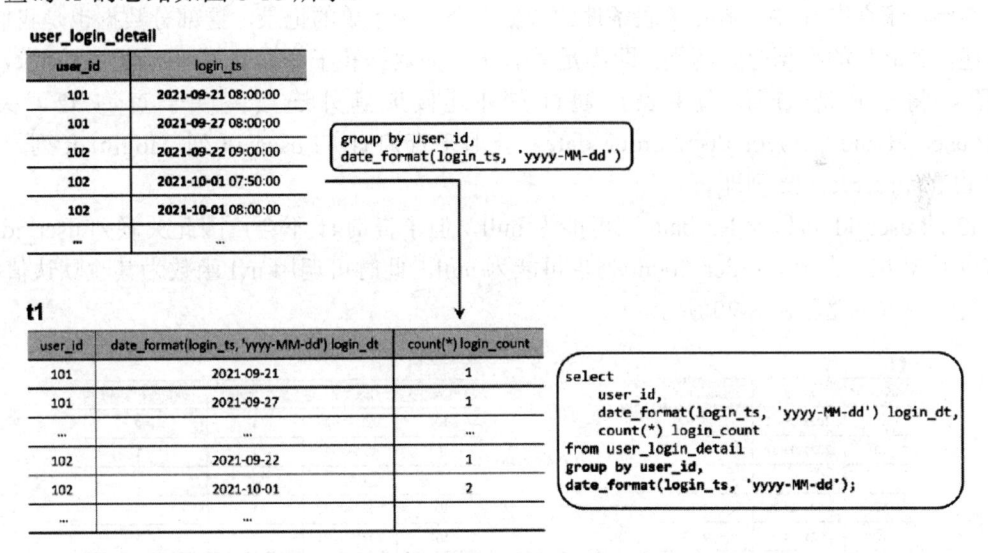

图 8-18　获取子查询 t1 的思路

第二步：获取子查询 t2。

这一步应获取交易次数（order_count），数据来源于 deliver_info 表。因为用户下单后可能会取消订单，只有出现在 deliver_info 表中的订单信息才表示完成了交易，所以当题目要求统计交易次数时，需要查询 deliver_info 表。

与子查询 t1 同理，只需要统计有下单记录时的当日交易次数。deliver_info 表的粒度为一个订单的配送记录，其中 order_id 不会重复，因此数据条数等价于交易次数。此处按照 user_id 列和 order_date 列分组，并将其作为子查询 t2，统计出的数据条数即为交易次数，即 order_count。

获取子查询 t2 的思路如图 8-19 所示。

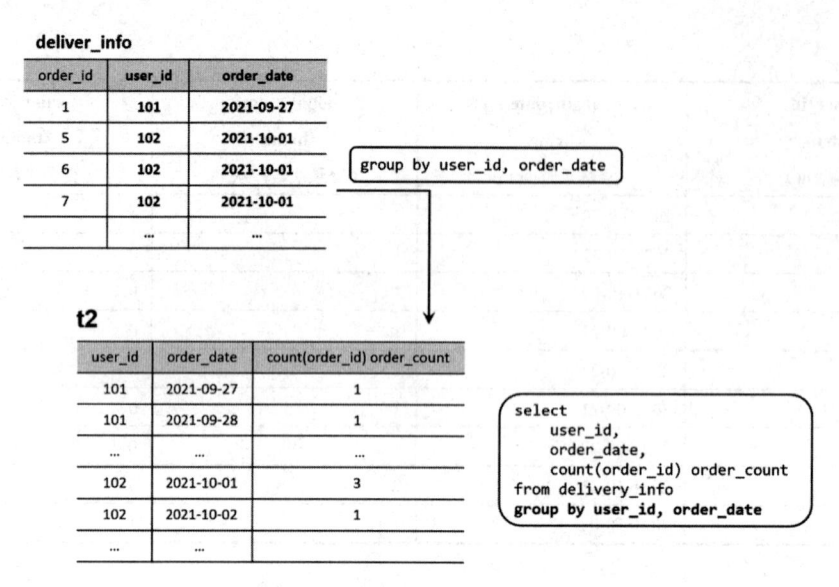

图 8-19 获取子查询 t2 的思路

第三步：获取最终结果。

分析结果集发现，我们需要将子查询 t1 和子查询 t2 通过 user_id 列和 order_date 列关联起来。关联后的数据分为以下两类。

① 满足关联条件的数据为当日登录且完成交易的记录，应保留。

② 登录未必完成交易，而完成交易必须登录，因此子查询 t2 的数据必然全部满足关联条件，左外连接等价于满外连接。子查询 t1 中不满足关联条件的数据即登录未下单的记录，这部分数据也是我们需要的。

综上所述，关联后的数据分为两类，即满足关联条件的数据和子查询 t1 中不满足条件的数据，两类数据都应保留。将子查询 t1 作为主表，通过左外连接或满外连接关联子查询 t2，关联条件为 t1.user_id=t2.user_id and t1.login_dt=t2.order_date，获取子查询 t1 的 user_id 列、login_dt 列、login_count 列和子查询 t2 的 order_count 列即可。

子查询 t2 的 user_id 列和 order_date 列可能为 null，但子查询 t1 不会，因此关联列 user_id 和 login_dt 应从子查询 t1 中获取。此外，order_count 列也可能为 null，此时可调用 nvl 函数为其赋默认值。

最终结果的获取思路如图 8-20 所示。

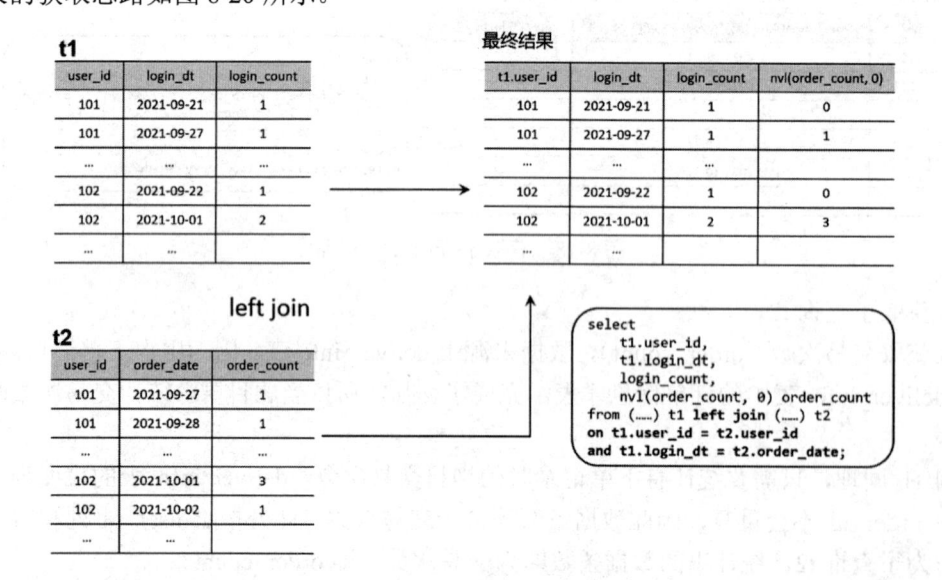

图 8-20 最终结果的获取思路

3. 代码实现

```
hive (default)>
select t1.user_id,
       t1.login_dt,
       login_count,
       nvl(order_count, 0) order_count
from (select user_id,
             date_format(login_ts, 'yyyy-MM-dd') login_dt,
             count(*)                            login_count
      from user_login_detail
      group by user_id,
               date_format(login_ts, 'yyyy-MM-dd')) t1
    left join
    (select user_id,
            order_date,
            count(order_id) order_count
     from delivery_info
     group by user_id, order_date) t2
    on t1.user_id = t2.user_id
       and t1.login_dt = t2.order_date;
```

8.2.11 统计每个商品各年度销售总金额

1. 题目需求

从 order_detail 表中统计每个商品各年度的销售总金额，期望结果如表 8-20 所示。

表 8-20 期望结果

sku_id <string> （商品 id）	year_date <bigint> （年份：年）	total_amount <decimal(16,2)> （销售总金额：元）
1	2020	4000.00
1	2021	98000.00
1	2022	2000.00
10	2020	9400.00
10	2021	20500.00
11	2020	4750.00
11	2021	11250.00
12	2020	1660.00
12	2021	411980.00
13	2021	7300.00
14	2021	17460.00
14	2022	2880.00
15	2020	4500.00
2	2020	260.00
2	2021	60180.00

2. 思路分析

查询 order_detail 表,按照 sku_id 列及下单年份分组,统计商品件数和单价的乘积之和即可得到想要的结果。其中,下单年份可通过调用 year 函数处理 create_date 获得。此外,求和后的商品件数 decimal 类型的小数位数可能会发生变化,如转换为 decimal(16,2)类型。

完整思路如图 8-21 所示。

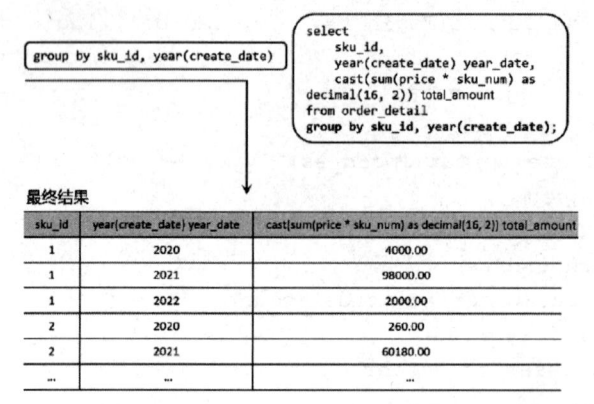

图 8-21 完整思路

3. 代码实现

```
hive (default)>
select
  sku_id,
  year(create_date) year_date,
  cast(sum(price * sku_num) as decimal(16,2)) total_amount
from
  order_detail
group by
  sku_id,
  year(create_date);
```

8.2.12 某周内每个商品的每日销售情况

1. 题目需求

从 order_detail 表中查询 2021 年 9 月 27 日至 2021 年 10 月 3 日这一周所有商品的每日销售件数,期望结果如表 8-21 所示。

表 8-21 期望结果

sku_id <string> (商品 id)	monday <bigint> (星期一)	tuesday <bigint> (星期二)	wednesday <bigint> (星期三)	thursday <bigint> (星期四)	friday <bigint> (星期五)	saturday <bigint> (星期六)	sunday <bigint> (星期日)
1	2	0	0	9	8	0	4
10	0	0	0	0	0	48	69
11	0	0	0	0	0	15	61
12	0	0	0	43	0	31	20400
2	0	0	0	0	18	5800	0

续表

sku_id <string> （商品id）	monday <bigint> （星期一）	tuesday <bigint> （星期二）	wednesday <bigint> （星期三）	thursday <bigint> （星期四）	friday <bigint> （星期五）	saturday <bigint> （星期六）	sunday <bigint> （星期日）
3	5	0	0	0	6	0	1
4	0	9	0	0	8	1	5
5	0	33	0	0	0	24	47
6	0	0	0	0	1	5	8
7	0	0	37	0	17	0	20
8	0	0	46	0	48	39	0
9	0	0	12	0	45	0	0

2. 思路分析

（1）知识储备。

date_format(string date,string format)函数：用于将日期值按照指定的格式进行格式化，其中 date 参数是需要格式化的日期值，format 参数是指定日期格式的字符串。

（2）实现步骤。

本题的实现思路很简单，首先筛选出指定时间范围的数据，其次按照 sku_id 列分组，调用 sum(if()) 函数统计每日的销量即可。本题的关键之处在于，如何将每日销量与星期数对应。

使用 date_format(string date,string format) 函数处理日期值，使用 format 参数传入模式字符 u 即可获取日期值的对应星期数。返回当前日期在一周中的序数，星期一为 1，星期二为 2，依次类推。返回值类型为 int，代码如下所示。

```
sum(if(date_format(create_date, 'u')=1,sku_num,0)) monday,
sum(if(date_format(create_date, 'u')=2,sku_num,0)) tuesday,
......
```

完整思路如图 8-22 所示。

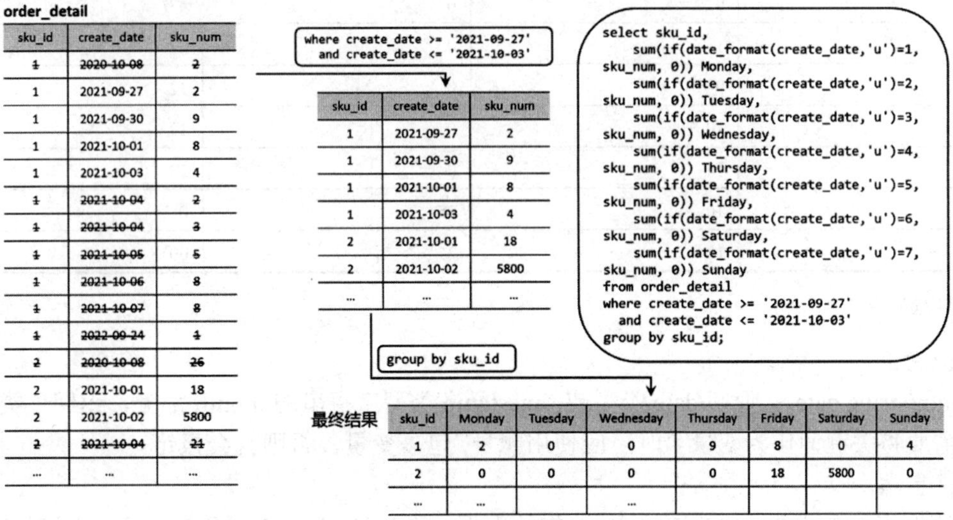

图 8-22 完整思路

3. 代码实现

```
hive (default)>
select sku_id,
       sum(if(date_format(create_date, 'u')=1, sku_num, 0)) Monday,
```

```
        sum(if(date_format(create_date, 'u')=2, sku_num, 0)) Tuesday,
        sum(if(date_format(create_date, 'u')=3, sku_num, 0)) Wednesday,
        sum(if(date_format(create_date, 'u')=4, sku_num, 0)) Thursday,
        sum(if(date_format(create_date, 'u')=5, sku_num, 0)) Friday,
        sum(if(date_format(create_date, 'u')=6, sku_num, 0)) Saturday,
        sum(if(date_format(create_date, 'u')=7, sku_num, 0)) Sunday
from order_detail
where create_date >= '2021-09-27'
  and create_date <= '2021-10-03'
group by sku_id;
```

8.2.13 形成同期商品售卖分析表

1. 题目需求

从 order_detail 表中，统计同一个商品在 2020 年和 2021 年的同一个月的销量并进行对比，期望结果如表 8-22 所示。

表 8-22 期望结果

sku_id <string> （商品 id）	month <bigint> （月份：月）	2020_skusum <bigint> （2020 年销售量：件）	2021_skusum <bigint> （2021 年销售量：件）
1	9	0	11
1	10	2	38
10	10	94	205
11	10	95	225
12	10	83	20556
12	9	0	43
13	1	0	27
14	9	0	12
14	10	0	12
14	1	0	33
15	10	15	0
2	10	26	6018

2. 思路分析

（1）知识储备。

- month(string date)：返回 date 类型或 timestamp 类型字符串的 month 部分，返回值类型为 int。
- 当需要将关键词作为变量名时，应使用飘号``包裹变量，否则就会报错。

（2）执行步骤。

首先，筛选下单年份为 2020 年或 2021 年的数据，并按照 sku_id 列和 create_date 列中的"month"分组。其次，组合调用 sum(if())，并根据 create_date 所属年份的不同，分别统计 2020 年和 2021 年的累计销量。

完整思路如图 8-23 所示。

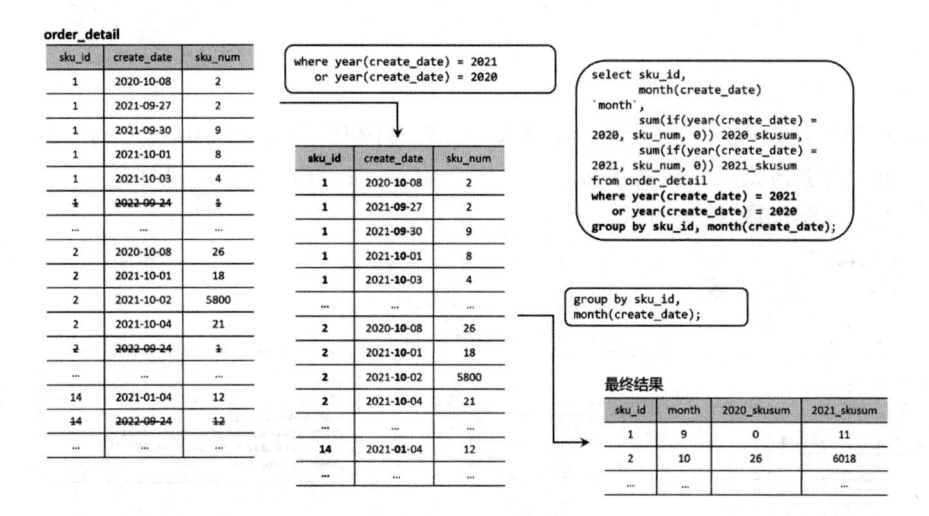

图 8-23 完整思路

3. 代码实现

```
hive (default)> select sku_id,
       month(create_date)                              `month`,
       sum(if(year(create_date) = 2020, sku_num, 0)) 2020_skusum,
       sum(if(year(create_date) = 2021, sku_num, 0)) 2021_skusum
from order_detail
where year(create_date) = 2021
   or year(create_date) = 2020
group by sku_id, month(create_date);
```

8.2.14 国庆节期间每个商品的总收藏量和总购买量统计

1. 题目需求

从 order_detail 表和 favor_info 表中统计 2021 年国庆节期间（10 月 1 日至 10 月 7 日），每个商品的总购买量和总收藏量，期望结果如表 8-23 所示。

表 8-23 期望结果

sku_id <string> （商品 id）	sku_sum <bigint> （总购买量：件）	favor_cn <bigint> （总收藏量：次）
1	38	1
10	205	2
11	225	2
12	20556	0
2	6018	1
3	30	0
4	44	2
5	209	1
6	26	1
7	180	1
8	148	0
9	182	1

181

2. 思路分析

第一步：获取子查询 t1。

从 order_detail 表中读取数据，筛选 create_date 在 2021-10-01 至 2021-10-07 之间的数据，按照 sku_id 列分组，对 sku_num 列求和获取，从而获得每日总购买量，并将其作为子查询 t1。

获取子查询 t1 的思路如图 8-24 所示。

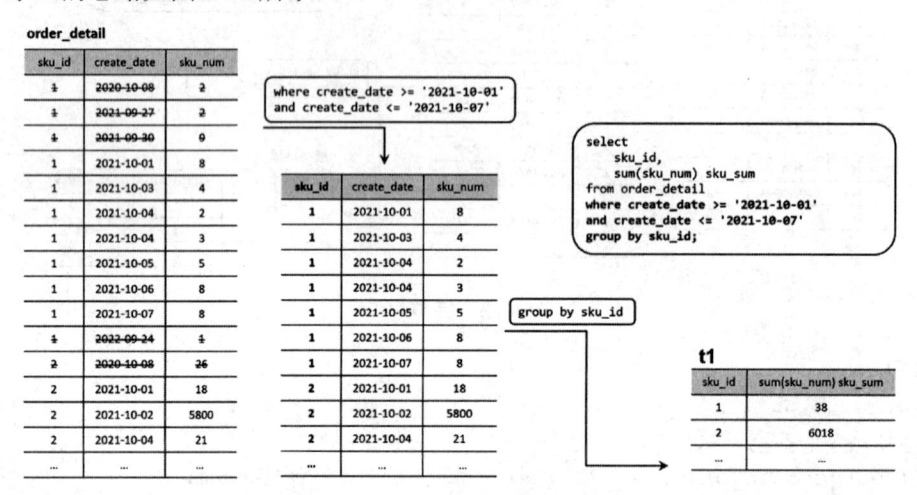

图 8-24　获取子查询 t1 的思路

第二步：获取子查询 t2。

从 favor_info 表中读取数据，筛选 create_date 在 2021-10-01 至 2021-10-07 之间的数据，按照 sku_id 列分组，并将其作为子查询 t2，之后统计数据条数即可。favor_info 表的 user_id 列不存在 null，因此 count(user_id) 等价于 count(*)。

获取子查询 t2 的思路如图 8-25 所示。

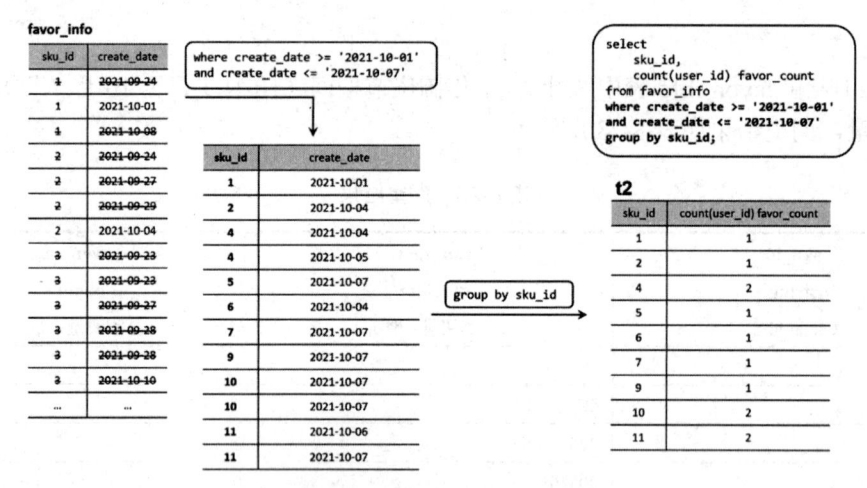

图 8-25　获取子查询 t2 的思路

第三步：获取最终结果。

这一步需要将子查询 t1、子查询 t2 通过 sku_id 列关联在一起，只要用户在国庆节期间有下单记录或收藏记录，就应保留当日的数据，因此应使用满外连接。两张表的列都可能为 null，因此要使用 nvl 函数处理空值。

① 当子查询 t1 和子查询 t2 的 sku_id 必定不同时为 null 时：nvl(t1.sku_id, t2.sku_id) 可作为 sku_id。

② 当 sku_sum 可能为 null 时，赋默认值 0 即可：nvl(sku_sum, 0)。

③ 当 favor_count 可能为 null 时，赋默认值 0 即可：nvl(favor_count, 0)。

最终结果的获取思路如图 8-26 所示。

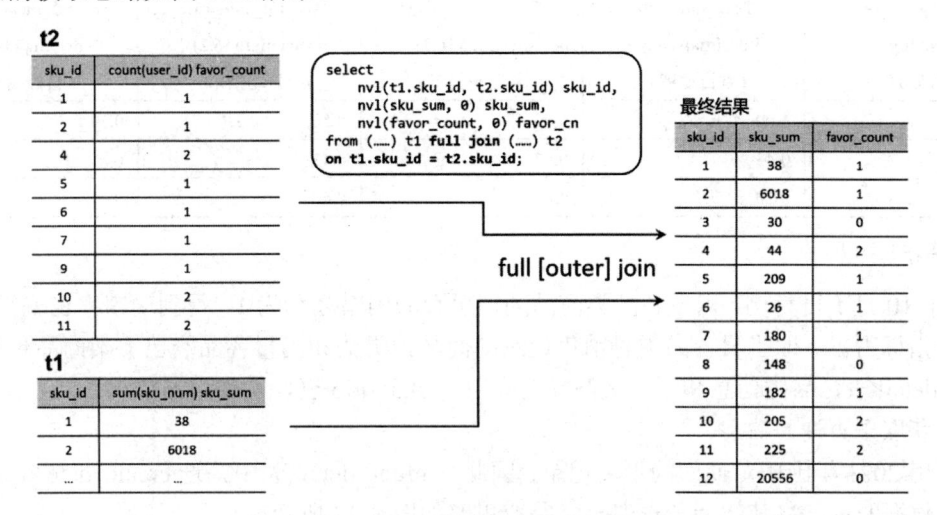

图 8-26 最终结果的获取思路

3. 代码实现

```
hive (default)>
select nvl(t1.sku_id, t2.sku_id)  sku_id,
       nvl(sku_sum, 0)             sku_sum,
       nvl(favor_count, 0)         favor_cn
from (select sku_id,
             sum(sku_num) sku_sum
      from order_detail
      where create_date >= '2021-10-01'
        and create_date <= '2021-10-07'
      group by sku_id) t1
     full join
     (select sku_id,
             count(user_id) favor_count
      from favor_info
      where create_date >= '2021-10-01'
        and create_date <= '2021-10-07'
      group by sku_id) t2
on t1.sku_id = t2.sku_id;
```

8.2.15 国庆节期间各品类商品的 7 日动销率和滞销率

1. 题目需求

动销率的定义是：在某品类的商品中，一段时间内有销量的商品种类数与当前已上架总商品种类数的比值（有销量的商品种类数/已上架总商品种类数）。

滞销率的定义是：在某品类的商品中，一段时间内没有销量的商品种类数与当前已上架总商品种类数的比值（没有销量的商品种类数/已上架总商品种类数）。

只要当日任意一店铺有任何商品产生了销量，就输出该日的统计结果。

从 order_detail 表和 sku_info 表中统计国庆节期间（10 月 1 日至 10 月 7 日）每日各品类商品的动销率和滞销率，期望结果如表 8-24 所示。

表 8-24 期望结果

category_id <string> （品类 id）	first_sale_rate <decimal(16,2)> （首日动销）	first_unsale_rage <decimal(16,2)> （首日滞销率）	second_sale_rate <decimal(16,2)> （2 日动销率）	second_unsale_rate <decimal(16,2)> （2 日滞销率）
1	1.00	0.00	0.50	0.50
2	0.43	0.57	0.43	0.57
3	0.20	0.80	0.60	0.40

2. 思路分析

以 2021 年 10 月 1 日为例，当日各品类商品动销率和滞销率之和为 1，得到动销率也就得到了滞销率。前者依赖两个指标得出，即当日各品类有销售记录的商品种类数和当日各品类已上架商品种类数。销售记录取自 order_detail 表，品类信息和已上架商品信息取自 sku_info 表，实现思路如下。

第一步：获取子查询 t1。

本题仅使用 2021 年国庆节期间的下单记录，因此从 order_detail 表中筛选 create_date 在 2021-10-01 至 2021-10-07 的数据即可，将其作为子查询 t1，获取思路如图 8-27 所示。

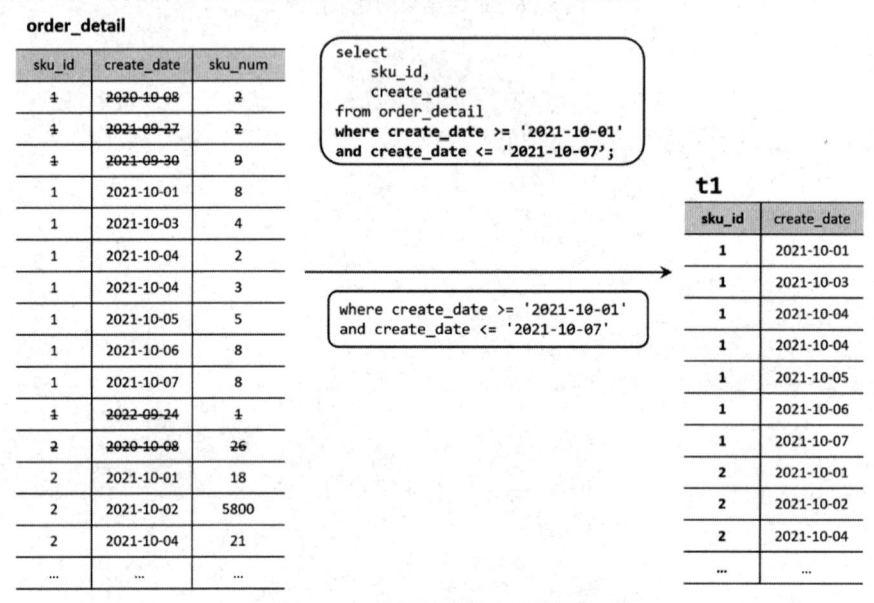

图 8-27 获取子查询 t1 的思路

第二步：获取子查询 t2。

① 子查询 t1 中包含 2021 年国庆节期间所有商品的销售记录，接下来，要通过关联 sku_info 表来获得 category_id 和每日已上架商品信息，显然，关联列为 sku_id。sku_info 表中包含 sku_id 的全量数据集，为子查询 t1 中 sku_id 列的超集，若以子查询 t1 作为主表，则右外连接等价于满外连接。统计上架商品数可能需要使用所有的 sku_id，因此 sku_info 表中不满足关联条件的记录应保留，最终以子查询 t1 为主表，通过右外连接关联 sku_info 表，关联条件为 t1.sku_id=sku_info.sku_id。

② 关联后按照 category_id 列分组，并将其作为子查询 t2。在指定日期中，子查询 t1 中 sku_id 的数量为当日有销量的商品数，sku_info 表中 sku_id 的数量为当日已上架商品数，这里要注意，from_date 一定不能晚于当日，否则当日未上架的商品不应统计在内。此外，某日 sku_id 的销售记录可能不止一条，在关联后，子查询 t1 和 sku_info 表中都可能存在重复的 sku_id，因此需要去重。统计通过 count(distinct if()) 函数的组合调用实现，当日有销售记录的商品种类数和当日已上架的商品种类数相除，即可获得动销率。前文曾提到，int 类型相除默认返回值类型为 double，可能会造成精度损失，而将分子或分母转换为 decimal(16,2) 就可以避免这个问题。

获取子查询 t2 的思路如图 8-28 所示。

图 8-28 获取子查询 t2 的思路

注意：子查询 t2 统计获得的动销率因小数位数过多不便展示，并且各日动销率计算逻辑类似，故图 8-28 中的数据有所精简。

第三步：获取最终结果。

从子查询 t2 中获取品类信息和 2021 年国庆节期间商品的每日动销率，1-动销率，所得结果即为滞销率。而后，调用 cast()函数将二者的类型统一成 decimal(16, 2)。

最终结果的获取思路如图 8-29 所示。

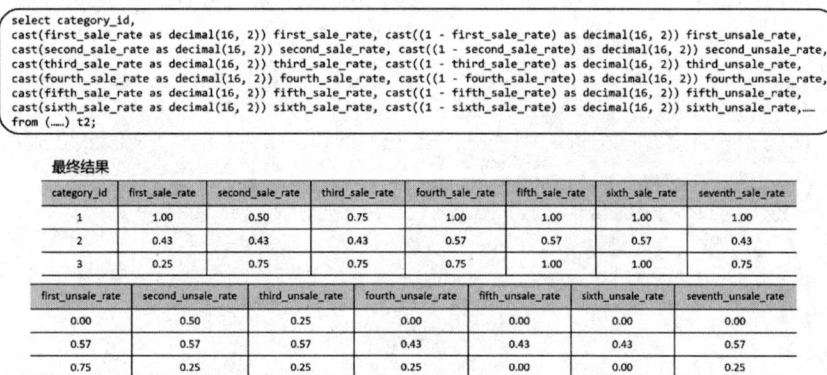

图 8-29 最终结果的获取思路

3. 代码实现

```
hive (default)>
select category_id,
       cast(first_sale_rate as decimal(16, 2))         first_sale_rate,
       cast((1 - first_sale_rate) as decimal(16, 2))   first_unsale_rate,
       cast(second_sale_rate as decimal(16, 2))        second_sale_rate,
       cast((1 - second_sale_rate) as decimal(16, 2))  second_unsale_rate,
       cast(third_sale_rate as decimal(16, 2))         third_sale_rate,
       cast((1 - third_sale_rate) as decimal(16, 2))   third_unsale_rate,
       cast(fourth_sale_rate as decimal(16, 2))        fourth_sale_rate,
       cast((1 - fourth_sale_rate) as decimal(16, 2))  fourth_unsale_rate,
       cast(fifth_sale_rate as decimal(16, 2))         fifth_sale_rate,
```

```sql
       cast((1 - fifth_sale_rate) as decimal(16, 2))      fifth_unsale_rate,
       cast(sixth_sale_rate as decimal(16, 2))            sixth_sale_rate,
       cast((1 - sixth_sale_rate) as decimal(16, 2))      sixth_unsale_rate,
       cast(seventh_sale_rate as decimal(16, 2))          seventh_sale_rate,
       cast((1 - seventh_sale_rate) as decimal(16, 2))    seventh_unsale_rate
from (select category_id,
             cast(count(distinct if(t1.create_date = '2021-10-01', t1.sku_id, null)) as decimal(16, 2)) /
             count(distinct if(sku_info.from_date <= '2021-10-01', sku_info.sku_id, null)) first_sale_rate,
             cast(count(distinct if(t1.create_date = '2021-10-02', t1.sku_id, null)) as decimal(16, 2)) /
             count(distinct if(sku_info.from_date <= '2021-10-01', sku_info.sku_id, null)) second_sale_rate,
             cast(count(distinct if(t1.create_date = '2021-10-03', t1.sku_id, null)) as decimal(16, 2)) /
             count(distinct if(sku_info.from_date <= '2021-10-01', sku_info.sku_id, null)) third_sale_rate,
             cast(count(distinct if(t1.create_date = '2021-10-04', t1.sku_id, null)) as decimal(16, 2)) /
             count(distinct if(sku_info.from_date <= '2021-10-01', sku_info.sku_id, null)) fourth_sale_rate,
             cast(count(distinct if(t1.create_date = '2021-10-05', t1.sku_id, null)) as decimal(16, 2)) /
             count(distinct if(sku_info.from_date <= '2021-10-01', sku_info.sku_id, null)) fifth_sale_rate,
             cast(count(distinct if(t1.create_date = '2021-10-06', t1.sku_id, null)) as decimal(16, 2)) /
             count(distinct if(sku_info.from_date <= '2021-10-01', sku_info.sku_id, null)) sixth_sale_rate,
             cast(count(distinct if(t1.create_date = '2021-10-07', t1.sku_id, null)) as decimal(16, 2)) /
             count(distinct if(sku_info.from_date <= '2021-10-01', sku_info.sku_id, null)) seventh_sale_rate
      from (select sku_id,
                   create_date
            from order_detail
            where create_date >= '2021-10-01'
              and create_date <= '2021-10-07') t1
             right join sku_info
                       on t1.sku_id = sku_info.sku_id
      group by category_id) t2;
```

8.3 本章总结

本章我们以一整套完整的电商行业数据表为基础，完成了初级函数的使用练习。需要再次强调的一点是，每道练习题实现需求的思路都不是唯一的，本章只给出了一些解决思路，读者在熟练掌握和理解解决思路的基础上，可以尝试使用不同的思路解决。在大数据领域，Hive 是应用得较为广泛的数据仓库构建工具，对 Hive 的学习了解仅停留在理论上是不够的，大量的实战练习才是掌握 Hive 的关键所在。

第 9 章 高级函数

本章将重点讲解 Hive 的高级函数。相对于第 7 章讲解的初级函数，Hive 的高级函数使用起来更加复杂，但是能帮助用户更加灵活和高效地处理数据。本章将要讲解的高级函数，包括常用的表生成函数、窗口函数和用户自定义函数等，读者需要在学习过程中特别关注每个函数的参数和语法。在本章中，除详细讲解这些函数的语法外，还会提供实际的案例来演示它们的使用。

9.1 表生成函数

UDTF 的全称是 User Defined Table-Generation Function，即用户定义的表生成函数。简单理解，UDTF 就是接收一行数据，输出一行或多行数据，如图 9-1 所示。系统内置的常用 UDTF 有 explode 函数、posexplode 函数、inline 函数等，接下来将分别介绍。

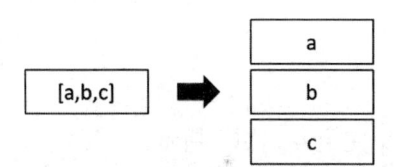

图 9-1 UDTF 示意图

9.1.1 常用的 UDTF

1. explode 函数

explode 函数有两种使用方式，其区别在于传入参数类型不同。

（1）语法一：explode(array<T> a)。

说明：传入参数为 array 数组类型，返回一行或多行结果，每行对应 array 数组中的一个元素，如图 9-2 所示。

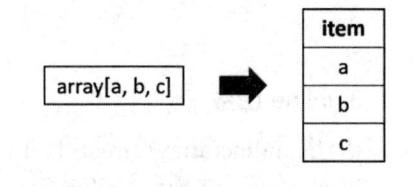

图 9-2 explode 函数的使用示意图（1）

使用方式如下所示。

```
hive (default)> select explode(array("a","b","c")) as item;
item
a
b
c
```

（2）语法二：explode(map<K,V> m)。

说明：传入参数为 map 类型，由于 map 类型的结构为 key-value，所以 explode 函数会将 map 类型的参数转换为两列，一列是 key，另一列是 value，如图 9-3 所示。

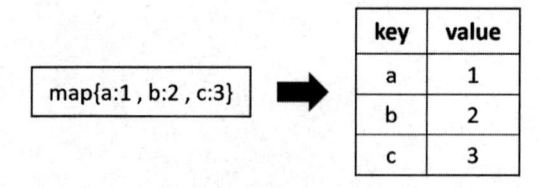

图 9-3 explode 函数的使用示意图（2）

使用方式如下所示。

```
Hive (default)> select explode(map("a",1,"b",2,"c",3)) as (key,value);
key value
a   1
b   2
c   3
```

注意：as (key,value)用于给转换后的两列数据起列名，两个列名用括号括起来并用逗号分隔。

2. posexplode 函数

语法：posexplode(array<T> a)。

说明：posexplode 函数的用法与 explode 函数相似，但其增加了 pos 前缀，表明在返回 array 数组类型的每个元素的同时，还会返回元素在数据中所处的位置，如图 9-4 所示。

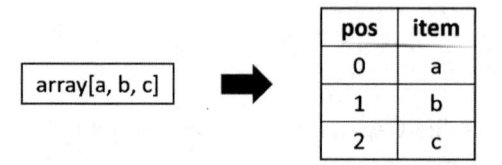

图 9-4 posexplode 函数的使用示意图

使用方式如下所示。

```
hive (default)> select posexplode(array("a","b","c")) as (pos,item);
pos item
0   a
1   b
2   c
```

3. inline 函数

语法：inline(array<struct<f1:T1,...,fn:Tn>> a)。

说明：inline 函数接受的参数为结构体数组，其可将数组中的每个结构体输出为一行，每个结构体中的列，会展开为一个个单独的列，如图 9-5 所示。

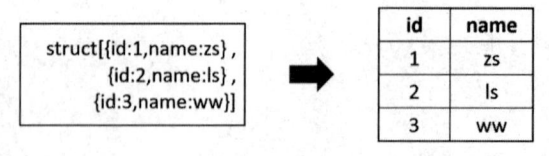

图 9-5 inline 函数的使用示意图

使用方式如下所示。

```
hive (default)> select inline(array(named_struct("id", 1, "name", "zs"),
                    named_struct(
"id", 2, "name", "ls")
,
                    named_struct(
```

```
"id", 3, "name", "ww")
)) as (id, name);
id   name
1    zs
2    ls
3    ww
```

4. lateral view 关键字

UDTF 可以将一行数据转换为多行数据,当其出现在 select 子句中时,其不能与其他列同时出现,否则会报错误信息,如下所示。

```
org.apache.hadoop.hive.ql.parse.SemanticException:UDTF's are not supported outside the
SELECT clause, nor nested in expressions
```

此时需要使用 lateral view 关键字。lateral view 关键字通常与 UDTF 配合使用,其可以将 UDTF 应用于原表的每行数据,将每行数据转换为一行或多行数据,并将原表中每行数据的输出结果与该行连接起来,形成一个虚拟表。

lateral view 关键字的使用语法如下所示。

```
select
    col1 [,col2,col3…]
from 表名
lateral view udtf(expression) 虚拟表别名 as col1 [,col2,col3…]
```

lateral view 关键字一般写在 from 子句后,紧跟在 UDTF 后面的是虚拟表的别名,其中虚拟表别名不可省略。写在 as 关键字后的是执行 UDTF 后的列的别名,UDTF 生成几列,就要给出几个列别名,多个列别名之间使用逗号分隔。

例如,person 表的结构和数据如表 9-1 所示。

表 9-1 person 表的结构和数据

id	name	hobbies
1	zs	[reading,coding]
2	ls	[coding,running]
3	ww	[sleeping]

执行如下所示的查询语句,对 hobbies 列执行 explode 函数,为虚拟表起别名 tmp,得到的列为 hobby。

```
hive (default)> select
    id,
    name,
    hobbies,
    hobby
from person lateral view explode(hobbies) tmp as hobby;
```

得到的执行结果如表 9-2 所示。

表 9-2 得到的执行结果

id	name	hobbies	hobby
1	zs	[reading,coding]	reding
1	zs	[reading,coding]	coding
2	ls	[coding,running]	coding
2	ls	[coding,running]	running
3	ww	[sleeping]	sleeping

9.1.2 案例演示

1. 数据准备

（1）movie_info 表的表结构如表 9-3 所示。

表 9-3   movie_info 表的表结构

movie	category
《疑犯追踪》	悬疑,动作,科幻,剧情
《Lie to me》	悬疑,警匪,动作,心理,剧情
《战狼 2》	战争,动作,灾难

（2）执行以下建表语句，创建 movie_info 表。

```
hive (default)>
create table movie_info(
    movie string,      --电影名称
    category string    --电影分类
)
row format delimited fields terminated by "\t";
```

（3）插入数据。

```
hive (default)> insert overwrite table movie_info
values ("《疑犯追踪》", "悬疑,动作,科幻,剧情"),
       ("《Lie to me》", "悬疑,警匪,动作,心理,剧情"),
       ("《战狼2》", "战争,动作,灾难");
```

2. 需求

（1）需求说明。

根据上述 movie_info 表，统计各分类的电影数量，期望结果如表 9-4 所示。

表 9-4   期望结果

cate	count
剧情	2
动作	3
心理	1
悬疑	2
战争	1
灾难	1
科幻	1
警匪	1

（2）查询语句。

```
hive (default)> select
    cate,
    count(*)
from
```

```
(
    select
        movie,
        cate
    from
    (
        select
            movie,
            split(category,',') cates
        from movie_info
    )t1 lateral view explode(cates) tmp as cate
)t2
group by cate;
```

（3）思路分析。

首先，使用 split 函数将 category 列转换成 array 数组类型，在 array 数组中存放的是每个电影所属的电影类型，得到子查询 t1，如图 9-6 所示。

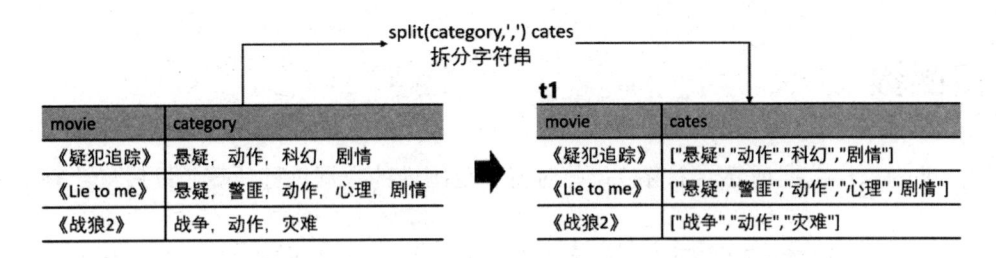

图 9-6　使用 split 函数切割 category 列

其次，将 lateral view 关键字与 explode 函数结合使用，即可得到子查询 t2，如图 9-7 所示。在子查询 t2 中，电影与电影类型是一对一的关系。

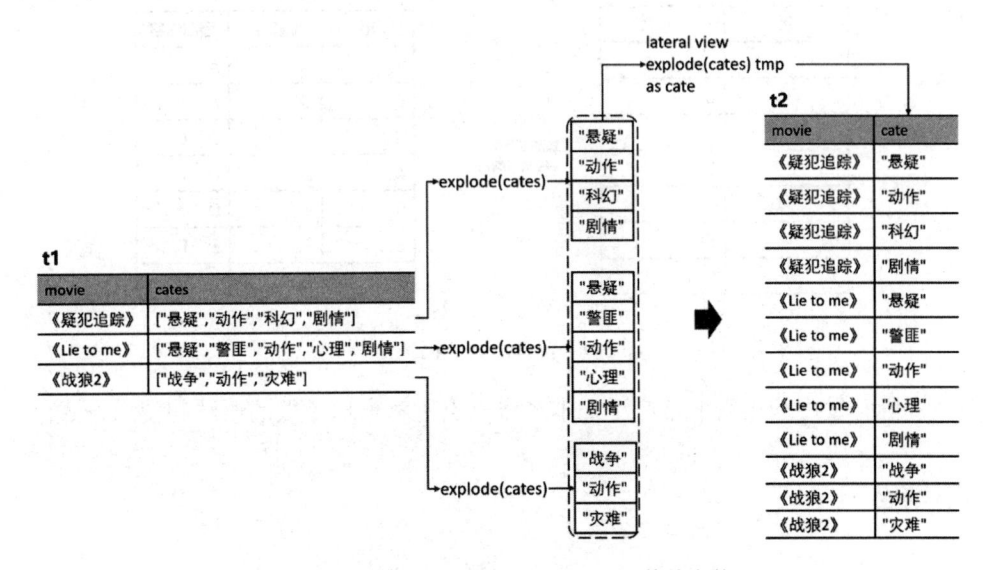

图 9-7　lateral view 关键字与 explode 函数结合使用

最后，对子查询 t2 进行分组聚合，即可得到最终结果，如图 9-8 所示。

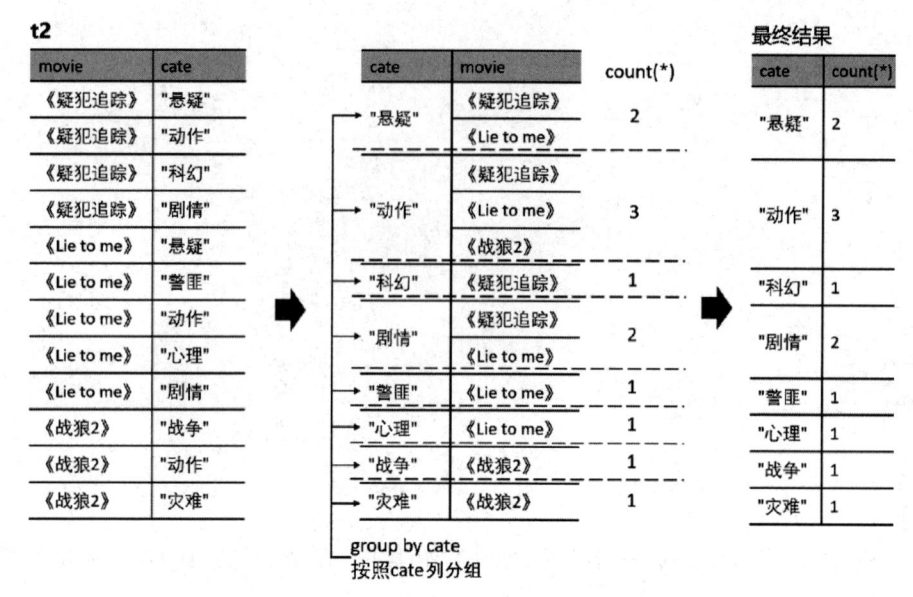

图 9-8　分组聚合得到最终结果

9.2 窗口函数

窗口函数能够为每行数据划分一个窗口，并对窗口范围内的数据进行计算，最后将计算结果返回给该行数据。

如图 9-9 所示为窗口函数的简单示例，原表中有 7 行数据，id 从 1 到 7。为每行数据划分的窗口范围是当前行数据的上一行至当前行，并对窗口范围内的数据进行加和。以第二行数据为例，划分的窗口范围就是 1~2。最终得到的计算结果如图 9-9 右侧所示。需要注意的是，此案例所展示的仅为一种简单的窗口范围划分方式，Hive 的窗口函数还可以进行更丰富的窗口范围划分，在后文中会详细讲解。

图 9-9　窗口函数的简单示例

窗口函数在实际开发中应用得非常广泛，本节将重点讲解窗口函数的语法和使用方式。

9.2.1 语法讲解

窗口函数的语法示例如下所示，主要包括"窗口"和"函数"两部分。其中，"窗口"部分使用 over 关键字定义，用于定义窗口范围；"函数"部分用于定义对窗口范围内的数据执行的计算逻辑。

```
select
    col_1,
```

```
    col_2,
    col_3,
    函数(col_1) over (窗口范围) as 别名
from table_name;
```

1. 函数

根据窗口函数的特点,不难发现,每个窗口中的计算逻辑都是多(行)进一(行)出,因此绝大多数的聚合函数都可以配合窗口使用,如 max 函数、min 函数、sum 函数、count 函数、avg 函数等。

以 sum 函数为例,使用方式如下所示。

```
select
    order_id,
    order_date,
    amount,
    sum(amount) over (窗口范围) total_amount
from order_info;
```

若 order_info 表的数据如表 9-5 所示,并且将当前行的窗口范围定义为上一行至当前行,则请读者思考,上述查询语句所带来的查询结果是什么?

表 9-5 order_info 表的数据(1)

order_id	order_date	amount
1	2022-01-01	10
2	2022-01-02	20
3	2022-01-03	10
4	2022-01-04	30
5	2022-01-05	40
6	2022-01-06	20

案例查询结果如表 9-6 所示,可以看到,新增的 total_amount 列的值,就是每一行数据的上一行至当前行的 amount 列的值的加和。

表 9-6 案例查询结果(1)

order_id	order_date	amount	total_amount
1	2022-01-01	10	10
2	2022-01-02	20	30
3	2022-01-03	10	30
4	2022-01-04	30	40
5	2022-01-05	40	70
6	2022-01-06	20	60

2. 窗口

窗口范围的定义分为两种类型,一种是基于行进行定义,另一种是基于值进行定义。它们都用来确定在一个窗口中应该包含哪些行,但是在确定时使用的逻辑有所不同。

基于行的窗口范围定义,是指通过行数的偏移量来确定窗口范围。例如,某行的窗口范围可以包含当前行的上一行至当前行。

基于值的窗口范围定义,是指通过某个列的值的偏移量来确定窗口范围。例如,若某行 A 列的值为 10,则其窗口范围可以包含 A 列的值大于等于 10-1 的差且小于等于 10 的所有行。

（1）基于行。

基于行的窗口范围定义语法如下。

```
sum(amount) over(order by <column> rows between <start> and <end>)
```

其中，start 用于定义窗口范围的起点，end 用于定义窗口范围的终点，order by 关键字用于声明划分窗口范围时的数据顺序，因为基于行的窗口范围定义对数据的顺序较为敏感，所以在使用该方式定义窗口范围时，读者需根据需要指定排序列。

如图 9-10 所示，是基于行的窗口范围来定义起点和终点的详细语法。在 between 关键字后可选的是窗口起点，在 and 关键字后可选的是窗口终点。图 9-10 中的[num]为相对当前行的偏移量。需要注意的是，窗口范围的起点不能超过窗口范围的终点，如当窗口范围的起点是 current row 时，窗口范围的终点不能是 [num] preceding。图 9-10 使用了不同深浅的底色对可以匹配使用窗口范围的起点与终点进行了区分。

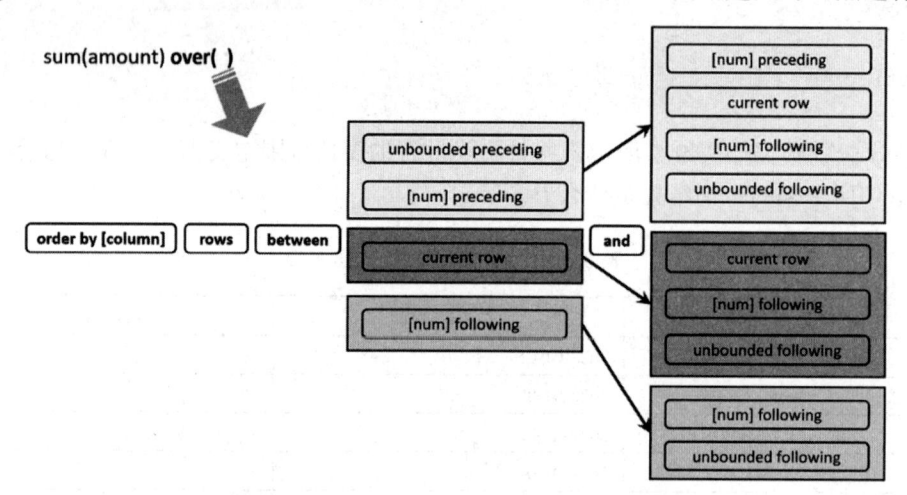

图 9-10　基于行的窗口范围定义语法分解

以下案例使用基于行的方式定义了窗口范围。请读者思考，查询语句所带来的查询结果是什么？

```
hive (default)> select
    order_id,
    order_date,
    amount,
    sum(amount) over (order by order_date rows between unbounded preceding and current row)
total_amount
from order_info;
```

order_info 表的数据如表 9-7 所示。

表 9-7　order_info 表的数据（2）

order_id	user_id	order_date	amount
1	1001	2022-01-01	10
2	1001	2022-01-03	20
3	1001	2022-01-03	10
4	1002	2022-01-04	30
5	1002	2022-01-05	40
6	1002	2022-01-05	20

案例查询结果如表 9-8 所示。

表 9-8 案例查询结果（2）

order_id	user_id	order_date	amount	total_amount
1	1001	2022-01-01	10	10
2	1001	2022-01-03	20	40
3	1001	2022-01-03	10	40
4	1002	2022-01-04	30	70
5	1002	2022-01-05	40	130
6	1002	2022-01-05	20	130

（2）基于值。

基于值的窗口范围定义语法如下。与基于行的窗口范围定义不同的是，其使用的是 range 关键字，而不是 rows 关键字。

```
sum(amount) over(order by <column> range between <start> and <end>)
```

其中，start 用于定义窗口范围的起点，end 用于定义窗口范围的终点，order by 关键字指定的列作为划分窗口范围的依据。

如图 9-11 所示，是基于值的窗口范围来定义起点和终点的详细语法。在 between 关键字后可选的是窗口起点，在 and 关键字后可选的是窗口终点。图 9-11 中的[num]为相对当前值的偏移量，例如，若某行的窗口定义为 order by A range between 1 preceding and 1 following，并且该行中 A 列的值为 10，则其窗口范围是 A 列的值位于 9（10-1）到 11（10+1）之间的所有行。因此，若窗口范围的起点或终点使用[num] preceding 或[num] following 进行定义，则 order by 关键字后就只能指定一个列，并且该列的类型只能为数字类型。

与基于行的窗口范围定义相同的是，窗口范围的起点不能超过窗口范围的终点，例如，当窗口范围的起点是 current row 时，窗口范围的终点不能是[num] preceding。图 9-11 使用了不同深浅的底色对可以匹配使用窗口范围的起点终点进行了区分。

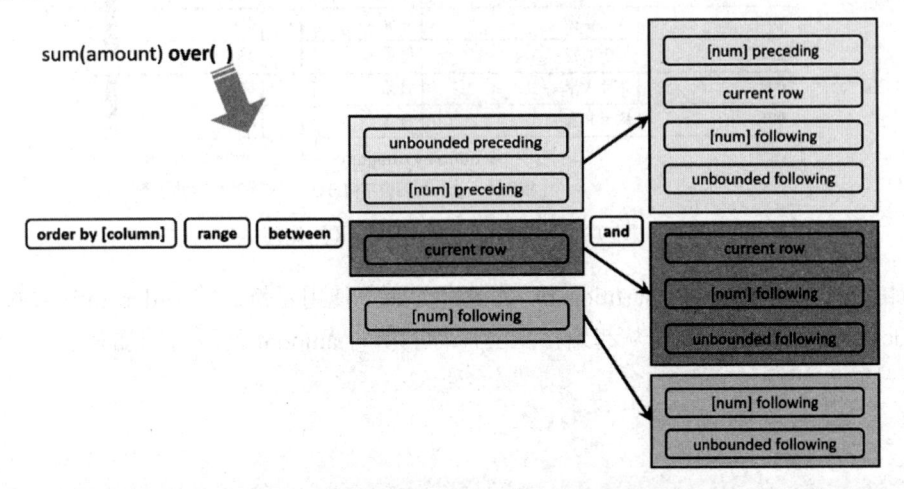

图 9-11 基于值的窗口范围划分语法分解

以下案例使用基于值的方式定义了窗口范围。请读者思考，查询语句所带来的查询结果是什么？

```
hive (default)> select
    order_id,
    order_date,
    amount,
```

```
sum(amount) over (order by order_date range between unbounded preceding and current
row) total_amountfrom order_info;
```

  order_info 表的数据如表 9-7 所示，基于值的窗口范围案例查询结果如表 9-9 所示。上文提到过，我们将 order by 关键字指定的列作为划分窗口范围的依据。第一行的窗口范围划分依据是 -∞<order_date≤2022-01-01，即只包含第一行，因此 sum(amount)的结果为 10；第二行的窗口范围划分依据是 -∞<order_date≤2022-01-03，即包含前三行，因此 sum(amount)的结果为 40；第三行的窗口范围划分依据是 -∞<order_date≤2022-01-03，与第二行的窗口范围相同，因此 sum(amount)的结果也为 40；以此类推。

表 9-9   基于值的窗口范围案例查询结果

order_id	user_id	order_date	amount	total_amount
1	1001	2022-01-01	10	10
2	1001	2022-01-03	20	40
3	1001	2022-01-03	10	40
4	1002	2022-01-04	30	70
5	1002	2022-01-05	40	130
6	1002	2022-01-05	20	130

（3）分区。

  在定义窗口范围时，我们还可以使用 partition by 关键字指定分区列，将每个分区单独划分为窗口。如图 9-12 所示，是一个简单的 partition by 关键字与 order by 关键字结合使用的示例。

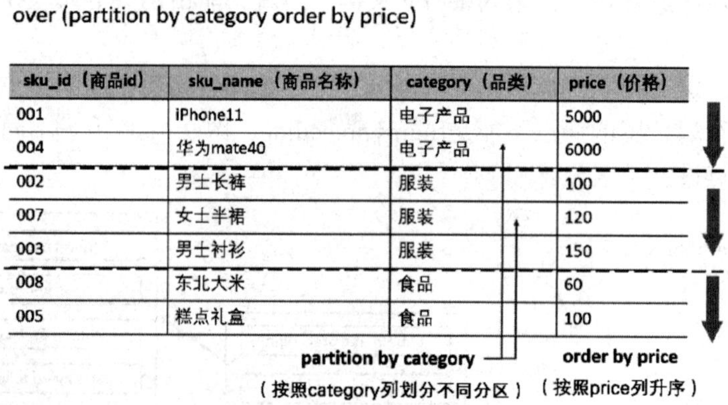

over (partition by category order by price)

sku_id（商品id）	sku_name（商品名称）	category（品类）	price（价格）
001	iPhone11	电子产品	5000
004	华为mate40	电子产品	6000
002	男士长裤	服装	100
007	女士半裙	服装	120
003	男士衬衫	服装	150
008	东北大米	食品	60
005	糕点礼盒	食品	100

partition by category   order by price
（按照category列划分不同分区）（按照price列升序）

图 9-12   窗口范围定义中分区的使用

  查询语句如下所示，这是一个 partition by 关键字的完整使用示例。将 order_info 表按照 user_id 列分区，并按照 order_date 列排序，统计从起始行至当前行的所有 amount 列的值的加和。

```
hive (default)> select
    order_id,
    order_date,
    amount,
    sum(amount) over (partition by user_id order by order_date rows between unbounded
preceding and current row) total_amountfrom order_info;
```

  若 order_info 表的数据如表 9-7 所示，则请读者思考，上述查询语句所带来的查询结果是什么？

  上述查询语句的查询过程如图 9-13 所示。

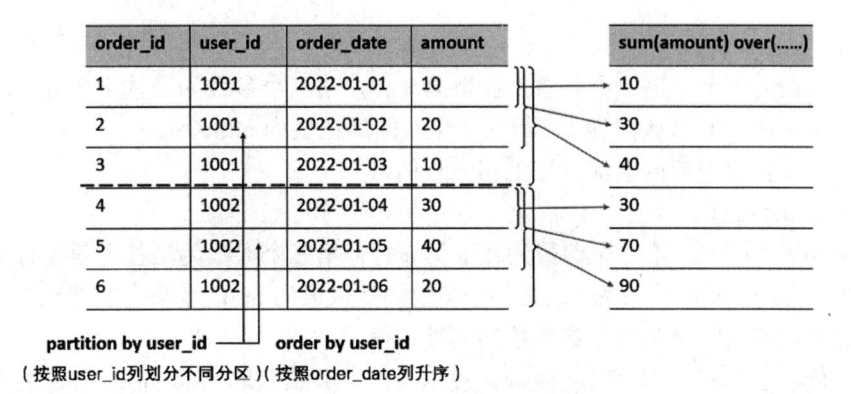

图 9-13 查询语句的查询过程

案例查询结果如表 9-10 所示。

表 9-10 案例查询结果（3）

order_id	user_id	order_date	amount	total_amount
1	1001	2022-01-01	10	10
2	1001	2022-01-03	20	30
3	1001	2022-01-03	10	40
4	1002	2022-01-04	30	30
5	1002	2022-01-05	40	70
6	1002	2022-01-05	20	90

（4）缺省。

窗口范围的划分语法讲解基本结束，我们已经讲解过的关键字（指的是 over 后可以使用的窗口划分语句）包括 partition by、order by、(rows|range) between … and …。实际上，在 over 后面的括号中包含的三部分内容（partition by、order by 和(rows|range) between … and …）均可省略不写。

① 若 partition by 关键字省略不写，则表示不分区。在不进行分区的情况下，会把整张表的全部内容作为窗口进行划分。

② 若 order by 关键字省略不写，则表示不排序。

③ 若(rows|range) between … and …关键字省略不写，则使用其默认值，默认值分以下两种情况。

- 若 over()中包含 order by 关键字，则默认值为 range between unbounded preceding and current row。
- 若 over()中不包含 order by 关键字，则默认值为 rows between unbounded preceding and unbounded following。

9.2.2 常用窗口函数

基于功能，常用窗口可划分为如下几类：聚合函数、跨行取值函数、排名函数。

1. 聚合函数

5.3.1 节讲解的聚合函数都可以在窗口函数中使用，此处不再赘述。

2. 跨行取值函数

（1）lead 函数和 lag 函数。

① lead 函数：用于获取窗口内当前行往下第 n 行的值。

语法：lead(col, n, default)。

说明：第一个参数为列名，第二个参数为往下第 n 行，第三个参数为当往下第 n 行遇到 null 时所取的默认值。第二个参数可选，其默认值为 1。第三个参数的默认值为 null。

② lag 函数：用于获取窗口内当前行往上第 n 行的值。

语法：lag(col, n, default)。

说明：第一个参数为列名，第二个参数为往上第 n 行，第三个参数为当往上第 n 行遇到 null 时所取的默认值。第二个参数可选，其默认值为 1。第三个参数的默认值为 null。例如，在当前行为第一行时，前面没有任何数据，这时就需要赋予第三个参数给出的默认值。

如下查询语句展示了 lead 函数和 lag 函数的使用方法，分别获取当前 order_date 列的上一个日期值和下一个日期值。

```
hive (default)> select
    order_id,
    user_id,
    order_date,
    amount,
    lag(order_date,1, '1970-01-01') over (partition by user_id order by order_date) last_date,
    lead(order_date,1, '9999-12-31') over (partition by user_id order by order_date) next_date
from order_info;
```

order_info 表的数据如表 9-7 所示，在使用上述查询语句查询后，得到的查询结果如图 9-14 所示。

order_id	user_id	order_date	amount	last_date	next_date
1	1001	2022-01-01	10	1970-01-01 (default)	2022-01-02
2	1001	2022-01-02	20	2022-01-01	2022-01-03
3	1001	2022-01-03	10	2022-01-02	9999-12-31 (default)
4	1002	2022-01-04	30	1970-01-01 (default)	2022-01-05
5	1002	2022-01-05	40	2022-01-04	2022-01-06
6	1002	2022-01-06	20	2022-01-05	9999-12-31 (default)

图 9-14　使用查询语句得到的查询结果（1）

注意：lead 函数和 lag 函数不支持使用 rows between 关键字和 range between 关键字的自定义窗口。

（2）first_value 函数和 last_value 函数。

① first_value 函数：取分组内排序后，组内截至当前行的第一个值。

语法：first_value (col, boolean)。

说明：第一个参数为列名；第二个参数说明是否跳过 null，可不写。

② last_value 函数：取分组内排序后，截至当前行的最后一个值。

语法：last_value (col, boolean)。

说明：第一个参数为列名；第二个参数说明是否跳过 null，可不写。

查询语句如下所示，展示了 first_value 函数和 last_value 函数的使用方式。

```
hive (default)> select
    order_id,
    user_id,
    order_date,
    amount,
```

```
    first_value(order_date,false) over (partition by user_id order by order_date)
first_date,
    last_value(order_date,false) over (partition by user_id order by order_date)
last_datefrom order_info;
```

使用上述查询语句后，得到的查询结果如图 9-15 所示。

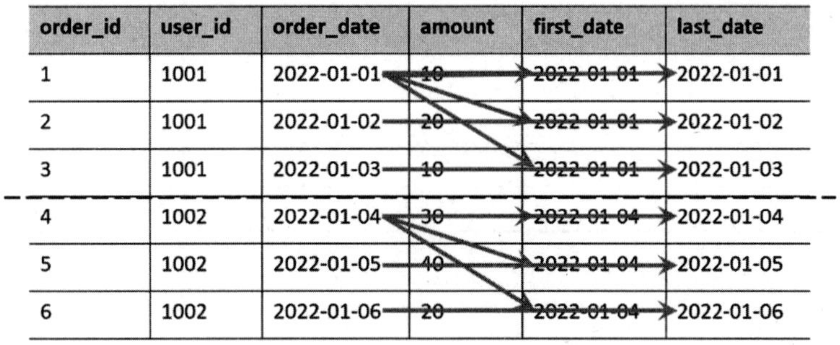

order_id	user_id	order_date	amount	first_date	last_date
1	1001	2022-01-01	10	2022-01-01	2022-01-01
2	1001	2022-01-02	20	2022-01-01	2022-01-02
3	1001	2022-01-03	10	2022-01-01	2022-01-03
4	1002	2022-01-04	30	2022-01-04	2022-01-04
5	1002	2022-01-05	40	2022-01-04	2022-01-05
6	1002	2022-01-06	20	2022-01-04	2022-01-06

图 9-15　使用查询语句后得到的查询结果（2）

3. 排名函数

排名函数是窗口函数中使用得非常频繁的一种，主要包括 rank 函数、dense_rank 函数、row_number 函数，以上三个函数不支持自定义函数的使用。排名函数的使用方式如下。

```
rank()/dense_rank()/row_number() over (partition by col1 order by col2)
```

排名函数会对窗口范围内的数据，按照 order by 关键字后给出的列进行排名。上面对排名函数的使用方式是，先根据 col1 列对数据进行分区，在分区内根据 col2 列进行升序或降序排序，随后生成一列新的排序序号列，生成序号的规则区别如下。

- rank 函数：生成的序号从 1 开始，若 col2 列的值相同，则排序序号相同，并且会在序号列中留下空位。
- dense_rank 函数：生成的序号从 1 开始，若 col2 列的值相同，则排序序号相同，但不会在序号列中留下空位。
- row_number 函数：生成的序号从 1 开始，按照顺序生成序号，不会存在相同的序号。

下方查询语句展示了三种排名函数的使用方式。

```
hive (default)> select
    stu_id,
    course,
    score,
    rank() over(partition by course order by score desc) rk,
    dense_rank() over(partition by course order by score desc) dense_rk,
    row_number() over(partition by course order by score desc) rn
from score_info;
```

score_info 表的数据如表 9-11 所示。

表 9-11　score_info 表的数据

stu_id	course	score
1	语文	99
2	语文	98
3	语文	95
4	数学	100
5	数学	100
6	数学	99

不同排名函数的查询结果如表 9-12 所示，通过查询结果可以体会到三种排名函数的不同之处。

表 9-12 不同排名函数的查询结果

stu_id	course	score	rank	dense_rank	row_number
1	语文	99	1	1	1
2	语文	98	2	2	2
3	语文	95	3	3	3
4	数学	100	1	1	1
5	数学	100	1	1	2
6	数学	99	3	2	3

9.2.3 案例演示

窗口函数是 Hive 中非常重要的一部分，Hive 的用户利用窗口函数可以完成较为复杂的数据分析工作，不过，只对窗口函数具有简单的了解并不能够满足使用需求，本节将通过几个典型案例带领读者更深入地了解窗口函数。

1. 数据准备

（1）创建 order_info 表，order_info 表的表结构与部分数据如表 9-13 所示。

表 9-13 order_info 表的结构与部分数据

order_id	user_id	user_name	order_date	order_amount
1	1001	小元	2022-01-01	10
2	1002	小海	2022-01-02	15
3	1001	小元	2022-02-03	23
4	1002	小海	2022-01-04	29
5	1001	小元	2022-01-05	46

（2）使用建表语句来创建 order_info 表。

```
hive (default)> create table order_info
(
    order_id     string,    --订单id
    user_id      string,    -- 用户id
    user_name    string,    -- 用户姓名
    order_date   string,    -- 下单日期
    order_amount int        -- 订单金额
);
```

（3）在 order_info 表中插入数据。

```
hive (default)> insert overwrite table order_info
values ('1', '1001', '小元', '2022-01-01', '10'),
       ('2', '1002', '小海', '2022-01-02', '15'),
       ('3', '1001', '小元', '2022-02-03', '23'),
       ('4', '1002', '小海', '2022-01-04', '29'),
       ('5', '1001', '小元', '2022-01-05', '46'),
       ('6', '1001', '小元', '2022-04-06', '42'),
       ('7', '1002', '小海', '2022-01-07', '50'),
       ('8', '1001', '小元', '2022-01-08', '50'),
       ('9', '1003', '小辉', '2022-04-08', '62'),
```

```
('10', '1003', '小辉', '2022-04-09', '62'),
('11', '1004', '小猛', '2022-05-10', '12'),
('12', '1003', '小辉', '2022-04-11', '75'),
('13', '1004', '小猛', '2022-06-12', '80'),
('14', '1003', '小辉', '2022-04-13', '94');
```

2. 窗口函数练习案例

（1）案例一：统计每名用户截至每次下单时的累计下单总额。

① 案例一的期望结果如表 9-14 所示。

表 9-14 案例一的期望结果

order_id	user_id	user_name	order_date	order_amount	sum_so_far
1	1001	小元	2022-01-01	10	10
5	1001	小元	2022-01-05	46	56
8	1001	小元	2022-01-08	50	106
3	1001	小元	2022-02-03	23	129
6	1001	小元	2022-04-06	42	171
2	1002	小海	2022-01-02	15	15
4	1002	小海	2022-01-04	29	44
7	1002	小海	2022-01-07	50	94
9	1003	小辉	2022-04-08	62	62
10	1003	小辉	2022-04-09	62	124
12	1003	小辉	2022-04-11	75	199
14	1003	小辉	2022-04-13	94	293
11	1004	小猛	2022-05-10	12	12
13	1004	小猛	2022-06-12	80	92

② 思路分析。

本案例要求统计"每名用户"的累计下单总额，因此在使用窗口函数时，应该使用 partition by user_id 来划定排序的对象范围。

针对"截至每次下单时"的累计下单总额这一要求，很容易想到使用 order by order_date 来指定按照哪一列进行排序，若按照下单的先后顺序排序，则可对 order_date 列默认升序排序，不需要指定 asc/desc 关键字。分区排序的过程如图 9-16 所示。

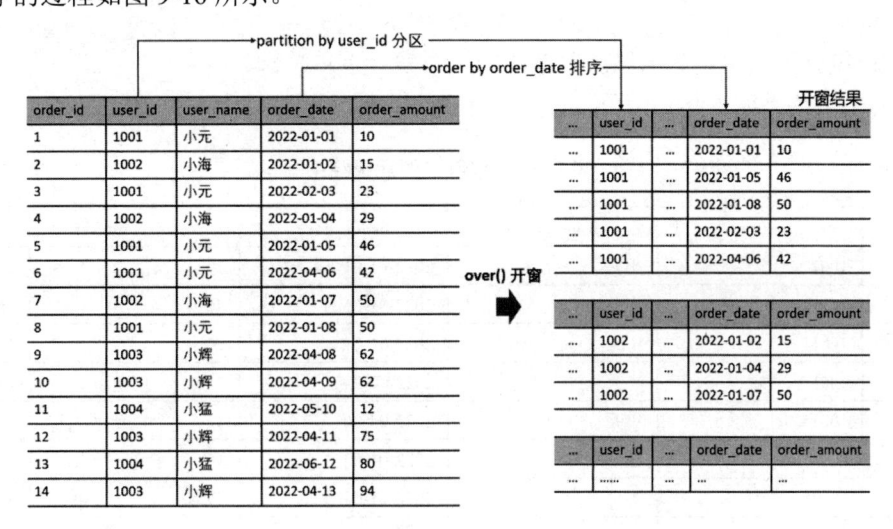

图 9-16 分区排序的过程

至于"截至当前下单时的累计下单总额",则说明需要统计每名用户的订单在按照下单日期(order_date)列升序排序后,从第一笔订单到当前订单的所有订单金额的加和。可以总结出两个要点,一是使用 sum 函数对 order_amount 列进行求和,二是基于行进行窗口范围划分,窗口范围的起点是 unbounded preceding,窗口范围的终点是 current row。

综合以上分析,可以得出完整的窗口函数,具体如下所示。

```
sum(order_amount) over(partition by user_id order by order_date rows between unbounded preceding and current row)
```

在窗口范围内聚合的过程如图 9-17 所示。

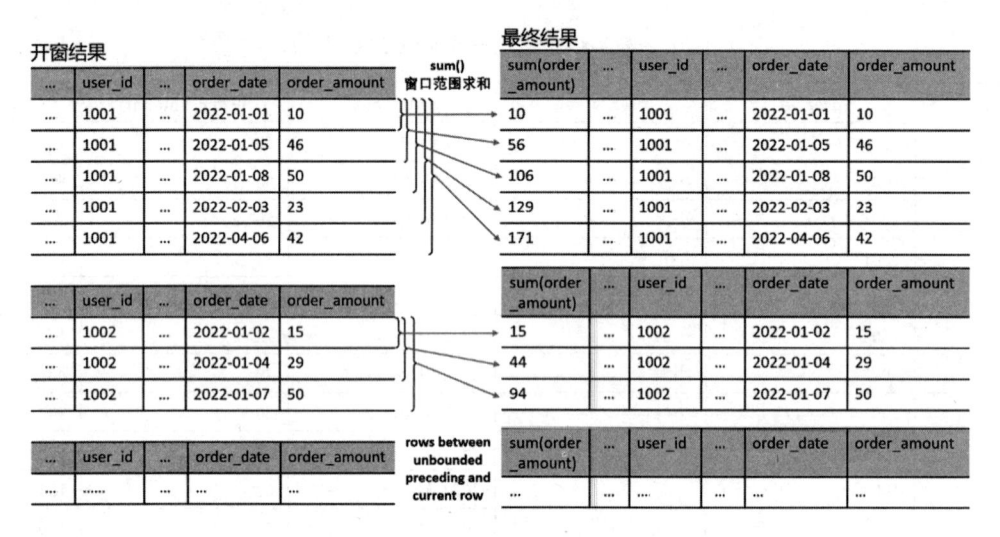

图 9-17 在窗口范围内聚合的过程

③ 需求实现。

```
hive (default)> select
    order_id,
    user_id,
    user_name,
    order_date,
    order_amount,
    sum(order_amount) over(partition by user_id order by order_date rows between unbounded preceding and current row) sum_so_far
from order_info;
```

(2)案例二:统计每名用户截至每次下单时的当月累计下单总额。

① 案例二的期望结果如表 9-15 所示。

表 9-15 案例二的期望结果

order_id	user_id	user_name	order_date	order_amount	sum_so_far
1	1001	小元	2022-01-01	10	10
5	1001	小元	2022-01-05	46	56
8	1001	小元	2022-01-08	50	106
3	1001	小元	2022-02-03	23	23
6	1001	小元	2022-04-06	42	42
2	1002	小海	2022-01-02	15	15
4	1002	小海	2022-01-04	29	44
7	1002	小海	2022-01-07	50	94

续表

order_id	user_id	user_name	order_date	order_amount	sum_so_far
9	1003	小辉	2022-04-08	62	62
10	1003	小辉	2022-04-09	62	124
12	1003	小辉	2022-04-11	75	199
14	1003	小辉	2022-04-13	94	293
11	1004	小猛	2022-05-10	12	12
13	1004	小猛	2022-06-12	80	80

② 思路分析。

对本案例的需求进行分析可以发现，本案例的需求可以调整为统计某名用户每月截至每次下单时的累计下单总额。其与案例一的需求描述有相似之处，即修改 partition by 关键字后的分区划分列，将"每名用户"修改成"每名用户每月"，因此最终的分区划分方式为 partition by user_id, substring(order_date,1,7)。分区和排序的过程如图 9-18 所示，窗口范围内聚合的过程如图 9-19 所示。

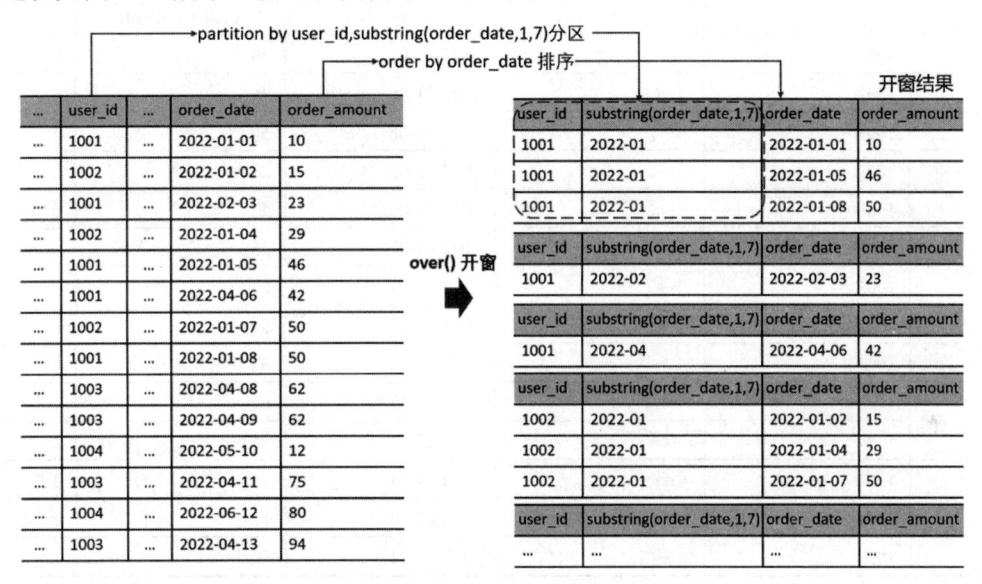

图 9-18 分区和排序的过程

图 9-19 窗口范围内聚合的过程

通过这个案例可以得知，partition by 关键字后可以添加多个列，列与列之间使用逗号分隔即可。

③ 需求实现。

```
hive (default)> select
    order_id,
    user_id,
    user_name,
    order_date,
    order_amount,
    sum(order_amount) over(partition by user_id,substring(order_date,1,7) order by order_date rows between unbounded preceding and current row) sum_so_far
from order_info;
```

（3）案例三：统计每名用户每次下单距离上次下单相隔的天数（首次下单按 0 天算）。

① 案例三的期望结果如表 9-16 所示。

表 9-16　案例三的期望结果

order_id	user_id	user_name	order_date	order_amount	diff
1	1001	小元	2022-01-01	10	0
5	1001	小元	2022-01-05	46	4
8	1001	小元	2022-01-08	50	3
3	1001	小元	2022-02-03	23	26
6	1001	小元	2022-04-06	42	62
2	1002	小海	2022-01-02	15	0
4	1002	小海	2022-01-04	29	2
7	1002	小海	2022-01-07	50	3
9	1003	小辉	2022-04-08	62	0
10	1003	小辉	2022-04-09	62	1
12	1003	小辉	2022-04-11	75	2
14	1003	小辉	2022-04-13	94	2
11	1004	小猛	2022-05-10	12	0
13	1004	小猛	2022-06-12	80	33

② 思路分析。

分析案例需求可以发现，本题的关键是统计每名用户的上次下单时间。

第一步：创建子查询 t1，获取每名用户的上次下单时间。

使用 partition by user_id 将窗口范围划定为每名用户的数据。使用 order by order_date 将下单时间（order_date）列升序排序，使用 lag 函数获取每行数据的上一行 order_date，即用户的上一次下单时间。lag 函数的三个参数分别是 order_date 列、1（表示获取上一行数据），以及 null（当没有上一行数据时给出的默认值），如图 9-20 所示。

第二步：得到最终结果。

窗口函数计算得到的结果列不能直接用于当次查询，即我们在计算本次下单时间与上次下单时间的差值时，需要在子查询 t1 的基础上，执行第二层查询。

在计算两个日期的差值时，可以使用 datediff 函数。在使用 datediff 函数计算日期差值时，若其中一个日期为 null，则结果为 null。因此，需要使用 nvl 函数对 datediff 函数的计算结果进行处理。当 datediff 函数的计算结果为 null 时，赋默认值 0，从而获取最终结果，如图 9-21 所示。

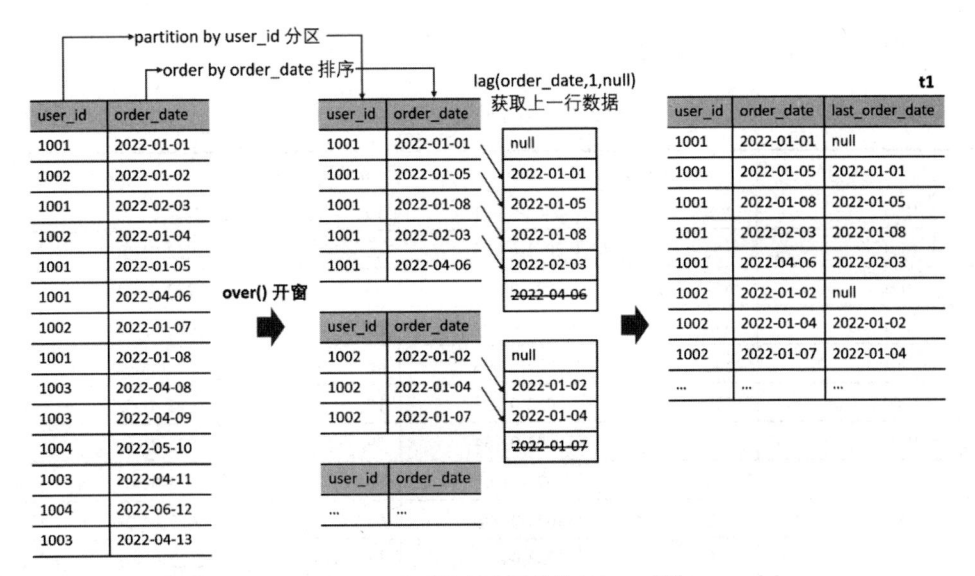

图 9-20 分区排序开窗并执行 lag 函数

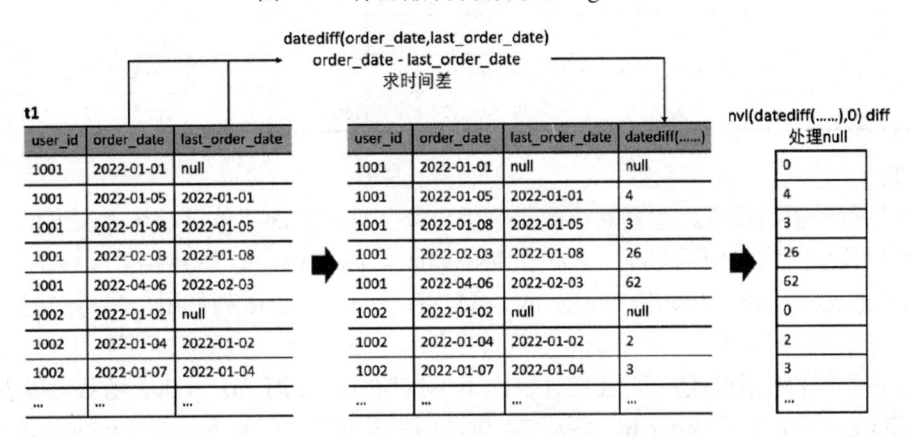

图 9-21 获取最终结果

③ 需求实现。

```
hive (default)> select
    order_id,
    user_id,
    user_name,
    order_date,
    order_amount,
    nvl(datediff(order_date,last_order_date),0) diff
from
(
    select
        order_id,
        user_id,
        user_name,
        order_date,
        order_amount,
        lag(order_date,1,null) over(partition by user_id order by order_date) last_order_date
    from order_info
)t1;
```

（4）案例四：查询每名用户的每个下单记录所在月份的首次/末次下单日期。

① 案例四的期望结果如表 9-17 所示。

表 9-17 案例四的期望结果

order_id	user_id	user_name	order_date	order_amount	first_date	last_date
1	1001	小元	2022-01-01	10	2022-01-01	2022-01-08
5	1001	小元	2022-01-05	46	2022-01-01	2022-01-08
8	1001	小元	2022-01-08	50	2022-01-01	2022-01-08
3	1001	小元	2022-02-03	23	2022-02-03	2022-02-03
6	1001	小元	2022-04-06	42	2022-04-06	2022-04-06
2	1002	小海	2022-01-02	15	2022-01-02	2022-01-07
4	1002	小海	2022-01-04	29	2022-01-02	2022-01-07
7	1002	小海	2022-01-07	50	2022-01-02	2022-01-07
9	1003	小辉	2022-04-08	62	2022-04-08	2022-04-13
10	1003	小辉	2022-04-09	62	2022-04-08	2022-04-13
12	1003	小辉	2022-04-11	75	2022-04-08	2022-04-13
14	1003	小辉	2022-04-13	94	2022-04-08	2022-04-13
11	1004	小猛	2022-05-10	12	2022-05-10	2022-05-10
13	1004	小猛	2022-06-12	80	2022-06-12	2022-06-12

② 思路分析。

对案例需求进行分析后发现，主要是统计每名用户每个月的首次下单日期和末次下单日期。较容易想到，此时可以使用典型的窗口函数 first_value 和 last_value。partition by 关键字配合 user_id 与切割得到的下单月份 substring(order_date,1,7)使用，order by 关键字配合 order_date 列使用，将每名用户每个月的订单按照 order_date 列升序排序。

更关键之处在于窗口范围的划分，在统计首次下单日期时，使用 first_value 函数可以省略窗口范围。若只使用 partition by 关键字和 order by 关键字，则此时默认值是 range between unbounded preceding and current row，对于统计首次下单日期没有影响。

在统计末次下单日期时，可以使用 last_value 函数，纳入统计范围的应该是每名用户每个月的所有订单，因此窗口范围是 rows between unbounded preceding and unbounded following。

完整思路如图 9-22 所示。

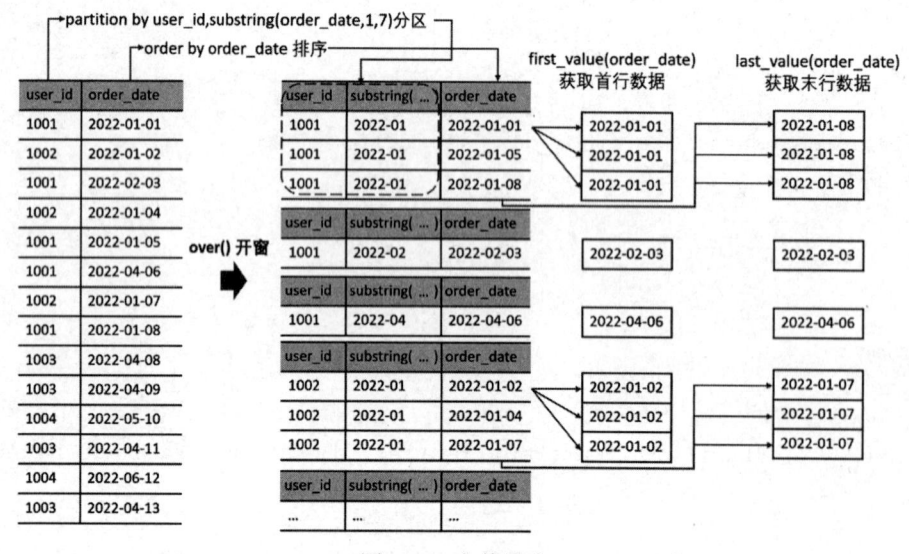

图 9-22 完整思路

③ 需求实现。
```
hive (default)> select
    order_id,
    user_id,
    user_name,
    order_date,
    order_amount,
    first_value(order_date) over(partition by user_id,substring(order_date,1,7) order by
order_date) first_date,
    last_value(order_date) over(partition by user_id,substring(order_date,1,7) order by
order_date rows between unbounded preceding and unbounded following) last_date
from order_info;
```

（5）案例五：将每名用户的所有下单记录按照订单金额进行排名。

① 案例五的期望结果如表 9-18 所示。

表 9-18　案例五的期望结果

order_id	user_id	user_name	order_date	order_amount	rk	drk	rn
8	1001	小元	2022-01-08	50	1	1	1
5	1001	小元	2022-01-05	46	2	2	2
6	1001	小元	2022-04-06	42	3	3	3
3	1001	小元	2022-02-03	23	4	4	4
1	1001	小元	2022-01-01	10	5	5	5
7	1002	小海	2022-01-07	50	1	1	1
4	1002	小海	2022-01-04	29	2	2	2
2	1002	小海	2022-01-02	15	3	3	3
14	1003	小辉	2022-04-13	94	1	1	1
12	1003	小辉	2022-04-11	75	2	2	2
9	1003	小辉	2022-04-08	62	3	3	3
10	1003	小辉	2022-04-09	62	3	3	4
13	1004	小猛	2022-06-12	80	1	1	1
11	1004	小猛	2022-05-10	12	2	2	2

② 思路分析。

本案例主要考察三个排名函数的使用。将 partition by user_id 与 order_by order_amount 结合使用，完成对每名用户所有下单记录的订单金额的排序，分别调用 rank 函数、dense_rank 函数和 row_number 函数，可以获得不同的排名效果，如图 9-23 所示。

③ 需求实现。
```
hive (default)> select
    order_id,
    user_id,
    user_name,
    order_date,
    order_amount,
    rank() over(partition by user_id order by order_amount desc) rk,
    dense_rank() over(partition by user_id order by order_amount desc) drk,
    row_number() over(partition by user_id order by order_amount desc) rn
from order_info;
```

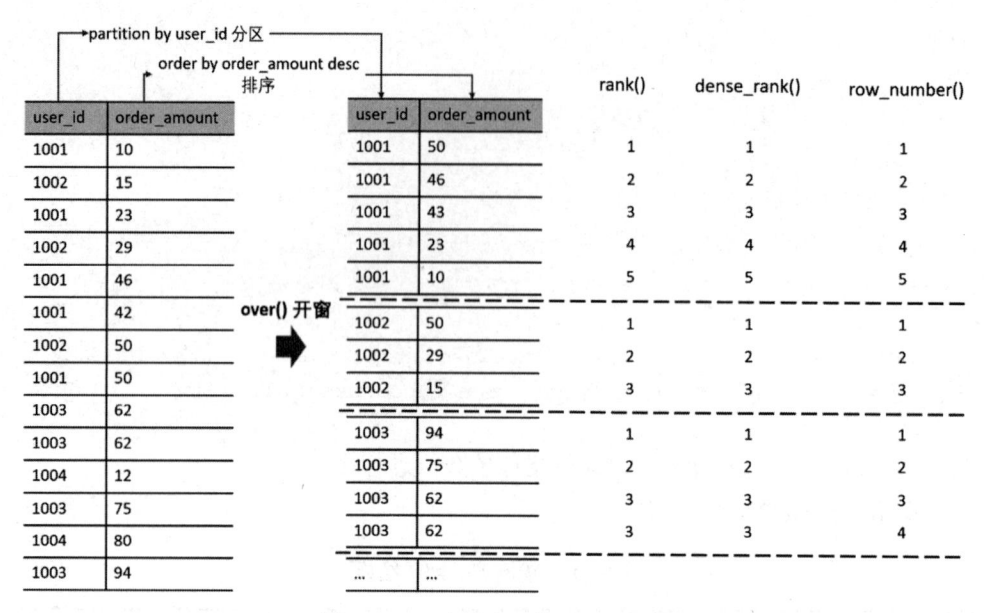

图 9-23　三个排序函数的不同效果

9.3 用户自定义函数

用户自定义函数可以对 Hive 的查询提供功能进行拓展，其与内置函数一起使用，可以帮助完成更加复杂的查询功能。

9.3.1 概述

Hive 自带一些内置函数，第 5 章、第 7 章和本章已经介绍了很多，如 max 函数、min 函数、avg 函数等。内置函数的数量有限、功能有限，因此 Hive 提供了自定义函数接口，使用户可以自定义函数，从而实现功能拓展。用户自定义函数包含以下三种。

（1）UDF（User-Defined-Function）："一进一出"，表示以一行数据对应的一列或多列数据作为参数，返回值为一个值的函数。

（2）UDAF（User-Defined Aggregation Function）："多进一出"，即用户自定义聚合函数，表示可以接受一行或多行数据对应的一列或多列数据作为参数，返回值为一个值的函数。

（3）UDTF（User-Defined Table-Generating Functions）："一进多出"，即用户自定义表生成函数，表示接受零个或多个数据，返回值为多列或多行值的函数。

以上用户自定义函数的分类标准可以扩大到 Hive 的所有函数，包括内置函数和自定义函数，这被称为 UDF 分类标准扩大化。例如，max 函数、min 函数也可被称为 UDAF，explode 函数也可被称为 UDTF。不难理解，无论内置函数还是用户自定义函数，一定满足以上任何一个输入输出值的要求。

用户若想自定义一个函数，则可以编写自定义函数类，继承 Hive 提供的函数抽象类，这样的抽象类包括 GenericUDF、GenericUDTF 等，然后实现类中的抽象方法。

用户若想自定义一个 UDF，则可以继承的抽象类有 org.apache.hadoop.hive.ql.exec.UDF 和 org.apache.hadoop.hive.ql.udf.generic.GenericUDF。其中，UDF 类是基础的 UDF 抽象类，接收的参数和返回值类型都为基本数据类型。GenericUDF 类可以处理复杂的数据类型，并且支持更好的 null 处理操作，因此更为常用。自定义 UDAF 的使用较少，此处不展开讲解。自定义 UDTF 可以继承的抽象类是 org.apache.hadoop.hive.ql.udf.generic.GenericUDTF。

在代码编写完成后，将其打包成 jar 包，并将 jar 包上传至 Linux 系统。

假设路径为 linux_jar_path，在 Hive 的客户端中通过命令行即可创建函数，创建命令如下所示。

```
hive (default)> add jar linux_jar_path --添加jar包
hive (default)> create [temporary] function [dbname.]function_name AS class_name; --创建函数
```

删除函数的命令如下所示。

```
hive (default)> drop [temporary] function [if exists] [dbname.]function_name;
```

9.3.2 自定义 UDF 函数案例

我们通过编写一个简单的用户自定义函数来熟悉整个过程。需求是自定义一个 UDF，函数名是 my_len，输入参数的类型可以是任意基本数据类型，输出值是参数的长度，例如：

```
hive(default)> select my_len("abcd");
4
```

自定义的过程如下。

（1）在 IntelliJ IDEA 中创建一个 Maven 工程，并将其命名为 Hive。

（2）在 pom.xml 文件中导入以下依赖。

```xml
<dependencies>
    <dependency>
        <groupId>org.apache.hive</groupId>
        <artifactId>hive-exec</artifactId>
        <version>3.1.3</version>
    </dependency>
</dependencies>
```

（3）创建自定义函数类 MyUDF，继承抽象类 GenericUDF，并实现其中的抽象方法。

```java
package com.atguigu.hive.udf;

import org.apache.hadoop.hive.ql.exec.UDFArgumentException;
import org.apache.hadoop.hive.ql.exec.UDFArgumentLengthException;
import org.apache.hadoop.hive.ql.exec.UDFArgumentTypeException;
import org.apache.hadoop.hive.ql.metadata.HiveException;
import org.apache.hadoop.hive.ql.udf.generic.GenericUDF;
import org.apache.hadoop.hive.serde2.objectinspector.ObjectInspector;
import org.apache.hadoop.hive.serde2.objectinspector.primitive.PrimitiveObjectInspectorFactory;

/**
 * 我们需计算一个任意基本数据类型的参数的长度
 */
@Description(name = "my_len",
        value = "_FUNC_(\"data\") - Calculate the length of a given primitive data type. " +
            "\n This function is used to calculate the length of the incoming data, regardless of its data type. " +
            "\n The function accepts only one parameters",
        extended = "For example: " +
            "\n > select my_len(\"abc\");" +
            "\nThe result is: " +
            "\n > 3")
public class MyUDF extends GenericUDF {
```

```java
/**
 * 判断传进来的参数的类型和长度
 * 约定返回的数据类型
 */
@Override
public ObjectInspector initialize(ObjectInspector[] arguments) throws UDFArgumentException {

    if (arguments.length !=1) {
        throw  new UDFArgumentLengthException("please give me  only one arg");
    }

    if (!arguments[0].getCategory().equals(ObjectInspector.Category.PRIMITIVE)){
        throw  new UDFArgumentTypeException(1, "i need primitive type arg");
    }

    return PrimitiveObjectInspectorFactory.javaIntObjectInspector;
}

/**
 * 编写数据处理逻辑
 */
@Override
public Object evaluate(DeferredObject[] arguments) throws HiveException {

    Object o = arguments[0].get();
    if(o==null){
        return 0;
    }

    return o.toString().length();
}

@Override
/**
 * 用于Hadoop内部，在使用这个函数时，展示调试信息
 */
public String getDisplayString(String[] children) {
    return "";
}
}
```

（4）创建临时函数，过程如下。

① 将代码打包成 jar 包 myudf.jar，并上传到节点服务器/opt/module/hive/datas/路径下。

② 将 jar 包添加到 Hive 的 classpath 下，并使以下命令临时生效。

```
hive (default)> add jar /opt/module/hive/datas/myudf.jar;
```

③ 创建临时函数 my_len，并使其与自定义函数类 MyUDF 关联。

```
hive (default)>
create temporary function my_len as "com.atguigu.hive.udf.MyUDF";
```

④ 在 Hive 中使用自定义的临时函数。

```
hive (default)>
select
```

```
    ename,
    my_len(ename) ename_len
from emp;
```

⑤ 删除临时函数。

```
hive (default)> drop temporary function my_len;
```

注意：临时函数只与会话有关系，与库没有关系。只要创建临时函数的会话不断，那么在当前会话下，任意一个库都可以使用，其他会话则都不能使用。

（5）创建永久函数，过程如下。

① 在创建永久函数前，需要将 jar 包上传到 HDFS 中，然后执行以下命令，创建永久函数 my_len2。

```
hive (default)>
create function my_len2 as "com.atguigu.hive.udf.MyUDF" using jar "hdfs://hadoop102:8020/udf/myudf.jar";
```

② 使用永久函数 my_len2。

```
hive (default)>
select
    ename,
    my_len2(ename) ename_len
from emp;
```

③ 删除永久函数。

```
hive (default)> drop function my_len2;
```

注意：永久函数与会话无关，即使创建函数的会话关闭，在其他会话中也可以继续使用永久函数。

在创建永久函数的时候，在函数名之前需要先添加库名，如果不指定库名，就默认使用当前库。

在使用永久函数的时候，需要在指定的库中操作。如果想要在其他库中使用永久函数，就需要通过"库名.函数名"的形式调用。

9.4 本章总结

本章讲解的主要内容是 Hive 的高级函数，包括 Hive 的表生成函数（如 explode 函数、posexplode 函数、inline 函数、lateral view 关键字等）、窗口函数（如何定义窗口范围和常用的窗口函数），以及用户自定义函数，每部分都包含具有针对性的案例讲解。

第10章 综合案例练习之高级函数

本章将对高级函数,尤其是窗口函数进行针对性练习,将提供11道高级函数练习题和4道面试真题,这些面试题均具有比较复杂的思路分析过程。通过尝试解答这些练习题,读者可以对高级函数的使用有更深入的理解。本章的练习题涵盖了大数据分析中比较常见的题目类型,如时间连续问题、时间区间问题、订单趋势分析等。每一道练习题都有非常详尽的思路分析过程,希望能在帮助读者解答练习题的同时,帮助读者深入理解 Hive 的功能。

10.1 高级函数练习题

在第 8 章中,我们准备了一套完整的电商平台业务数据,本节将继续基于这部分数据进行高级函数的使用练习。

10.1.1 查询各品类销售商品的种类数及销量最高的商品

1. 题目需求

从 order_detail 表中统计各品类销售商品的种类数及累积销量最高的商品。期望结果的表格结构和部分结果如表 10-1 所示。

表 10-1 期望结果的表格结构和部分结果

category_id <string> (品类id)	category_name <string> (品类名称)	sku_id <string> (销量最高的商品id)	name <string> (商品名称)	order_num <bigint> (销量最高的商品的销量:件)	sku_cnt <bigint> (商品种类数量:种)
1	数码	2	手机壳	6045	4
2	厨卫	8	微波炉	253	7

2. 思路分析

(1) 知识储备。

- rank 函数:对有序序列进行编号,当排序列取值相同时,编号相同,并且下一条取值不同的记录的编号不连续。例如,序列为 13,13,13,13,13,14…,对应的排序编号为 1,1,1,1,1,6…。
- dense_rank 函数:对有序序列进行编号,当排序列取值相同时,编号相同,并且下一条记录的编号仍连续。例如,序列为 13,13,13,13,14…,对应的排序编号为 1,1,1,1,2…。
- row_number 函数:对有序序列进行编号,不考虑排序列取值,每条记录的编号总比上一条增加 1,编号即行号。

（2）实现步骤。

本题要对各品类下的商品销量进行排名，只要获得各商品销量，题目就会演变为经典的分组 TopN 问题。至于需求中要求统计各品类下的商品销量，使用 count 函数即可得出。详细过程如下。

第一步：获取各商品销量（子查询 od）。

商品销售记录存储在 order_detail 表中，查询该表，按照 sku_id 列分组，对 sku_num 列求和即可得到想要的结果。

第二步：根据销量对各品类商品进行排名并统计商品种类（子查询 t1）。

① 商品 id（sku_id）所属的品类 id（category_id）及商品名称（name）存储在 sku_info 表中，品类名称（category_name）列存储在 category_info 表中。将子查询 od 通过 sku_id 列与 sku_info 表进行 join 连接，即可获取 category_id 列，再通过 category_id 列与 category_info 表进行 join 连接，即可获取 category_name 列。

② 子查询 od 的所有 sku_id 一定都存在 sku_info 表中，此时以子查询 od 为主表，左外连接等价于内连接，而 sku_info 表中不满足连接条件的数据即为没有下单记录的商品，无须统计，因此使用内连接即可。

③ 同理，sku_id 所对应的 category_id 在 category_info 表中一定存在，category_info 表中不满足连接条件的数据即为没有下单记录的品类，无须统计，因此使用内连接即可。

④ 使用窗口函数，按照 category_id 列分区、order_number 列倒序排序，并记录编号。此时要获取销量最高的商品，当多种商品的销量均为该品类下的最高销量时，这些记录都应保留，并且排名应相同，因此调用 rank 函数或 dense_rank 函数均可，将获得的排序结果记为 rk。

⑤ 使用窗口函数，按照 category_id 列分区，结合 count(*)即可获得各品类下的商品种类数，将 count(*) 获得的结果记为 sku_cnt。

第三步：获取排名第一的商品。

查询子查询 t1，筛选排名为 1 的数据即可。

如图 10-1 所示，为获取子查询 tmp1 的思路分析。为便于分析，将子查询 od 与 sku_info 表连接的中间结果命名为子查询 tmp1。

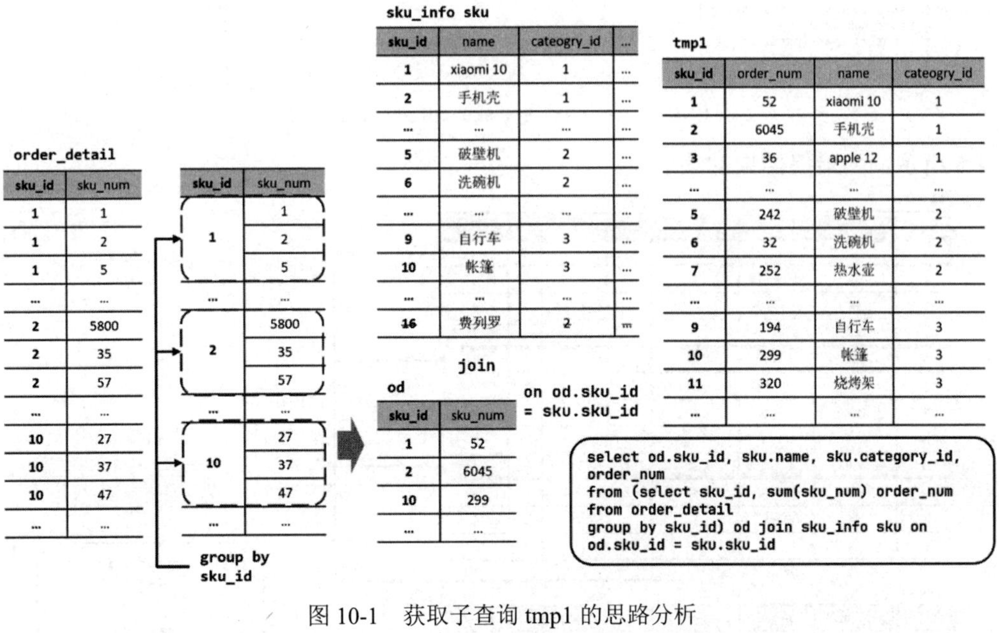

图 10-1　获取子查询 tmp1 的思路分析

如图 10-2 所示，为获取子查询 tmp2 的思路分析。为便于分析，将子查询 tmp1 与 category_info 表连接的中间结果命名为子查询 tmp2。

图 10-2 获取子查询 tmp2 的思路分析

如图 10-3 所示，为获取 rk 列和 sku_cnt 列的思路分析。

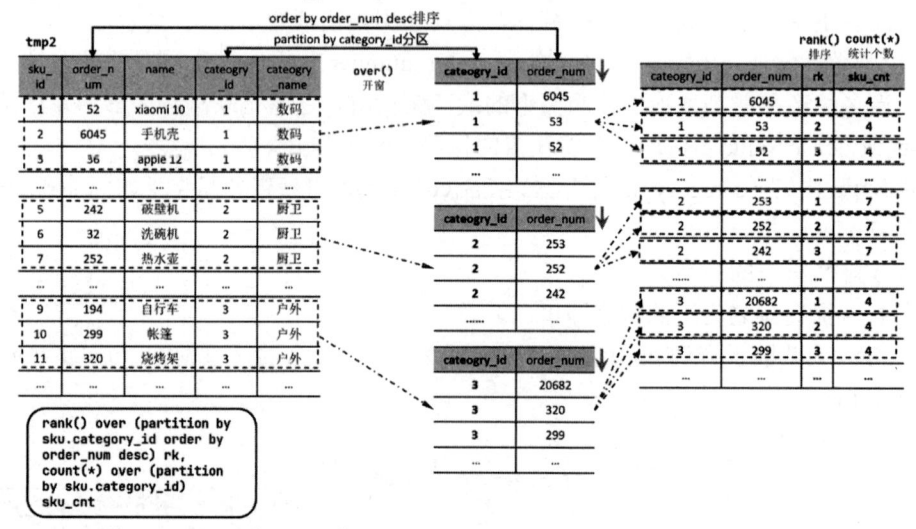

图 10-3 获取 rk 列和 sku_cnt 列的思路分析

如图 10-4 所示，为最终结果的获取流程。

图 10-4 最终结果的获取流程

3. 代码实现

```
hive (default)>
select category_id,
       category_name,
       sku_id,
       name,
       order_num,
       sku_cnt
from (
        select od.sku_id,
               sku.name,
               sku.category_id,
               cate.category_name,
               order_num,
               rank() over (partition by sku.category_id order by order_num desc) rk,
               count(*) over (partition by sku.category_id)    sku_cnt
        from (
                select sku_id,
                       sum(sku_num) order_num
                from order_detail
                group by sku_id
        ) od
            left join
        sku_info sku
        on od.sku_id = sku.sku_id
            left join
        category_info cate
        on sku.category_id = cate.category_id
    ) t1
where rk = 1;
```

4. 查询结果

category_id	category_name	sku_id	name	order_num	sku_cnt
1	数码	2	手机壳	6045	4
2	厨卫	8	微波炉	253	7
3	户外	12	遮阳伞	20682	4

Time taken: 86.285 seconds, Fetched: 3 row(s)

10.1.2 查询首次下单后第二日连续下单的用户比率

1. 题目需求

从 order_info 表中查询首次下单后第二日仍下单的用户在所有下单用户中的占比，结果保留一位小数，并使用百分数显示。

2. 思路分析

（1）知识储备。

- concat(string|binary A, string|binary B…)：将 string 类型或 binary 类型的参数按顺序拼接为字符串，参数数量不限。
- round(double a, int d)：四舍五入，返回保留 d 位小数的近似值。需要注意的是，四舍五入只考虑

d+1 小数位，如 round(1.449,1)返回 1.4、round(1.49,1)返回 1.5。

（2）实现步骤。

分析题目要求可知，此处要求得出的是比率，因此，首先需要明确分子和分母，分子为首次下单后第二日连续下单的用户数量，分母为所有下过单的用户数量；其次分别求解分子分母，问题就迎刃而解了。

第一步：获取每名用户的所有下单日期（子查询 t1）。

此处统计的是与用户下单日期相关的指标，应查询 order_info 表，该表的粒度为一名用户的一次下单记录，而我们只需要掌握每名用户的下单日期，因此按照 user_id 列和 create_date 列分组聚合，获取分组列即可，如图 10-5 所示。

图 10-5　子查询 t1 的获取思路

第二步：按照下单日期升序排列，并为数据编号（子查询 t2）。

使用窗口函数，按照 user_id 列分区，再按照 create_date 列升序排序，并对其进行编号。因为通过子查询 t1 得到的 user_id 列和 create_date 列为分组列，不可能存在重复值，所以使用三种排名函数所得出的结果都是一样的。此处调用 rank 函数，将编号列命名为 rk，如图 10-6 所示。

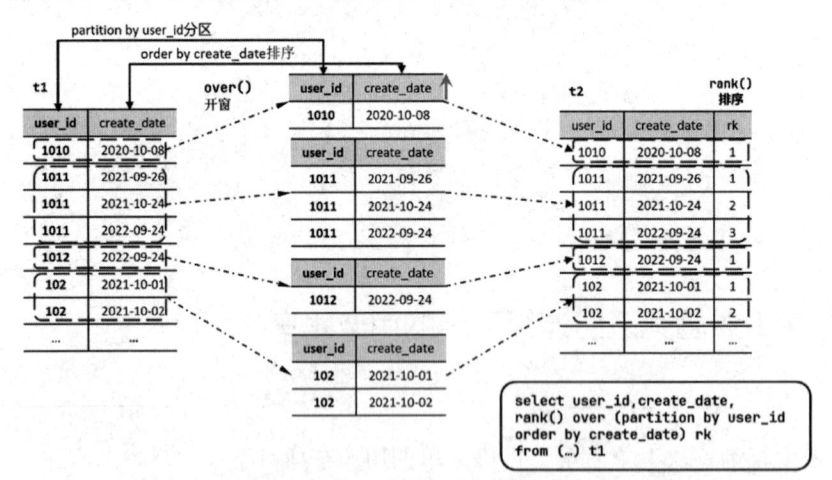

图 10-6　子查询 t2 的获取思路

第三步：获取用户的首次和第二次下单日期（子查询 t3）。

首次和第二次下单日期对应的 rk 分别为 1 和 2，因此只需找出 rk<=2 的数据。查询子查询 t2，筛选 rk 列小于等于 2 的所有数据，然后按照 user_id 列分组，对 create_date 列取最小值，即为首日下单日期，将其记为 buy_date_first，最大值即为第二次下单日期，将其记为 buy_date_second，如图 10-7 所示。需要注意的是，如果用户只在某一日下过单，即只有 rk=1 的数据，那么此处的 buy_date_first 就等于

buy_date_second，与事实不符。这个问题不会影响结果的正确性，后文将详解。

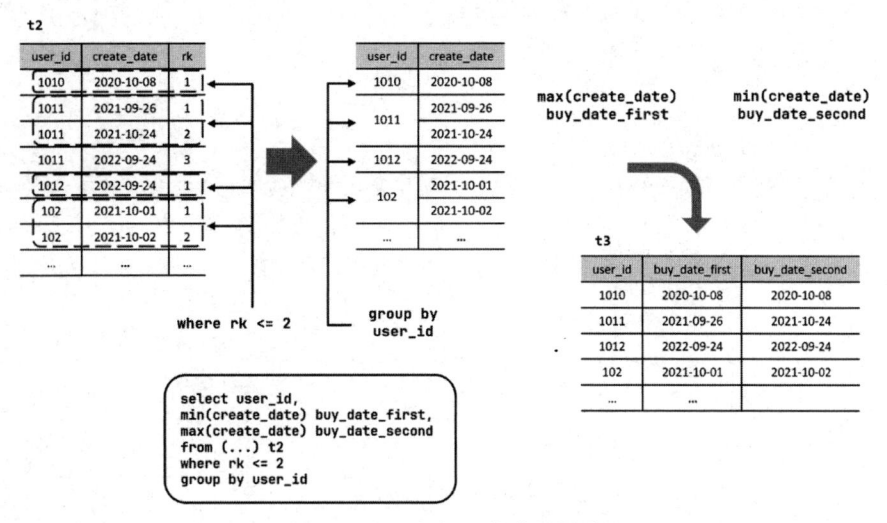

图 10-7　子查询 t3 的获取思路

第四步：获取最终结果。

datediff(buy_date_second, buy_date_first)函数的返回值有三类，即 0、1 和大于 1。
① 取值为 0：用户只在一日下过单。
② 取值为 1：用户在首次下单后，次日也下过单。
③ 取值大于 1：用户在首次下单后，次日未下单，但次日之后下过单。

不难看出，如果用户在首日下单后，在次日又下过单，那么上述函数的返回值必为 1，据此即可筛选出满足条件的用户。针对子查询 t3，按照 user_id 列分组，因为 user_id 不会重复，所以不需要去重，组合调用 sum(if(datediff(buy_date_second, buy_date_first) = 1, 1, 0))即可获得分子，调用 count(*)可获得行数，即下过单的用户数量，从而获得分母。二者作除法，并调用 round 函数和 concat 函数处理计算结果，得到保留一位小数的百分数，即为本题要求的最终结果，如图 10-8 所示。

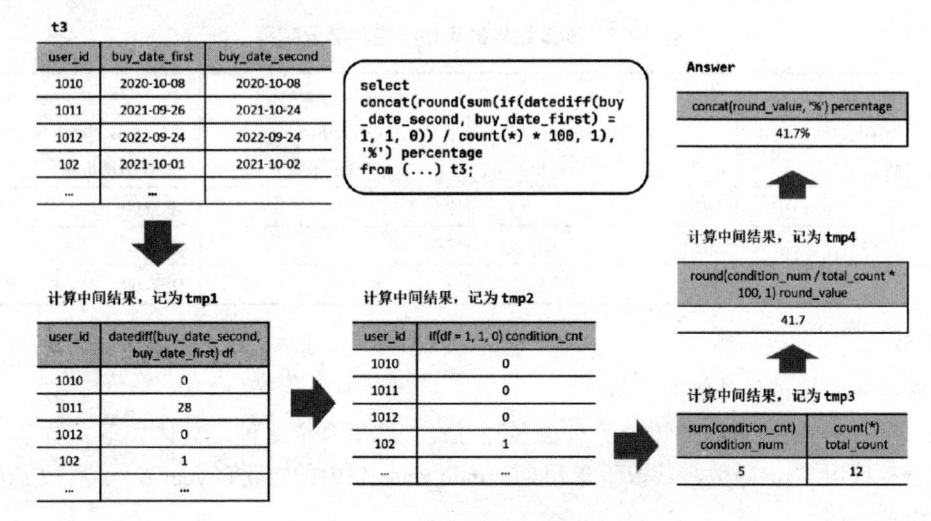

图 10-8　最终结果的获取思路

3. 代码实现

```
hive (default)>
select concat(round(sum(if(datediff(buy_date_second, buy_date_first) = 1, 1, 0)) / count(*)
* 100, 1), '%') percentage
from (
```

217

```
    select user_id,
           min(create_date) buy_date_first,
           max(create_date) buy_date_second
    from (
        select user_id,
               create_date,
               rank() over (partition by user_id order by create_date) rk
        from (
            select user_id,
                   create_date
            from order_info
            group by user_id, create_date
        ) t1
    ) t2
    where rk <= 2
    group by user_id
) t3;
```

4. 查询结果

```
percentage
41.7%
Time taken: 60.988 seconds, Fetched: 1 row(s)
```

10.1.3 每件商品销售首年的年份、销售数量和销售总金额

1. 题目需求

从 order_detail 表中统计每件商品的销售首年年份、首年销量和首年销售总金额。

期望结果的表格结构和部分结果如表 10-2 所示。

表 10-2 期望结果的表格结构和部分结果

sku_id <string> （商品 id）	year <bigint> （销售首年年份：年）	order_num <bigint> （销量：件）	order_amount <decimal(16,2)> （首年销售总金额：元）
1	2020	2	4000.00
2	2020	26	260.00
3	2020	1	5000.00

2. 思路分析

第一步：获取各商品销售首年的年份。

① 要想知道各商品销售首年的年份，有很多种方式，这里介绍三种，具体如下。

- 方式一：调用 year 函数，获取下单日期 create_date 列中的年份（year），然后按 sku_id 列分组，取年份最小值。
- 方式二：按照 sku_id 列分组并取下单日期的最小值，然后调用 year 函数获取年份。
- 方式三：使用窗口函数，按照 sku_id 列分区，结合使用其他函数获取商品销售首年的年份，下文详解。

如果只是获取下单首年的年份，那么三种方式均可使用。但是此处还要获取首年的销量和销售总金额，使用前两种方式聚合之后，每个 sku_id 只对应一条数据，丢失了金额和下单数量信息。读者可能会考虑使

用 sum(if()) 在获取下单首年年份时同步获取金额和数量，但仔细想想，if 函数如何筛选首年的记录？原表中并没有哪一列可以直接让我们获取下单首年的年份，无法筛选这部分数据，因此这种思路无法实现。综上所述，方式一和方式二不可用，应选择方式三。

第二步：筛选各商品的首年下单记录。

现在思考下一个问题，如何筛选首年下单记录？这里提供两种思路，具体如下。

- 思路一：使用窗口函数，按照 sku_id 列分区，结合 min 函数和 year 函数获取销售首年年份（year），基于 year 列即可获取首年下单记录。
- 思路二：使用窗口函数，按照 sku_id 列分区，按照从 create_date 列中提取的 year 列（year(create_date) 列）升序排序，调用 rank 函数或 dense_rank 函数进行编号。不难发现，商品在销售首年的下单记录，编号一定为 1，根据这一规律筛选即可获取首年下单记录。

此处选择思路二。根据 year(create_date) 列进行编号，结果对应形成子查询 t1，如图 10-9 所示。

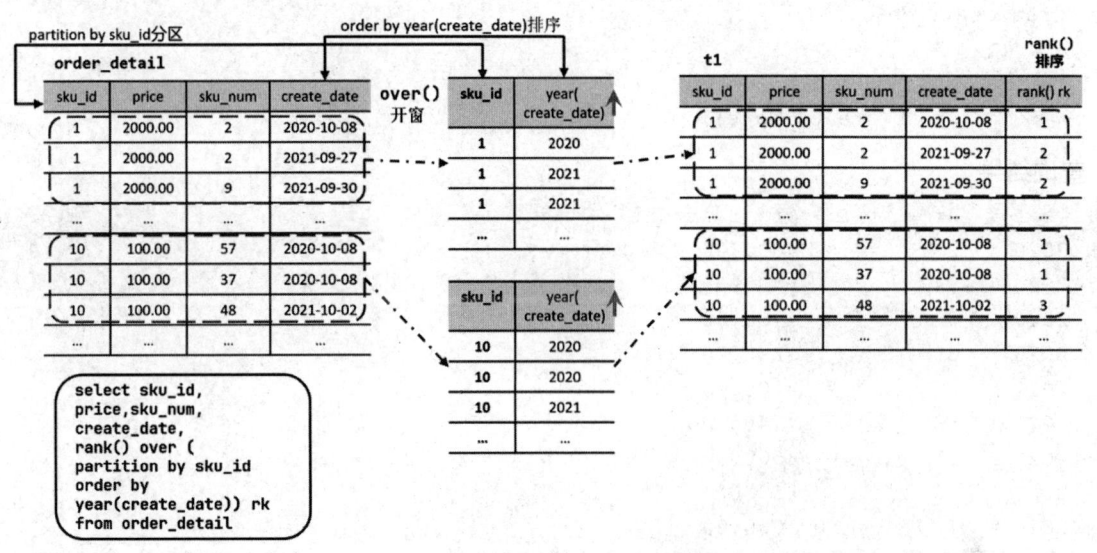

图 10-9　子查询 t1 的获取思路

第三步：获取最终结果。

按照 sku_id 列和 year(create_date) 列分组聚合计算即可获取最终结果，此处不再赘述，如图 10-10 所示。

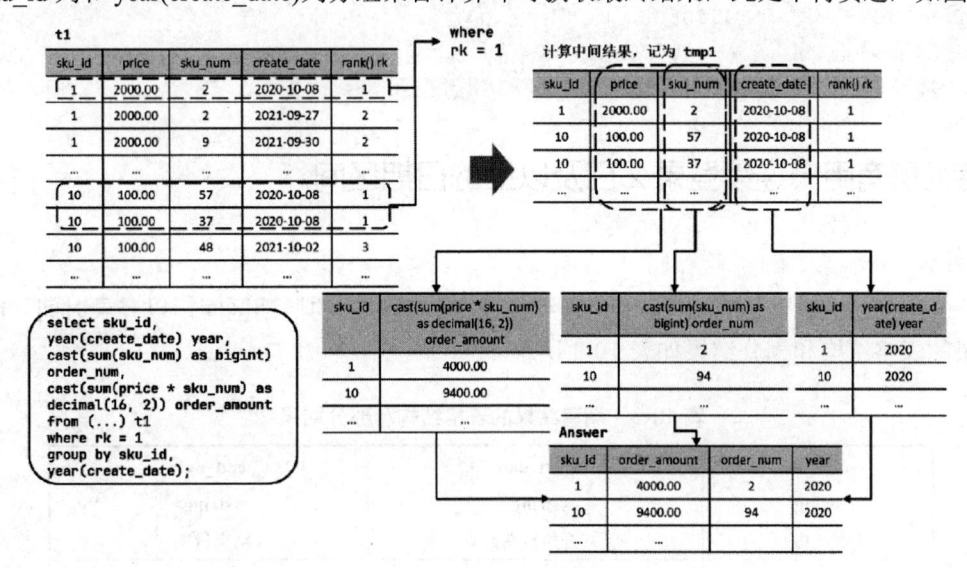

图 10-10　分组聚合获取最终结果

3. 代码实现

```
hive (default)>
select sku_id,
       year(create_date) year,
       cast(sum(sku_num) as bigint) order_num,
       cast(sum(price*sku_num) as decimal(16,2)) order_amount
from (
       select order_id,
              sku_id,
              price,
              sku_num,
              create_date,
              rank() over (partition by sku_id order by year(create_date)) rk
       from order_detail
     ) t1
where rk = 1
group by sku_id,year(create_date);
```

4. 查询结果

```
sku_id  year    order_num   order_amount
1       2020    2           4000.00
10      2020    94          9400.00
11      2020    95          4750.00
12      2020    83          1660.00
13      2021    27          7300.00
14      2021    57          17460.00
15      2020    15          4500.00
2       2020    26          260.00
3       2020    1           5000.00
4       2021    53          318000.00
5       2021    242         121000.00
6       2020    6           12000.00
7       2020    35          3500.00
8       2020    59          35400.00
9       2021    194         194000.00
Time taken: 45.235 seconds, Fetched: 15 row(s)
```

10.1.4 查询所有用户连续登录 2 日及以上的日期区间

1. 题目需求

从 user_login_detail 表中，查询所有用户连续登录 2 日及以上的日期区间，以登录时间（login_ts）为准。期望结果的表格结构和部分结果如表 10-3 所示。

表 10-3 期望结果的表格结构和部分结果

user_id <string> （用户 id）	start_date <string> （开始日期）	end_date <string> （结束日期）
101	2021-09-27	2021-09-30
102	2021-10-01	2021-10-02

2. 思路分析

本题是经典的连续问题，解决这类问题的关键在于寻找连续数据的规律。分析题目要求可知，可以将粒度处理为 1 名用户 1 日的登录记录，然后进行开窗，按照 user_id 列分区，并按照 login_ts 列升序排序。通过使用 date_sub 函数，使用登录日期减排名，将差值记为 flag。只有在用户连续登录时，数据的 flag 才相同，因此只要相同的 flag 个数大于等于 2，就说明用户已连续登录 2 日及以上，实现步骤如下。

第一步：获取登录日期（子查询 t1）。

user_login_detail 表的粒度为 1 名用户的 1 次登录操作，此处只需要针对每名用户每日保留 1 条记录即可，按照 user_id 列和 login_dt 列分组，直接获取分组列，如图 10-11 所示。

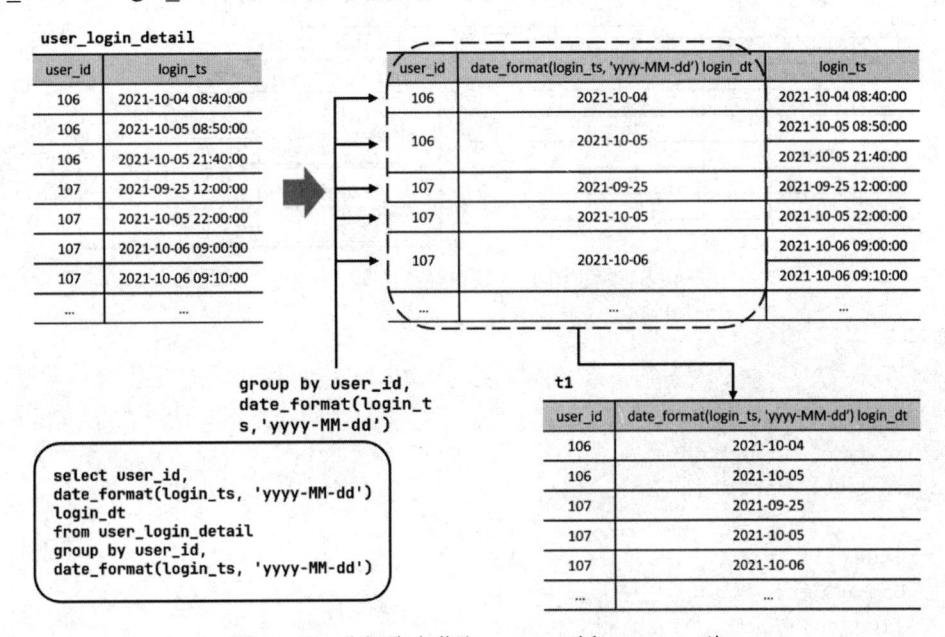

图 10-11　分组聚合获取 user_id 列和 login_dt 列

第二步：按照日期排名（子查询 t2）。

使用窗口函数，按照 user_id 列分区，按照 login_dt 列升序排序，同一用户的 login_dt 列不会重复，因此 3 种排名函数都可以使用，此处选用 row_number 函数，如图 10-12 所示。

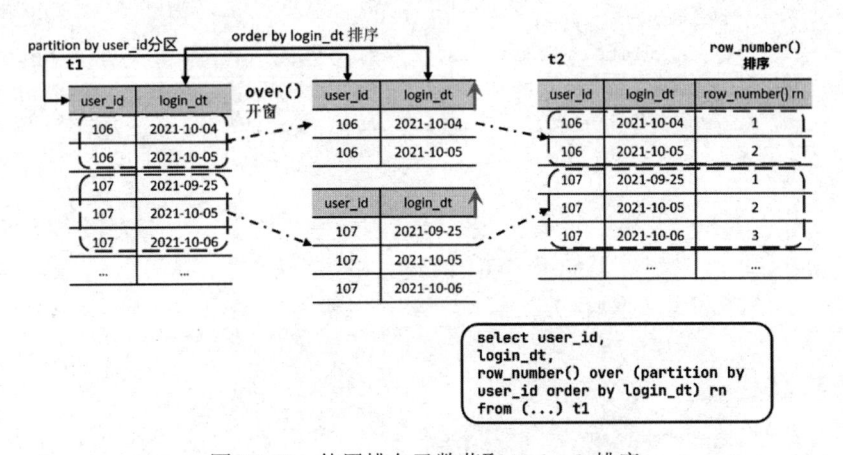

图 10-12　使用排名函数获取 login_dt 排序

第三步：获取最终结果。

调用 date_sub 函数，使用 login_dt 减 rn，得到 flag。按照 user_id 列和 flag 列分组聚合，使用 having 子句筛选 count(*)大于等于 2 的数据，即可获得每名用户的连续登录记录，各分组内的 login_dt 最小值即为

221

连续登录区间下限，login_dt 最大值即为连续登录区间上限，如图 10-13 所示。

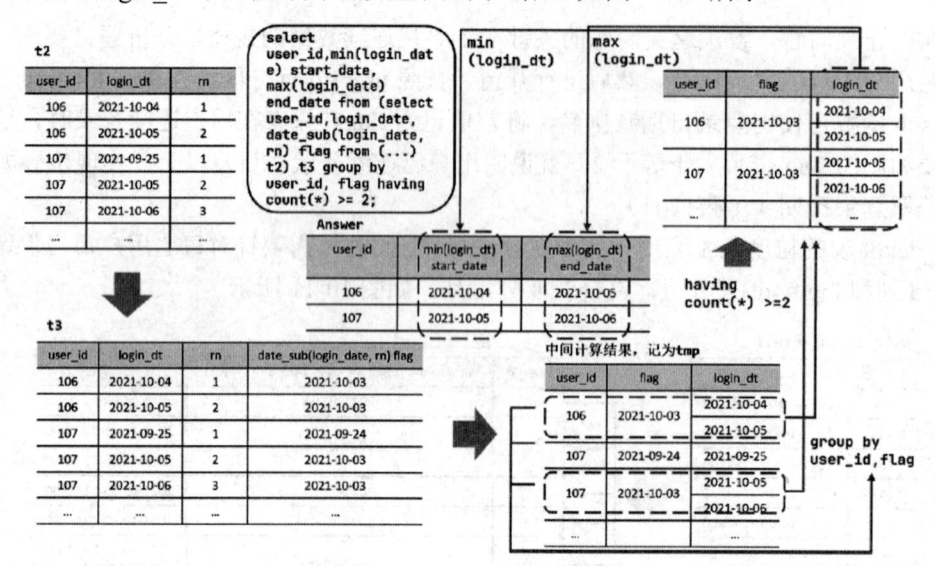

图 10-13　获取最终结果

3. 代码实现

```
hive (default)>
select user_id,
       min(login_date) start_date,
       max(login_date) end_date
from (
        select user_id,
               login_date,
               date_sub(login_date, rn) flag
        from (
                select user_id,
                       login_date,
                       row_number() over (partition by user_id order by login_date) rn
                from (
                        select user_id,
                               date_format(login_ts, 'yyyy-MM-dd') login_date
                        from user_login_detail
                        group by user_id, date_format(login_ts, 'yyyy-MM-dd')
                     ) t1
             ) t2
     ) t3
group by user_id, flag
having count(*) >= 2;
```

4. 查询结果

```
user_id start_date  end_date
101     2021-09-27  2021-09-30
102     2021-10-01  2021-10-02
106     2021-10-04  2021-10-05
107     2021-10-05  2021-10-06
Time taken: 43.734 seconds, Fetched: 4 row(s)
```

10.1.5 订单金额趋势分析

1. 题目需求

查询每日截至当日的最近 3 日内的订单金额总和及订单金额日平均值，并保留 2 位小数（四舍五入）。期望结果的表格结构和部分结果如表 10-4 所示。

表 10-4 期望结果的表格结构和部分结果

create_date <string> （日期）	total_3d <decimal(16,2)> （最近 3 日订单金额总和：元）	avg_3d <decimal(16,2)> （最近 3 日订单金额日平均值：元）
2021-09-27	104970.00	52485.00
2021-09-28	175470.00	58490.00
2021-09-29	142800.00	47600.00

2. 思路分析

（1）知识储备。

rows|range between ... and ... 可用于划分窗口范围，这部分内容在第 9 章已详解，此处不再赘述。

（2）实现步骤。

分析题目要求可知，若要计算每日截至当日的最近 3 日内的指标，则只要借助窗口函数，将窗口范围划定为最近 3 日即可。

第一步：计算每日订单金额，以及 1970-01-01 至下单日期的天数（子查询 t1）。

本题求解的数据粒度精确到日，而 order_info 表的数据粒度为一个订单的下单操作，因此第一步应按照 create_date 列分组聚合，得到每日的订单金额，如图 10-14 所示。天数通过 datediff 函数计算得到，为后续查询做准备，下文详述。

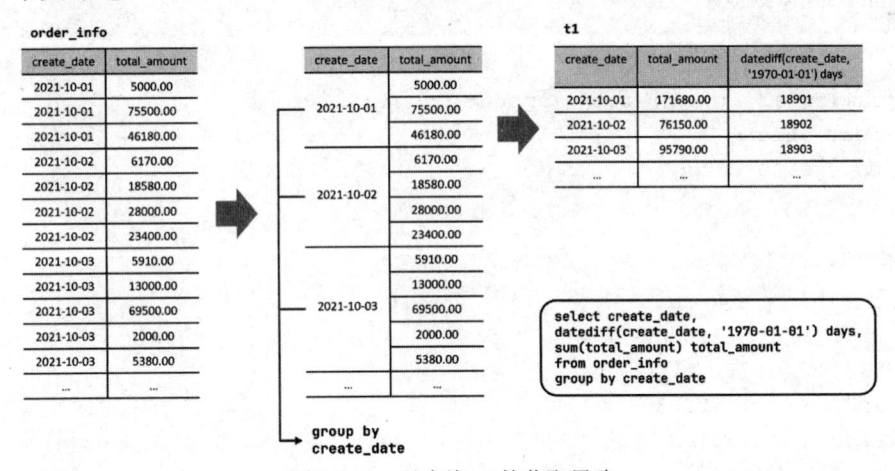

图 10-14 子查询 t1 的获取思路

第二步：获取最终结果。

要想以当日为基准，截取最近 3 日的数据，显然应该使用 range between 划定窗口范围。若想使用 range between，则开窗语句中的 order by 列必须为数值类型的值，不可使用日期。此处提供 2 种方案，具体如下。

① 计算 1970-01-01 至下单日期的天数并将其作为排序列。

② 计算下单日期的时间戳并将其作为排序列。

2 种方案均可选用，此处选择方案①进行演示。其中，天数的计算已在第一步完成，接下来确定 range between 的上下界，已知 3 日前的 days 的数值比下单当日小 2，因此上界应为 2 preceding。窗口下界为下单当日，取当前行的值即可，因此下界为 current row。最终，窗口划分子句为 range between 2 preceding and current row。

在确定了窗口范围后，只需分别调用 sum 函数和 avg 函数即可完成计算，总流程如图 10-15 所示。

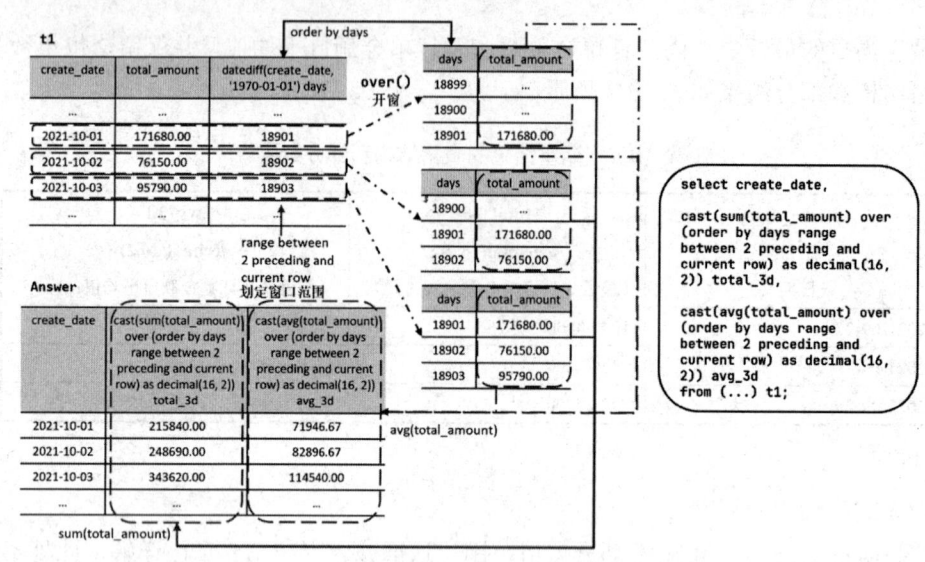

图 10-15 总流程

3. 代码实现

```
hive (default)>
select create_date,
       cast(sum(total_amount_by_day) over (order by create_date rows between 2 preceding and current row ) as decimal(16,2)) total_3d,
       cast(avg(total_amount_by_day) over (order by create_date rows between 2 preceding and current row ) as decimal(16,2)) avg_3d
from (
       select create_date,
              sum(total_amount) total_amount_by_day
       from order_info
       group by create_date
   ) t1;
```

4. 查询结果

```
create_date  total_3d    avg_3d
2020-10-08   76270.00    76270.00
2021-01-01   76530.00    38265.00
2021-01-02   76810.00    25603.33
2021-01-03   960.00      320.00
2021-01-04   940.00      313.33
2021-09-26   900.00      300.00
2021-09-27   29480.00    9826.67
2021-09-28   99740.00    33246.67
2021-09-29   142800.00   47600.00
2021-09-30   114660.00   38220.00
2021-10-01   215840.00   71946.67
2021-10-02   248690.00   82896.67
2021-10-03   343620.00   114540.00
2021-10-04   301430.00   100476.67
```

```
2021-10-05    404890.00           134963.33
2021-10-06    464470.00           154823.33
2021-10-07    519160.00           173053.33
2021-10-24    339790.00           113263.33
2022-09-24    186670.00           62223.33
Time taken: 44.144 seconds, Fetched: 19 row(s)
```

10.1.6 查询每名用户登录日期的最大空档期

1. 题目需求

从 user_login_detail 表中查询每名用户的两个登录日期（以 login_ts 为准）之间的最大的空档期。在统计最大空档期时，用户在最后一次登录后，至今未登录的空档也要考虑在内，假设今天为 2021 年 10 月 10 日。

2. 思路分析

（1）知识储备。

lead(a[, lines, [default_value]])：窗口函数，用于获取窗口内当前行之后 lines 行 a 列的值。

- a：列名。
- lines：目标行相对当前行的偏移量，可省略，默认为 1，表示获取当前行后一行的数据。
- default_value：默认值，当目标行越界时取默认值，可省略，若此时越界则返回 null。

（2）实现步骤。

若想获取登录日期的最大空档期，则只需要将相邻的两次登录日期相减即可。通过调用 lag 函数获取本次登录的前一个登录日期，或者通过调用 lead 函数获取本次登录的后一个登录日期均可达到要求。但本题要求统计最后一次登录与当前日期相隔的天数，这就需要使用当前日期减最后一次登录日期，如果使用 lag 函数，那么最后一次登录只能取倒数第二个登录日期，不能计算出从最后一次登录至今未登录的时间空档。而使用 lead 函数则可以实现这一需求，我们可以通过指定 lead 函数的默认值将末次登录的下一个日期指定为当日，从而达到目的，因此选用 lead 函数。

第一步：获取各用户每日的登录记录（子查询 t1）。

用户登录数据存储在 user_login_detail 表中，该表粒度为一名用户的一次登录记录，本题的统计指标都是基于登录日期计算的，而原表粒度过细，因此我们需要将粒度转化为一名用户一日的登录记录。按照 user_id 列和 login_ts 列分组，取分组列即可获取各用户每日的登录记录，如图 10-16 所示。

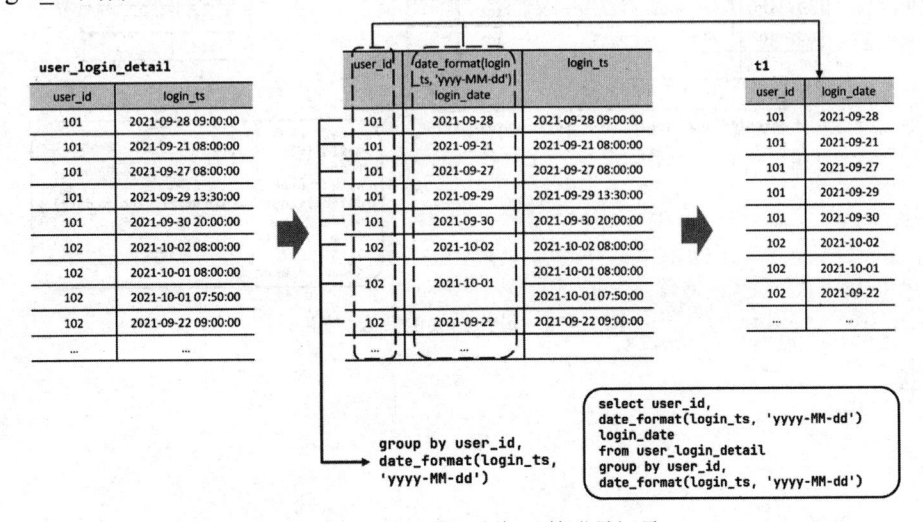

图 10-16 获取各用户每日的登录记录

第二步：获取各用户的下一个登录日期（子查询 t2）。

使用窗口函数，按照 user_id 列分区、login_date 列排序，调用 lead 函数获取当前行后一行的登录日期，并将其作为下一个登录日期 next_login_date，同时将数据越界时的默认值设定为当日，如图 10-17 所示。

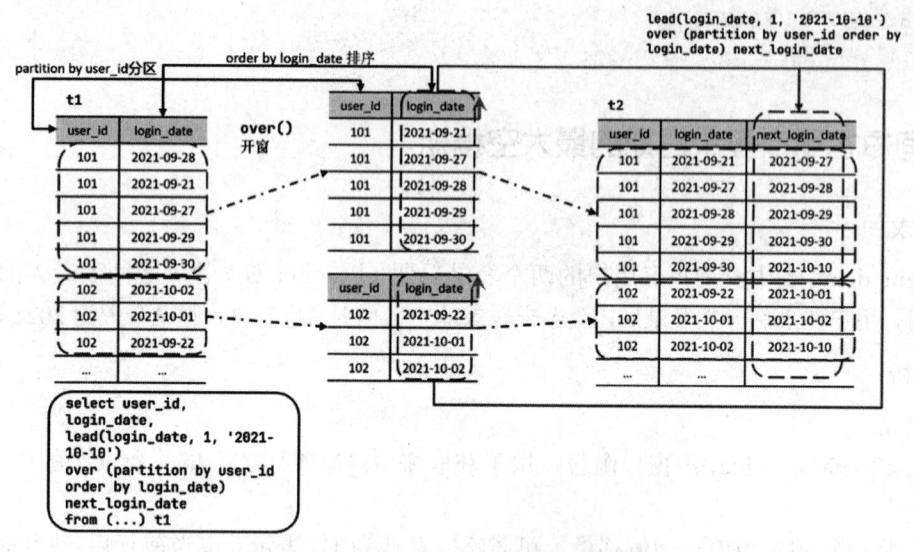

图 10-17 窗口函数的思路和使用过程

第三步：调用 datediff 函数，通过 next_login_date 列和 login_date 列计算天数差，并将其作为空档期 diff 列，同时将查询结果作为子查询 t3。

第四步：计算最大空档期（最终结果）。

按照 user_id 列分组，取天数差 diff 的最大值，即为用户的最大空档期，也即最终结果，其获取思路如图 10-18 所示。

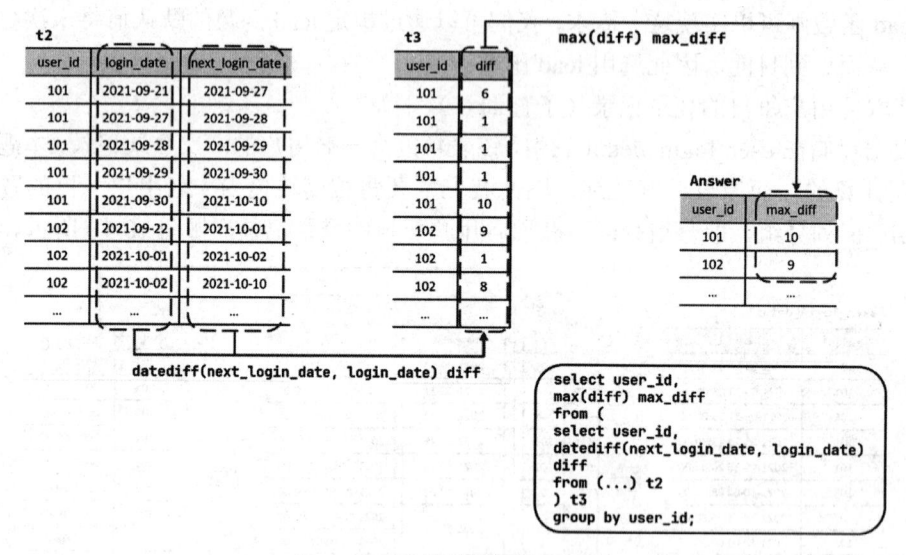

图 10-18 最终结果的获取思路

3. 代码实现

```
hive (default)>
select
    user_id,
    max(diff) max_diff
from
```

```sql
(
    select
        user_id,
        datediff(next_login_date,login_date) diff
    from
    (
        select
            user_id,
            login_date,
            lead(login_date,1,'2021-10-10') over(partition by user_id order by login_date) next_login_date
        from
        (
            select
                user_id,
                date_format(login_ts,'yyyy-MM-dd') login_date
            from user_login_detail
            group by user_id,date_format(login_ts,'yyyy-MM-dd')
        )t1
    )t2
)t3
group by user_id;
```

4. 查询结果

```
user_id max_diff
101     10
1010    12
1011    332
102     9
103     10
104     9
105     4
106     5
107     10
108     4
109     10
Time taken: 43.899 seconds, Fetched: 11 row(s)
```

10.1.7 查询同一时间多地登录的用户

1. 题目需求

从 user_login_detail 表中，查询在同一时间多地登录（ip_address 不同）的用户。

2. 思路分析

user_login_detail 表记录了用户每次登录的登录时间（login_ts）和登出时间（logout_ts），据此可以获得用户每次登录的时间区间，只要任意两个区间有交集，就说明该用户在同一时间多地登录。对于同一用户的登录记录，可按照 login_ts 列升序排序，如果任意一条数据的 login_ts 小于它之前所有记录中 logout_ts 的最大值，就说明登录区间产生了交叉，据此可以筛选出目标数据。如图 10-19 所示为登录区间可能性分析，其将五个区间分别绘制在时间轴上，展示了登录区间可能出现的交叉情况，其中，[in1,out1]为登录区间 1，[in2,out2]为登录区间 2，以此类推。对五个区间分别进行分析，具体如下。
- 登录区间 1 之前没有登录记录。
- 登录区间 2 之前的登录区间为[in1,out1]，in2 小于 out1，因此说明登录区间产生了交叉。
- 登录区间 3 之前的登录区间为[in1,out1]、[in2,out2]，登出时间最大值为 out1，而 in3 大于 out1，因此说明其与之前的登录区间未产生交叉。
- 登录区间 4 之前的登录区间为[in1,out1]、[in2,out2]、[in3,out3]，登出时间最大值为 out3，in4 小于 out3，因此说明其与之前的登录区间产生了交叉。
- 登录区间 5 之前的登录区间为[in1,out1]、[in2,out2]、[in3,out3]、[in4,out4]，登出时间最大值为 out4，in5 大于 out4，因此说明其与之前的登录区间未产生交叉。

经过上述分析，可以得出登录区间 2 和登录区间 4 是与其他登录区间产生交叉的区间。

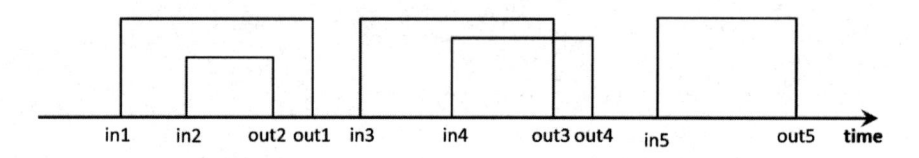

图 10-19 登录区间可能性分析

第一步：获取历史登录与登出时间的最大值（子查询 t1）。

使用窗口函数，按照 user_id 列分区、login_ts 列升序排序，将窗口范围划分为第一行至当前行的前一行，此时窗口内包含当前行之前的所有历史登录记录，随后取 logout_ts 的最大值，即可获取历史登录与登出时间的最大值，即子查询 t1，如图 10-20 所示。

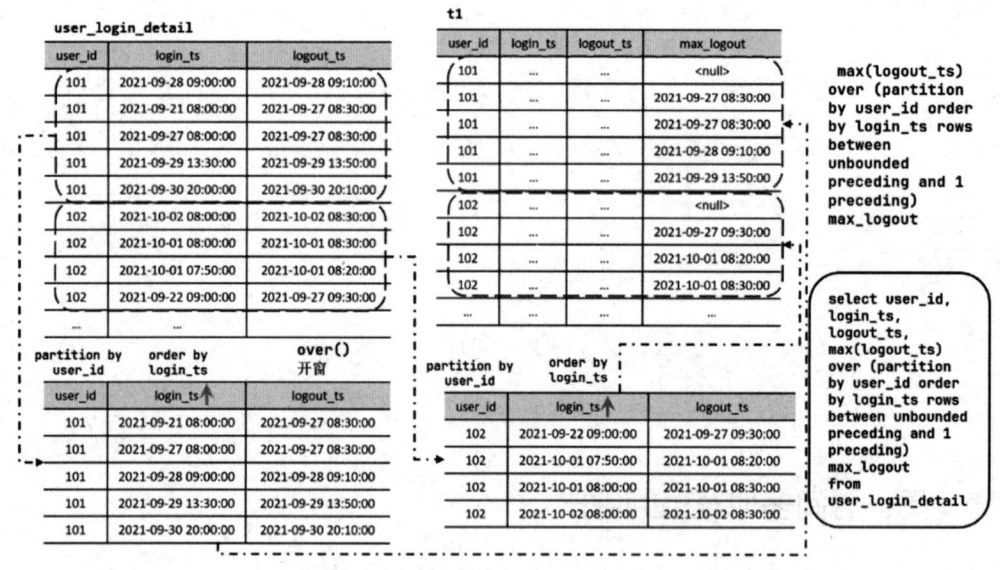

图 10-20 获取历史登录与登出时间的最大值

第二步：筛选目标数据（最终结果）。

对登出时间的最大值（max_logout）使用 if 进行判断，若 max_logout 为 null 或小于本次登录时间，则说明时间区间没有交叉，记为 1，否则记为 0。筛选所有被标记为 0 的数据并将其记为目标数据，如图 10-21 所示。同一用户可能有多次同一时间多地登录的行为，因此需要对数据进行去重，从而获取最终结果，如图 10-22 所示。

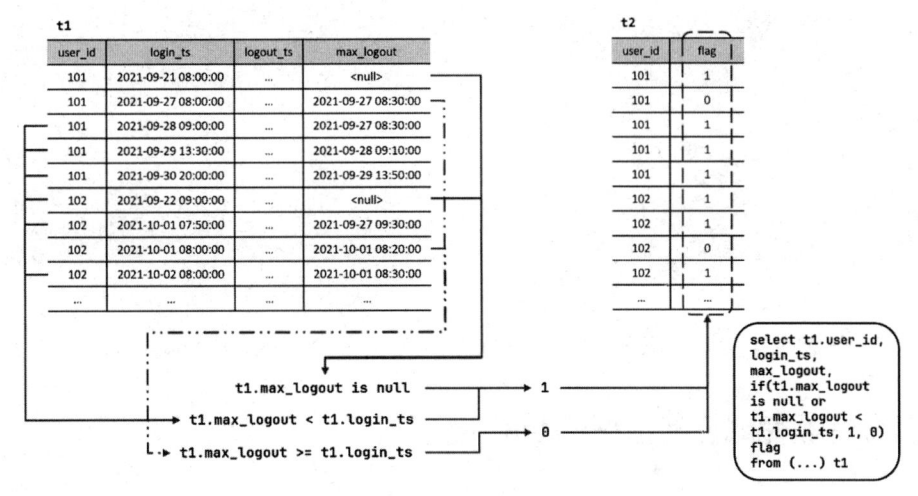

图 10-21 对数据进行标记

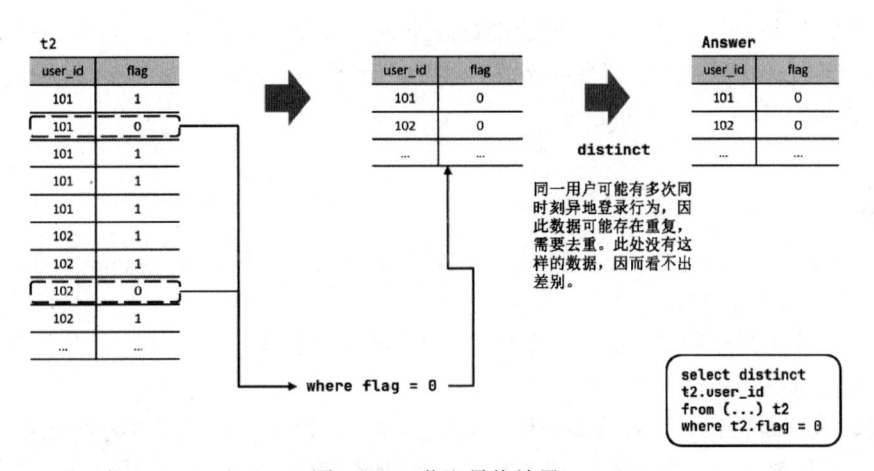

图 10-22 获取最终结果

3. 代码实现

```
hive (default)>
select
  distinct t2.user_id
from
  (
  select
    t1.user_id,
    if(t1.max_logout is null ,2,if(t1.max_logout<t1.login_ts,1,0)) flag
  from
    (
    select
      user_id,
      login_ts,
      logout_ts,
      max(logout_ts)over(partition by user_id order by login_ts rows between unbounded preceding and 1 preceding) max_logout
    from
      user_login_detail
    )t1
  )t2
```

```
where
  t2.flag=0;
```

4. 查询结果

```
t2.user_id
101
102
104
107
Time taken: 37.606 seconds, Fetched: 4 row(s)
```

10.1.8 销售总金额完成任务指标的商品

1. 题目需求

商家要求每件商品每个月需要售卖一定的销售总金额，假设 1 号商品的销售总金额大于 21000 元，2 号商品的销售总金额大于 10000 元，其余商品没有要求。请从 order_detail 表中查询连续 2 个月销售总金额大于等于任务总金额的商品。

2. 思路分析

（1）知识储备。

add_months(string start_date, int num_months)：返回 start_date 之后 num_months 个月的日期。

（2）实现步骤。

分析题意可知，首先要获取每件商品每个月的销售金额，其次筛选完成销售任务的数据。在此基础上，sku_id 相同且月份连续的数据即所求数据。

第一步：获取 1 号商品和 2 号商品每个月的销售金额，并筛选满足条件的销售记录（子查询 t1）。

① 筛选 sku_id 列为 1 或 2 的商品，截取其 create_date 列的 yyyy-MM 部分并将其记为 ymd，作为月份的唯一标识。需要注意的是，此处不可以调用 month()函数获取月份，因为该函数返回的是日期的月份部分，不同年份的相同月份取值相同，无法区分。

② 按照 ymd 列和 sku_id 列分组聚合，统计每个 sku_id 的每月销售金额，如图 10-23 所示。通过 having 子句筛选完成销售任务的数据，并将其作为子查询 t1，如图 10-24 所示。

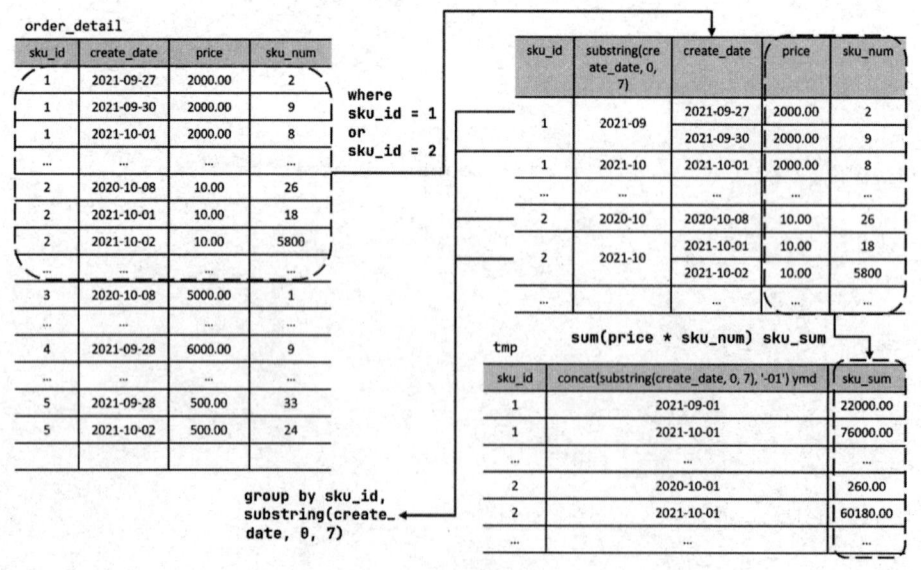

图 10-23 统计目标商品的每月销售金额

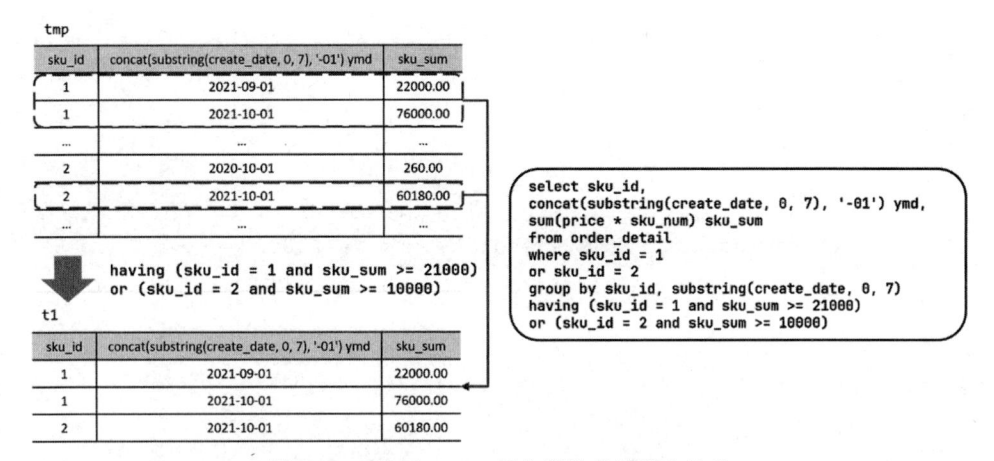

图 10-24 使用 having 子句筛选分组聚合结果

第二步：筛选连续记录（最终结果）。

使用窗口函数，按照 sku_id 列分区、ymd 列升序排序，并为数据编号。如果是同一 sku_id 的连续销售记录，那么使用 ymd 减编号所得的结果（记为 rymd）将相同，利用这一规律可以筛选出连续记录。在这一过程中，有三点需要考虑，具体如下。

① 子查询 t1 中获取的日期是 yyyy-MM 格式，而 add_months 函数接收的第一个参数为 yyyy-MM-dd 格式，因此需要拼接日期部分，此处拼接 "-01" 即可。

② 若 rymd 相同的数据个数大于等于 2，则对应的记录是连续销售达标记录。

③ 同一 sku_id 可能有多组连续销售达标的记录，因此需要对数据进行去重。

最终结果的获取过程如图 10-25 所示。

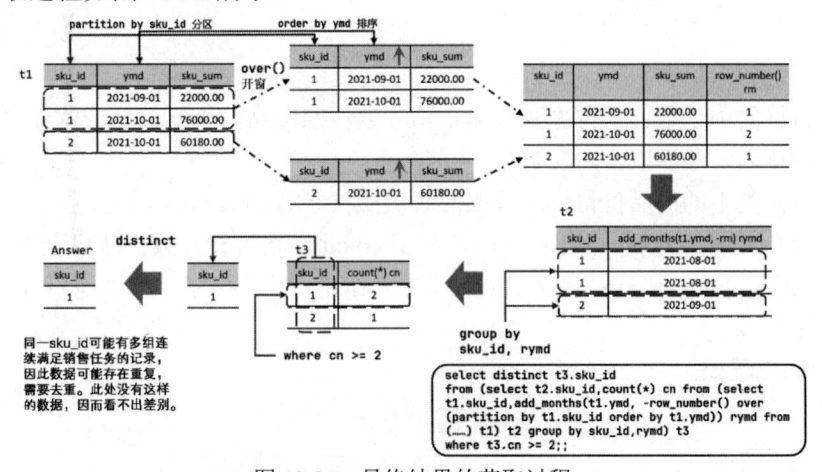

图 10-25　最终结果的获取过程

3. 代码实现及步骤

```
hive (default)>
select distinct t3.sku_id
from (
        select t2.sku_id,
               count(*) cn
        from (
            select t1.sku_id,
                   add_months(t1.ymd, -row_number() over (partition by t1.sku_id order by t1.ymd)) rymd
            from (
                select sku_id,
```

```
                            concat(substring(create_date, 0, 7), '-01') ymd,
                            sum(price * sku_num)                        sku_sum
                     from order_detail
                     where sku_id = 1
                        or sku_id = 2
                     group by sku_id, substring(create_date, 0, 7)
                     having (sku_id = 1 and sku_sum >= 21000)
                         or (sku_id = 2 and sku_sum >= 10000)
                ) t1
         ) t2
    group by sku_id,rymd
    ) t3
where t3.cn >= 2;
```

4. 查询结果

```
t3.sku_id
1
Time taken: 63.114 seconds, Fetched: 1 row(s)
```

10.1.9 各品类中商品价格的中位数

1. 题目需求

从 sku_info 表中统计每个品类中商品价格的中位数，如果某品类中商品的个数为偶数，就输出中间 2 个价格的平均值；如果是奇数，就输出中间价格。

2. 思路分析

若要获取商品价格的中位数，则首先要将 sku_info 表按照商品的价格升序或降序排名，其次根据商品种类数确定中位数的排名，最后取出对应数据。

第一步：获取各品类下的商品价格排名及商品种类数（子查询 t1）。

① 使用窗口函数，按照 category_id 列分区，利用 count 函数统计行数，即可获得商品种类数 cn。

② 使用窗口函数，按照 category_id 列分区，按照 price 列升序排序，结合使用 row_number 函数得到商品排名，并将其记为 rk。

子查询 t1 的查询思路如图 10-26 所示。

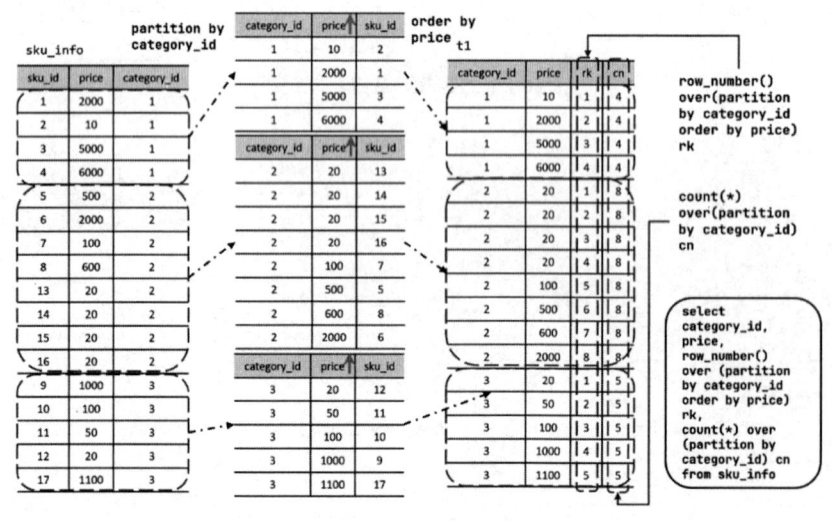

图 10-26　子查询 t1 的查询思路

第二步：计算商品价格的中位数（最终结果）。

下面判断各品类下商品数量的奇偶性，如果是奇数，那么 rk=(cn+1)/2 对应的记录 price 列的值就是商品价格中位数；如果是偶数，那么 rk=cn/2 和 rk=cn/2+1 对应的记录 price 列的平均值就是商品价格的中位数。从中可以发现，无论商品数量是奇数还是偶数，只要调用 avg(price)函数即可求得中位数。最终结果的获取思路如图 10-27 所示。

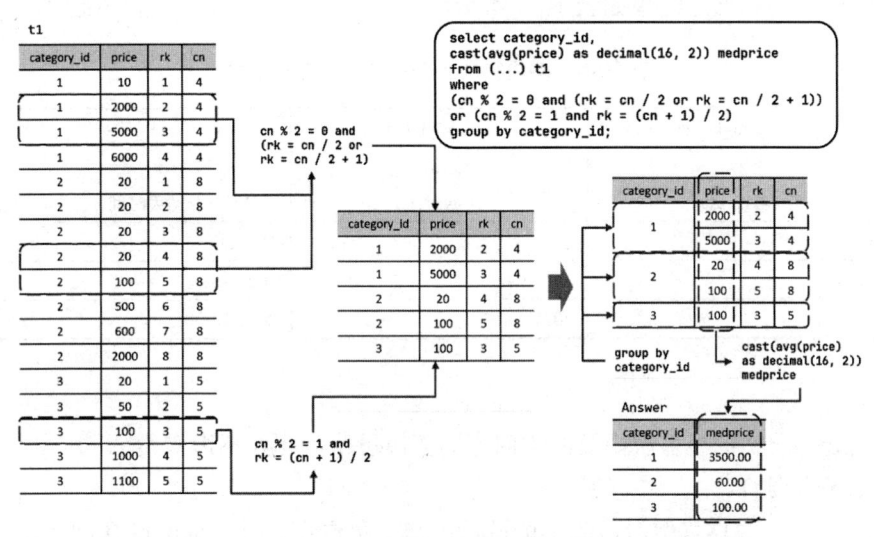

图 10-27　最终结果的获取思路

注意：如果想对商品进行编号，那么只能使用 row_number 函数，不可以使用 dense_rank 函数或 rank 函数，三者的区别在于商品价格相同时的编号规则。

现考虑如下情形。排名在中位数之前的商品价格存在重复，如果使用 rank()和 dense_rank()进行排名，就会导致中位数计算错误。假设商品价格序列为：21.00,22.00,22.00,22.00,23.00，应取排名为 3 的商品价格作为中位数，如果调用 dense_rank 函数，那么排名分别为 1,2,2,2,3，计算得出中位数为 23.00，显然与事实不符，中位数应为 22.00；若调用 rank 函数，则排名分别为 1,2,2,2,5；如果按照 rk=3 过滤，就取不到数据，中位数为 null，显然也是不对的。而使用 row_number 函数排名就不存在这样的问题。

3. 代码实现

```
hive (default)>
select category_id,
       cast(avg(price) as decimal(16, 2)) medprice
from (select category_id,
             price,
             row_number() over (partition by category_id order by price) rk,
             count(*) over (partition by category_id)                    cn
      from sku_info) t1
where (cn % 2 = 0 and (rk = cn / 2 or rk = cn / 2 + 1))
   or (cn % 2 = 1 and rk = (cn + 1) / 2)
group by category_id;
```

4. 查询结果

```
category_id     medprice
1               3500.00
2               60.00
3               100.00
Time taken: 91.275 seconds, Fetched: 3 row(s)
```

233

10.1.10 求商品连续售卖的时间区间

1. 题目需求

从 order_detail 表中，查询商品连续售卖的时间区间。
期望结果的表格结构和部分结果如表 10-5 所示。

表 10-5 期望结果的表格结构和部分结果

sku_id \<string\> （商品 id）	start_date \<string\> （起始时间）	end_date \<string\> （结束时间）
1	2021-09-27	2021-09-27
1	2021-09-30	2021-10-01
1	2021-10-03	2021-10-08

2. 思路分析

本题为连续问题，上文已经多次提及此类问题的解决思路，此处不再赘述。

第一步：获取子查询 t1。

在 order_detail 表中，一行数据为一个 sku_id 的一次下单操作，同一 sku_id 在同一日可能有多条记录，因此需要对数据进行去重。按照 sku_id 列和 create_date 列分组，并提取分组列，将此时得出的结果记为子查询 t1，如图 10-28 所示。

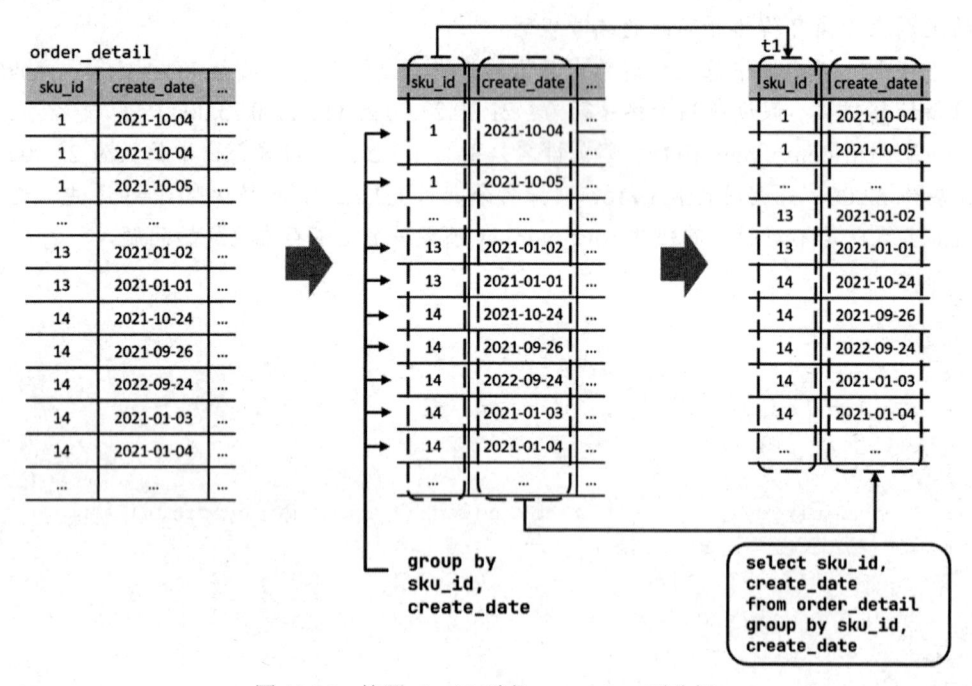

图 10-28 按照 sku_id 列和 create_date 列分组

第二步：获取子查询 t2。

使用窗口函数，按照 sku_id 分区列、create_date 列升序排序，同时调用 row_number 函数对数据进行排名，如图 10-29 所示。从子查询 t1 获取的 create_date 不会重复，因此使用三种排名函数得出的结果相同，均可使用。此时得出的结果即为子查询 t2。

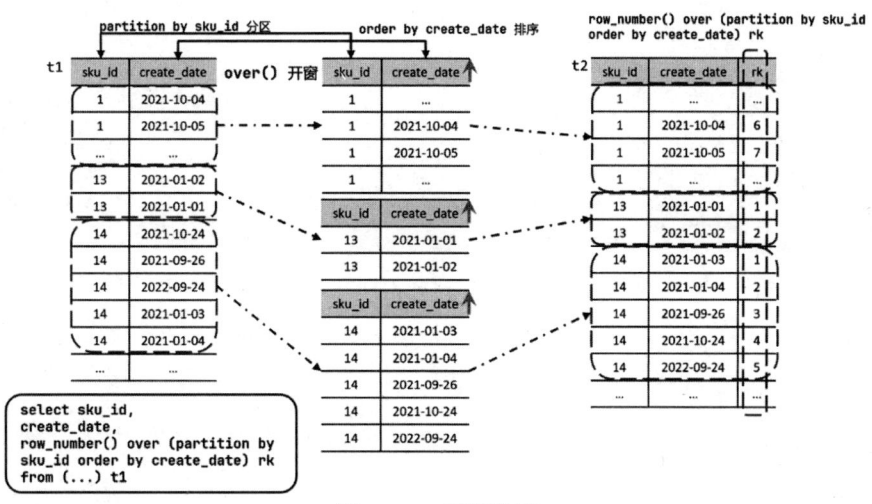

图 10-29 开窗排序

第三步：获取最终结果。

调用 date_add 函数或 date_sub 函数，使用 create_date 减排名 rk，并将结果记为 drk。sku_id 和 drk 相同的即连续下单记录。按照 sku_id 列和 drk 列分组，取 create_date 的最小值和最大值，即可获得连续售卖区间的下界和上界，这一过程如图 10-30 与图 10-31 所示。

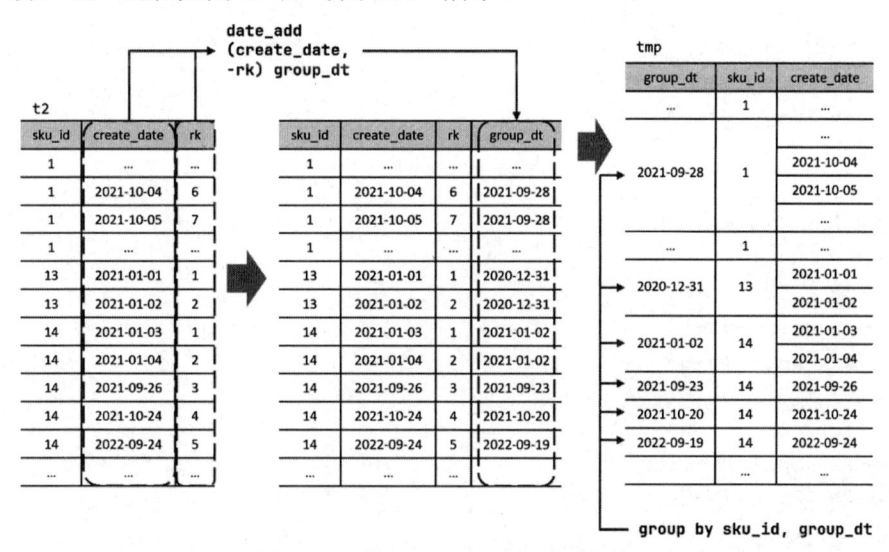

图 10-30 按照 sku_id 列和 drk 列分组

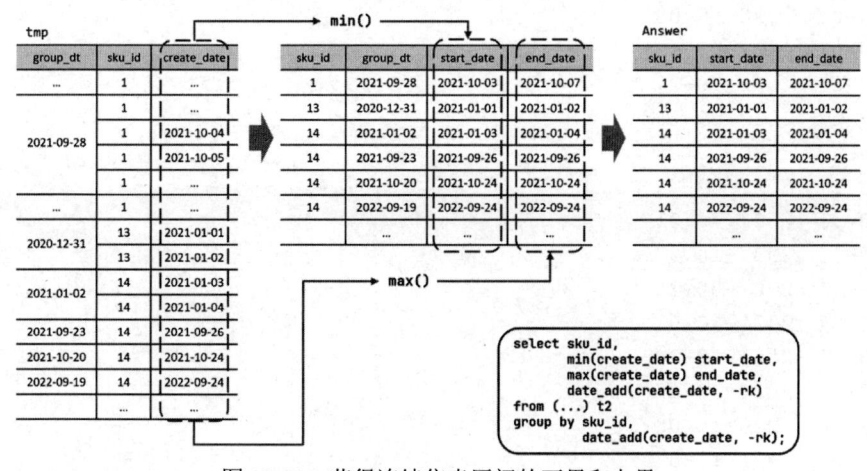

图 10-31 获得连续售卖区间的下界和上界

3. 代码实现

```
hive (default)>
select sku_id,
       min(create_date) start_date,
       max(create_date) end_date
from (select sku_id,
             create_date,
             row_number() over (partition by sku_id order by create_date) rk
      from (select sku_id,
                   create_date
            from order_detail
            group by sku_id,
                     create_date) t1) t2
group by sku_id,
         date_add(create_date, -rk);
```

4. 查询结果

sku_id	start_date	end_date
1	2020-10-08	2020-10-08
1	2021-09-27	2021-09-27
1	2021-09-30	2021-10-01
1	2021-10-03	2021-10-07
1	2022-09-24	2022-09-24
10	2020-10-08	2020-10-08
10	2021-10-02	2021-10-03
10	2021-10-05	2021-10-07
11	2020-10-08	2020-10-08
11	2021-10-02	2021-10-07
12	2020-10-08	2020-10-08
12	2021-09-30	2021-09-30
12	2021-10-02	2021-10-06
13	2021-01-01	2021-01-02
14	2021-01-03	2021-01-04
14	2021-09-26	2021-09-26
14	2021-10-24	2021-10-24
14	2022-09-24	2022-09-24
15	2020-10-08	2020-10-08
2	2020-10-08	2020-10-08
2	2021-10-01	2021-10-02
2	2021-10-04	2021-10-07
2	2022-09-24	2022-09-24
3	2020-10-08	2020-10-08
3	2021-09-27	2021-09-27
3	2021-10-01	2021-10-01
3	2021-10-03	2021-10-07
4	2021-09-28	2021-09-28
4	2021-10-01	2021-10-07
5	2021-09-28	2021-09-28
5	2021-10-02	2021-10-07
6	2020-10-08	2020-10-08
6	2021-10-01	2021-10-07
7	2020-10-08	2020-10-08

```
7     2021-09-29  2021-09-29
7     2021-10-01  2021-10-01
7     2021-10-03  2021-10-06
8     2020-10-08  2020-10-08
8     2021-09-29  2021-09-29
8     2021-10-01  2021-10-02
8     2021-10-04  2021-10-07
9     2021-09-29  2021-09-29
9     2021-10-01  2021-10-01
9     2021-10-04  2021-10-07
Time taken: 47.881 seconds, Fetched: 44 row(s)
```

10.1.11 根据活跃间隔对用户进行分级的结果统计

1. 题目需求

将用户按照活跃情况划分等级，划分规则如下。
- 忠实用户：近7日活跃且非新用户。
- 新晋用户：近7日新增用户。
- 沉睡用户：近7日未活跃但在7日前活跃的用户。
- 流失用户：近30日未活跃但在30日前活跃的用户。

假设今日是数据中所有日期的最大值，根据 user_login_detail 表中用户的登录时间（login_ts）给各用户划分级，并求出各等级用户的人数。

期望结果的表格结构和部分结果如表 10-6 所示。

表 10-6 期望结果的表格结构和部分结果

level <string> （用户等级）	cn <bigint> （用户数量：人）
忠实用户	6
新增用户	3
沉睡用户	1

2. 思路分析

本题的关键在于划分用户等级，而用户等级的划分依赖于末次登录日期和注册日期。

第一步：计算用户注册日期及末次登录日期（子查询 t1）。

查询 user_login_detail 表，按照 user_id 列分组，调用 min 函数处理 login_ts 列，然后将其格式化为 yyyy-MM-dd 的日期字符串，获得用户的注册日期 register_date；同理，调用 max 函数获取用户的末次登录日期 last_login_dt，并将其作为子查询 t1，如图 10-32 所示。

第二步：计算当日的日期（子查询 t2）。

题目规定当日的日期为所有登录日期的最大值，因此可调用 max 函数和 date_format 函数求得 cur_date，并将其作为子查询 t2，如图 10-33 所示。

第三步：划分用户等级（子查询 t3）。

将子查询 t1 和子查询 t2 连接在一起。子查询 t2 中实际上只有一条记录，使用笛卡儿积连接即可。

通过使用 case when 子句，根据注册时间 register_date 和末次登录日期 last_login_dt 与当日的关系，按照题目要求为用户分级，将列名记为 degree，并将所得到的结果记为子查询 t3，如图 10-33 所示。

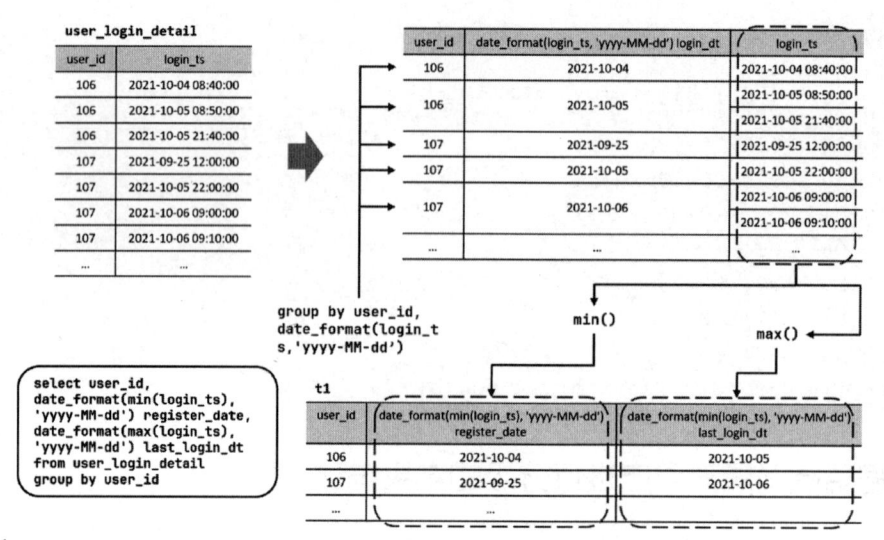

图 10-32 获取用户的注册日期和末次登录日期

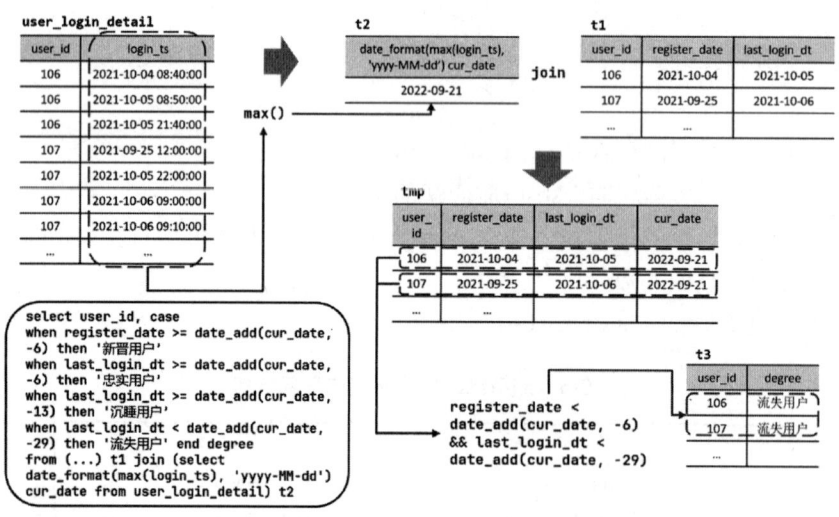

图 10-33 划分用户等级

第四步：统计各级用户人数（最终结果）。

按照 degree 列分组并统计用户数即可得到最终结果，如图 10-34 所示。此处的 user_id 列来源于子查询 t1，而该列是子查询 t1 的分组列，不可能出现重复，因此无须去重。

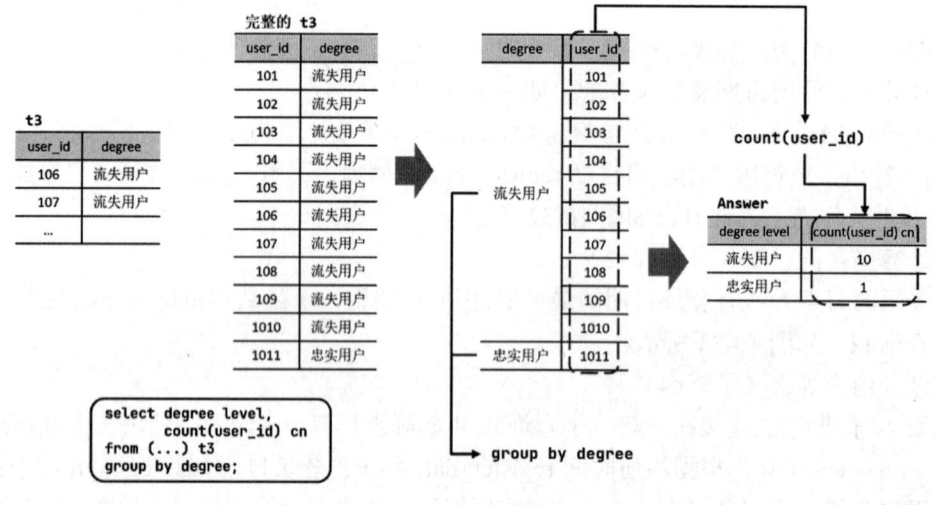

图 10-34 统计各级用户人数

3. 代码实现

```
hive (default)>
select degree level,
       count(user_id) cn
from (select user_id,
             case
                 when register_date >= date_add(cur_date, -6) then '新晋用户'
                 when last_login_dt >= date_add(cur_date, -6) then '忠实用户'
                 when last_login_dt >= date_add(cur_date, -13) then '沉睡用户'
                 when last_login_dt < date_add(cur_date, -29) then '流失用户'
             end degree
      from (select user_id,
                   date_format(min(login_ts), 'yyyy-MM-dd') register_date,
                   date_format(max(login_ts), 'yyyy-MM-dd') last_login_dt
            from user_login_detail
            group by user_id) t1
               join
            (select date_format(max(login_ts), 'yyyy-MM-dd') cur_date
             from user_login_detail) t2) t3
group by degree;
```

4. 查询结果

```
level    cn
忠实用户 1
流失用户 10
Time taken: 124.647 seconds, Fetched: 2 row(s)
```

10.2 面试真题

10.2.1 同时在线人数问题

1. 题目需求

现有各直播间的直播间访问记录表 live_events，其结构如表 10-7 所示。表中每行数据表达的信息为，一名用户何时进入了直播间，又在何时离开了该直播间。

表 10-7 直播间访问记录表的结构

user_id（用户 id）	live_id（直播间 id）	in_datetime（进入直播间的时间）	out_datetime（离开直播间的时间）
100	1	2021-12-1 19:30:00	2021-12-1 19:53:00
100	2	2021-12-1 21:01:00	2021-12-1 22:00:00
101	1	2021-12-1 19:05:00	2021-12-1 20:55:00

现要求统计各直播间最高同时在线人数。

2. 数据准备

（1）建表语句。

```
drop table if exists live_events;
create table if not exists live_events
```

239

```
(
    user_id      int comment '用户id',
    live_id      int comment '直播间id',
    in_datetime  string comment '进入直播间的时间',
    out_datetime string comment '离开直播间的时间'
)
comment '直播间访问记录表';
```

(2)数据装载。

```
insert overwrite table live_events
values (100, 1, '2021-12-01 19:00:00', '2021-12-01 19:28:00'),
       (100, 1, '2021-12-01 19:30:00', '2021-12-01 19:53:00'),
       (100, 2, '2021-12-01 21:01:00', '2021-12-01 22:00:00'),
       (101, 1, '2021-12-01 19:05:00', '2021-12-01 20:55:00'),
       (101, 2, '2021-12-01 21:05:00', '2021-12-01 21:58:00'),
       (102, 1, '2021-12-01 19:10:00', '2021-12-01 19:25:00'),
       (102, 2, '2021-12-01 19:55:00', '2021-12-01 21:00:00'),
       (102, 3, '2021-12-01 21:05:00', '2021-12-01 22:05:00'),
       (104, 1, '2021-12-01 19:00:00', '2021-12-01 20:59:00'),
       (104, 2, '2021-12-01 21:57:00', '2021-12-01 22:56:00'),
       (105, 2, '2021-12-01 19:10:00', '2021-12-01 19:18:00'),
       (106, 3, '2021-12-01 19:01:00', '2021-12-01 21:10:00');
```

3. 思路分析

每当一名用户进入直播间后，直播间人数加1，每当一名用户离开直播间，直播间人数减1。根据这一规律，我们首先可以将直播间的登入与登出操作分离，使用额外的列记录人数变化；其次借助窗口函数按照时间升序排序，计算截至当前行（当前时间）的直播间人数；最后取最大值即可得到想要的结果。

第一步：分离登入与登出操作（子查询t1）。

① 取每条数据的user_id列、live_id列、in_datetime列，并补充user_change列，取值为1，将结果记为tmp1，如图10-35所示。

② 取每条数据的user_id列、live_id列、out_datetime列，并补充user_change列，取值为-1，将结果记为tmp2，如图10-35所示。

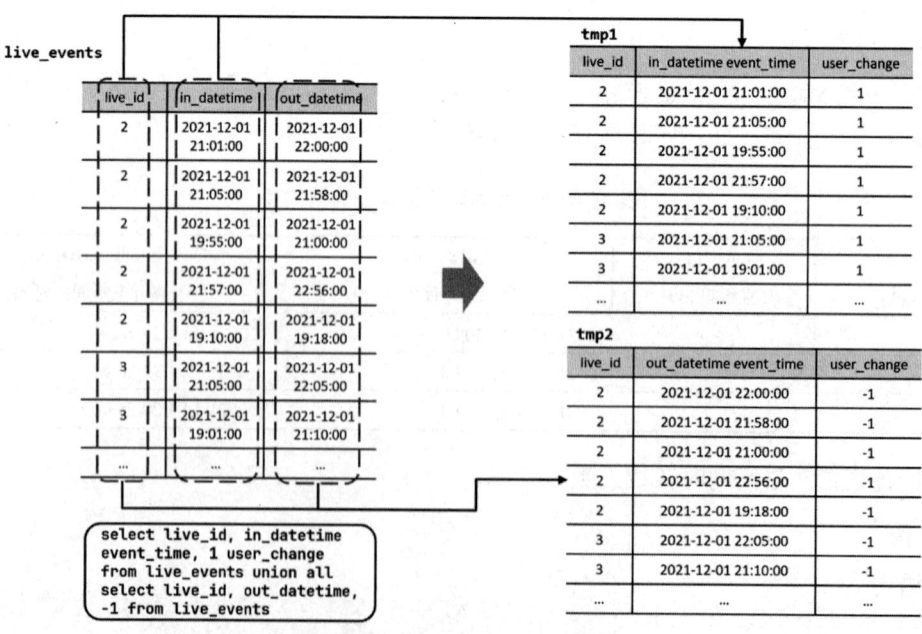

图10-35 分离登入与登出操作

③ 将①和②的结果通过 union 联合在一起，将结果作为子查询 t1，如图 10-36 所示。同一用户不可能在同一时间多次登入或登出同一直播间，因此数据不会重复，使用 union all 关键字与使用 union 关键字所得到的结果相同。此处使用 union all 关键字。

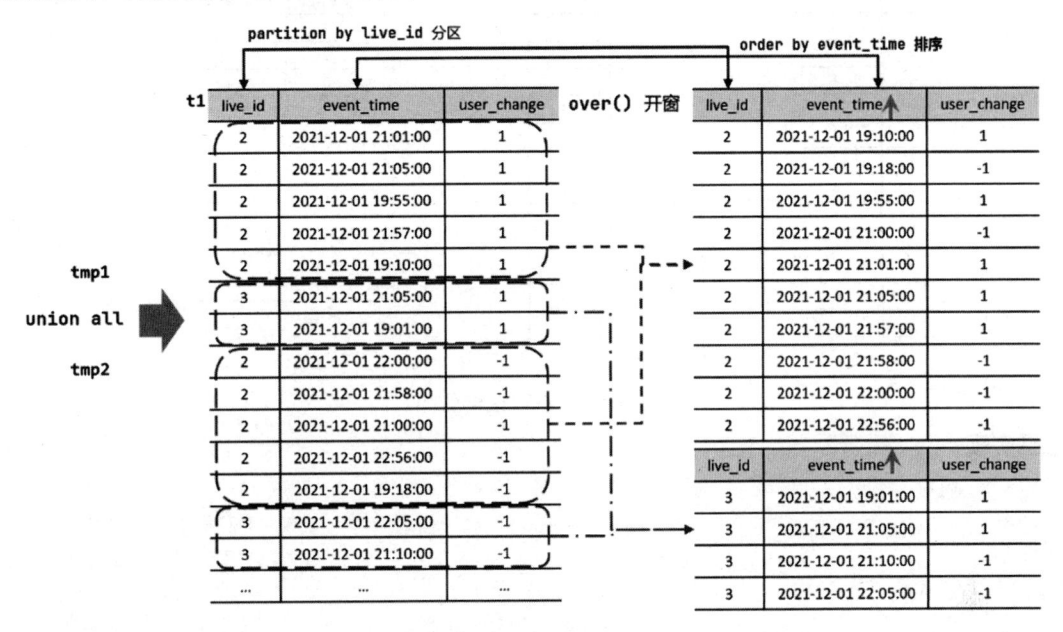

图 10-36　窗口函数

第二步：计算截至当前行的直播间人数（子查询 t2）。

对子查询 t1 使用窗口函数，按照 live_id 列分区、event_time 列升序排序，如图 10-36 所示。调用 sum(user_change)即可计算累计人数，将获得的结果作为子查询 t2，开窗后聚合的结果如图 10-37 所示。窗口范围为默认值为 unbound preceding 至 current row，正好符合题目需求。

图 10-37　开窗后聚合的结果

第三步：针对子查询 t2，按照 live_id 列分组，取 user_count 的最大值，即为各直播间最大同时在线人数，也就是我们所需获取的最终结果，如图 10-38 所示。

图 10-38　获取最终结果

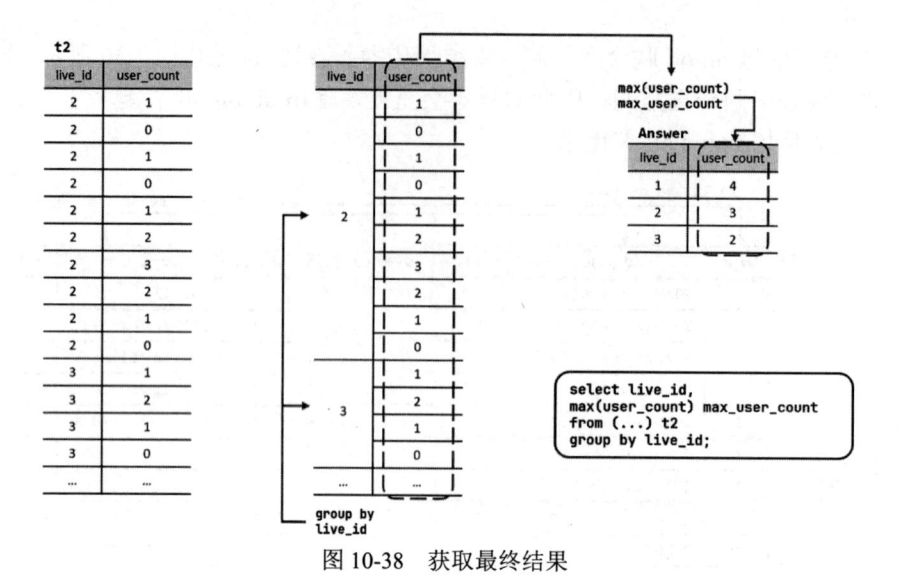

4. 代码实现

```
select
    live_id,
    max(user_count) max_user_count
from
(
    select
        user_id,
        live_id,
        sum(user_change) over(partition by live_id order by event_time) user_count
    from
    (
        select user_id,
               live_id,
               in_datetime event_time,
               1 user_change
        from live_events
        union all
        select user_id,
               live_id,
               out_datetime,
               -1
        from live_events
    )t1
)t2
group by live_id;
```

5. 查询结果

```
live_id max_user_count
1       4
2       3
3       2
Time taken: 50.979 seconds, Fetched: 3 row(s)
```

10.2.2　会话划分问题

1. 题目需求

现有页面访问记录表 page_view_events，其结构如表 10-8 所示。表中呈现了每名用户的每次页面访问记录。

表 10-8　页面访问记录表的结构

user_id （用户 id）	page_id （页面 id）	view_timestamp （访问时间戳）
100	home	1659950435
100	good_search	1659950446
100	good_list	1659950457
100	home	1659950541
100	good_detail	1659950552
100	cart	1659950563
101	home	1659950435
101	good_search	1659950446
101	good_list	1659950457
101	home	1659950541
101	good_detail	1659950552
101	cart	1659950563
102	home	1659950435
102	good_search	1659950446
102	good_list	1659950457
103	home	1659950541
103	good_detail	1659950552
103	cart	1659950563

现规定若同一用户的相邻 2 次访问记录的时间间隔小于 60s，则认为 2 次访问记录属于同一会话。现有如下需求，为属于同一会话的访问记录增加 1 个相同的会话 id（session_id）列，期望结果的表结构和部分结果如表 10-9 所示。

表 10-9　期望结果的表结构和部分结果

user_id （用户 id）	page_id （页面 id）	view_timestamp （访问时间戳）	session_id （会话 id）
100	home	1659950435	100-1
100	good_search	1659950446	100-1
100	good_list	1659950457	100-1
100	home	1659950541	100-2
100	good_detail	1659950552	100-2
100	cart	1659950563	100-2

2. 数据准备

（1）建表语句。

```
drop table if exists page_view_events;
create table if not exists page_view_events
(
    user_id        int comment '用户 id',
    page_id        string comment '页面 id',
    view_timestamp bigint comment '访问时间戳'
)
    comment '页面访问记录表';
```

243

（2）数据装载。
```
insert overwrite table page_view_events
values (100, 'home', 1659950435),
       (100, 'good_search', 1659950446),
       (100, 'good_list', 1659950457),
       (100, 'home', 1659950541),
       (100, 'good_detail', 1659950552),
       (100, 'cart', 1659950563),
       (101, 'home', 1659950435),
       (101, 'good_search', 1659950446),
       (101, 'good_list', 1659950457),
       (101, 'home', 1659950541),
       (101, 'good_detail', 1659950552),
       (101, 'cart', 1659950563),
       (102, 'home', 1659950435),
       (102, 'good_search', 1659950446),
       (102, 'good_list', 1659950457),
       (103, 'home', 1659950541),
       (103, 'good_detail', 1659950552),
       (103, 'cart', 1659950563);
```

3. 思路分析

只要同一用户的 2 条页面访问记录的时间差小于 60s，就被归为 1 个会话。显然，首先要获得用户每次访问和上次访问的时间差，这可以借助 lag 函数实现。

页面可以被分为 2 类：会话起始页和非起始页。前者与上次访问的时间差大于等于 60s，后者与上次浏览的时间差小于 60s。根据这个特点可以将二者区分开。

session_id 由 user_id 和 1 个递增序号拼接而成，会话起始时间越大，序号越大，并且同一会话所有页面的序号相同。将所有页面访问记录按照访问时间戳（view_timestamp）列升序排序，序号只有在遇到会话起始页时需要加 1。由此引出本题的解决思路，即根据当前浏览记录和上次浏览记录的时间差的不同，区分会话起始页和非起始页。定义 session_start_point 列，并为会话起始页赋值 1，为非起始页赋值 0。

详细的查询思路如下。

第一步：获取上次的页面访问时间（子查询 t1）。

使用窗口函数，按照 user_id 列分区、view_timestamp 列升序排序，并调用 lag 函数获取上一条数据的 view_timestamp 的值，得到 lagts 列，如图 10-39 所示。需要注意的是，当获取用户首次浏览的上次访问时间时，返回值默认为 null，为便于计算，此处赋默认值 0，将此时得出的结果记为子查询 t1。此时当前行减去上一行的时间差远大于 60s，首次访问必然会被视为会话起始页，与事实相符。

第二步：计算 session_start_point（子查询 t2）。

定义 session_start_point 列，使用 if 函数对当前浏览记录和上次浏览记录的时间差进行判断，当 view_timestamp 列与 lagts 列的差值大于 60 时，为 session_start_point 赋值为 1，否则赋值为 0，并将其记为子查询 t2。子查询 t2 的查询思路如图 10-40 所示。

第三步：使用窗口函数，按照 user_id 列分区，按照 view_timestamp 列升序排序，使用 sum 函数统计截至当前行的 session_start_point 列的和，将得到的结果记为 total_point，如图 10-41 所示。将 user_id 列与 total_point 列拼接得到 session_id 列，即需要获取的最终结果，如图 10-42 所示。

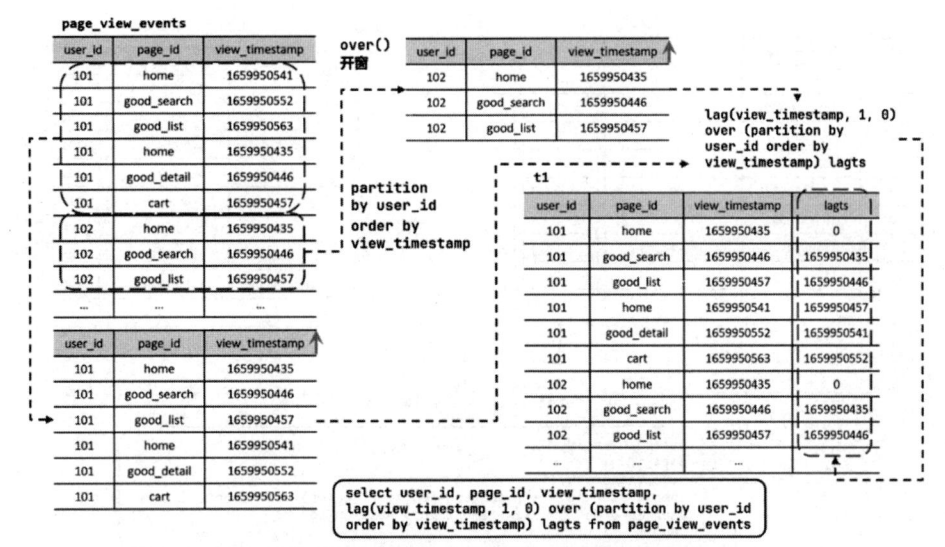

图 10-39　使用窗口函数获取上次页面访问时间

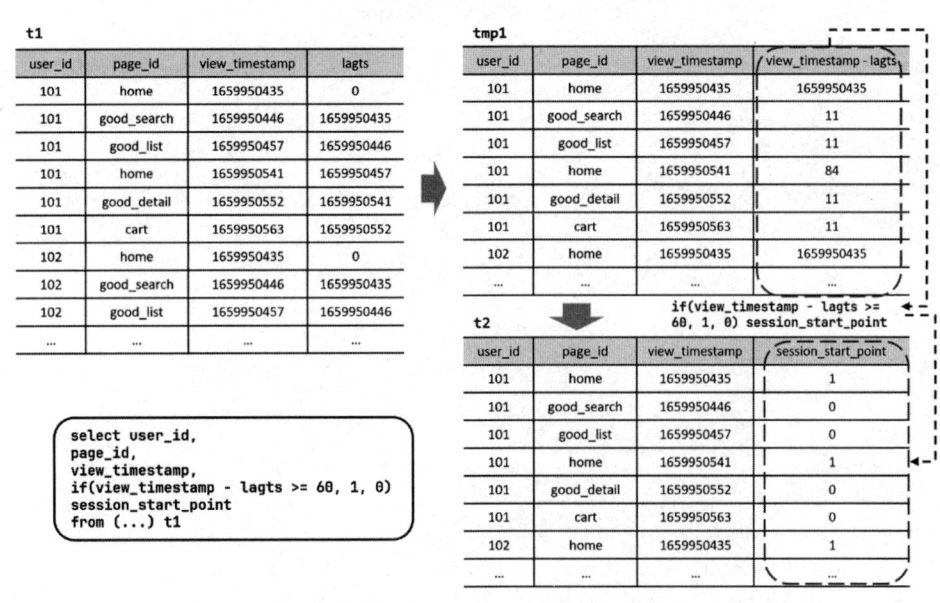

图 10-40　子查询 t2 的查询思路

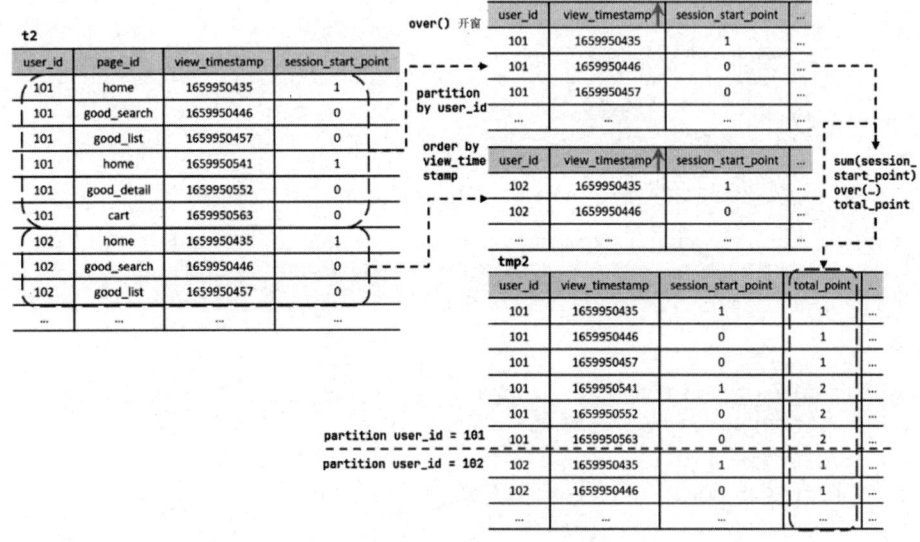

图 10-41　计算 total_point 列

245

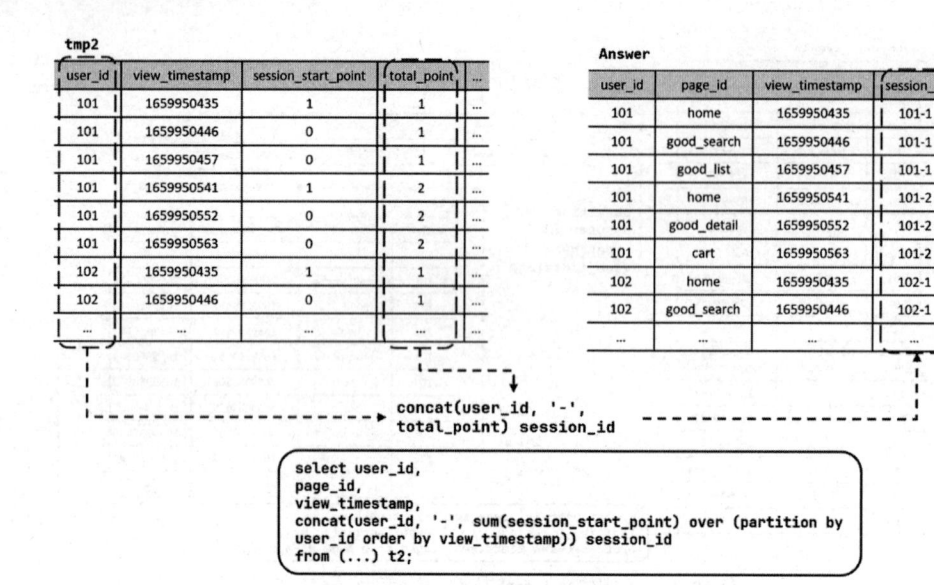

图 10-42　拼接得到 session_id

4. 代码实现

```
select user_id,
       page_id,
       view_timestamp,
       concat(user_id, '-'
, sum(
session_start_point)
 over (
partition by user_id order by view_timestamp)
) session_id
from (
        select user_id,
            page_id,
            view_timestamp,
            if(view_timestamp - lagts >= 60, 1, 0) session_start_point
        from (
            select user_id,
                page_id,
                view_timestamp,
                lag(
view_timestamp, 1, 0)
 over (
partition by user_id order by view_timestamp) lagts
            from page_view_events
        ) t1
    ) t2;
```

5. 查询结果

user_id	page_id	view_timestamp	session_id
100	home	1659950435	100-1
100	good_search	1659950446	100-1
100	good_list	1659950457	100-1
100	home	1659950541	100-2

```
100        good_detail  1659950552        100-2
100        cart         1659950563        100-2
101        home         1659950435        101-1
101        good_search  1659950446        101-1
101        good_list    1659950457        101-1
101        home         1659950541        101-2
101        good_detail  1659950552        101-2
101        cart         1659950563        101-2
102        home         1659950435        102-1
102        good_search  1659950446        102-1
102        good_list    1659950457        102-1
103        home         1659950541        103-1
103        good_detail  1659950552        103-1
103        cart         1659950563        103-1
Time taken: 53.458 seconds, Fetched: 18 row(s)
```

10.2.3 间断连续登录用户问题

1. 题目需求

现有各用户的登录记录表 login_events，其结构如表 10-10 所示，表中每行数据表达的信息是一名用户在何时登录了平台。

表 10-10 登录记录表的结构

user_id （用户 id）	login_datetime （登录时间）
100	2021-12-01 19:00:00
100	2021-12-01 19:30:00
100	2021-12-02 21:01:00

现要求统计各用户的最长连续登录天数，间断一天也算作连续，例如，若一名用户在 1,3,5,6 登录，则视为连续 6 天登录。

2. 数据准备

（1）建表语句。

```
drop table if exists login_events;
create table if not exists login_events
(
    user_id         int comment '用户 id',
    login_datetime  string comment '登录时间'
)
    comment '登录记录表';
```

（2）数据装载。

```
INSERT overwrite table login_events
VALUES (100, '2021-12-01 19:00:00'),
       (100, '2021-12-01 19:30:00'),
       (100, '2021-12-02 21:01:00'),
       (100, '2021-12-03 11:01:00'),
       (101, '2021-12-01 19:05:00'),
```

```
(101, '2021-12-01 21:05:00'),
(101, '2021-12-03 21:05:00'),
(101, '2021-12-05 15:05:00'),
(101, '2021-12-06 19:05:00'),
(102, '2021-12-01 19:55:00'),
(102, '2021-12-01 21:05:00'),
(102, '2021-12-02 21:57:00'),
(102, '2021-12-03 19:10:00'),
(104, '2021-12-04 21:57:00'),
(104, '2021-12-02 22:57:00'),
(105, '2021-12-01 10:01:00');
```

3. 思路分析

（1）知识储备。

last_value(a, true)：获取当前窗口内最后一条数据的 a 列的值，true 表示忽略 null。

（2）执行步骤。

与上一题相同，本题体现的也是会话划分问题。首先使用窗口函数获取上次登录日期，通过当前日期与上次登录日期的差值划分连续登录会话；其次按照会话分组，求得每次会话的首次登录日期和末次登录日期，即可获得持续天数；最后取所有会话持续天数的最大值。

第一步：将粒度聚合为 user_id+login_dt（子查询 t1）。

按照 user_id 列和格式化后的 login_dt 列分组，并选取分区列，如图 10-43 所示。

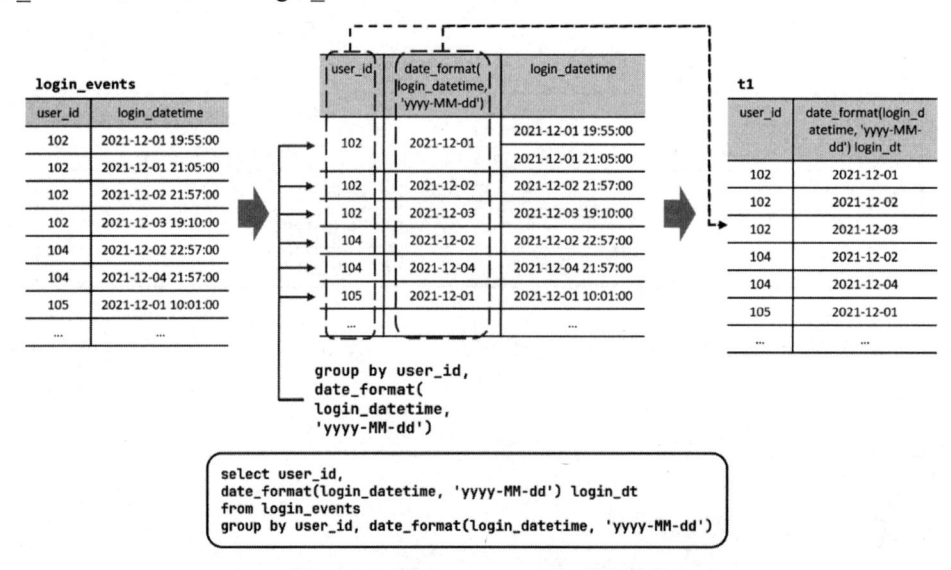

图 10-43 聚合 login_events 表的粒度

第二步：计算本次登录日期和上次登录日期的天数差 diff（子查询 t2）。

① 通过 lag 函数获取同一用户每个登录日期的上次登录日期。

② 计算本次登录日期和上次登录日期的天数差 diff，如图 10-44 所示。需要注意的是，首次登录日期的上次登录日期为 null，如果直接调用 datediff 函数求解，就会抛出异常，因此在使用 lag 函数时要为其赋默认值 "0000-00-00"，默认值的选择不能影响结果的正确性，下文详解。

第三步：划分会话。

上一题我们介绍了一种划分会话的方式，此处介绍第二种。

定义 dt 列，对 diff 列的值进行判断，根据判断结果为 dt 列赋值。如果 diff 大于 2，那么当日就是会话的起始登录日期，此时将 dt 赋值为当日的日期，否则为 null。

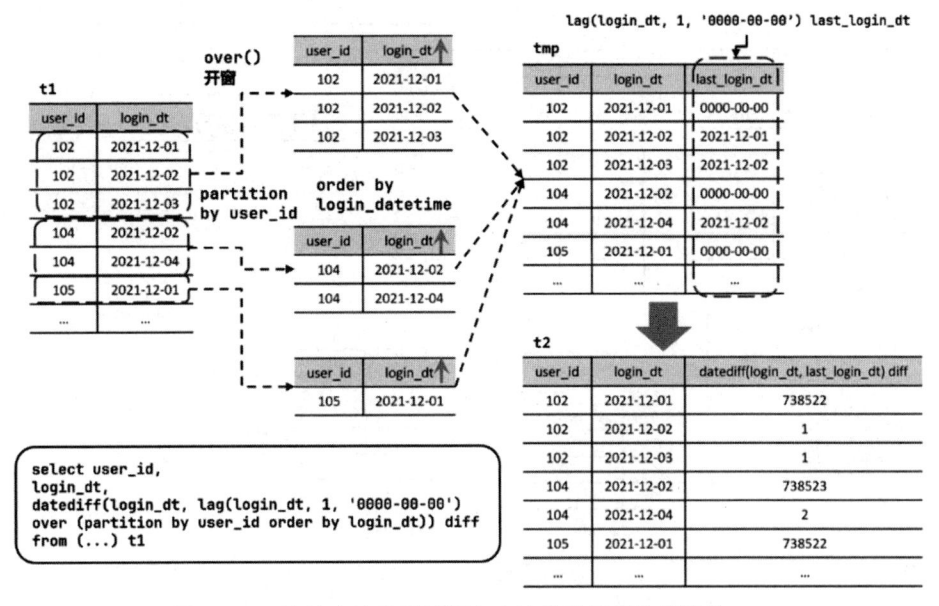

图 10-44　计算本次登录日期和上次登录日期的天数差 diff

针对上述查询结果执行窗口函数，按照 user_id 列分区、login_dt 列升序排序，并调用 last_value 函数取当前窗口范围内 dt 列的最后一条不为 null 的数据，这样一来，处于相同会话的数据，返回值也相同，将其记为 group_dt，如图 10-45 所示。

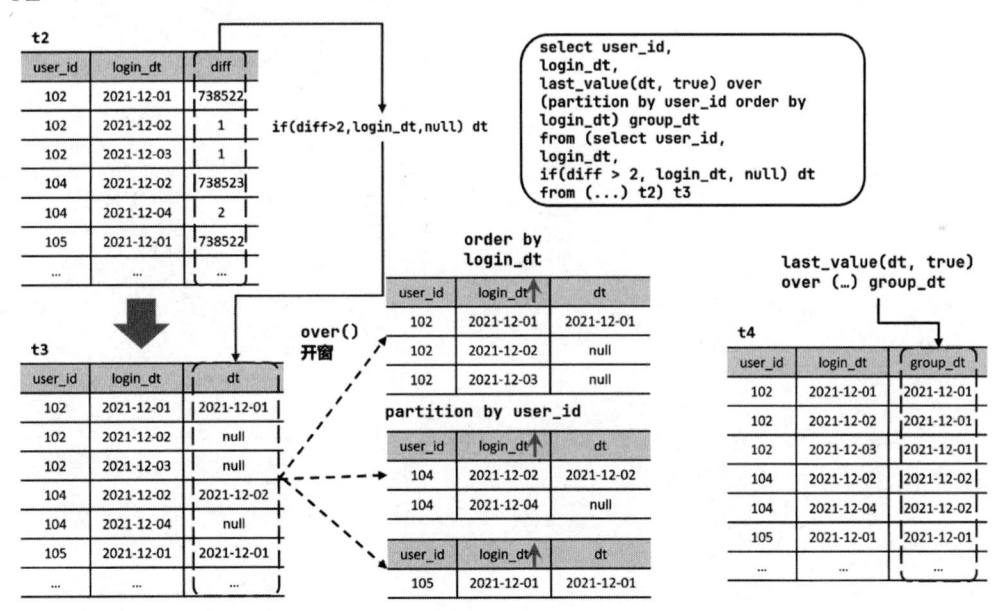

图 10-45　划分会话

显然，每名用户的首次登录日期一定为登录会话的起始日期，只要保证它与上次登录日期的天数差大于 2 即可，因此上一步将 lag 函数的默认值设定为 "0000-00-00" 是可行的。

第四步：获取最终结果。

按照 user_id 列和 group_dt 列分组，计算会话内最大登录日期和最小登录日期的天数差，将计算得出的天数差再加 1，即为该会话的持续天数，取同一用户所有会话持续天数的最大值即为最终结果，其获取过程如图 10-46 所示。

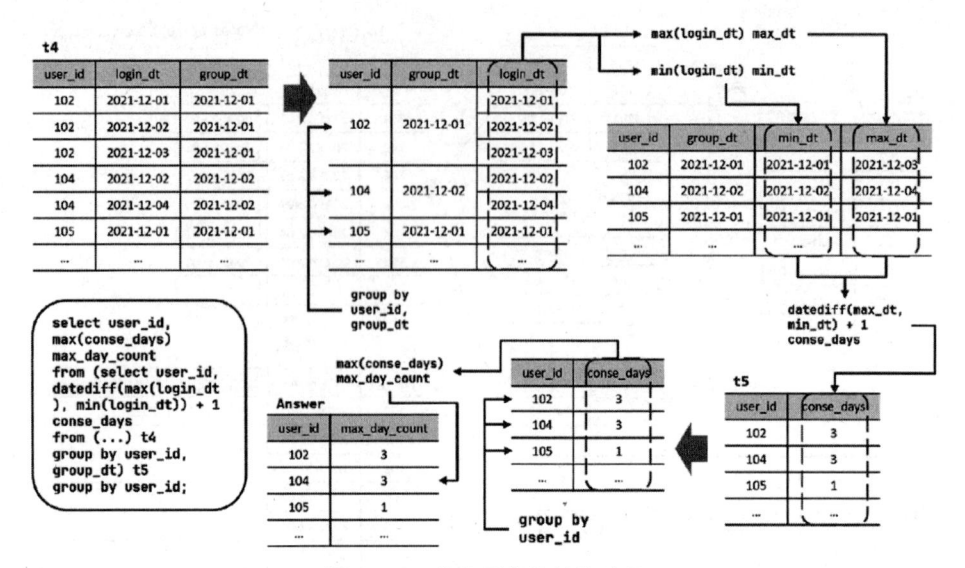

图 10-46 获取最终结果的过程

4. 代码实现

```
select
    user_id,
    max(recent_days) max_recent_days   --求出每名用户最长连续登录天数
from
(
    select
        user_id,
        user_flag,
        datediff(max(login_date),min(login_date)) + 1 recent_days --按照分组求每名用户每次连续登录的天数(记得加1)
    from
    (
        select
            user_id,
            login_date,
            lag1_date,
            concat(user_id,'_',flag) user_flag --拼接用户和标签分组
        from
        (
            select
                user_id,
                login_date,
                lag1_date,
                sum(if(datediff(login_date,lag1_date)>2,1,0)) over(partition by user_id order by login_date) flag   --获取大于2的标签
            from
            (
                select
                    user_id,
                    login_date,
                    lag(login_date,1,'1970-01-01') over(partition by user_id order by login_date) lag1_date   --获取上次登录日期
                from
```

```
                    (
                        select
                            user_id,
                            date_format(login_datetime,'yyyy-MM-dd') login_date
                        from login_events
                        group by user_id,date_format(login_datetime,'yyyy-MM-dd')  --按照用户id和
日期分组
                    )t1
                )t2
            )t3
        )t4
        group by user_id,user_flag
)t5
group by user_id;
```

5. 查询结果

```
user_id max_recent_days
100     3
101     6
102     3
104     3
105     1
Time taken: 75.898 seconds, Fetched: 5 row(s)
```

10.2.4 日期交叉问题

1. 题目需求

现有各品牌优惠周期表 promotion_info，其结构如表 10-11 所示。表中记录了每个品牌的每个优惠活动的周期，其中，同一品牌的不同优惠活动的周期可能存在交叉。

表 10-11 各品牌优惠周期表的结构

promotion_id（优惠活动id）	brand（优惠品牌）	start_date（优惠活动开始日期）	end_date（优惠活动结束日期）
1	oppo	2021-06-05	2021-06-09
2	oppo	2021-06-11	2021-06-21
3	vivo	2021-06-05	2021-06-15

现要求统计每个品牌的优惠总天数，若某个品牌在同一天有多个优惠活动，则只按一天计算。

2. 数据准备

（1）建表语句。

```
drop table if exists promotion_info;
create table promotion_info
(
    promotion_id string comment '优惠活动id',
    brand        string comment '优惠品牌',
    start_date   string comment '优惠活动开始日期',
    end_date     string comment '优惠活动结束日期'
) comment '各品牌优惠周期表';
```

（2）数据装载。
```
insert overwrite table promotion_info
values (1, 'oppo', '2021-06-05', '2021-06-09'),
       (2, 'oppo', '2021-06-11', '2021-06-21'),
       (3, 'vivo', '2021-06-05', '2021-06-15'),
       (4, 'vivo', '2021-06-09', '2021-06-21'),
       (5, 'redmi', '2021-06-05', '2021-06-21'),
       (6, 'redmi', '2021-06-09', '2021-06-15'),
       (7, 'redmi', '2021-06-17', '2021-06-26'),
       (8, 'huawei', '2021-06-05', '2021-06-26'),
       (9, 'huawei', '2021-06-09', '2021-06-15'),
       (10, 'huawei', '2021-06-17', '2021-06-21');
```

3. **思路分析**

分析题意可知，只要调整区间范围使区间不存在交叉，同时统计每个区间的持续天数，最后对天数求和，即可得到想要的结果。

第一步：获取截至当前的历史优惠活动的最大结束日期（子查询 t1）。

要想找到所有存在交叉的区间，只要判断每个区间和历史区间是否存在交叉即可。而某个区间和历史区间存在交叉，就等价于该区间历史优惠活动的 end_date 的最大值大于等于当前优惠活动的 start_date。因此，首先需要获取截至当前的历史优惠活动的 end_date 的最大值。

使用窗口函数，按照 brand 列分区、start_date 列排序，限定窗口范围为第一行至当前行的前一行，调用 max 函数计算结束日期 end_date 的最大值，即可获取截至当前的历史优惠活动的最大结束日期（max_end_date），并将其作为子查询 t1，如图 10-47 所示。

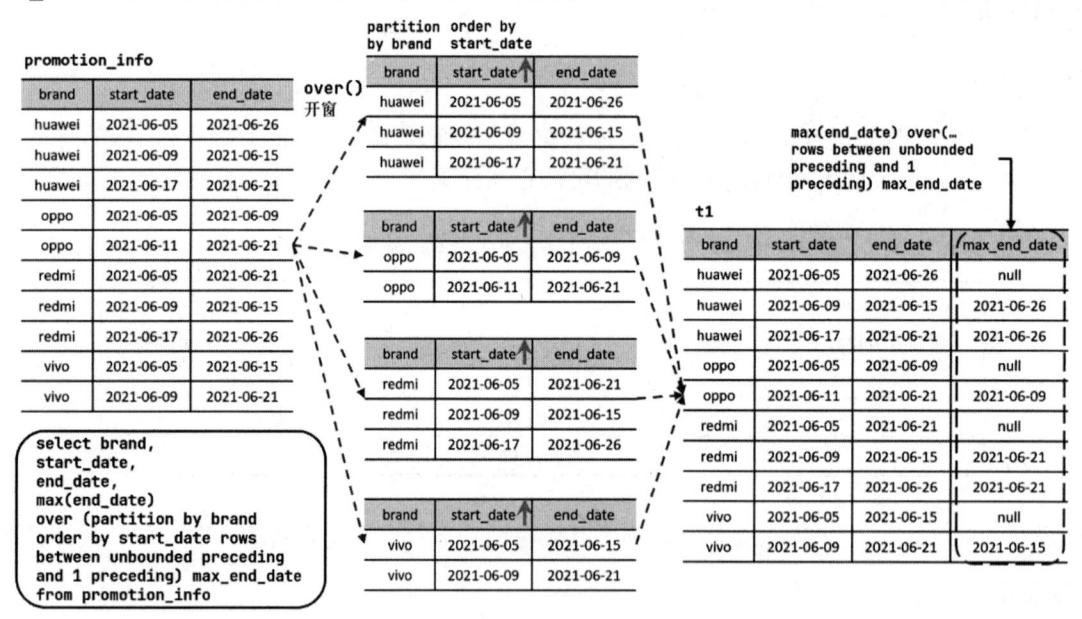

图 10-47　获取截至当前的历史优惠活动的最大结束日期

第二步：处理交叉区间（子查询 t2）。

对子查询 t1 的 max_end_date 列进行判断，max_end_date 列存在以下三种情况。

① 若 max_end_date 为空，则说明是该品牌的第一次促销活动，start_date 不变。

② 若 max_end_date 小于 start_date，则说明本次活动区间与历史活动无交叉，start_date 不变。

③ 若 max_end_date 大于 start_date，则说明存在区间交叉，应将 start_date 赋值为 max_end_date 再加 1。

判断处理过程如图 10-48 所示。

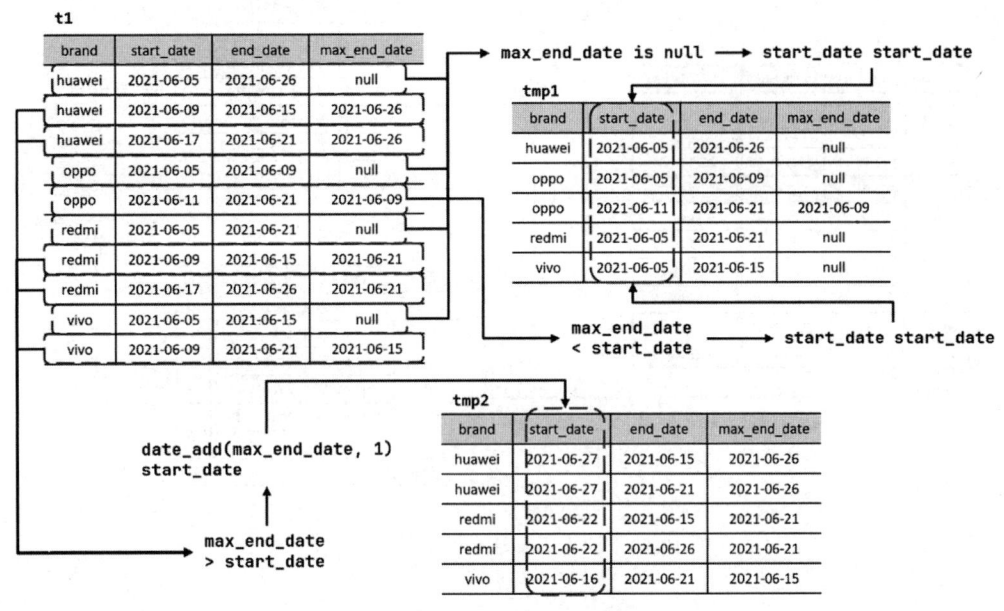

图 10-48　判断处理过程

经过上述处理，交叉区间的交集为空，并集连续，将得出的结果作为子查询 t2，如图 10-49 所示。

图 10-49　子查询 t2 的获取过程

第三步：获取最终结果。

区间交叉有一种特殊情况，即某个区间被另外的区间包含，此时经过第二步的处理，该区间的 start_date 会大于 end_date，这部分活动区间是可以舍弃的，因为该活动的所有日期都会被统计在其他活动区间中。因此，这里筛选 start_date 小于等于 end_date 的区间，并使用 datediff 函数计算每个活动区间的持续天数，如图 10-50 所示。按照 brand 列分组求和，即可获取最终结果，如图 10-51 所示。

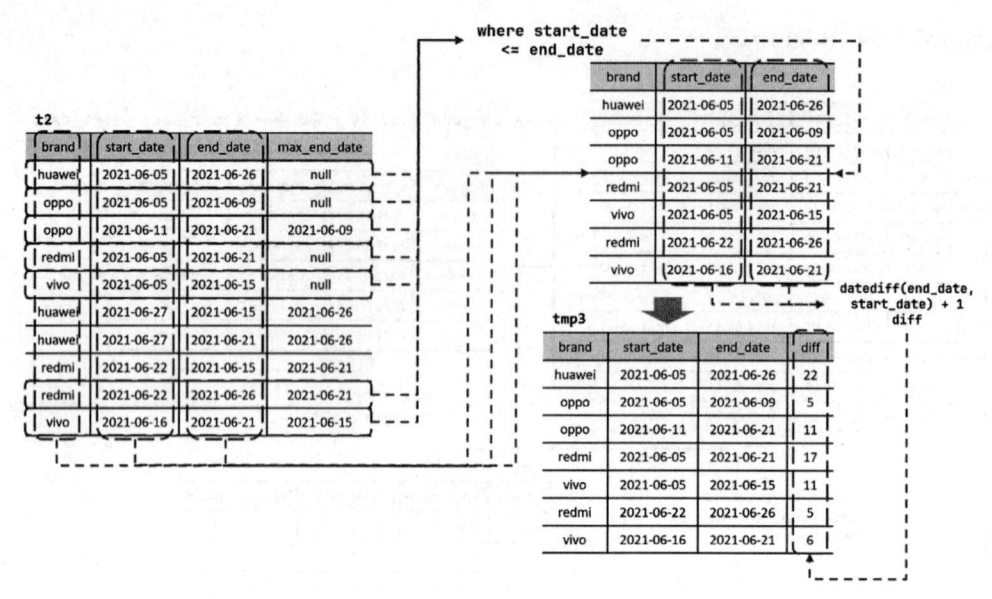

图 10-50 计算每个活动区间的持续天数

图 10-51 获取最终结果

4. 代码实现

```
select
    brand,
    sum(datediff(
end_date,start_date)
+1) promotion_day_count
from
(
    select
        brand,
        max_end_date,
        if(max_end_date is null or start_date>max_end_date,start_date,date_add(
max_end_date,1)
) start_date,
```

```
            end_date
        from
        (
            select
                brand,
                start_date,
                end_date,
                max(end_date)
 over(partition by brand order by start_date rows between unbounded preceding and 1 preceding) max_end_date
            from promotion_info
        )t1
)t2
where end_date>start_date
group by brand;
```

5. 查询结果

```
brand    promotion_day_count
huawei   22
oppo     16
redmi    22
vivo     17
Time taken: 47.288 seconds, Fetched: 4 row(s)
```

10.3 本章总结

本章的练习题数量并不多，但是每一道都是笔者精心挑选后给出的。10.1 节的练习题同第 8 章的练习题一样，都基于一整套完整的电商行业数据表进行设计。读者通过练习这些题目，不仅可以锻炼对 Hive 查询语句的使用，还可以增加对电商行业的了解。10.2 节的面试真题则是从各大互联网企业的 Hive 面试题目中挑选出来的，题目十分典型。

第11章 分区表和分桶表

本章将着重介绍 Hive 中的分区表和分桶表，这是 Hive 中非常重要的概念和功能，对于处理大规模数据和提高查询性能都有非常重要的作用。分区表和分桶表可以帮助我们更好地组织和管理数据，以及更快地查询数据，对于处理复杂的业务场景和分析海量的数据很有帮助。在本章中，我们将深入探讨分区表和分桶表的概念、使用方法和最佳实践，希望读者能够通过学习本章内容，掌握分区表和分桶表的使用方法。

11.1 分区表

通过使用 partitioned by 子句可以创建分区表，partitioned by 后面是分区列，一个表可以有一个或多个分区列，Hive 可以为分区列的每个不同的列组合创建一个单独的数据目录。通过分区，Hive 可以将一张大表的数据根据业务需要分散存储到多个目录中，当用户通过 where 子句选择要查询的分区后，就不会查询其他分区的数据，大大提高了查询效率，分散了 Hive 的查询压力。

11.1.1 分区表基本语法

1. 创建分区表

创建分区表的具体语法如下，下方创建了一个分区列为 day 的 user_login_partition 表。

```
hive (default)>
create table user_login_partition(
    user_id string,         --用户id
    ip_address string,      --ip地址
    login_ts string,        --登录时间
    logout_ts string        --登出时间
)
partitioned by (day string)
row format delimited fields terminated by '\t';
```

2. 导入数据

向分区表中导入数据的方式有两种，分别是使用 load 命令和 insert 语句。

（1）方式一：使用 load 命令。

在/opt/module/hive/datas/路径上创建文件 user_login_20230401.log，并输入如下内容。

```
[atguigu@hadoop102 datas]$ vim user_login_20230401.log

101 180.149.130.161 2023-03-21 08:00:00 2023-03-27 08:30:00
```

```
101 180.149.130.161 2023-03-27 08:00:00 2023-03-27 08:30:00
101 180.149.130.161 2023-03-28 09:00:00 2023-03-28 09:10:00
101 180.149.130.161 2023-03-29 13:30:00 2023-03-29 13:50:00
101 180.149.130.161 2023-03-30 20:00:00 2023-03-30 20:10:00
102 120.245.11.2    2023-03-22 09:00:00 2023-03-27 09:30:00
102 120.245.11.2    2023-04-01 08:00:00 2023-04-01 08:30:00
102 180.149.130.174 2023-04-01 07:50:00 2023-04-01 08:20:00
102 120.245.11.2    2023-04-02 08:00:00 2023-04-02 08:30:00
```

执行以下数据装载命令，将 user_login_20230401.log 文件装载到 user_login_partition 表中。

```
hive (default)>
load data local inpath '/opt/module/hive/datas/user_login_20230401.log'
into table user_login_partition
partition(day='20230401');
```

（2）方式二：使用 insert 语句。

将 day='20230401'分区的数据插入到 day='20230402'分区中，插入语句如下。

```
hive (default)>
insert overwrite table user_login_partition partition (day = '20230402')
select user_id, ip_address, login_ts, logout_ts
from user_login_partition
where day = '20230401';
```

3. 查询数据

在查询分区表数据时，可以将分区列看作表的伪列，并且可以像使用其他列一样使用分区列。

```
select user_id, ip_address, login_ts, logout_ts
from user_login_partition
where day = '20230401';
```

4. 分区表基本操作

（1）查看所有分区信息。

```
hive (default)> show partitions user_login_partition;
OK
partition
day=20230401
day=20230402
day=__HIVE_DEFAULT_PARTITION__
Time taken: 0.407 seconds, Fetched: 3 row(s)
```

（2）创建分区。

① 创建单个分区。

```
hive (default)>
alter table user_login_partition
add partition(day='20230403');
```

② 同时创建多个分区（分区之间不能有逗号）。

```
hive (default)>
alter table user_login_partition
add partition(day='20230404') partition(day='20230405');
```

（3）删除分区。

① 删除单个分区。

```
hive (default)>
alter table user_login_partition
drop partition (day='20230403');
```

② 同时删除多个分区（分区之间必须有逗号）。

```
hive (default)>
alter table user_login_partition
drop partition (day='20230404'), partition(day='20230405');
```

（4）修复分区。

Hive 将分区表的所有分区信息都保存在元数据中，只有元数据与 HDFS 上的分区路径一致时，分区表才能正常读写数据。例如，用户手动创建或删除分区路径，Hive 都无法感知，这会导致 Hive 的元数据和 HDFS 的分区路径不一致；再如，若分区表为外部表，在用户执行 drop partition 命令后，分区元数据会被删除，而 HDFS 的分区路径不会被删除，这同样会导致 Hive 的元数据和 HDFS 的分区路径不一致。那么，在这种情况下，可以通过哪些手段修复呢？

若出现元数据和 HDFS 路径不一致的情况，则可通过如下几种手段进行修复。

① 手动添加分区元数据。

若手动创建了 HDFS 的分区路径，Hive 无法识别，则可同样通过 alter table add partitions 命令增加分区元数据信息，从而使元数据和分区路径保持一致。

② 手动删除分区元数据。

若手动删除了 HDFS 的分区路径，Hive 无法识别，则可同样通过 alter table drop partitions 命令删除分区元数据信息，从而使元数据和分区路径保持一致。

③ msck 命令。

若分区元数据和 HDFS 的分区路径不一致，则可以使用 msck 命令进行修复，以下是该命令的用法说明。

```
hive (default)>
msck repair table table_name [add/drop/sync partitions];
```

具体说明如下。

- msck repair table table_name add partitions：该命令会增加 HDFS 分区路径中存在但元数据缺失的分区信息。
- msck repair table table_name drop partitions：该命令会删除 HDFS 分区路径已经删除但元数据仍然存在的分区信息。
- msck repair table table_name sync partitions：该命令会同步 HDFS 分区路径和元数据分区信息，相当于同时执行上述两个命令。
- msck repair table table_name：其等价于 msck repair table table_name add partitions 命令。

11.1.2 二级分区表

在 11.1.1 节中，我们创建了 user_login_partition 表并按 day 列进行了分区，这样每一个分区中保存的就是当日的数据。

请思考，如果一天内的数据量依然很大，是否可以继续对数据进行拆分？答案是可以。Hive 提供了二级分区表，其分区列可以有多个。以 user_login_partition 表为例，可以在按 day 列分区的基础上，对每天的数据按 hour 进行分区。

二级分区表的建表语句如下，分区列之间使用逗号分隔。

```
hive (default)>
create table user_login_partition2(
    user_id string,        --用户 id
    ip_address string,     --ip 地址
    login_ts string,       --登录时间
    logout_ts string       --登出时间
)
```

```
partitioned by (day string, hour string)
row format delimited fields terminated by '\t';
```

向二级分区表装载数据的命令如下。

```
hive (default)>
load data local inpath '/opt/module/hive/datas/user_login_20230401.log'
into table user_login_partition2
partition(day='20230401', hour='12');
```

查询二级分区表数据的语句如下。

```
hive (default)>
select
    *
from user_login_partition2
where day='20230401' and hour='12';
```

11.1.3 动态分区

动态分区是指在分区表中插入数据时，不由用户指定插入的分区，而是由每行数据的最后一列的值来动态地决定分区。在使用动态分区时，可只用一个插入（insert）语句就将数据写入多个分区。

1. 动态分区功能相关参数

（1）动态分区功能开关的默认值为 true，表示开启。
```
set hive.exec.dynamic.partition=true
```
（2）严格模式和非严格模式。

动态分区的模式默认为 strict（严格模式），要求必须指定至少一个分区为静态分区，而 nonstrict（非严格模式）允许所有的分区列都使用动态分区。可以想到，在严格模式下，动态分区的应用将受到限制，因此在使用动态分区时，需要将其设置为非严格模式。
```
set hive.exec.dynamic.partition.mode=nonstrict
```
（3）设置一条插入语句可同时创建的最大的分区个数，默认值为 1000。
```
set hive.exec.max.dynamic.partitions=1000
```
（4）设置单个 Map 任务或 Reduce 任务可同时创建的最大的分区个数，默认值为 100。
```
set hive.exec.max.dynamic.partitions.pernode=100
```
（5）设置一条插入语句可以创建的最大的文件个数，默认值 100000。
```
hive.exec.max.created.files=100000
```
（6）设置当查询结果为空，并且进行动态分区时，是否抛出异常，默认为 false。
```
hive.error.on.empty.partition=false
```

2. 案例实操

需求：创建一个动态分区表 user_login_partition_dynamic，分区列为 user_id 列。将 user_login_partition 表中的数据按照 user_id 列，插入 user_login_partition_dynamic 表的相应分区。

（1）创建动态分区表 user_login_partition_dynamic，分区列为 user_id 列。
```
hive (default)>
create table user_login_partition_dynamic(
    ip_address string,   --ip 地址
    login_ts string,     --登录时间
    logout_ts string     --登出时间
)
partitioned by (user_id string)
row format delimited fields terminated by '\t';
```

（2）设置动态分区，并为其设置非严格模式。查询 user_login_partition 表的数据并以动态分区的形式将其插入 user_login_partition_dynamic 表。需要注意的是，在使用动态分区的形式插入数据时，需要将分区列置于 select 子句的最后。

```
set hive.exec.dynamic.partition.mode = nonstrict;
hive (default)>
insert into table user_login_partition_dynamic
partition(user_id)
select
    ip_address,
    login_ts,
    logout_ts,
    user_id
from user_login_partition;
```

（3）查看 user_login_partition_dynamic 表的分区情况。可以看到，按照 user_id 的不同，生成了两个不同的分区。

```
hive (default)> show partitions user_login_partition_dynamic;
OK
partition
user_id=101
user_id=102
Time taken: 0.77 seconds, Fetched: 2 row(s)
```

11.2 分桶表

分区表为用户提供了隔离数据和优化查询的便利方式。不过，并非所有的数据集都可以形成合理的分区。对于一张表或一个分区，Hive 可以进一步将其组织成桶（分桶），也就是进行更细粒度的数据范围划分。分区针对的是数据的存储路径，分桶则针对的是数据文件。

分桶表的基本原理是，首先为每行数据计算一个指定列的数据的 hash 值，其次对一个指定的分桶数取模，最后将取模运算结果相同的行写入同一个文件，这个文件就被称为一个分桶（bucket）。

11.2.1 分桶表基本语法

使用 cluster by 子句创建分桶表，建表语句如下所示。

```
hive (default)>
create table stu_buck(
    id int,
    name string
)
clustered by(id)
into 4 buckets
row format delimited fields terminated by '\t';
```

向分桶表插入数据的过程如下。

（1）在/opt/module/hive/datas/路径上创建 student.txt 文件，并输入如下内容。

```
1001    student1
1002    student2
1003    student3
```

```
1004    student4
1005    student5
1006    student6
1007    student7
1008    student8
1009    student9
1010    student10
1011    student11
1012    student12
1013    student13
1014    student14
1015    student15
1016    student16
```

（2）执行以下命令，将数据导入分桶表。

说明：从 Hive3.x 版本开始，执行 load 命令即可直接将数据导入分桶表，此前版本的 Hive 则需要先将数据加载到一张中间表中，再通过查询的方式将其导入分桶表。

```
hive (default)>
load data local inpath '/opt/module/hive/datas/student.txt'
into table stu_buck;
```

（3）查看分桶表的 HDFS 存储路径，确认是否已将数据文件分成 4 个桶，如图 11-1 所示。

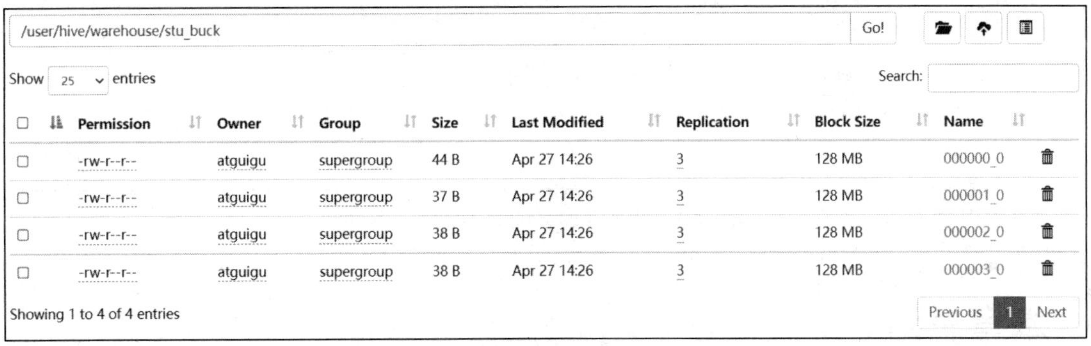

图 11-1　分桶表的 HDFS 存储路径

（4）点击图 11-1 中的每个数据文件，观察每个分桶中的数据。

11.2.2　分桶排序表

Hive 的分桶排序表是一种优化技术，用于提高大数据存储和查询的效率。它将数据表按照指定的列进行分桶，每个桶内的数据再按照指定的列进行排序，这样就可以在查询时快速定位到需要的数据，减少数据扫描的时间。

分桶排序表的建表语句如下所示。

```
hive (default)>
create table stu_buck_sort(
    id int,
    name string
)
clustered by(id) sorted by(id)
into 4 buckets
row format delimited fields terminated by '\t';
```

其中，clustered by 关键字用来指定按照哪个列进行分桶，sorted by 关键字用来指定在每个桶内按照哪个列进行排序。

使用分桶排序表的主要优点是，可以提高查询效率，特别是在数据量较大的情况下。相较于无序表，分桶排序表在查询时可以跳过不需要的数据，减少数据扫描的时间。

需要注意的是，分桶排序表的创建需要根据实际情况选择合适的分桶和排序列，不当的选择可能会导致查询效率降低，甚至无法使用。另外，分桶排序表的维护需要消耗一定的资源，包括磁盘空间和计算资源，因此需要在性能和成本之间作出权衡。

向分桶排序表中插入数据的过程如下。

（1）将 student.txt 文件导入分桶排序表 stu_buck_sort。

```
hive (default)>
load data local inpath '/opt/module/hive/datas/student.txt'
into table stu_buck_sort;
```

（2）查看创建的分桶排序表 stu_buck_sort 的 HDFS 存储路径，确认数据文件是否已分成 4 个桶，如图 11-2 所示。点击每个数据文件，查看其中的数据是否已经排序。

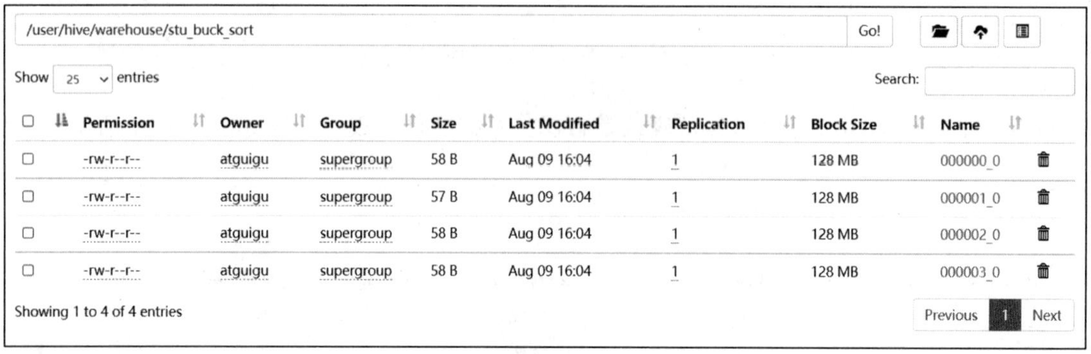

Permission	Owner	Group	Size	Last Modified	Replication	Block Size	Name
-rw-r--r--	atguigu	supergroup	58 B	Aug 09 16:04	1	128 MB	000000_0
-rw-r--r--	atguigu	supergroup	57 B	Aug 09 16:04	1	128 MB	000001_0
-rw-r--r--	atguigu	supergroup	58 B	Aug 09 16:04	1	128 MB	000002_0
-rw-r--r--	atguigu	supergroup	58 B	Aug 09 16:04	1	128 MB	000003_0

图 11-2　分桶排序表的 HDFS 存储路径

11.3　本章总结

本章主要介绍了 Hive 中的分区表和分桶表。分区表可以将数据分成多个分区，便于查询和管理数据；分桶表则是在分区表的基础上，将每个分区内的数据进一步划分成桶，可以提升查询性能。

本章首先介绍了分区表和分桶表的概念和使用方法，其次深入讲解了如何创建、修改、查询和删除分区表和分桶表，以及如何在 Hive 中使用它们进行数据处理和查询。通过本章的学习，读者应该已经掌握了使用 Hive 中的分区表和分桶表进行数据处理和查询的技能，为进一步深入学习和使用 Hive 奠定了基础。

第12章 文件格式和压缩

本章我们重点讲解与 Hive 的文件格式和压缩相关的内容。Hive 的文件格式是操作数据的基础，选用合适的文件存储格式和压缩算法，可以有效提高数据分析效率和空间使用效率。本章将要讲解的 Hive 的文件格式包括最主要的三种文本文件格式：Text File、ORC 和 Parquet。Hive 能采用的压缩算法和 Hadoop 能使用的压缩算法是统一的，因为 Hive 的存储是基于 HDFS 进行的。通过学习本章，读者可以掌握不同文件存储格式的优缺点，以及对应的可以采用的压缩算法。

12.1 文件格式

Hive 中的表在 HDFS 中都是一个个数据文件，为 Hive 中的数据选择一个恰当的文件格式，可以大大提高查询性能。Hive 支持的数据存储格式有 Text File、ORC、Parquet、Sequence File 等。

12.1.1 Text Flile

文本文件格式 Text File 是 Hive 默认使用的文件格式，文本文件中的一行内容，就对应 Hive 表中的一行记录。

可以通过以下建表语句将文件格式指定为 Text File。

```
create table textfile_table
(column_specs)
stored as textfile;
```

12.1.2 ORC

ORC（Optimized Row Columnar）是 Hive0.11 版本引入的一种列式存储文件格式。ORC 文件格式能够提高 Hive 读写数据和处理数据的性能。

与列式存储相对的是行式存储，如图 12-1 所示为列式存储与行式存储的对比。

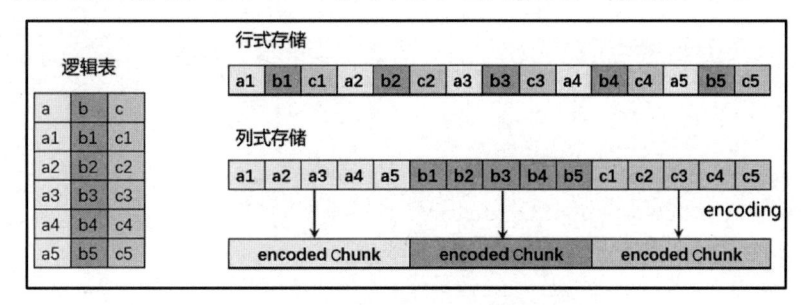

图 12-1 列式存储与行式存储的对比

在图 12-1 中，左边为逻辑表，共有 a、b、c 三个列，右侧上部为行式存储，右侧下部为列式存储。

当查询满足条件的一整行数据时，行式存储只需要找到其中一个值，就会发现其余的值都在相邻的地方。而列式存储则需要在每个聚集的列中找到对应的每个列的值。在这种查询场景下，行式存储查询的速度更快。

因为列式存储的每个列的数据都是聚集存储的，所以在只需要查询少数几列的时候，能大大减少读取的数据量；又因为每个列的数据类型一定是相同的，所以列式存储可以有针对性地设计更好的压缩算法。

前文提到的 Text File 就是基于行式存储的文件格式，ORC 和 Parquet 则是基于列式存储的文件格式。ORC 文件的具体结构如图 12-2 所示。

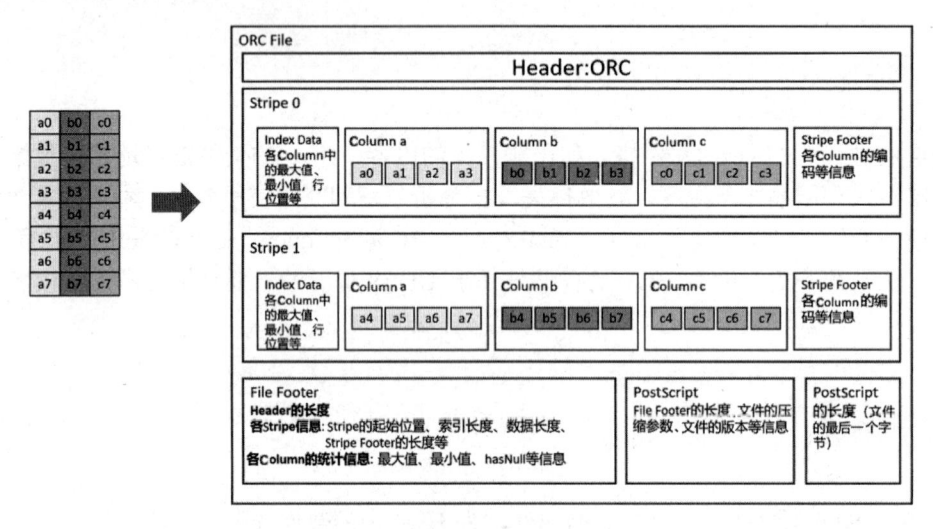

图 12-2 ORC 文件的具体结构

每个 ORC 格式的文件均由 Header、Body 和 Tail 三部分组成。

（1）Header 的内容为 ORC，用于表示文件类型。

（2）Body 由一个或多个 Stripe 组成，每个 Stripe 一般为 HDFS 的块大小，每个 Stripe 包含多条记录，这些记录按照列进行独立存储。每个 Stripe 由三部分组成，分别是 Index Data、Row Data 和 Stripe Footer。

① Index Data：一个轻量级的索引，默认是为每列每隔 1 万行做一个索引。每个索引会记录第 n 万行的位置，以及最近 1 万行的最大值和最小值等信息。

② Row Data：存储的是具体的数据，按列进行存储，并对每个列进行编码，将其分成多个 Stream 来存储。

③ Stripe Footer：存放的是各 Stream 的位置及各列的编码信息。

（3）Tail 由 File Footer 和 PostScript 组成。File Footer 中保存了各 Stripe 的起始位置、索引长度、数据长度，以及各列的统计信息等；PostScript 则记录了整个文件的压缩类型和 File Footer 的长度信息等。

在读取 ORC 格式的文件时，会先从最后一个字节读取 PostScript 的长度，进而读取到 PostScript，从中解析到 File Footer 的长度，进而读取 FileFooter，并从中解析各 Stripe 的信息，再读取各 Stripe，即从后往前读取。

创建一个文件格式为 ORC 的表的语句如下所示。

```
create table orc_table
(column_specs)
stored as orc
tblproperties (property_name=property_value, ...);
```

在使用 ORC 文件格式时，其配置参数如表 12-1 所示。

表 12-1 ORC 文件格式的配置参数

参数	默认值	说明
orc.compress	ZLIB	压缩格式，可选项为 NONE、ZLIB、SNAPPY
orc.compress.size	262144	每个压缩块的大小（ORC 文件是分块压缩的）
orc.stripe.size	67108864	每个 Stripe 的大小
orc.row.index.stride	10000	索引步长（每隔多少行数据创建一条索引）

12.1.3 Parquet

Parquet 是 Hadoop 生态中的一个通用的文件格式，也是一个列式存储的文件格式。

Parquet 文件格式的存储结构如图 12-3 所示。

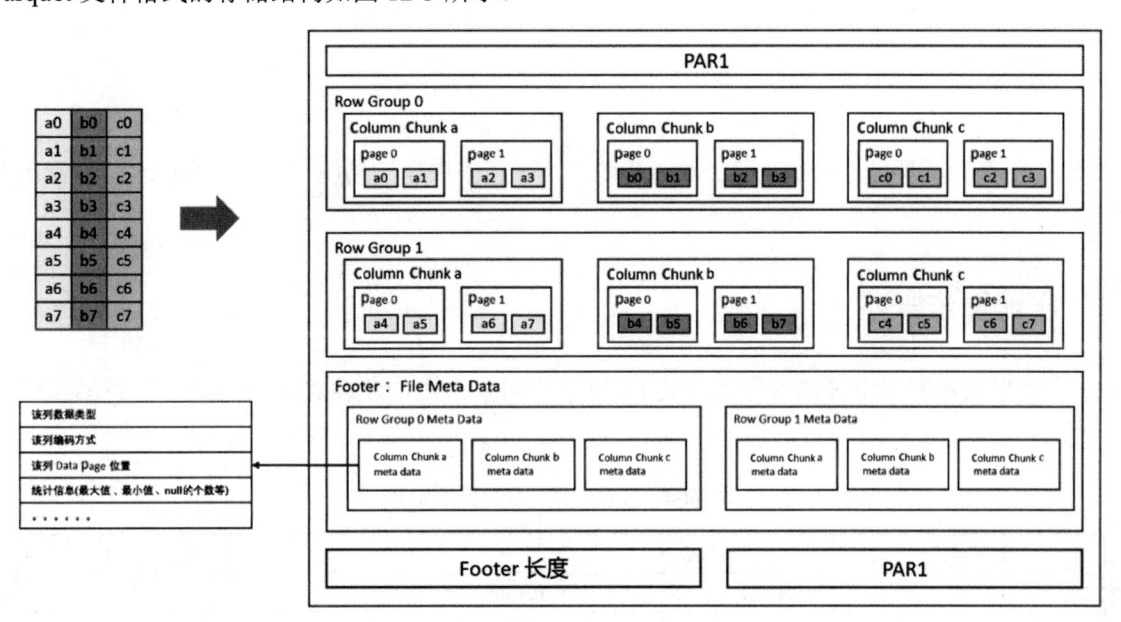

图 12-3 Parquet 文件格式的存储结构

图 12-3 展示了一个 Parquet 文件的基本存储结构，Parquet 格式的文件的首尾都是该文件的 Magic Code，用于校验它是否是一个 Parquet 文件。首尾中间由若干个 Row Group 和一个 Footer（File Meta Data）组成。每个 Row Group 包含多个 Column Chunk，每个 Column Chunk 包含多个 Page。以下是对 Row Group、Column Chunk 和 Page 三个概念的说明。

- 行组（Row Group）：一个行组对应逻辑表中的若干行。
- 列块（Column Chunk）：一个行组中的一列保存在一个列块中。
- 页（Page）：一个列块的数据会划分为若干个页。

Footer 中存储了每个行组中的每个列块的元数据信息，元数据信息包含该列的数据类型、该列的编码方式，以及该列的 Data Page 位置等信息。

创建一个文件格式为 Parquet 的表，语句如下所示。

```
Create table parquet_table
(column_specs)
stored as parquet
tblproperties (property_name=property_value, ...);
```

在使用 Parquet 文件格式时，其配置参数如表 12-2 所示。

表 12-2 Parquet 文件格式的配置参数

参数	默认值	说明
parquet.compression	uncompressed	压缩格式，可选项为 uncompressed、snappy、gzip、lzo、lz4
parquet.block.size	134217728	行组大小，通常与 HDFS 块的大小保持一致
parquet.page.size	1048576	页大小

那么，用户应如何选择文件格式呢？

在数据分析的场景下，使用列式存储格式（ORC 和 Parquet）的查询性能和存储效率都要优于使用默认的文本文件格式（TextFile），其中，ORC 文件格式的性能略微优于 Parquet 文件格式，因此优先选用 ORC 文件格式。

12.2 压缩

在 Hive 的数据文件的存储和分析计算过程中，对数据采取压缩措施，可以提高磁盘空间利用率和查询性能。

12.2.1 压缩算法概述

Hive 中可以采用的压缩算法实际上就是 Hadoop 中可以采用的压缩算法。Hadoop 支持的压缩格式如表 12-3 所示。

表 12-3 Hadoop 支持的压缩格式

压缩格式	算法	文件扩展名	是否可切分
DEFLATE	DEFLATE	.deflate	否
Gzip	DEFLATE	.gz	否
bzip2	bzip2	.bz2	是
LZO	LZO	.lzo	是
Snappy	Snappy	.snappy	否

以上压缩格式的压缩性能在经过测试后，其结果对比如表 12-4 所示。

表 12-4 压缩性能测试结果对比

压缩算法	原始文件大小	压缩文件大小	压缩速度	解压速度
gzip	8.3GB	1.8GB	17.5MB/s	58MB/s
bzip2	8.3GB	1.1GB	2.4MB/s	9.5MB/s
LZO	8.3GB	2.9GB	49.3MB/s	74.6MB/s

为了支持多种压缩/解压缩算法，Hadoop 引入了编码/解码器，压缩格式对应的编码/解码器如表 12-5 所示。

表 12-5　压缩格式对应的编码/解码器

压缩格式	对应的编码/解码器
DEFLATE	org.apache.hadoop.io.compress.DefaultCodec
gzip	org.apache.hadoop.io.compress.GzipCodec
bzip2	org.apache.hadoop.io.compress.BZip2Codec
LZO	com.hadoop.compression.lzo.LzopCodec
Snappy	org.apache.hadoop.io.compress.SnappyCodec

12.2.2　Hive 表数据进行压缩

在 Hive 中，不同文件格式的表，声明数据压缩的方式是不同的。

1. Text File

当一张表的文件格式为 Text File 时，若需要对该表中的数据进行压缩，在多数情况下，无须在建表语句中作出声明，直接将压缩后的文件导入该表即可。Hive 在查询表中数据时，可自动识别其压缩格式，并进行解压。

需要注意的是，在执行往表中导入数据的 SQL 语句时，用户需设置以下参数，以此保证写入表中的数据是被压缩的。

```
--SQL 语句的最终输出结果是否压缩
set hive.exec.compress.output=true;
--输出结果的压缩格式（以下示例为 snappy）
set mapreduce.output.fileoutputformat.compress.codec =org.apache.hadoop.io.compress.SnappyCodec;
```

2. ORC

当一张表的文件格式为 ORC 时，若需要对该表中的数据进行压缩，则需在建表语句中声明压缩格式，如下所示。

```
create table orc_table
(column_specs)
stored as orc
tblproperties ("orc.compress"="snappy");
```

3. Parquet

当一张表的文件格式为 Parquet 时，若需要对该表中的数据进行压缩，则需在建表语句中声明压缩格式，如下所示。

```
create table parquet_table
(column_specs)
stored as parquet
tblproperties ("parquet.compression"="snappy");
```

12.2.3　计算过程中使用压缩

1. 对 MapReduce 的中间结果进行压缩

MapReduce 的中间结果是指 Map 任务输出的数据，对其进行压缩可降低 Shuffle 阶段的网络 IO，可通过以下参数进行配置。

```
--开启 MapReduce 中间数据压缩功能
set mapreduce.map.output.compress=true;
```

```
--设置MapReduce中间数据的数据压缩方式（以下示例为snappy）
set mapreduce.map.output.compress.codec=org.apache.hadoop.io.compress.SnappyCodec;
```

2. 对单条 SQL 语句的中间结果进行压缩

单条 SQL 语句的中间结果是指两个 MapReduce 程序（一条 SQL 语句可能需要通过多个 MapReduce 程序进行计算）之间的临时数据，可通过以下参数配置对中间结果进行压缩。

```
--是否对两个MapReduce程序之间的临时数据进行压缩
set hive.exec.compress.intermediate=true;
--压缩格式（以下示例为snappy）
set hive.intermediate.compression.codec= org.apache.hadoop.io.compress.SnappyCodec;
```

12.3 本章总结

本章的学习已经结束，相信读者已经对 Hive 的常用文件格式和压缩算法有了基本的认识。通过对 Hive 文件格式进行学习，读者可以了解不同文件格式都具有哪些特点，在使用过程中应该如何选用文件格式。压缩算法同理，学习不同的压缩算法的最终目的是更好地使用它。

第13章

MapReduce 引擎下的企业级性能调优

第 1 章已经讲过，Hive 是基于 Hadoop 的数据仓库开发工具，既可以将结构化的数据文件映射成一张表，又可以将 Hive SQL 解析成 MapReduce 任务。实际上，Hive 最终将 Hive SQL 解析成何种计算程序，取决于 Hive 使用哪个计算引擎，其中 MapReduce 是最基础的一种。基于上述原因，在学习 Hive On MapReduce（使用 MapReduce 作为计算引擎的 Hive）的性能优化手段之前，读者需要对 MapReduce 有充分的了解。只有对 Hive 底层和 MapReduce 的运行都了解充分之后，才能更加灵活地运用各种性能调优手段。

何为性能调优？用户提交了一个 Hive SQL，如果这个 Hive SQL 的运行时间过长，就一定需要对其性能进行调优吗？掌握了非常多的调优手段，需要在每个 Hive SQL 的提交过程中全部应用上吗？并不是。性能调优的前提是有明确的性能目标，如果没有达到预期运行时间、占用了超出预期的资源等，就需要对性能进行调优。性能调优手段也不是使用得越多就越好，而是应该在彻底弄清楚需求的基础上使用更精简的代码完成任务。

13.1 测试数据准备

由于本章需要讲解的是企业级性能调优，为了更好地展示 Hive SQL 的执行性能和性能调优效果，我们需要准备大数据环境，创建数据量较大的表，用于测试。

13.1.1 订单表（2000 万条数据）

1. 表结构

订单表的表结构如表 13-1 所示，一行数据代表一名用户的一个商品的下单记录，此处只展示部分数据。

表 13-1 订单表的表结构

id （订单 id）	user_id （用户 id）	product_id （商品 id）	province_id [省（区、市）id]	create_time （下单时间）	product_num （商品件数）	total_amount （下单金额：元）
10000001	125442354	15003199	1	2020-06-14 03:54:29	3	100.58
10000002	192758405	17210367	1	2020-06-14 01:19:47	8	677.18

2. 建表语句

```
hive (default)>
drop table if exists order_detail;
create table order_detail(
    id          string comment '订单id',
```

```
    user_id        string comment '用户id',
    product_id     string comment '商品id',
    province_id    string comment '省(区、市)id',
    create_time    string comment '下单时间',
    product_num    int comment '商品件数',
    total_amount   decimal(16, 2) comment '下单金额'
)
partitioned by (dt string)
row format delimited fields terminated by '\t';
```

3. 数据装载

将本书附赠资料中的 order_detail.txt 文件上传到 hadoop102 节点服务器的/opt/module/hive/datas/目录下，并执行以下导入语句。

注意：文件较大，请耐心等待。

```
hive (default)>
load data local inpath '/opt/module/hive/datas/order_detail.txt' overwrite into table order_detail partition(dt='2020-06-14');
```

13.1.2 支付表（600万条数据）

1. 表结构

支付表的表结构如表 13-2 所示，此处只展示部分数据。

表 13-2 支付表的表结构

id （支付id）	order_detail_id （订单明细id）	user_id （用户id）	payment_time （支付时间）	total_amount （支付金额：元）
10000001	17403042	131508758	2020-06-14 13:55:44	391.72
10000002	19198884	133018075	2020-06-14 08:46:23	657.10

2. 建表语句

```
hive (default)>
drop table if exists payment_detail;
create table payment_detail(
    id              string comment '支付id',
    order_detail_id string comment '订单明细id',
    user_id         string comment '用户id',
    payment_time    string comment '支付时间',
    total_amount    decimal(16, 2) comment '支付金额'
)
partitioned by (dt string)
row format delimited fields terminated by '\t';
```

3. 数据装载

将本书附赠资料中的 payment_detail.txt 文件上传到 hadoop102 节点服务器的/opt/module/hive/datas/目录下，并执行以下导入语句。

注意：文件较大，请耐心等待。

```
hive (default)>
load data local inpath '/opt/module/hive/datas/payment_detail.txt' overwrite into table payment_detail partition(dt='2020-06-14');
```

13.1.3 商品信息表（100万条数据）

1. 表结构

商品信息表的表结构如表 13-3 所示，此处只展示部分数据。

表 13-3 商品信息表的表结构

id （商品 id）	product_name （商品名称）	price （价格：元）	category_id （分类 id）
1000001	CuisW	4517.00	219
1000002	TBtbp	9357.00	208

2. 建表语句

```
hive (default)>
drop table if exists product_info;
create table product_info(
    id              string comment '商品id',
    product_name    string comment '商品名称',
    price           decimal(16, 2) comment '价格',
    category_id     string comment '分类id'
)
row format delimited fields terminated by '\t';
```

3. 数据装载

将本书附赠资料中的 product_info.txt 文件上传到 hadoop102 节点服务器的/opt/module/hive/datas/目录下，并执行以下导入语句。

```
hive (default)>
load data local inpath '/opt/module/hive/datas/product_info.txt' overwrite into table product_info;
```

13.1.4 省（区、市）信息表（34条数据）

1. 表结构

省（区、市）信息表的表结构如表 13-4 所示，此处只展示部分数据。

表 13-4 省（区、市）信息表的表结构

id [省（区、市）id]	province_name [省（区、市）名称]
1	北京
2	天津

2. 建表语句

```
hive (default)>
drop table if exists province_info;
create table province_info(
    id              string comment '省（区、市）id',
    province_name   string comment '省（区、市）名称'
)
row format delimited fields terminated by '\t';
```

3. 数据装载

将本书附赠资料中的 province_info.txt 文件上传到 hadoop102 节点服务器的/opt/module/hive/datas/目录下，并执行以下导入语句。

```
hive (default)>
load data local inpath '/opt/module/hive/datas/province_info.txt' overwrite into table province_info;
```

13.2 计算资源配置调优

本章讲解 MapReduce 引擎下的 Hive 性能调优，在使用 MapReduce 作为计算引擎时，Hive 会使用 YARN 作为资源调度框架。因此，本节所讲的计算资源配置调优主要是 YARN 资源配置调优和 MapReduce 资源配置调优。

13.2.1 YARN 资源配置调优

1. YARN 配置说明

YARN 的内存调优的相关参数可以在 yarn-site.xml 文件中修改，需要调整的 YARN 参数均与 CPU、内存等资源有关，核心配置参数如下。

（1）yarn.nodemanager.resource.memory-mb。

该参数的含义是，一个 NodeManager 节点分配给 Container 使用的内存。该参数的配置取决于 NodeManager 所在节点的总内存容量和该节点运行的其他服务的数量。

考虑上述因素，本章所搭建集群的服务器的内存资源为 64GB，并且未运行其他服务，此处可将该参数设置为 65536（1024B×64），具体如下。

```xml
<property>
    <name>yarn.nodemanager.resource.memory-mb</name>
    <value>65536</value>
</property>
```

（2）yarn.nodemanager.resource.cpu-vcores。

该参数的含义是，一个 NodeManager 节点分配给 Container 使用的 CPU 核数。该参数的配置取决于 NodeManager 所在节点的总 CPU 核数和该节点运行的其他服务的数量。

考虑上述因素，本章所搭建集群的服务器的 CPU 核数为 16，并且未运行其他服务，此处可将该参数设置为 16。

```xml
<property>
    <name>yarn.nodemanager.resource.cpu-vcores</name>
    <value>16</value>
</property>
```

（3）yarn.scheduler.maximum-allocation-mb。

该参数的含义是，单个 Container 能够使用的最大内存，推荐配置如下。

```xml
<property>
    <name>yarn.scheduler.maximum-allocation-mb</name>
    <value>16384</value>
</property>
```

（4）yarn.scheduler.minimum-allocation-mb。

该参数的含义是，单个 Container 能够使用的最小内存，推荐配置如下。

```xml
<property>
    <name>yarn.scheduler.minimum-allocation-mb</name>
    <value>512</value>
</property>
```

2. YARN 配置实操

（1）修改 $HADOOP_HOME/etc/hadoop/yarn-site.xml 文件。

（2）修改参数。

```xml
<property>
    <name>yarn.nodemanager.resource.memory-mb</name>
    <value>65536</value>
</property>
<property>
    <name>yarn.nodemanager.resource.cpu-vcores</name>
    <value>16</value>
</property>
<property>
    <name>yarn.scheduler.maximum-allocation-mb</name>
    <value>16384</value>
</property>
<property>
    <name>yarn.scheduler.minimum-allocation-mb</name>
    <value>512</value>
</property>
```

（3）分发该配置文件。

（4）重启 YARN。

13.2.2　MapReduce 资源配置调优

MapReduce 资源配置主要包括 Map Task 的内存和 CPU 核数，以及 Reduce Task 的内存和 CPU 核数。核心配置参数如下。

（1）mapreduce.map.memory.mb。

该参数的含义是，单个 Map Task 申请的 Container 容器内存大小，其默认值为 1024。该值不能超出 yarn.scheduler.maximum-allocation-mb 和 yarn.scheduler.minimum-allocation-mb 规定的范围。

该参数需要根据不同的计算任务进行单独配置，在 Hive 中，可直接使用如下方式为每个 SQL 语句进行单独配置。

```
set mapreduce.map.memory.mb=2048;
```

（2）mapreduce.map.cpu.vcores。

该参数的含义是，单个 Map Task 申请的 Container 容器 CPU 核数，其默认值为 1。该值一般无须调整。

（3）mapreduce.reduce.memory.mb。

该参数的含义是，单个 Reduce Task 申请的 Container 容器内存大小，其默认值为 1024。该值同样不能超出 yarn.scheduler.maximum-allocation-mb 和 yarn.scheduler.minimum-allocation-mb 规定的范围。

该参数需要根据不同的计算任务进行单独配置，在 Hive 中，可直接使用如下方式为每个 SQL 语句进行单独配置。

```
set mapreduce.reduce.memory.mb=2048;
```

（4）mapreduce.reduce.cpu.vcores。

该参数的含义是，单个 Reduce Task 申请的 Container 容器 CPU 核数，其默认值为 1。该值一般无须调整。

13.3 使用 explain 命令查看执行计划

13.3.1 基本语法

在 Hive 中，可以使用 explain 命令来查看 Hive SQL 的执行计划，用户通过分析执行计划可以看到该条 Hive SQL 的执行情况，了解性能瓶颈，并对 Hive SQL 进行优化。

Hive 的 explain 命令的具体语法如下。

```
explain [formatted | extended | dependency] query-sql
```

注意：formatted、extended、dependency 关键字为可选项，各自的作用如下。
- formatted 关键字：将执行计划以 JSON 字符串的形式输出，JSON 结构的执行计划方便用户进行分析与展示。
- extended 关键字：输出执行计划中的额外信息，通常是读写的文件名等信息。
- dependency 关键字：输出执行计划读取的表及分区。

13.3.2 案例实操

以 13.1 节创建的测试数据表为基准，执行以下查询语句。

```
hive (default)>
select
    user_id,
    count(*)
from order_detail
group by user_id;
```

不添加多余的关键字，直接查看执行计划，如下所示。

```
hive (default)>
explain select
    user_id,
    count(*)
from order_detail
group by user_id;
```

得到的执行计划如下所示。

```
STAGE DEPENDENCIES:
  Stage-1 is a root stage
  Stage-0 depends on stages: Stage-1

STAGE PLANS:
  Stage: Stage-1
    Map Reduce
      Map Operator Tree:
          TableScan
            alias: order_detail
            Statistics: Num rows: 13066777 Data size: 11760099340 Basic stats: COMPLETE Column stats: NONE
            Select Operator
              expressions: user_id (type: string)
```

```
              outputColumnNames: user_id
              Statistics: Num rows: 13066777 Data size: 11760099340 Basic stats: COMPLETE Column stats: NONE
              Group By Operator
                aggregations: count()
                keys: user_id (type: string)
                mode: hash
                outputColumnNames: _col0, _col1
                Statistics: Num rows: 13066777 Data size: 11760099340 Basic stats: COMPLETE Column stats: NONE
                Reduce Output Operator
                  key expressions: _col0 (type: string)
                  sort order: +
                  Map-reduce partition columns: _col0 (type: string)
                  Statistics: Num rows: 13066777 Data size: 11760099340 Basic stats: COMPLETE Column stats: NONE
                  value expressions: _col1 (type: bigint)
      Execution mode: vectorized
      Reduce Operator Tree:
        Group By Operator
          aggregations: count(VALUE._col0)
          keys: KEY._col0 (type: string)
          mode: mergepartial
          outputColumnNames: _col0, _col1
          Statistics: Num rows: 6533388 Data size: 5880049219 Basic stats: COMPLETE Column stats: NONE
          File Output Operator
            compressed: false
            Statistics: Num rows: 6533388 Data size: 5880049219 Basic stats: COMPLETE Column stats: NONE
            table:
              input format: org.apache.hadoop.mapred.SequenceFileInputFormat
              output format: org.apache.hadoop.hive.ql.io.HiveSequenceFileOutputFormat
              serde: org.apache.hadoop.hive.serde2.lazy.LazySimpleSerDe

  Stage: Stage-0
    Fetch Operator
      limit: -1
      Processor Tree:
        ListSink
```

添加 formatted 关键字，查看执行计划，如下所示。

```
hive (default)>
explain formatted select
   user_id,
   count(*)
from order_detail
group by user_id;
```

得到的 JSON 结构的执行计划在格式化后如下所示。

```
{
   "STAGE DEPENDENCIES": {
      "Stage-1": {
```

```
                    "ROOT STAGE": "TRUE"
                },
                "Stage-0": {
                    "DEPENDENT STAGES": "Stage-1"
                }
            },
            "STAGE PLANS": {
                "Stage-1": {
                    "Map Reduce": {
                        "Map Operator Tree:": [
                            {
                                "TableScan": {
                                    "alias:": "order_detail",
                                    "columns:": [
                                        "user_id"
                                    ],
                                    "database:": "tuning",
                                    "Statistics:": "Num rows: 13066777 Data size: 11760099340 Basic stats: COMPLETE Column stats: NONE",
                                    "table:": "order_detail",
                                    "isTempTable:": "false",
                                    "OperatorId:": "TS_0",
                                    "children": {
                                        "Select Operator": {
                                            "expressions:": "user_id (type: string)",
                                            "columnExprMap:": {
                                                "BLOCK__OFFSET__INSIDE__FILE": "BLOCK__OFFSET__INSIDE__FILE",
                                                "INPUT__FILE__NAME": "INPUT__FILE__NAME",
                                                "ROW__ID": "ROW__ID",
                                                "create_time": "create_time",
                                                "dt": "dt",
                                                "id": "id",
                                                "product_id": "product_id",
                                                "product_num": "product_num",
                                                "province_id": "province_id",
                                                "total_amount": "total_amount",
                                                "user_id": "user_id"
                                            },
                                            "outputColumnNames:": [
                                                "user_id"
                                            ],
                                            "Statistics:": "Num rows: 13066777 Data size: 11760099340 Basic stats: COMPLETE Column stats: NONE",
                                            "OperatorId:": "SEL_7",
                                            "children": {
                                                "Group By Operator": {
                                                    "aggregations:": [
                                                        "count()"
                                                    ],
                                                    "columnExprMap:": {
```

```
                                    "_col0": "user_id"
                                },
                                "keys:": "user_id (type: string)",
                                "mode:": "hash",
                                "outputColumnNames:": [
                                    "_col0",
                                    "_col1"
                                ],
                                "Statistics:": "Num rows: 13066777 Data size: 11760099340 Basic stats: COMPLETE Column stats: NONE",
                                "OperatorId:": "GBY_8",
                                "children": {
                                    "Reduce Output Operator": {
                                        "columnExprMap:": {
                                            "KEY._col0": "_col0",
                                            "VALUE._col0": "_col1"
                                        },
                                        "key expressions:": "_col0 (type: string)",
                                        "sort order:": "+",
                                        "Map-reduce partition columns:": "_col0 (type: string)",
                                        "Statistics:": "Num rows: 13066777 Data size: 11760099340 Basic stats: COMPLETE Column stats: NONE",
                                        "value expressions:": "_col1 (type: bigint)",
                                        "OperatorId:": "RS_9"
                                    }
                                }
                            }
                        }
                    }
                }
            }
        ],
        "Execution mode:": "vectorized",
        "Reduce Operator Tree:": {
            "Group By Operator": {
                "aggregations:": [
                    "count(VALUE._col0)"
                ],
                "columnExprMap:": {
                    "_col0": "KEY._col0"
                },
                "keys:": "KEY._col0 (type: string)",
                "mode:": "mergepartial",
                "outputColumnNames:": [
                    "_col0",
                    "_col1"
                ],
                "Statistics:": "Num rows: 6533388 Data size: 5880049219 Basic stats: COMPLETE Column stats: NONE",
```

```
                            "OperatorId:": "GBY_4",
                            "children": {
                                "File Output Operator": {
                                    "compressed:": "false",
                                    "Statistics:": "Num rows: 6533388 Data size: 5880049219 Basic stats: COMPLETE Column stats: NONE",
                                    "table:": {
                                        "input format:": "org.apache.hadoop.mapred.SequenceFileInputFormat",
                                        "output format:": "org.apache.hadoop.hive.ql.io.HiveSequenceFileOutputFormat",
                                        "serde:": "org.apache.hadoop.hive.serde2.lazy.LazySimpleSerDe"
                                    },
                                    "OperatorId:": "FS_6"
                                }
                            }
                        }
                    }
                }
            }
        },
        "Stage-0": {
            "Fetch Operator": {
                "limit:": "-1",
                "Processor Tree:": {
                    "ListSink": {
                        "OperatorId:": "LIST_SINK_10"
                    }
                }
            }
        }
    }
}
```

13.3.3 执行计划分析

使用 explain 命令呈现的 Hive SQL 的执行计划由一系列 Stage 组成，这一系列 Stage 具有依赖关系，每个 Stage 对应一个 MapReduce 任务或一个文件系统操作等。

若某个 Stage 对应一个 MapReduce 任务，其 Map 阶段和 Reduce 阶段的计算逻辑分别由 Map Operator Tree 和 Reduce Operator Tree 进行描述，则 Operator Tree 由一系列 Operator 组成，一个 Operator 代表在 Map 阶段或 Reduce 阶段的一个单一逻辑操作，如 TableScan、Select Operator、Join Operator 等。

常见的 Operator 及其作用如下。

- TableScan：表扫描操作，通常 Map 阶段的第一个操作肯定是表扫描操作。
- Select Operator：选取操作。
- Group By Operator：分组聚合操作。
- Reduce Output Operator：输出到 Reduce 阶段操作。
- Filter Operator：过滤操作。
- Join Operator：表关联操作。
- File Output Operator：文件输出操作。

- Fetch Operator：客户端获取数据操作。

以 13.3.2 节得到的执行计划为例，对执行计划的结构进行分析。此执行计划分为两个部分，即 STAGE DEPENDENCIES 和 STAGE PLANS。

其中，STAGE DEPENDENCIES 展示了执行计划中包含的 Stage，以及 Stage 之间的依赖关系。STAGE DEPENDENCIES 的内容如下，表示这个查询过程包含 Stage-1 和 Stage-0，其中 Stage-1 是根节点，Stage-0 依赖于 Stage-1。

```
STAGE DEPENDENCIES:
  Stage-1 is a root stage
  Stage-0 depends on stages: Stage-1
```

STAGE DEPENDENCIES 展示的 Stage 依赖关系如图 13-1 所示。

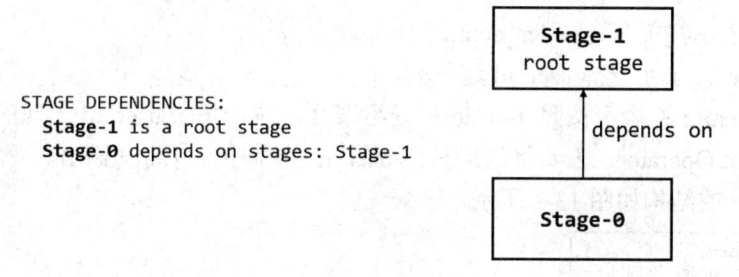

图 13-1　STAGE DEPENDENCIES 展示的 Stage 依赖关系

STAGE PLANS 展示了各 Stage 的具体操作细节。

将描述 Stage-1 的执行计划提取出来，并进行适当化简，如下所示。以下内容表示 Stage-1 使用 MapReduce 模式，其中包含 Map Operator Tree 和 Reduce Operator Tree。"Execution mode: vectorized" 表示 Hive 将使用矢量化查询模式来处理数据。在这种模式下，Hive 会将一批行数据打包成列向量，然后对每个列向量进行批量处理，从而提高数据处理的效率。矢量化查询将在 13.9.3 节详细讲解。

```
Stage: Stage-1
Map Reduce
  Map Operator Tree:
    ……
    ……
  Execution mode: vectorized
  Reduce Operator Tree:
    ……
    ……
```

将 Map Operator Tree 部分提取出来，如下所示。

```
    Map Operator Tree:
        TableScan
          alias: order_detail
          Statistics: Num rows: 13066777 Data size: 11760099340 Basic stats: COMPLETE Column stats: NONE
          Select Operator
            expressions: user_id (type: string)
            outputColumnNames: user_id
            Statistics: Num rows: 13066777 Data size: 11760099340 Basic stats: COMPLETE Column stats: NONE
            Group By Operator
              aggregations: count()
              keys: user_id (type: string)
```

```
              mode: hash
              outputColumnNames: _col0, _col1
              Statistics: Num rows: 13066777 Data size: 11760099340 Basic stats: COMPLETE
Column stats: NONE
            Reduce Output Operator
              key expressions: _col0 (type: string)
              sort order: +
              Map-reduce partition columns: _col0 (type: string)
              Statistics: Num rows: 13066777 Data size: 11760099340 Basic stats: COMPLETE
Column stats: NONE
              value expressions: _col1 (type: bigint)
```

Map Operator Tree 中包含以下步骤。

- TableScan：表示扫描名为 order_detail 的表。
- Select Operator：表示选择 user_id 这一列。
- Group By Operator：表示按照 user_id 列分组聚合，统计每个 user_id 出现的次数。
- Reduce Output Operator：表示将结果按照 user_id 列排序，并将其输出。

Map Operator Tree 的结构如图 13-2 所示。

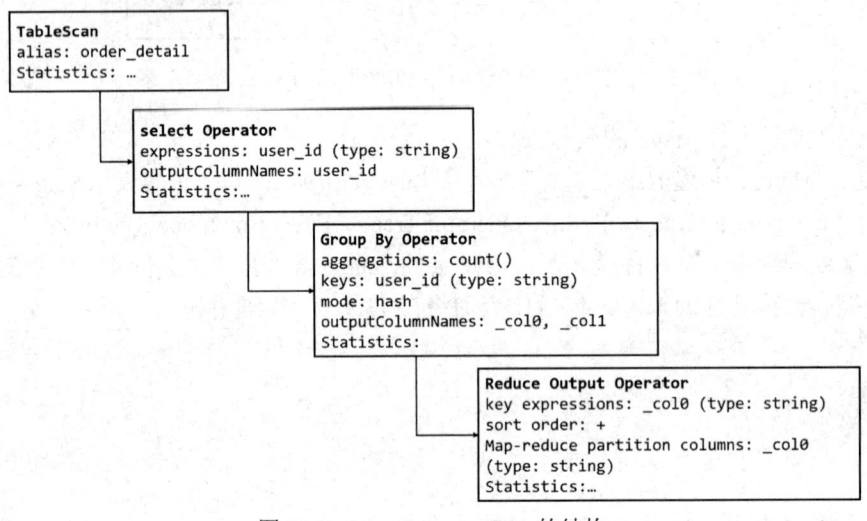

图 13-2 Map Operator Tree 的结构

将 Reduce Operator Tree 部分提取出来，如下所示。

```
    Reduce Operator Tree:
      Group By Operator
        aggregations: count(VALUE._col0)
        keys: KEY._col0 (type: string)
        mode: mergepartial
        outputColumnNames: _col0, _col1
        Statistics: Num rows: 6533388 Data size: 5880049219 Basic stats: COMPLETE Column
stats: NONE
        File Output Operator
          compressed: false
          Statistics: Num rows: 6533388 Data size: 5880049219 Basic stats: COMPLETE Column
stats: NONE
          table:
              input format: org.apache.hadoop.mapred.SequenceFileInputFormat
              output format: org.apache.hadoop.hive.ql.io.HiveSequenceFileOutputFormat
              serde: org.apache.hadoop.hive.serde2.lazy.LazySimpleSerDe
```

Reduce Operator Tree 中包含以下步骤。
- Group By Operator：表示按照 user_id 列分组，统计每个 user_id 出现的次数。
- File Output Operator：表示将结果输出到文件中。

Reduce Operator Tree 的结构如图 13-3 所示。

以上是完整的 Stage-1 的结构分析。

在 STAGE PLANS 中，Stage-0 的内容如下所示。

```
Stage: Stage-0
  Fetch Operator
    limit: -1
    Processor Tree:
      ListSink
```

这部分执行计划表示的是最终的结果输出阶段。Fetch Operator 用来从上一个 Stage 中获取数据，并将结果输出到文件中。

将以上执行计划的分析过程进一步化简，并绘制成可视化图，如图 13-4 所示，其清晰地展示了 Stage 之间的依赖关系，以及 Stage 包含的 Map Operator Tree 和 Reduce Operator Tree 中都有哪些 Operator。

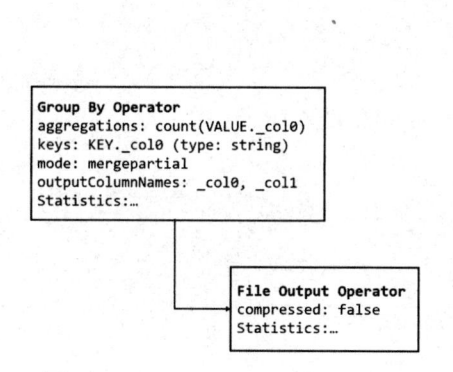

图 13-3　Reduce Operator Tree 的结构

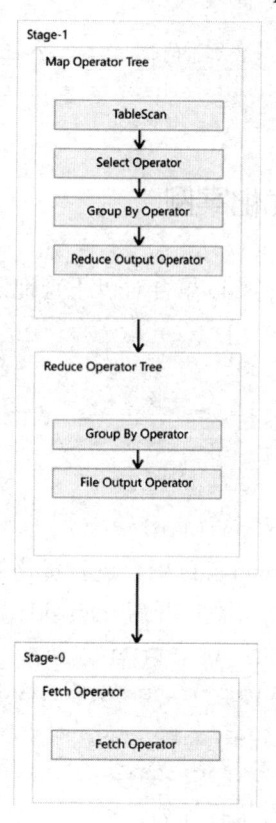

图 13-4　执行计划可视化

13.4　分组聚合

13.4.1　优化说明

Hive 中未经优化的分组聚合，是通过一个 MapReduce 任务来实现的。Map 阶段负责读取数据，并按照分组列分区，通过 Shuffle 阶段，将数据发往 Reduce 阶段，各组数据在 Reduce 阶段完成最终的聚合运算。

Hive 对分组聚合的优化主要围绕减少 Shuffle 阶段的数据量进行，具体做法是进行 map-side 聚合。所谓 map-side 聚合，就是在 Map 阶段维护一个 HashTable，利用其完成部分聚合，然后将部分聚合的结果按照分组列分区，并发送至 Reduce 阶段，完成最终聚合。进行 map-side 聚合能有效减少 Shuffle 阶段的数据量，提高分组聚合运算的效率。

map-side 聚合相关的参数如下所示。

```
--启用 map-side 聚合
set hive.map.aggr=true;

--用于检测源表数据是否适合进行 map-side 聚合。检测的方法是，先对若干条数据进行 map-side 聚合，若聚合后的
条数和聚合前的条数比值小于该值，则认为该表适合进行 map-side 聚合；否则，认为该表数据不适合进行 map-side 聚
合，后续数据便不再进行 map-side 聚合
set hive.map.aggr.hash.min.reduction=0.5;

--用于检测源表是否适合 map-side 聚合的条数
set hive.groupby.mapaggr.checkinterval=100000;

--map-side 聚合所用的 HashTable 占用 Map 任务堆内存的最大比例,若超出该值,则会对 HashTable 进行一次 flush
set hive.map.aggr.hash.force.flush.memory.threshold=0.9;
```

13.4.2 优化案例

使用 map-side 聚合对以下查询语句进行性能优化。查看执行计划，代码如下所示。

```
hive (default)>
explain select
    product_id,
    count(*)
from order_detail
group by product_id;
```

未使用 map-side 聚合进行优化的查询语句的执行计划如图 13-5 所示。

配置以下参数，开启 map-side 聚合。

```
set hive.map.aggr=true;
set hive.map.aggr.hash.min.reduction=0.5;
set hive.groupby.mapaggr.checkinterval=100000;
set hive.map.aggr.hash.force.flush.memory.threshold=0.9;
```

再次查看执行计划。

```
hive (default)>
explain select
    product_id,
    count(*)
from order_detail
group by product_id;
```

使用 map-side 聚合优化后的执行计划如图 13-6 所示。

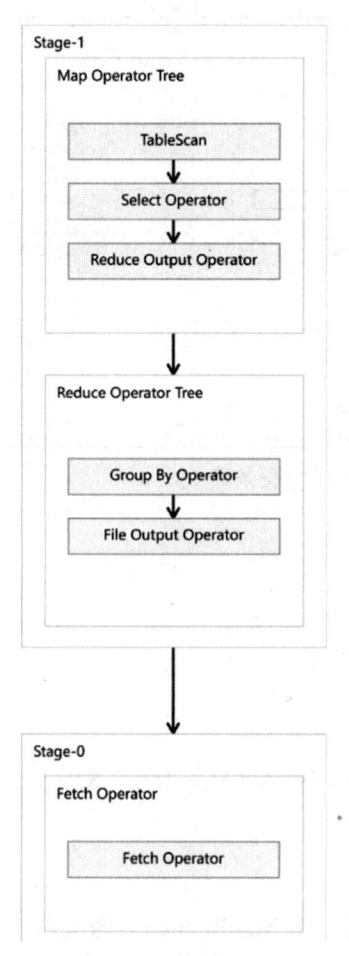

图 13-5　未使用 map-side 聚合进行优化的查询语句的执行计划

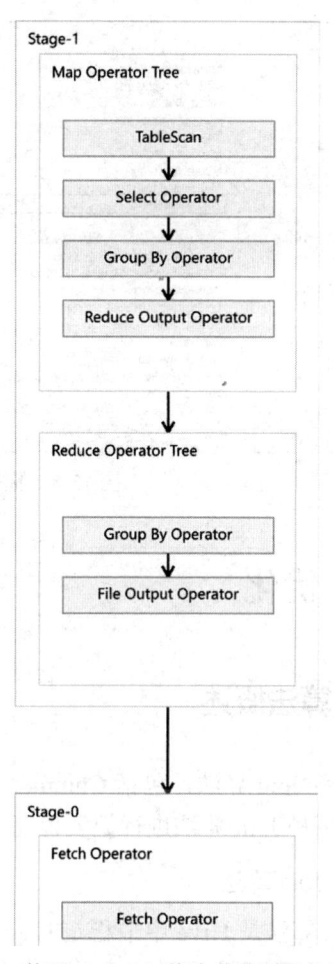

图 13-6　使用 map-side 聚合优化后的执行计划

对比优化前后的执行计划可以看出，在优化后的执行计划中，Map Operator Tree 中增加了一个 Group By Operator，意味着 SQL 在运行过程中会在 Map 阶段对数据进行预聚合。另外，读者可在历史服务器中查看优化前后的两个 Hive 查询任务的统计信息，对比优化前后 Map 阶段输出数据量的变化。

优化前 Map 阶段输出的数据条数如图 13-7 所示。

图 13-7　优化前 Map 阶段输出的数据条数

优化后 Map 阶段输出的数据条数如图 13-8 所示。

Name	Map	Reduce	Total
Combine input records	0	0	0
Combine output records	0	0	0
CPU time spent (ms)	82,920	20,230	103,150
Failed Shuffles	0	0	0
GC time elapsed (ms)	18,004	432	18,436
Input split bytes	1,693	0	1,693
Map input records	20,000,000	0	20,000,000
Map output bytes	100,546,240	0	100,546,240
Map output materialized bytes	110,601,014	0	110,601,014
Map output records	5,027,312	0	5,027,312
Merged Map outputs	0	25	25
Peak Map Physical memory (bytes)	866,181,120	0	866,181,120
Peak Map Virtual memory (bytes)	2,611,777,536	0	2,611,777,536
Peak Reduce Physical memory (bytes)	0	387,137,536	387,137,536
Peak Reduce Virtual memory (bytes)	0	2,626,711,552	2,626,711,552
Physical memory (bytes) snapshot	4,256,034,816	1,814,974,464	6,071,009,280
Reduce input groups	0	1,000,001	1,000,001
Reduce input records	0	5,027,312	5,027,312
Reduce output records	0	0	0
Reduce shuffle bytes	0	110,601,014	110,601,014
Shuffled Maps	0	25	25
Spilled Records	5,027,312	5,027,312	10,054,624
Total committed heap usage (bytes)	3,822,059,520	1,788,870,656	5,610,930,176
Virtual memory (bytes) snapshot	13,007,990,784	13,051,113,472	26,059,104,256

图 13-8　优化后 Map 阶段输出的数据条数

13.5　Join 优化

13.5.1　Join 算法概述

Hive 拥有多种 Join 算法，包括 Common Join、Map Join、Bucket Map Join、Sort Merge Buckt Map Join 算法等，下面对每种 Join 算法进行简要说明。

1. Common Join 算法

Common Join 算法是 Hive 中最稳定的 Join 算法，其通过一个 MapReduce 任务完成一个 join 连接。Map 阶段负责读取 join 连接所需的表的数据，并按照关联列进行分区，通过 Shuffle 阶段，将其发送到 Reduce 阶段，相同 key 的数据在 Reduce 阶段完成最终的 join 连接，如图 13-9 所示。

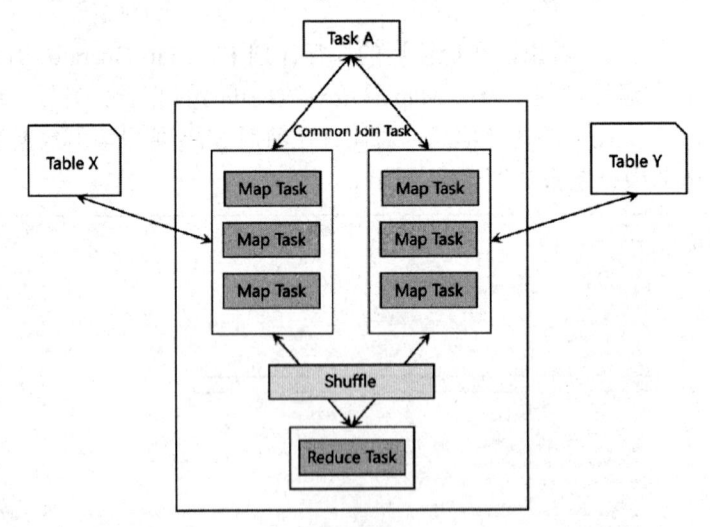

图 13-9　Common Join 算法的原理

需要注意的是，查询语句中的 join 连接和执行计划中的 Common Join 任务并非保持一对一的关系，在一个查询语句中，相邻且关联列相同的多个 join 连接可以合并为一个 Common Join 任务。

示例代码如下。

```
hive (default)>
select
   a.val,
   b.val,
   c.val
from a
join b on (a.key = b.key1)
join c on (c.key = b.key1)
```

在上述查询语句中，两个 join 连接的关联列均为 b 表的 key1 列，因此该语句中的两个 join 连接可由一个 Common Join 任务实现，即可通过一个 MapReduce 任务实现。

```
hive (default)>
select
   a.val,
   b.val,
   c.val
from a
join b on (a.key = b.key1)
join c on (c.key = b.key2)
```

若上述查询语句中的两个 join 连接的关联列各不相同，则该语句的两个 join 连接需要各自通过一个 Common Join 任务实现，即通过两个 MapReduce 任务实现。

2. Map Join 算法

Map Join 算法可以通过两个只有 Map 阶段的 MapReduce 任务完成一个 join 连接，其适用场景为大表与小表关联。若某 join 连接满足要求，则第一个 MapReduce 任务会读取小表数据，将其制作为 HashTable，并上传至 Hadoop 的分布式缓存（本质上是上传至 HDFS）。第二个 MapReduce 任务会先从分布式缓存中读取小表数据，并将其缓存在 Map 任务的内存中，然后扫描大表数据，这样在 Map 阶段即可完成关联操作，如图 13-10 所示。

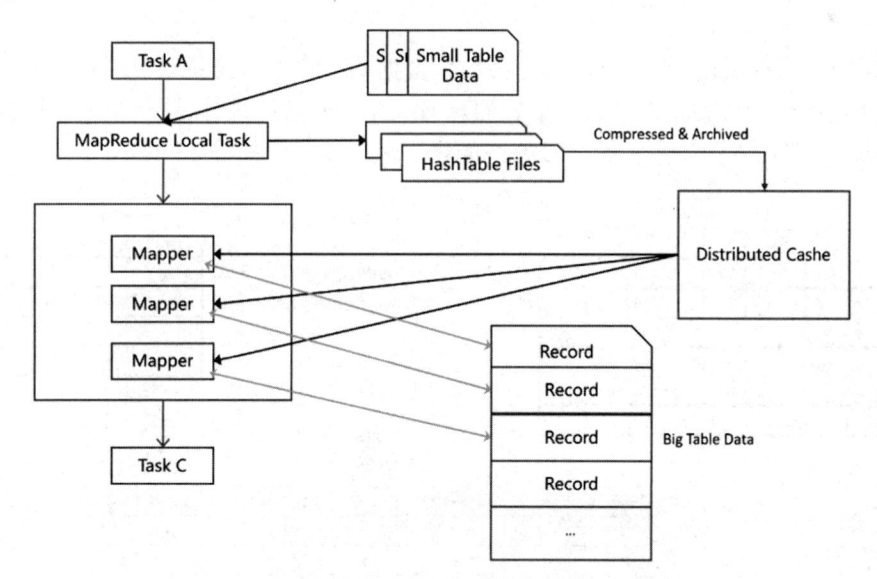

图 13-10　Map Join 算法的原理

3. Bucket Map Join 算法

Bucket Map Join 算法是对 Map Join 算法的改进，其打破了 Map Join 算法只适用于大表与小表关联的限制，可用于大表与大表关联的场景。

Bucket Map Join 算法的核心思想是，如果能保证参与 join 连接的表均为分桶表，并且关联列为分桶列，同时其中一张表的分桶数量是另一张表分桶数量的整数倍，就能保证参与 join 连接的两张表的分桶之间具有明确的关联关系，因此可以在两表的分桶间进行 Map Join 操作。这样一来，第二个 Job 的 Map 阶段无须再缓存小表的全表数据，只需缓存其所需的分桶即可。Bucket Map Join 算法的原理如图 13-11 所示。

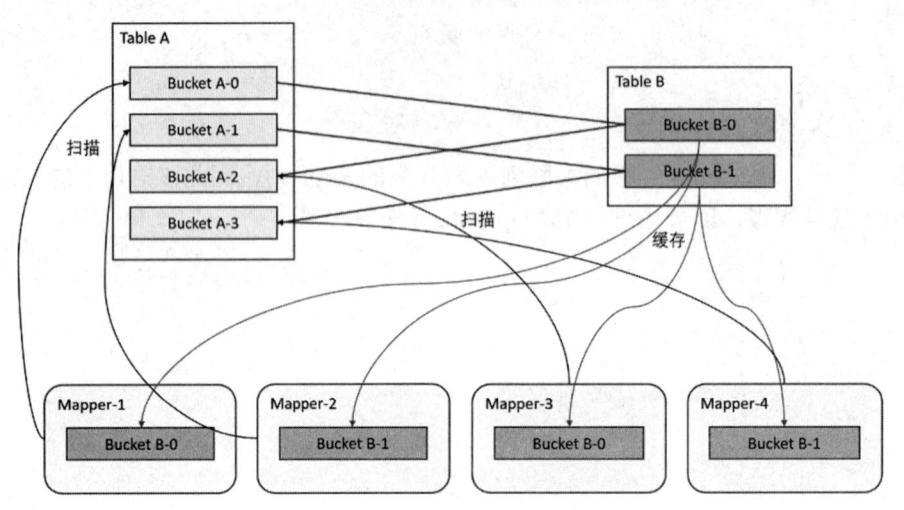

图 13-11　Bucket Map Join 算法的原理

4. Sort Merge Bucket Map Join 算法

Sort Merge Bucket Map Join（简称 SMB Map Join）算法基于 Bucket Map Join 算法实现。SMB Map Join 算法要求参与 join 连接的表均为分桶表，并需保证分桶内的数据是有序的，同时分桶列、排序列和关联列为相同列，而且其中一张表的分桶数量是另一张表分桶数量的整数倍。

SMB Map Join 算法同 Bucket Join 算法一样，也利用两表各分桶之间的关联关系，在分桶之间进行 join 连接，不同的是分桶之间的 join 连接的实现原理。在 Bucket Map Join 算法中，两个分桶之间的 join 连接实现原理为 Hash Join 算法；而在 SMB Map Join 算法中，两个分桶之间的 join 连接实现原理为 Sort Merge Join 算法。

Hash Join 算法和 Sort Merge Join 算法均为关系型数据库中常见的表关联实现算法。Hash Join 算法的原理相对简单，就是针对参与 join 连接的一张表构建 HashTable，然后扫描另一张表，最后进行逐行匹配。Sort Merge Join 算法需要在两张按照关联列排好序的表中才能使用，如图 13-12 所示。

图 13-12　Sort Merge Join 算法的原理

Hive 中的 SMB Map Join 算法就是对两个分桶的数据按照上述思路实现 join 连接。可以看出，与 Bucket

Map Join 算法相比，SMB Map Join 算法在进行 join 连接时，在 Map 阶段无须针对整个 Bucket 构建 HashTable，也无须在 Map 阶段缓存整个 Bucket 数据，每个 Map 任务只需按顺序逐 key 读取两个分桶的数据进行 join 连接即可。

13.5.2 Map Join

1. 优化说明

Map Join 有两种触发方式，一种是用户在 SQL 语句中增加 Hint 提示，另一种是 Hive 优化器根据参与 join 连接的表的数据量大小自动触发。

（1）Hint 提示方式。

用户可通过如下方式指定使用 Map Join 算法，并且表 ta 将作为 Map Join 中的小表。不过，这种方式已经过时，因此不推荐使用。

```
hive (default)>
select /*+ mapjoin(ta) */
   ta.id,
   tb.id
from table_a ta
join table_b tb
on ta.id=tb.id;
```

（2）自动触发。

在 SQL 语句的编译阶段，起初所有的 join 连接均采用 Common Join 算法实现。之后在物理优化阶段，Hive 会根据每个 Common Join 任务所需的表的大小，判断该 Common Join 任务是否能够转换为 Map Join 任务，若满足要求，则将 Common Join 任务自动转换为 Map Join 任务。但有些 Common Join 任务所需的表的大小在 SQL 语句的编译阶段是未知的（如对子查询进行 join 连接），因此这种 Common Join 任务是否能转换成 Map Join 任务在这一阶段无法确定。

针对这种情况，Hive 会在 SQL 语句的编译阶段生成一个条件任务（Conditional Task），其中会包含一个计划列表，在计划列表中包含转换后的 Map Join 任务及原有的 Common Join 任务，最终具体采用哪个计划是在运行时决定的。生成计划列表的过程如图 13-13 所示。

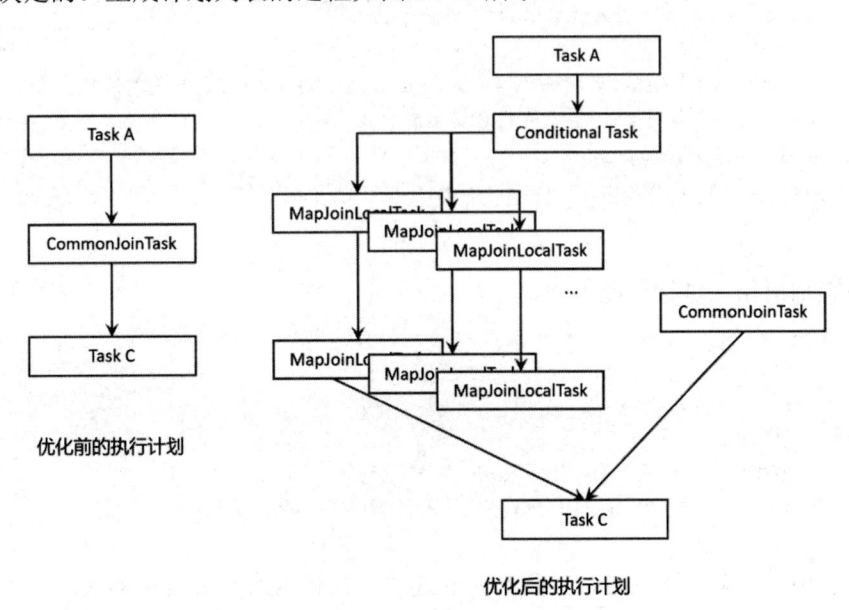

图 13-13　生成计划列表的过程

Map Join 自动转换的具体判断逻辑如图 13-14 所示。

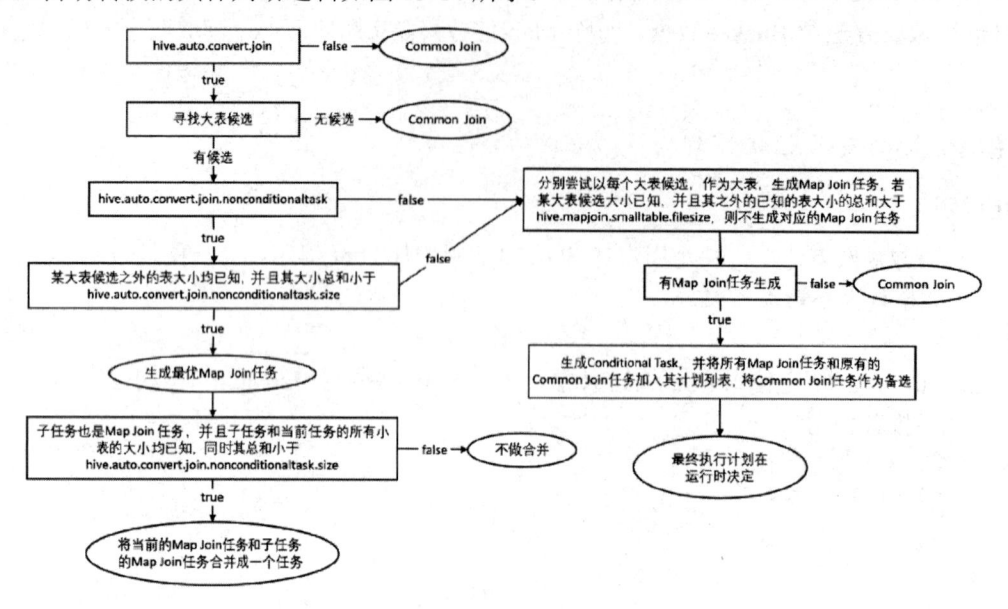

图 13-14　Map Join 自动转换的判断逻辑

图 13-14 中涉及的参数如下。

```
--启动 Map Join 自动转换
set hive.auto.convert.join=true;

--一个 Common Join Operator 转为 Map Join Operator 的判断条件是,若与该 Common Join 任务相关的表中,
存在 n-1 张表的已知大小总和<=该值,则生成一个 Map Join 任务,此时可能存在多种 n-1 张表的组合均满足该条件,则
hive 会为每种满足条件的组合均生成一个 Map Join 任务,同时还会保留原有的 Common Join 任务作为后备(back up)
任务,在实际运行时,优先执行 Map Join 任务,若不能执行成功,则启动 Common Join 后备任务
set hive.mapjoin.smalltable.filesize=250000;

--开启无条件转 Map Join
set hive.auto.convert.join.noconditionaltask=true;

--无条件转 Map Join 时的小表之和阈值,若在一个与 Common Join Operator 相关的表中,存在 n-1 张表的大小总
和<=该值,则此时 hive 便不会再为每种 n-1 张表的组合均生成 Map Join 任务,同时也不会保留 Common Join 作为后
备任务。而是只生成一个最优的 Map Join 计划
set hive.auto.convert.join.noconditionaltask.size=10000000;
```

2. 优化案例

（1）针对以下查询语句，进行性能优化。

```
hive (default)>
select
    *
from order_detail od
join product_info product on od.product_id = product.id
join province_info province on od.province_id = province.id;
```

（2）优化前。

在上述查询语句中，共有三张表进行了两次 join 连接，并且两次 join 连接的关联列不同，故优化前的执行计划应该包含两个 Common Join Operator，也就是由两个 MapReduce 任务实现。生成的执行计划如图 13-15 所示。

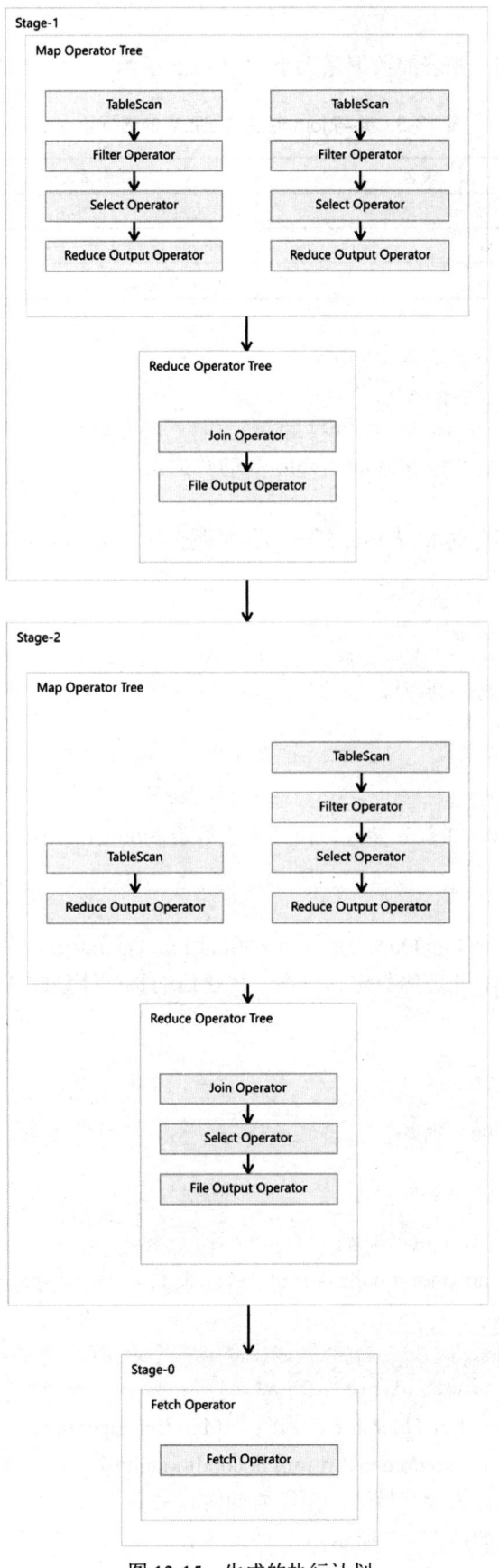

图 13-15　生成的执行计划

（3）优化思路。

经分析，参与 join 连接的三张表的数据量大小如表 13-5 所示。

表 13-5 参与 join 连接的三张表的数据量大小

表名	数据量大小
order_detail	1176009934（约 1122MB）
product_info	25285707（约 24MB）
province_info	369（约 0.36KB）

可使用如下语句获取表或分区的大小的信息。
```
hive (default)>
desc formatted table_name partition(partition_col='partition');
```

在三张表中，product_info 表和 province_info 表的数据量较小，可考虑将其作为小表进行 Map Join 优化。

根据前文 Common Join 任务转 Map Join 任务的判断逻辑图，可得出以下优化方案。

① 方案一。

启用 Map Join 自动转换。
```
hive (default)>
set hive.auto.convert.join=true;
```
不使用无条件转 Map Join。
```
hive (default)>
set hive.auto.convert.join.noconditionaltask=false;
```
调整 hive.mapjoin.smalltable.filesize 参数，使其大于等于 product_info 表的数据量大小。
```
hive (default)>
set hive.mapjoin.smalltable.filesize=25285707;
```

这样可保证将两个 Common Join Operator 均转为 Map Join Operator，同时保留 Common Join 任务并将其作为后备任务，从而保证计算任务的稳定。方案一优化后的执行计划如图 13-16 所示。

② 方案二。

启用 Map Join 自动转换。
```
hive (default)>
set hive.auto.convert.join=true;
```
使用无条件转 Map Join。
```
hive (default)>
set hive.auto.convert.join.noconditionaltask=true;
```

调整 hive.auto.convert.join.noconditionaltask.size 参数，使其大于等于 product_info 表和 province_info 表的数据量之和。
```
hive (default)>
set hive.auto.convert.join.noconditionaltask.size=25286076;
```

这样可直接将两个 Common Join Operator 转为两个 Map Join Operator，并且由于两个 Map Join Operator 的小表的数据量之和小于等于 hive.auto.convert.join.noconditionaltask.size 参数，故两个 Map Join Operator 任务可合并为一个。这个方案的计算效率最高，但需要的内存最多。

方案二优化后的执行计划如图 13-17 所示。

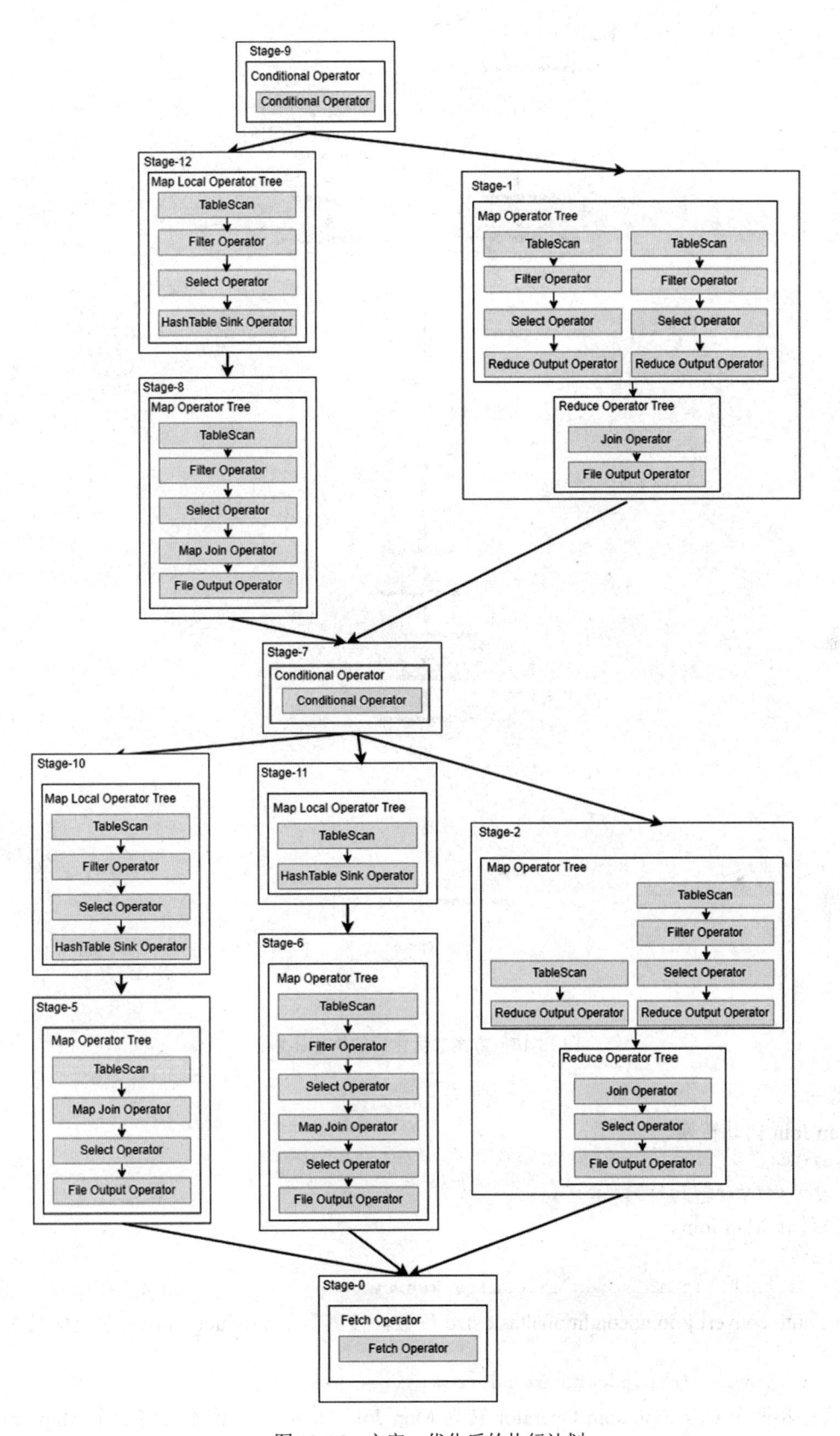

图 13-16　方案一优化后的执行计划

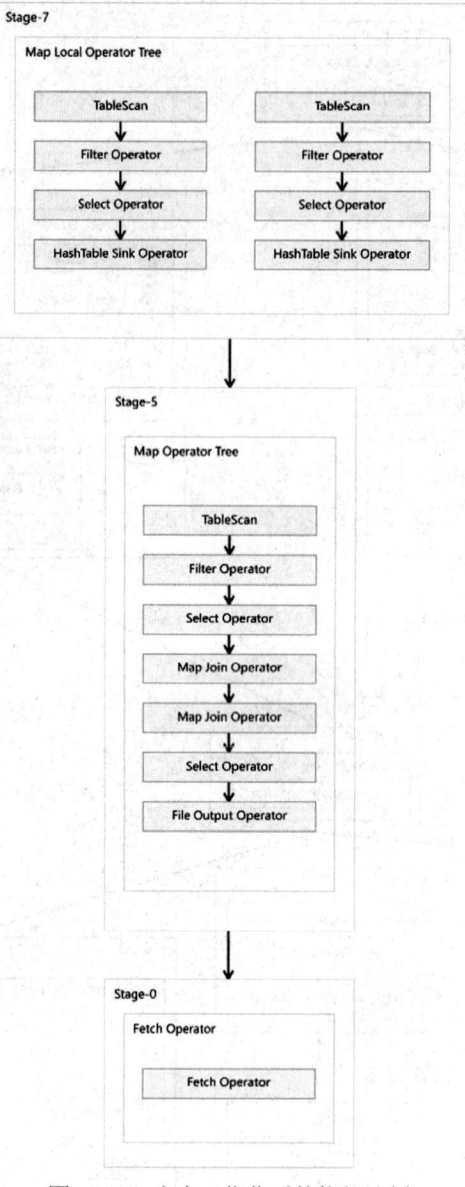

图 13-17 方案二优化后的执行计划

③ 方案三。

启用 Map Join 自动转换。

```
hive (default)>
set hive.auto.convert.join=true;
```

使用无条件转 Map Join。

```
hive (default)>
set hive.auto.convert.join.noconditionaltask=true;
```

调整 hive.auto.convert.join.noconditionaltask.size 参数，使其等于 product_info 表的数据量大小。

```
hive (default)>
set hive.auto.convert.join.noconditionaltask.size=25285707;
```

这样可直接将两个 Common Join Operator 转为 Map Join Operator，但不会将两个 Map Join 的任务合并。该方案的计算效率比方案二低，但需要的内存更少。

方案三优化后的执行计划如图 13-18 所示。

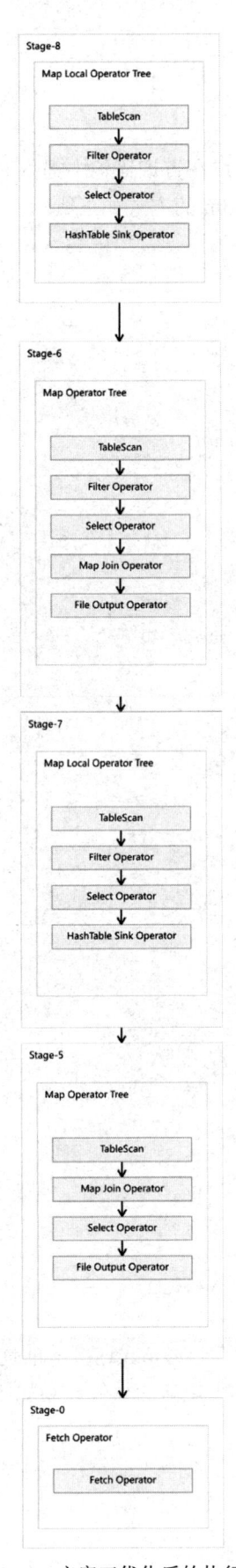

图 13-18　方案三优化后的执行计划

13.5.3 Bucket Map Join

1. 优化说明

Bucket Map Join 不支持自动转换，用户在查询语句中提供 Hint 提示并配置相关参数后，其方可使用。
（1）通过 Hint 提示开启 Bucket Map Join 的方式如下所示。

```
hive (default)>
select /*+ mapjoin(ta) */
   ta.id,
   tb.id
from table_a ta
join table_b tb on ta.id=tb.id;
```

（2）Bucket Map Join 的相关参数如下所示。

```
--关闭 CBO 优化，CBO 会导致 Hint 提示被忽略
set hive.cbo.enable=false;
--Map Join Hint 默认会被忽略(因为已经过时)，需将如下参数设置为 false
set hive.ignore.mapjoin.hint=false;
--启用 Bucket Map Join 优化功能
set hive.optimize.bucketmapjoin = true;
```

2. 优化案例

（1）针对以下查询语句，进行性能优化。

```
hive (default)>
select
   *
from(
   select
       *
   from order_detail
   where dt='2020-06-14'
)od
join(
   select
       *
   from payment_detail
   where dt='2020-06-14'
)pd
on od.id=pd.order_detail_id;
```

（2）优化前。

在上述查询语句中，共有 2 张表进行了 1 次 join 连接，故优化前的执行计划应包含 1 个 Common Join 任务，并通过 1 个 MapReduce 任务实现。优化前的执行计划如图 13-19 所示。

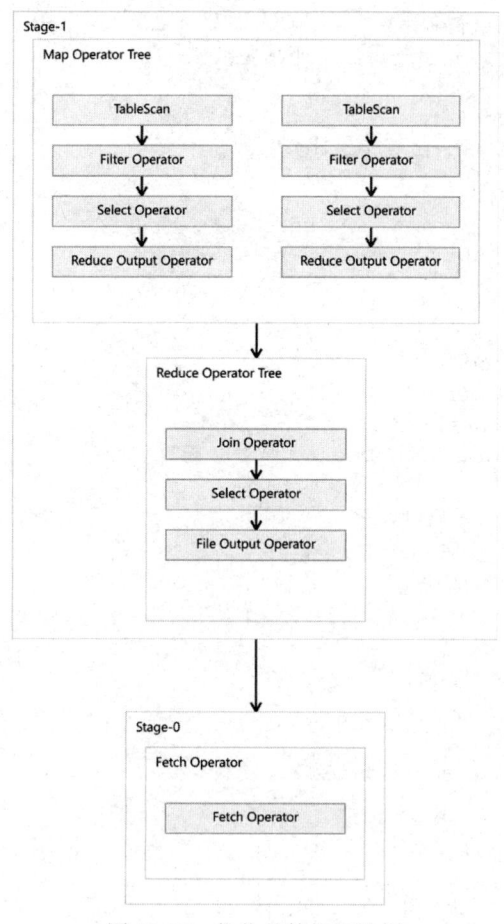

图 13-19　优化前的执行计划

（3）优化思路。

经分析，参与 join 连接的 2 张表的数据量大小如表 13-6 所示。

表 13-6　参与 join 连接的 2 张表的数据量大小

表名	数据量大小
order_detail	1176009934（约 1122MB）
payment_detail	334198480（约 319MB）

2 张表的数据量都相对较大，若采用普通的 Map Join 算法，则在 Map 阶段需要使用较多内存来缓存数据，当然可以选择为 Map 阶段分配更多的内存，以此保证任务运行成功。不过 Map 阶段的内存不可能无上限地分配，因此，当参与 join 连接的表数据量均过大时，就可以考虑采用 Bucket Map Join 算法。下面演示如何使用 Bucket Map Join 算法。

首先需要依据源表创建 2 个分桶表，建议将订单表 order_detail 分为 16 个 bucket，将支付表 payment_detail 分为 8 个 bucket，在这个过程中，注意分桶个数的倍数关系及分桶列。

```
--订单表
hive (default)>
drop table if exists order_detail_bucketed;
create table order_detail_bucketed(
    id            string comment '订单id',
    user_id       string comment '用户id',
    product_id    string comment '商品id',
    province_id   string comment '省（区、市）id',
    create_time   string comment '下单时间',
```

```
    product_num   int comment '商品件数',
    total_amount decimal(16, 2) comment '下单金额'
)
clustered by (id) into 16 buckets
row format delimited fields terminated by '\t';

--支付表
hive (default)>
drop table if exists payment_detail_bucketed;
create table payment_detail_bucketed(
    id               string comment '支付id',
    order_detail_id string comment '订单明细id',
    user_id          string comment '用户id',
    payment_time    string comment '支付时间',
    total_amount    decimal(16, 2) comment '支付金额'
)
clustered by (order_detail_id) into 8 buckets
row format delimited fields terminated by '\t';
```

向2个分桶表导入数据，如下所示。

```
--订单表
hive (default)>
insert overwrite table order_detail_bucketed
select
    id,
    user_id,
    product_id,
    province_id,
    create_time,
    product_num,
    total_amount
from order_detail
where dt='2020-06-14';

--分桶表
hive (default)>
insert overwrite table payment_detail_bucketed
select
    id,
    order_detail_id,
    user_id,
    payment_time,
    total_amount
from payment_detail
where dt='2020-06-14';
```

设置参数，如下所示。

```
--关闭CBO优化,CBO会导致Hint提示被忽略,需将以下参数修改为false
set hive.cbo.enable=false;
--Map Join Hint 默认会被忽略(因为已经过时),需将以下参数修改为false
set hive.ignore.mapjoin.hint=false;
--启用Bucket Map Join优化功能,默认不启用,需将以下参数修改为true
set hive.optimize.bucketmapjoin = true;
```

最后再重写查询语句，如下所示。

```
hive (default)>
select /*+ mapjoin(pd) */
    *
from order_detail_bucketed od
join payment_detail_bucketed pd on od.id = pd.order_detail_id;
```

Bucket Map Join 优化后的执行计划如图 13-20 所示。

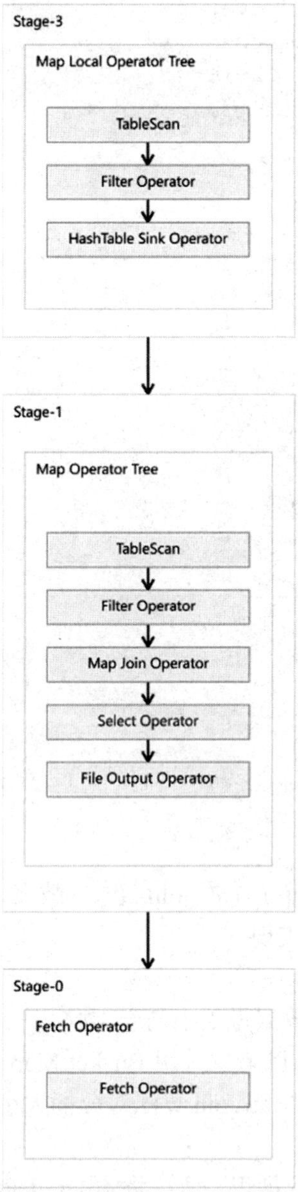

图 13-20 Bucket Map Join 优化后的执行计划

需要注意的是，Bucket Map Join 的执行计划的基本信息与普通的 Map Join 无异，若想看到差异，则可执行如下语句，查看执行计划的详细信息。在详细的执行计划中，如果在 Map Join Operator 中看到"BucketMapJoin: true"，就表明使用的 Join 算法为 Bucket Map Join 算法。

```
hive (default)>
explain extended select /*+ mapjoin(pd) */
    *
from order_detail_bucketed od
join payment_detail_bucketed pd on od.id = pd.order_detail_id;
```

13.5.4　Sort Merge Bucket Map Join

1. 优化说明

Sort Merge Bucket Map Join（SMB Map Join）有 2 种触发方式，包括 Hint 提示和自动转换。Hint 提示

已过时，不推荐使用。下面是自动转换的相关参数。

```
--启动 SMB Map Join 优化
set hive.optimize.bucketmapjoin.sortedmerge=true;
--使用自动转换 SMB Map Join
set hive.auto.convert.sortmerge.join=true;
```

2. 优化案例

（1）针对以下查询语句，进行性能优化。

```
Hive (default)>
select
    *
from(
    select
        *
    from order_detail
    where dt='2020-06-14'
)od
join(
    select
        *
    from payment_detail
    where dt='2020-06-14'
)pd
on od.id=pd.order_detail_id;
```

（2）优化前。

在上述 SQL 语句中，共有 2 张表进行了 1 次 join 连接，故在优化前的执行计划中应包含 1 个 Common Join 任务，并通过 1 个 MapReduce 任务实现。

（3）优化思路。

经分析，参与 join 连接的 2 张表的数据量大小同表 13-6。

2 张表的数据量都相对较大，除了可以考虑采用 Bucket Map Join 算法，还可以考虑 SMB Map Join 算法。相较于 Bucket Map Join 算法，SMB Map Join 算法对分桶大小没有要求。下面演示如何使用 SMB Map Join 算法实现 2 张表的 join 连接。

首先需要依据源表创建 2 个有序的分桶表，建议将 order_detail 表分为 16 个 bucket，将 payment_detail 表分为 8 个 bucket，注意分桶个数的倍数关系，以及分桶列和排序列。

```
--订单表
hive (default)>
drop table if exists order_detail_sorted_bucketed;
create table order_detail_sorted_bucketed(
    id             string comment '订单id',
    user_id        string comment '用户id',
    product_id     string comment '商品id',
    province_id    string comment '省(区、市)id',
    create_time    string comment '下单时间',
    product_num    int comment '商品件数',
    total_amount   decimal(16, 2) comment '下单金额'
)
clustered by (id) sorted by(id) into 16 buckets
```

```
row format delimited fields terminated by '\t';
```

--支付表
```
hive (default)>
drop table if exists payment_detail_sorted_bucketed;
create table payment_detail_sorted_bucketed(
    id               string comment '支付id',
    order_detail_id  string comment '订单明细id',
    user_id          string comment '用户id',
    payment_time     string comment '支付时间',
    total_amount     decimal(16, 2) comment '支付金额'
)
clustered by (order_detail_id) sorted by(order_detail_id) into 8 buckets
row format delimited fields terminated by '\t';
```

其次向 2 个分桶表导入数据。

--订单表
```
hive (default)>
insert overwrite table order_detail_sorted_bucketed
select
    id,
    user_id,
    product_id,
    province_id,
    create_time,
    product_num,
    total_amount
from order_detail
where dt='2020-06-14';
```

--分桶表
```
hive (default)>
insert overwrite table payment_detail_sorted_bucketed
select
    id,
    order_detail_id,
    user_id,
    payment_time,
    total_amount
from payment_detail
where dt='2020-06-14';
```

再次设置以下参数。

--启动 SMB Map Join 优化
```
set hive.optimize.bucketmapjoin.sortedmerge=true;
```
--使用自动转换 SMB Map Join
```
set hive.auto.convert.sortmerge.join=true;
```

最后再重写 SQL 语句，如下所示。
```
hive (default)>
select
    *
from order_detail_sorted_bucketed od
join payment_detail_sorted_bucketed pd
on od.id = pd.order_detail_id;
```

SMB Map Join 优化后的执行计如图 13-21 所示。

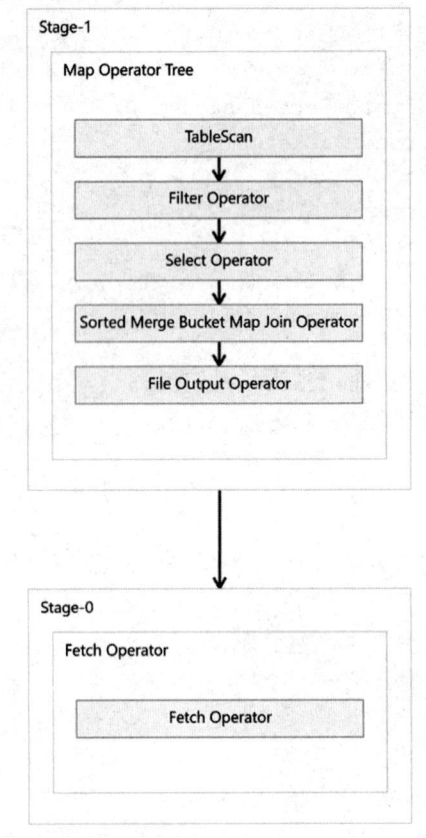

图 13-21 SMB Map Join 优化后的执行计划

13.6 数据倾斜

在大数据计算领域，数据倾斜是一种最常见的现象。在实际开发中，我们应该学会判断是否产生了数据倾斜，以及如何解决数据倾斜问题。

13.6.1 数据倾斜概述

数据倾斜问题，通常是指参与计算的数据分布不均，即某个 key 或某些 key 的数据量远超其他 key，导致在 Shuffle 阶段，大量相同 key 的数据被发往同一个 Reduce 任务，进而导致执行该 Reduce 任务所需的时间远超其他 Reduce 任务，成为整个 MapReduce 任务的瓶颈。

Hive 中的数据倾斜常出现在分组聚合和 join 连接的场景中，下面分别介绍在这两种场景下的优化思路。

13.6.2 分组聚合导致的数据倾斜

1. 优化说明

前文提到过，Hive 中未经优化的分组聚合是通过一个 MapReduce 任务实现的。Map 阶段负责读取数据，并按照分组列分区，通过 Shuffle 阶段，将数据发往 Reduce 阶段，各组数据在 Reduce 阶段完成最终的聚合运算。

如果分组列的值分布不均，就可能导致大量相同的 key 进入同一个 Reduce 任务，从而出现数据倾斜问题。

分组聚合导致的数据倾斜问题，有以下两种解决思路。

（1）map-side 聚合。

在开启 map-side 聚合后，数据会现在 Map 阶段完成部分聚合工作。这样一来，即便原始数据是倾斜的，在经过 Map 阶段的初步聚合后，发往 Reduce 阶段的数据就不再倾斜了。在最佳状态下，map-side 聚合能够完全屏蔽数据倾斜问题。

相关参数如下。

```
--启用 map-side 聚合
set hive.map.aggr=true;

--用于检测源表数据是否适合进行 map-side 聚合。检测的方法是：先对若干条数据进行 map-side 聚合，若聚合后的
条数和聚合前的条数的比值小于该值，则认为该表适合进行 map-side 聚合；否则，认为该表数据不适合进行 map-side
聚合，后续数据便不再进行 map-side 聚合
set hive.map.aggr.hash.min.reduction=0.5;

--用于检测源表是否拥有适合 map-side 聚合的数据条数
set hive.groupby.mapaggr.checkinterval=100000;

--map-side 聚合所用的 HashTable 占用 Map Task 堆内存的最大比例，若超出该值，则会对 Hash Table 进行一次
flush
set hive.map.aggr.hash.force.flush.memory.threshold=0.9;
```

（2）Skew-GroupBy 优化。

Skew-GroupBy 优化的原理是启动两个 MapReduce 任务，第一个 MapReduce 任务按照随机数分区，将数据分散发送至 Reduce 阶段，完成部分聚合；第二个 MapReduce 任务按照分组列分区，完成最终聚合。

相关参数如下。

```
--启用分组聚合进行数据倾斜优化
set hive.groupby.skewindata=true;
```

2. 优化案例

（1）针对以下查询语句，进行性能优化。

```
hive (default)>
select
    province_id,
    count(*)
from order_detail
group by province_id;
```

（2）优化前。

在该表中，province_id 列存在数据倾斜。在未经优化前观察任务的执行过程，如图 13-22 所示，从中能够看出已经发生了数据倾斜。

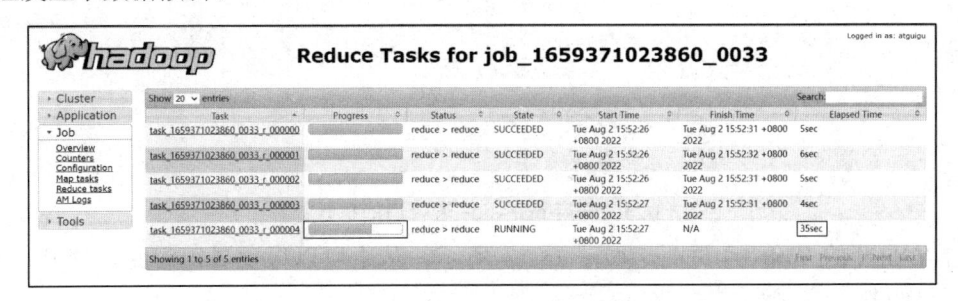

图 13-22　优化前发生数据倾斜

需要注意的是，Hive 中的 map-side 聚合默认是开启的，若想看到数据倾斜的现象，则需要先将 hive.map.aggr 参数设置为 false。

（3）优化思路。

下面分别讲解使用 map-side 聚合和 Skew-GroupBy 优化的过程。

① 使用 map-side 聚合。

设置如下参数，开启 map-side 聚合。

```
--启用map-side 聚合
set hive.map.aggr=true;
--关闭Skew-GroupBy 优化
set hive.groupby.skewindata=false;
```

开启 map-side 聚合后的执行计划如图 13-23 所示。

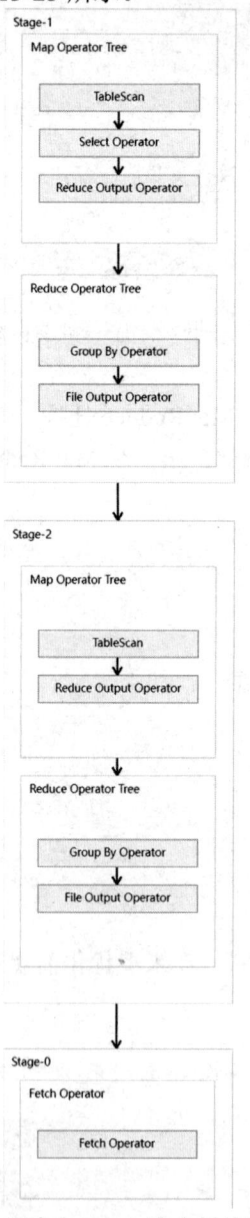

图 13-23　开启 map-side 聚合后的执行计划

再次查看 YARN 的 Web UI 页面，如图 13-24 所示，从中可以很明显地看到，在开启 map-side 聚合后，数据不再倾斜。

Name	State	Start Time	Finish Time	Elapsed Time	Start Time	Shuffle Finish Time	Merge Finish Time	Finish Time	Elapsed Time Shuffle	Elapsed Time Merge	Elapsed Time Reduce	Elapsed Time
task_1660095370483_0019_r_000000	SUCCEEDED	Wed Aug 10 22:52:04 +0800 2022	Wed Aug 10 22:52:09 +0800 2022	5sec	Wed Aug 10 22:52:04 +0800 2022	Wed Aug 10 22:52:07 +0800 2022	Wed Aug 10 22:52:07 +0800 2022	Wed Aug 10 22:52:09 +0800 2022	2sec	0sec	2sec	5sec
task_1660095370483_0019_r_000001	SUCCEEDED	Wed Aug 10 22:52:04 +0800 2022	Wed Aug 10 22:52:11 +0800 2022	7sec	Wed Aug 10 22:52:04 +0800 2022	Wed Aug 10 22:52:09 +0800 2022	Wed Aug 10 22:52:09 +0800 2022	Wed Aug 10 22:52:11 +0800 2022	5sec	0sec	1sec	7sec
task_1660095370483_0019_r_000002	SUCCEEDED	Wed Aug 10 22:52:05 +0800 2022	Wed Aug 10 22:52:10 +0800 2022	5sec	Wed Aug 10 22:52:05 +0800 2022	Wed Aug 10 22:52:08 +0800 2022	Wed Aug 10 22:52:08 +0800 2022	Wed Aug 10 22:52:10 +0800 2022	3sec	0sec	2sec	5sec
task_1660095370483_0019_r_000003	SUCCEEDED	Wed Aug 10 22:52:05 +0800 2022	Wed Aug 10 22:52:11 +0800 2022	6sec	Wed Aug 10 22:52:05 +0800 2022	Wed Aug 10 22:52:09 +0800 2022	Wed Aug 10 22:52:09 +0800 2022	Wed Aug 10 22:52:11 +0800 2022	4sec	0sec	1sec	6sec
task_1660095370483_0019_r_000004	SUCCEEDED	Wed Aug 10 22:52:06 +0800 2022	Wed Aug 10 22:52:11 +0800 2022	5sec	Wed Aug 10 22:52:06 +0800 2022	Wed Aug 10 22:52:10 +0800 2022	Wed Aug 10 22:52:10 +0800 2022	Wed Aug 10 22:52:11 +0800 2022	4sec	0sec	1sec	5sec

图 13-24　YARN 的 Web UI 页面

② 使用 Skew-GroupBy 优化。

设置如下参数，开启 Skew-GroupBy 优化。

```
--启用 Skew-GroupBy 优化
set hive.groupby.skewindata=true;
--关闭 map-side 聚合
set hive.map.aggr=false;
```

在开启 Skew-GroupBy 优化后，可以很明显地看到，在 YARN 上启动了两个 MapReduce 任务，如图 13-25 所示，第一个 MapReduce 任务会打散数据，第二个 MapReduce 任务会按照打散后的数据进行分组聚合。

Show 20 entries

ID	User	Name	Application Type	Queue	Application Priority	StartTime	LaunchTime	FinishTime	State	FinalStatus
application_1677468485146_0008	atguigu	select province_id, ...province_id (Stage-2)	MAPREDUCE	default	0	Mon Feb 27 14:22:02 +0800 2023	Mon Feb 27 14:22:02 +0800 2023	Mon Feb 27 14:22:13 +0800 2023	FINISHED	SUCCEEDED
application_1677468485146_0007	atguigu	select province_id, ...province_id (Stage-1)	MAPREDUCE	default	0	Mon Feb 27 14:21:28 +0800 2023	Mon Feb 27 14:21:28 +0800 2023	Mon Feb 27 14:21:56 +0800 2023	FINISHED	SUCCEEDED

图 13-25　通过 YARN 的 Web UI 页面观察启动的两个 MapReduce 任务

13.6.3　join 连接导致的数据倾斜

1. 优化说明

前文提到过，未经优化的 join 连接，默认会使用 Common Join 算法，即通过一个 MapReduce 任务完成计算。Map 阶段负责读取 join 连接所需表的数据，并按照关联列分区，通过 Shuffle 阶段，将其发送到 Reduce 阶段，相同 key 的数据在 Reduce 阶段会完成最终的 join 连接。

而如果关联列的值分布不均，就可能导致大量相同的 key 进入同一个 Reduce 任务，从而出现数据倾斜问题。

join 连接导致的数据倾斜问题，有如下三种解决方案。

（1）使用 Map Join 算法。

使用 Map Join 算法，join 连接在 Map 阶段就能完成，没有 Shuffle 阶段，没有 Reduce 阶段，自然不会产生 Reduce 阶段的数据倾斜。该方案适用于大表与小表在关联时发生数据倾斜的场景。

相关参数如下。

```
--启动 Map Join 自动转换
set hive.auto.convert.join=true;

--一个 Common Join operator 转为 Map Join operator 的判断条件是,若该 Common Join 相关的表中,存在 n-1 张表的大小总和<=该值,则生成一个 Map Join 计划,此时可能存在多种 n-1 张表的组合均满足该条件,则 hive 会为每种满足条件的组合均生成一个 Map Join 计划,同时还会保留原有的 Common Join 计划作为后备(back up)计划,在实际运行时,优先执行 Map Join 计划,若不能执行成功,则启动 Common Join 后备计划
set hive.mapjoin.smalltable.filesize=250000;

--开启无条件转 Map Join
set hive.auto.convert.join.noconditionaltask=true;

--无条件转 Map Join 时的小表之和阈值,若在一个与 Common Join operator 相关的表中,存在 n-1 张表的大小总和<=该值,则此时 hive 便不会再为每种 n-1 张表的组合均生成 Map Join 计划,同时也不会保留 Common Join 作为后备计划,而是只生成一个最优的 Map Join 计划
set hive.auto.convert.join.noconditionaltask.size=10000000;
```

（2）使用 Skew Join 算法。

Skew Join 算法的原理是,为倾斜的数据量大的 key 单独启动一个 Map Join 任务进行计算,其余 key 则进行正常的 Common Join 任务。Skew Join 算法的原理示意图如图 13-26 所示。

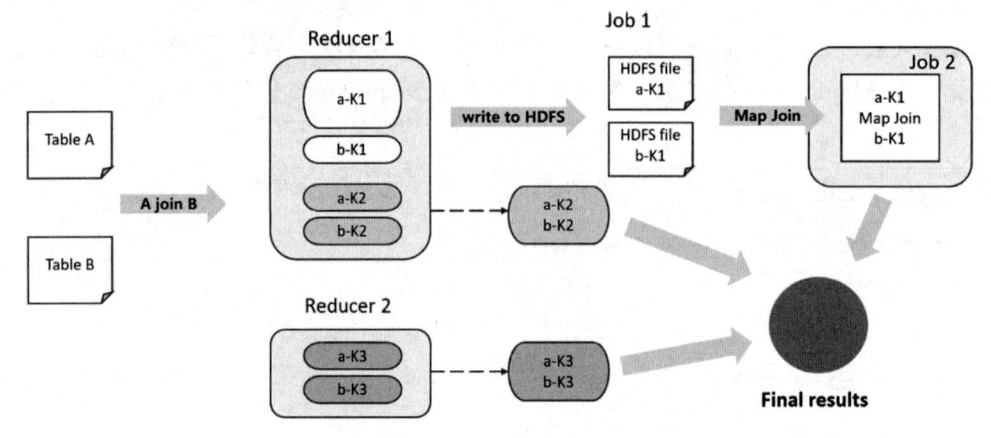

图 13-26 Skew Join 算法的原理示意图

相关参数如下。

```
--启用 Skew Join 优化
set hive.optimize.skewjoin=true;
--触发 Skew Join 的阈值,若某个 key 的行数超过该参数值,则其会被触发
set hive.skewjoin.key=100000;
```

这种方案对参与 join 连接的源表大小没有要求,但是对两表中倾斜的 key 的数据量有要求,其要求一张表中倾斜的 key 的数据量较小,才能实现 Map Join。

（3）调整查询语句。

若参与 join 连接的两表均为大表,并且其中一张表的数据是倾斜的,则此时也可通过以下方式对查询语句进行相应调整。

假设原始查询语句如下,其中 A、B 两表均为大表,并且其中一张表的数据是倾斜的。

```
hive (default)>
select
    *
from A
```

```
join B
on A.id=B.id;
```

大表 A 与大表 B 的 join 连接过程如图 13-27 所示。

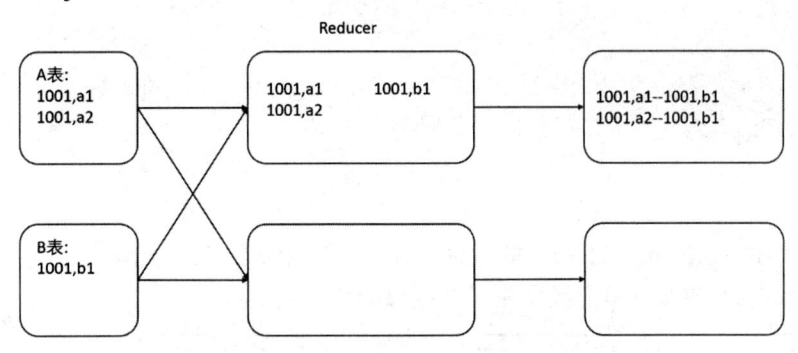

图 13-27　大表 A 与大表 B 的 join 连接过程

在图 13-27 中，1001 为倾斜的数据量大的 key，可以看到，所有 key 为 1001 的数据都被发往同一个 Reduce 任务进行处理。

调整后的查询语句如下。

```
hive (default)>
select
    *
from(
    select --打散操作
        concat(id,'_',cast(rand()*2 as int)) id,
        value
    from A
)ta
join(
    select --扩容操作
        concat(id,'_',0) id,
        value
    from B
    union all
    select
        concat(id,'_',1) id,
        value
    from B
)tb
on ta.id=tb.id;
```

优化后的大表 A 与大表 B 的关联如图 13-28 所示。

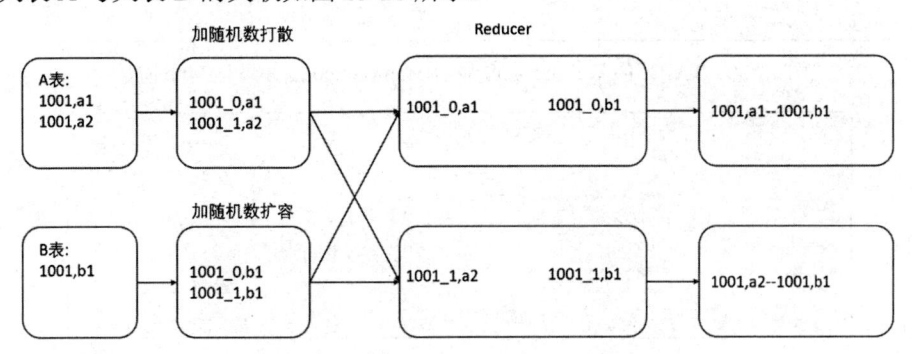

图 13-28　优化后的大表 A 与大表 B 的关联

305

2. 优化案例

(1) 针对以下查询语句进行性能优化。

```
hive (default)>
select
    *
from order_detail od
join province_info pi
on od.province_id=pi.id;
```

(2) 优化前。

在 order_detail 表中，province_id 列中的数据存在倾斜。在未经 join 连接优化前，观察任务的执行过程，如图 13-29 所示，从中能够看出已经发生了数据倾斜。

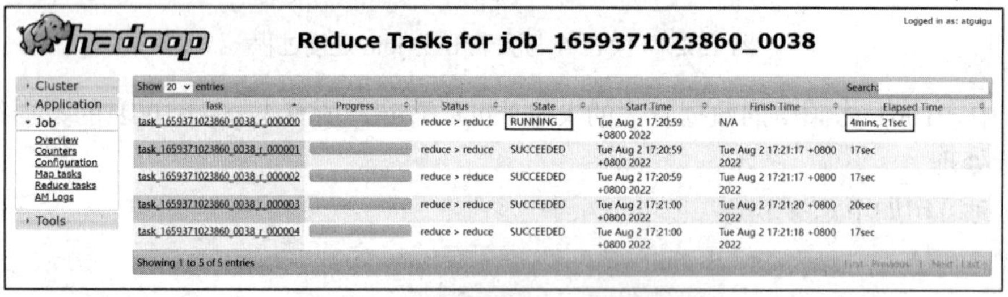

图 13-29 join 连接优化前的数据倾斜

需要注意的是，Hive 中的 Map Join 默认是开启的，若想看到数据倾斜的现象，则需要先将 hive.auto.convert.join 参数设置为 false。

(3) 优化思路。

下面分别讲解使用 Map Join 和 Skew Join 的优化过程。

① 使用 Map Join。

设置如下参数。

```
--启用 Map Join
set hive.auto.convert.join=true;
--关闭 Skew Join
set hive.optimize.skewjoin=false;
```

重新提交查询语句，再次查看 YARN 的 Web UI 页面，如图 13-30 与图 13-31 所示，可以很明显地看到，在开启 Map Join 以后，MapReduce 任务只有 Map 阶段，没有 Reduce 阶段，自然也就不再发生数据倾斜。

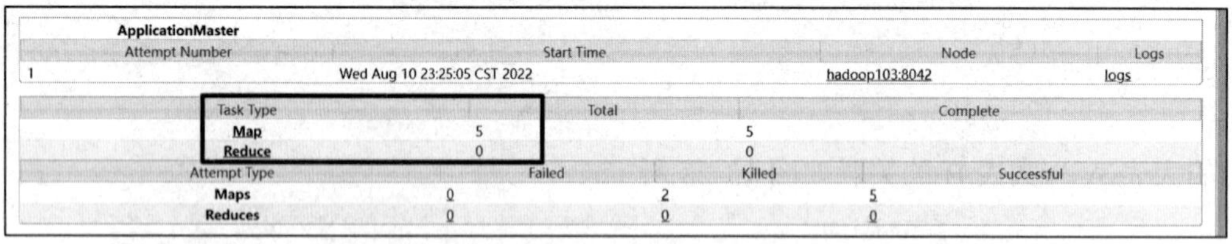

图 13-30 YARN 的 Web UI 页面显示 MapReduce 任务只有 Map 阶段

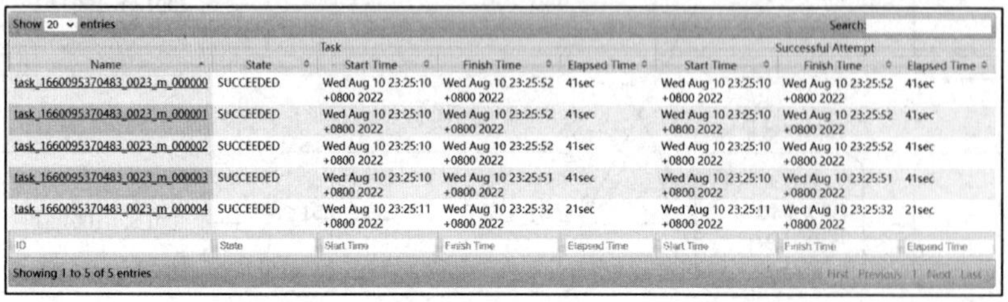

图 13-31 YARN 的 Web UI 页面显示不再发生数据倾斜

② 使用 Skew Join。

设置如下参数。

```
--启动 Skew Join
set hive.optimize.skewjoin=true;
--关闭 Map Join
set hive.auto.convert.join=false;
```

在开启 Skew Join 后，再次查看执行计划，Skew Join 优化后的执行计划如图 13-32 所示，说明 Skew Join 生效了，执行计划中既有 Common Join，又有部分数据执行了 Map Join。

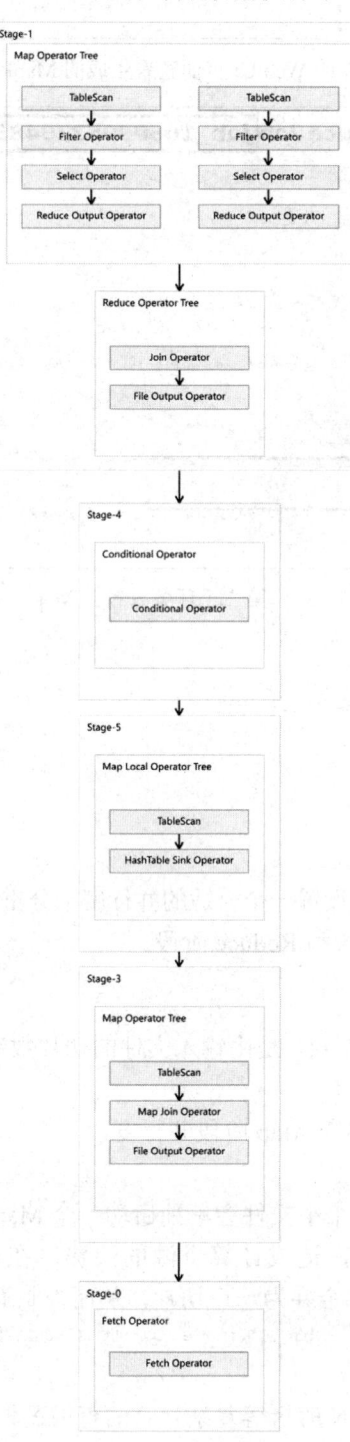

图 13-32　Skew Join 优化后的执行计划

重新执行查询语句，在 YARN 的 Web UI 页面查看任务执行情况，如图 13-33 与图 13-34 所示。从中可以看到，启动了两个 MapReduce 任务，而且第二个任务只有 Map 阶段，没有 Reduce 阶段，这说明第二个任务是对倾斜的 key 进行了 Map Join。

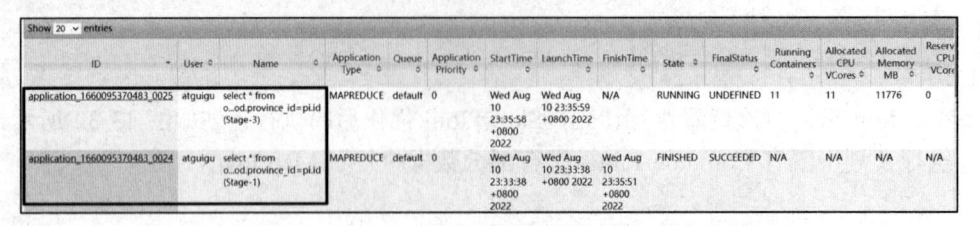

图 13-33　YARN 的 Web UI 页面查看生成的 MapReduce 任务情况

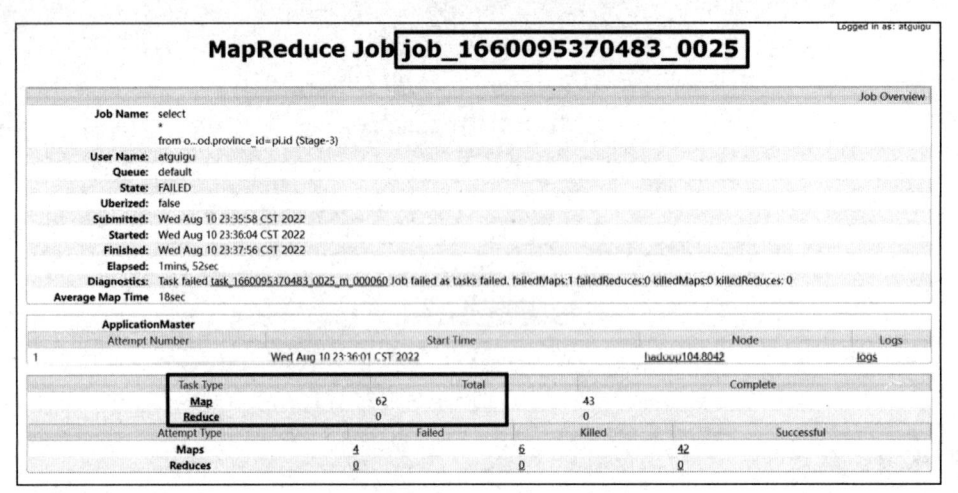

图 13-34　第二个任务只包含 Map 阶段

13.7　任务并行度

13.7.1　优化说明

对于一个分布式的计算任务而言，设置一个合适的并行度十分重要。Hive 的计算任务由 MapReduce 完成，故并行度的调整需要分为 Map 阶段和 Reduce 阶段。

1. Map 阶段并行度

Map 阶段并行度，即 Map 任务的个数，是由输入文件的切片数决定的。在一般情况下，Map 阶段并行度无须手动调整。

在出现以下特殊情况时，可考虑调整 Map 阶段并行度。

（1）查询的表中存在大量小文件。

按照 Hadoop 默认的切片策略，一个小文件会单独启动一个 Map 任务进行计算。若查询的表中存在大量小文件，则会启动大量 Map 任务，造成计算资源的浪费。在这种情况下，可以使用 Hive 提供的 CombineHiveInputFormat 将多个小文件合并为一个切片，从而控制 Map 任务个数，相关参数如下。

```
set hive.input.format=org.apache.hadoop.hive.ql.io.CombineHiveInputFormat;
```

（2）Map 阶段具有复杂的查询逻辑。

若查询语句中存在正则替换、JSON 解析等复杂耗时的查询逻辑，则 Map 阶段的计算会相对慢一些。若想加快计算速度，则在计算资源充足的情况下，可考虑增大 Map 阶段并行度，令 Map 任务多一些，从而使每个 Map 任务计算的数据少一些，相关参数如下。

```
---一个切片的最大值
set mapreduce.input.fileinputformat.split.maxsize=256000000;
```

2. Reduce 阶段并行度

Reduce 阶段并行度，即 Reduce 任务的个数，相对 Map 阶段并行度来说，其更值得关注。Reduce 阶段并行度既可由用户自己指定，也可由 Hive 自行根据该 MapReduce 任务输入的文件大小进行估算。

Reduce 阶段并行度的相关参数如下。

```
--指定 Reduce 阶段并行度，默认值为-1，表示用户未指定
set mapreduce.job.reduces;
--Reduce 阶段并行度最大值
set hive.exec.reducers.max;
--单个 Reduce 任务计算的数据量，用于估算 Reduce 阶段并行度
set hive.exec.reducers.bytes.per.reducer;
```

确定 Reduce 阶段并行度的逻辑为：若指定参数 mapreduce.job.reduces 的值为一个非负整数，则 Reduce 阶段并行度为指定值。否则，Hive 将自行估算 Reduce 阶段并行度，估算逻辑如下。

假设 Job 输入的文件大小为 totalInputBytes，参数 hive.exec.reducers.bytes.per.reducer 的值为 bytesPerReducer，参数 hive.exec.reducers.max 的值为 maxReducers，则 Reduce 阶段并行度为

$$\min\left[\text{ceil}\left(\frac{\text{totalInputBytes}}{\text{bytesPerReducer}}\right), \text{maxReducers}\right]$$

可以看到，Hive 在自行估算 Reduce 阶段并行度时，是以整个 MapReduce 任务输入的文件大小作为依据的。因此，在某些情况下，其估计的并行度可能并不准确，此时就需要用户根据实际情况来指定 Reduce 阶段并行度了。

13.7.2 优化案例

（1）针对以下查询语句，进行性能优化。

```
hive (default)>
select
    province_id,
    count(*)
from order_detail
group by province_id;
```

（2）优化前。

在不指定 Reduce 阶段并行度时，Hive 自行估算并行度的过程如下。

关键计算参数如下所示。

```
totalInputBytes= 1136009934
bytesPerReducer=256000000
maxReducers=1009
```

经计算，Reduce 阶段并行度为

$$\text{numReducers} = \min\left[\text{ceil}\left(\frac{1136009934}{256000000}\right), 1009\right] = 5$$

（3）优化思路。

使用上述查询语句时，在默认情况下会进行 map-side 聚合，即 Reduce 阶段接收的数据实际上是 Map

阶段完成聚合之后的结果。观察任务的执行过程会发现，每个 Map 阶段输出的数据只有 34 条记录，共 5 个 Map 任务，如图 13-35 所示。

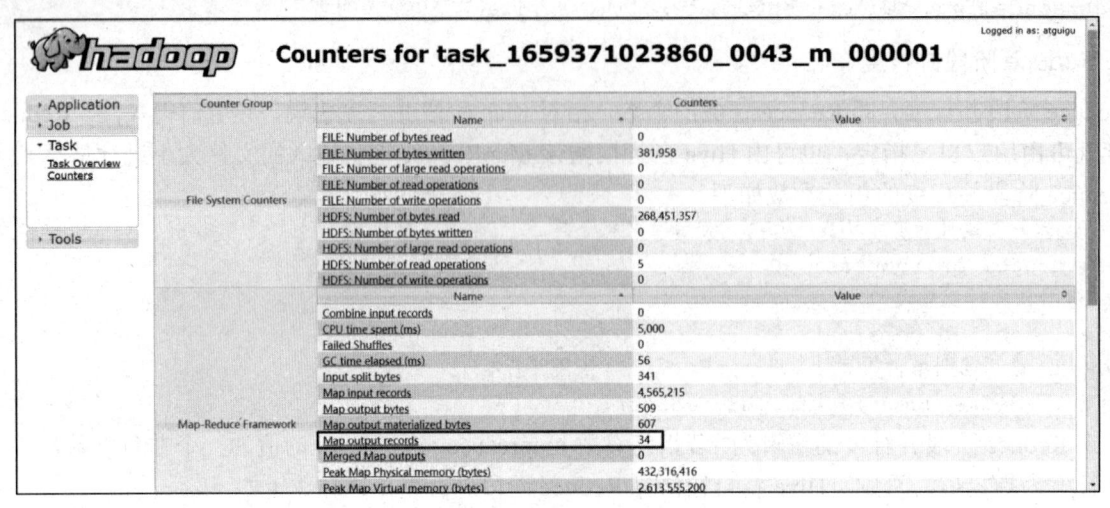

图 13-35　Map 任务执行情况

这表明 Reduce 阶段实际只会接收 170（34×5）条记录，故在理论上将 Reduce 阶段并行度设置为 1 即可。在这种情况下，用户可通过以下参数自行将 Reduce 阶段并行度设置为 1。

```
--指定Reduce阶段并行度，默认值为-1，表示用户未指定
set mapreduce.job.reduces=1;
```

13.8　小文件合并

13.8.1　优化说明

小文件合并优化分为 2 个方面，分别是 Map 阶段输入的小文件合并，以及 Reduce 阶段输出的小文件合并。

1. Map 阶段输入的小文件合并

合并 Map 阶段输入的小文件，是指将多个小文件合并为一个切片，进而通过一个 Map 任务来处理。其目的是防止为单个小文件启动一个 Map 任务，浪费计算资源。相关参数如下。

```
--可将多个小文件切片合并为一个切片，进而通过一个Map任务处理
set hive.input.format=org.apache.hadoop.hive.ql.io.CombineHiveInputFormat;
```

2. Reduce 阶段输出的小文件合并

合并 Reduce 阶段输出的小文件，是指将多个小文件合并成大文件。其目的是减少 HDFS 小文件的数量。其原理是根据计算任务输出的文件的平均大小进行判断，若符合条件，则单独启动一个额外的任务进行合并。相关参数如下。

```
--开启合并Map Only任务输出的小文件
set hive.merge.mapfiles=true;

--开启合并Map/Reduce任务输出的小文件
set hive.merge.mapredfiles=true;

--合并后的文件大小
```

```
set hive.merge.size.per.task=256000000;

--触发小文件合并任务的阈值,若某计算任务输出的文件平均大小低于该值,则触发合并
set hive.merge.smallfiles.avgsize=16000000;
```

13.8.2 优化案例

现有需求:计算各省(区、市)的订单金额总和。

(1)创建结果表。

```
hive (default)>
drop table if exists order_amount_by_province;
create table order_amount_by_province(
    province_id string comment '省(区、市)id',
    order_amount decimal(16,2) comment '订单金额'
)
location '/order_amount_by_province';
```

(2)编写以下查询语句,完成上述需求,并对本查询语句进行性能优化。

```
hive (default)>
insert overwrite table order_amount_by_province
select
    province_id,
    sum(total_amount)
from order_detail
group by province_id;
```

(3)优化前。

根据 13.7 节的内容可分析出,在默认情况下,该查询语句的 Reduce 阶段并行度为 5,故最终输出的文件的个数也为 5,如图 13-36 所示,从中可以发现,5 个文件均为小文件。

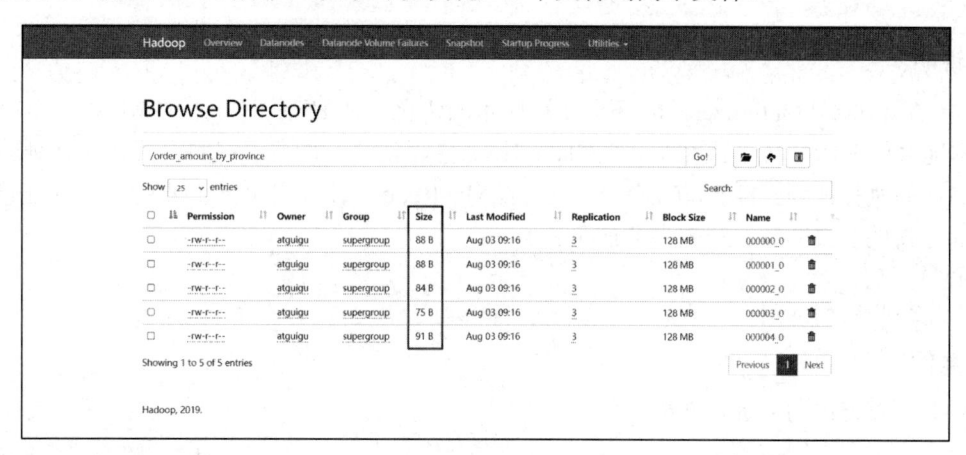

图 13-36 输出 5 个小文件

(4)优化思路。

若想避免产生小文件,则可采取的方案有以下 2 个。

① 合理设置任务的 Reduce 阶段的并行度。

如果将上述计算任务的并行度设置为 1,就能保证其输出结果只有 1 个文件。

② 启用 Hive 合并小文件进行优化。

设置以下参数。

```
--开启合并 Map/Reduce 任务输出的小文件
set hive.merge.mapredfiles=true;

--合并后的文件大小
set hive.merge.size.per.task=256000000;

--触发小文件合并任务的阈值，若某计算任务输出的文件平均大小低于该值，则触发合并
set hive.merge.smallfiles.avgsize=16000000;
```

再次执行上述 insert 语句，观察结果表中的文件，如图 13-37 所示，此时小文件合并为 1 个结果文件。

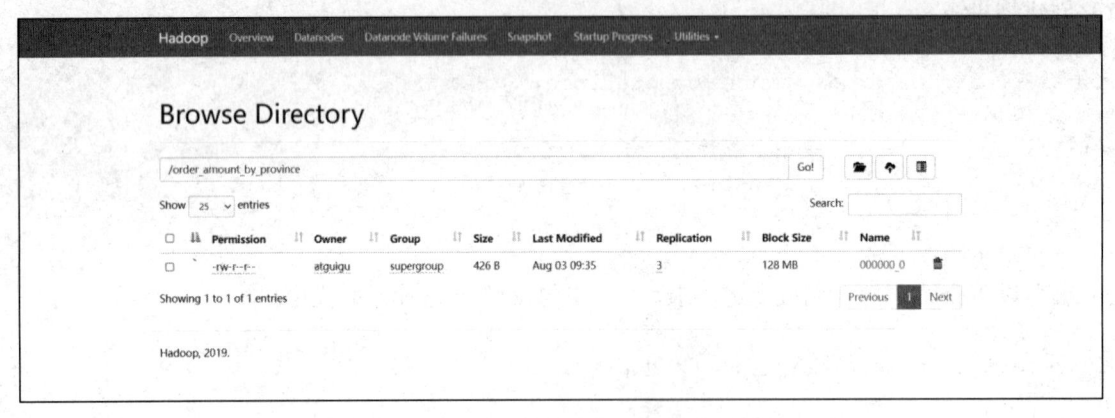

图 13-37　小文件合并为 1 个结果文件

13.9　其他性能优化手段

13.9.1　CBO 优化

1. 优化说明

CBO 是指 Cost Based Optimizer，即基于计算成本的优化。在 Hive 中，计算成本模型考虑了数据的行数、CPU、本地 IO、HDFS IO、网络 IO 等方面。Hive 会计算同一查询语句的不同执行计划的计算成本，并选出成本最低的执行计划。目前，CBO 在 Hive 的 MapReduce 计算引擎下主要用于 join 连接的优化，例如，多表 join 连接的连接顺序。相关参数如下。

```
--是否启用 CBO 优化
set hive.cbo.enable=true;
```

2. 优化案例

（1）针对以下查询语句，进行性能优化。

```
hive (default)>
select
    *
from order_detail od
join product_info product on od.product_id=product.id
join province_info province on od.province_id=province.id;
```

（2）关闭 CBO 优化和 Map Join 自动转换。

```
--关闭 CBO 优化
set hive.cbo.enable=false;
```

```
--为了测试效果更加直观,关闭 Map Join 自动转换
set hive.auto.convert.join=false;
```

查看执行计划,得到 3 张表的 join 连接顺序,如图 13-38 所示。

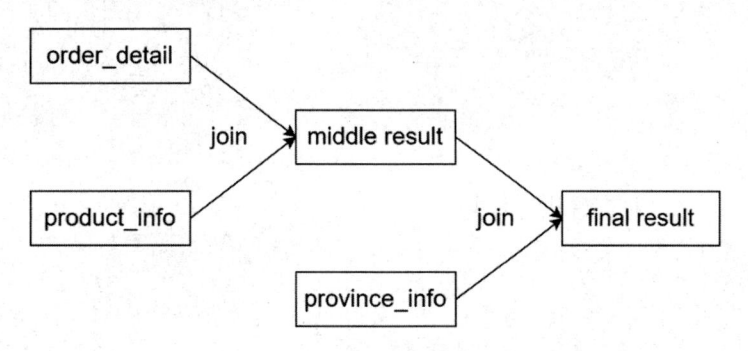

图 13-38 3 张表的 join 连接顺序

(3) 重新开启 CBO 优化。

```
--开启 CBO 优化
set hive.cbo.enable=true;
--为了测试效果更加直观,关闭 Map Join 自动转换
set hive.auto.convert.join=false;
```

再次查看执行计划,得到开启 CBO 优化后 3 张表的 join 连接顺序,如图 13-39 所示。

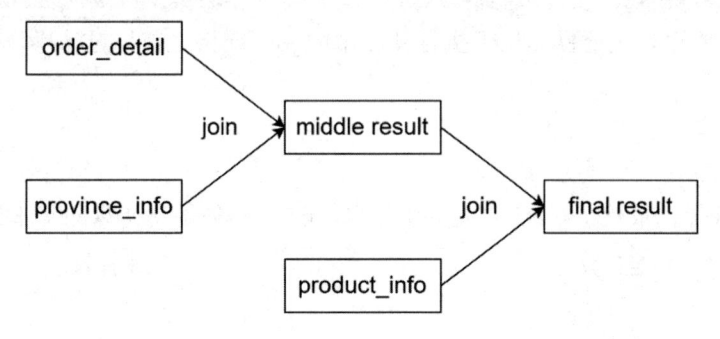

图 13-39 开启 CBO 优化后 3 张表的 join 连接顺序

(4) 总结。

根据上述案例可以看出,CBO 优化对于执行计划中的 join 连接顺序是有影响的,其之所以会将 province_info 表的 join 连接顺序提前,是因为 province_info 表的数据量较小,将其提前会有更高的概率使中间结果的数据量变小,从而降低整个计算任务的数据量,即降低计算成本。

13.9.2 谓词下推

1. 优化说明

谓词下推 (Predicate Pushdown) 是指尽量将过滤操作前移,以此减少后续计算步骤的数据量,相关参数如下。

```
--是否启动谓词下推(Predicate Pushdown)优化
set hive.optimize.ppd = true;
```

需要注意的是,CBO 优化也会完成一部分谓词下推优化工作,因为在执行计划中,谓词越靠前,整个计划的计算成本越低。

2. 优化案例

(1) 针对以下查询语句，进行性能优化。

```
hive (default)>
select
    *
from order_detail
join province_info
where order_detail.province_id='2';
```

(2) 关闭谓词下推优化，并查看执行计划。

```
--关闭谓词下推优化
set hive.optimize.ppd = false;

--为了测试效果更加直观，关闭CBO优化
set hive.cbo.enable=false;
```

通过执行计划可以看到，过滤操作位于执行计划中的 join 连接之后。

(3) 再次开启谓词下推优化，重新查看执行计划。

```
--启动谓词下推优化
set hive.optimize.ppd = true;

--为了测试效果更加直观，关闭CBO优化
set hive.cbo.enable=false;
```

通过执行计划可以看出，过滤操作位于执行计划中的 join 连接之前，过滤操作前移了。

13.9.3 矢量化查询

Hive 的矢量化查询优化依赖于 CPU 的矢量化计算，CPU 的矢量化计算的基本原理如图 13-40 所示。

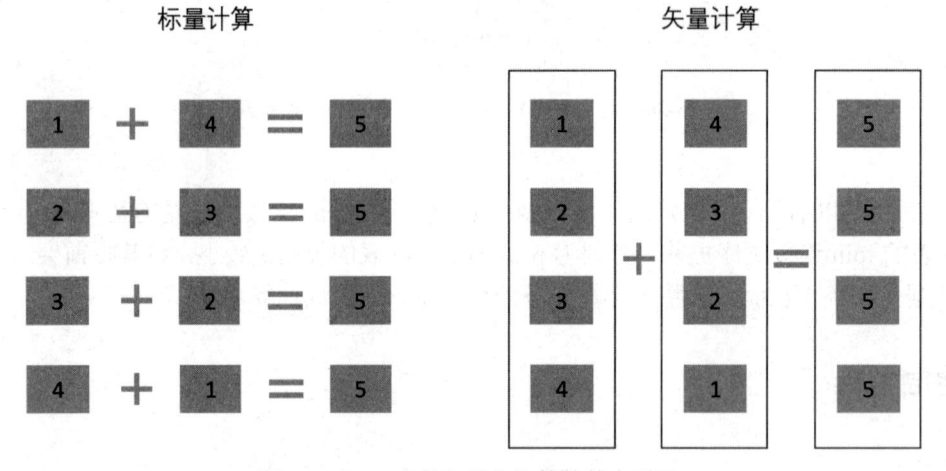

图 13-40　CPU 的矢量化计算的基本原理

传统的 Hive 查询会逐行读取数据，而矢量化查询会批量读取数据，将多个行一起读取到内存中。随后，Hive 会将数据分成多个数据列，每列相当于一个列向量，再利用 CPU 的 SIMD 指令集（Single Instruction Multiple Data）一次性对多个数据项执行同一个计算操作，从而加快查询速度。因此，矢量化查询能减少 CPU 的指令数和内存的访问次数，从而加快计算。

Hive 的矢量化查询，可以极大地提高在一些典型查询场景（如 TableScan、Fileter Operator、Join Operator 等）下的 CPU 使用效率。相关参数如下。

```
set hive.vectorized.execution.enabled=true;
```
若在执行计划中出现"Execution mode: vectorized"字样,则表明使用了矢量化查询。

13.9.4 Fetch 抓取

Fetch 抓取是指在 Hive 中,对某些情况的查询不必使用 MapReduce 计算引擎,具体如下所示。
```
select * from emp;
```
在这种情况下,Hive 可以简单地读取 emp 表对应的存储目录下的文件,并将查询结果输出到控制台中。相关参数如下。
```
--是否将特定场景转换为Fetch任务
--设置为none表示不转换
--设置为minimal表示支持select *、分区列过滤、limit等
--设置为more表示支持select任意列,包括函数、过滤,以及limit等
set hive.fetch.task.conversion=more;
```

13.9.5 本地模式

1. 优化说明

大多数 Hadoop 程序需要 Hadoop 提供完整的可扩展性才能处理大数据集。不过,有时 Hive 的输入数据量非常小,在这种情况下,为查询触发执行任务消耗的时间可能会比实际任务的执行时间要多得多。对于这种情况,Hive 可以通过本地模式在单台机器上处理所有的任务。对于小数据集,执行时间可以明显降低。相关参数如下。
```
--开启自动转换为本地模式
set hive.exec.mode.local.auto=true;

--设置Local MapReduce的最大输入数据量,当输入数据量小于这个值时,就采用Local MapReduce的方式,默
认为134217728,即128MB
set hive.exec.mode.local.auto.inputbytes.max=50000000;

--设置Local MapReduce的最大输入文件个数,当输入文件个数小于这个值时,就采用local MapReduce的方式,
默认为4
set hive.exec.mode.local.auto.input.files.max=10;
```

2. 优化案例

(1) 针对以下查询语句,进行性能优化。
```
hive (default)>
select
    count(*)
from product_info
group by category_id;
```
(2) 关闭本地模式,执行查询语句,并观察执行时间。
```
set hive.exec.mode.local.auto=false;
```
(3) 开启本地模式,再次执行查询语句,并观察执行时间。
```
set hive.exec.mode.local.auto=true;
```

13.9.6 并行执行

Hive 会将一个查询语句转化成一个或多个 Stage,每个 Stage 对应一个 MapReduce 任务,在默认情况

下，Hive 同一时期只会执行一个 Stage，但是某些查询语句可能会包含多个 Stage，而且多个 Stage 可能并非完全互相依赖，即有些 Stage 可以并行执行（此处提到的并行执行，就是指这些 Stage 的并行执行）。因此，可以考虑开启并行执行优化，提高执行效率，相关参数如下。

```
--启用并行执行优化
set hive.exec.parallel=true;

--同一个 SQL 允许的最大并行度，默认为 8
set hive.exec.parallel.thread.number=8;
```

13.9.7　严格模式

Hive 可以通过设置某些参数来防止危险操作，这种模式被称为严格模式，具体如下。
（1）分区表不使用分区过滤。
当将 hive.strict.checks.no.partition.filter 参数设置为 true 时，对于分区表，除非 where 语句中含有分区列过滤条件，能够限制范围，否则不允许执行。换句话说，就是不允许用户扫描所有分区。开启这个限制的原因是，通常分区表都拥有非常大的数据集，而且数据量增长迅速。如果不对这类表进行分区限制，那么查询可能会消耗令人无法接受的巨大资源。
（2）使用 order by 子句，但没有设置 limit 语句过滤。
当将 hive.strict.checks.orderby.no.limit 参数设置为 true 时，对于使用了 order by 子句的查询，要求必须使用 limit 语句。因为 order by 子句为了执行排序过程，会将所有结果数据分发到同一个 Reduce 任务中进行处理，强制要求用户增加 limit 语句可以防止 Reduce 任务执行时间过长（开启了 limit 可以使数据在进入 Reduce 阶段之前，就减少一部分）。
（3）笛卡儿积连接。
将 hive.strict.checks.cartesian.product 参数设置为 true 时，会限制笛卡儿积连接的查询。对关系型数据库非常了解的用户可能期望在执行 join 连接查询时不使用 on 语句，而是使用 where 语句，这样关系型数据库的执行优化器就可以高效地将 where 语句转化成 on 语句。不幸的是，Hive 并不会执行这种优化，因此，一旦表足够大，如果不小心造成笛卡儿积连接，就会出现不可控的情况。

13.10　本章总结

本章分主题讲解了一系列 Hive 性能调优手段。Hive 的性能调优是一项细致且负责的工作，在学习完本章内容后，读者应该对性能调优有了基本的了解，在提交一个 Hive SQL 查询时，应知道如何评估性能、分析 Hive SQL 运行过程，并且有的放矢地进行相应优化。准确、有效的优化措施都建立在对 Hive 的充分且深入的了解基础上，只有对 Hive 掌握得足够深入，才能从容面对多种性能难题。

第14章

Hive On Tez 的企业级性能调优

在第 13 章中，我们讲解了 MapReduce 计算引擎下 Hive 的性能调优，使用 MapReduce 计算引擎的 Hive 的计算效率相对较低，即使依赖扩展性很强的 Hadoop 分布式集群，其速度依然不能令人满意。在实际开发环境中，开发人员为了保持更高的计算效率，会为 Hive 配置其他计算引擎，Apache Tez 就是其中的一种。使用 Apache Tez 作为计算引擎的 Hive 被称为 Hive On Tez。本章主要讲解 Hive On Tez 的企业级性能优化，沿用第 13 章的讲解思路，分主题讲解性能优化策略并配以实际案例。读者可能会发现，本章与第 13 章的一些节标题是相同的，这是因为同样的优化策略在不同的计算引擎下，使用的参数和观察到的执行计划变化是不同的。

14.1 初识 Hive On Tez

14.1.1 Tez 概述

Apache Tez（以下简称 Tez）是 Hadoop 生态中的一个高性能批处理计算框架，其突出特点是使用 DAG（有向无环图）来描述计算任务，因此在复杂计算的场景下，Tez 能提供比 MapReduce 更好的性能。如图 14-1 所示为 MapReduce 和 Tez 的对比，可以看到，在使用 MapReduce 处理复杂计算逻辑时，会将计算过程划分成多个 MapReduce 任务。在图 14-1 中，1 个 Hive 查询被拆分成 4 个 MapReduce 任务，第一个 MapReduce 任务执行完成并将结果文件存储至 HDFS 后，第二个 MapReduce 任务才能拉取数据继续执行。而 Tez 绕过了 MapReduce 中不必要的中间数据的存储和拉取过程，多个 Reduce 任务可以直接连接，大大提高了计算效率。

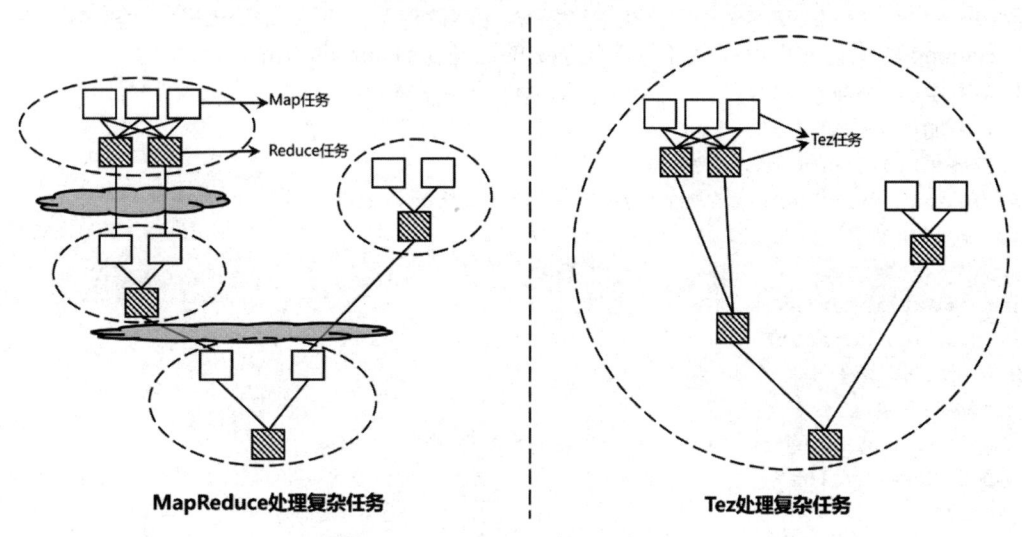

图 14-1　MapReduce 与 Tez 的对比

Tez 是一个计算引擎，本身不具备资源调度的功能，因此 Tez 依然是基于 Hadoop 集群进行构建的，并使用 YARN 管理和分配集群资源。

一个 Tez 的分布式计算程序包括一个 Tez Application Master 和若干个 Tez Task。Tez Application Master 负责整个 Tez 计算程序的调度执行，以及计算资源的申请与分配；Tez Task 则负责执行具体的计算逻辑。Tez Application Master 和 Tez Task 均运行在 YARN 的 Container 中。如图 14-2 所示为 Tez 的基础架构，以及 Tez 与 YARN 集群的关系。

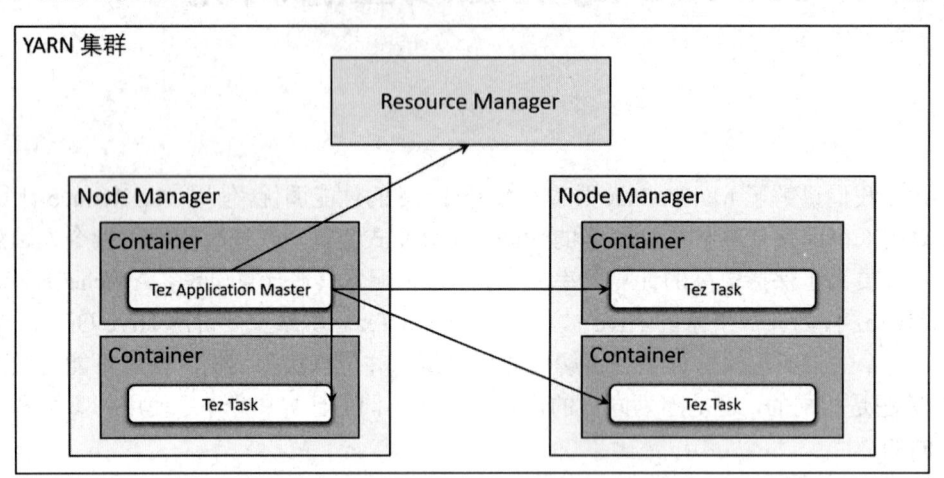

图 14-2　Tez 的基础架构及 Tez 与 YARN 集群的关系

在使用 Tez 之前，还需要了解一些与 Tez 相关的重要术语。

（1）DAG（Direct Acyclic Graph）：有向无环图。Tez 使用 DAG 描述计算任务。

（2）Vertex：顶点。表示 1 个数据的转换逻辑。

（3）Edge：边。表示 2 个顶点之间的数据移动。

14.1.2　Hive On Tez 部署

1. Hadoop 集群配置

（1）将 Tez 的安装包上传至 HDFS。在本书附赠的资料中可以获取 Tez 的安装包。

```
[atguigu@hadoop102 software]$ hadoop fs -mkdir /tez
[atguigu@hadoop102 software]$ hadoop fs -put /opt/software/tez-0.10.1.tar.gz /tez
```

（2）在 Hadoop 的配置文件保存路径下新建 Tez 的配置文件 tez-site.xml。

```
[atguigu@hadoop102 software]$ vim $HADOOP_HOME/etc/hadoop/tez-site.xml
```

在文件中添加如下内容。

```xml
<?xml version="1.0" encoding="UTF-8"?>
<?xml-stylesheet type="text/xsl" href="configuration.xsl"?>
<configuration>
    <property>
        <name>tez.lib.uris</name>
        <value>${fs.defaultFS}/tez/tez-0.10.1.tar.gz</value>
    </property>
    <property>
        <name>tez.use.cluster.hadoop-libs</name>
        <value>true</value>
    </property>
    <property>
```

```xml
    <name>tez.am.resource.memory.mb</name>
    <value>1024</value>
</property>
<property>
    <name>tez.am.resource.cpu.vcores</name>
    <value>1</value>
</property>
</configuration>
```

（3）将 tez-site.xml 文件分发至其他节点服务器。

```
[atguigu@hadoop102 software]$ xsync $HADOOP_HOME/etc/hadoop/tez-site.xml
```

2. 客户端节点（Hive 所在节点）配置

（1）将 Tez 的最小版安装包复制到 hadoop102 节点服务器上并解压。在本书附赠的资料中可以获取 Tez 的最小版安装包。

```
[atguigu@hadoop102 software]$ mkdir /opt/module/tez
[atguigu@hadoop102 software]$ tar -zxvf /opt/software/tez-0.10.1-minimal.tar.gz -C /opt/module/tez
```

（2）修改 Hadoop 环境变量配置文件，将 Tez 增加到 Hadoop 的 Classpath 中。

```
[atguigu@hadoop102 software]$ vim $HADOOP_HOME/etc/hadoop/shellprofile.d/tez.sh
```

添加 Tez 的 jar 包的相关信息，如下方加粗内容所示。

```
hadoop_add_profile tez
function _tez_hadoop_classpath
{
hadoop_add_classpath "$HADOOP_HOME/etc/hadoop" after
hadoop_add_classpath "/opt/module/tez/*" after
hadoop_add_classpath "/opt/module/tez/lib/*" after
}
```

（3）修改 Hive 的配置文件 hive-site.xml，将计算引擎修改为 Tez。

```
[atguigu@hadoop102 software]$ vim $HIVE_HOME/conf/hive-site.xml
```

添加如下内容。

```xml
<property>
    <name>hive.execution.engine</name>
    <value>tez</value>
</property>
<property>
    <name>hive.tez.container.size</name>
    <value>1024</value>
</property>
```

3. 测试

（1）启动 Hive 的客户端。

```
[atguigu@hadoop102 hive]$ bin/hive
```

（2）创建测试表 student。

```
hive (default)> create table student(id int, name string);
```

（3）向 student 表中插入 1 条数据，测试效果。

```
hive (default)> insert into table student values(1,'abc');
```

若 Tez 的执行效果如图 14-3 所示，则说明配置成功。在换用 Tez 后，会出现 "===>>" 的执行进度提示。

```
hive (default)> insert into table student values(1,'abc');
Query ID = atguigu_20221023203634_fd5fc650-7294-4952-8ef1-d09a8984221b
Total jobs = 1
Launching Job 1 out of 1
Status: Running (Executing on YARN cluster with App id application_1666362946141_0032)

----------------------------------------------------------------------------------------------
        VERTICES      MODE        STATUS  TOTAL  COMPLETED  RUNNING  PENDING  FAILED  KILLED
----------------------------------------------------------------------------------------------
Map 1 .......... container     SUCCEEDED      1          1        0        0       0       0
Reducer 2 ...... container     SUCCEEDED      1          1        0        0       0       0
----------------------------------------------------------------------------------------------
VERTICES: 02/02  [==========================>>] 100%  ELAPSED TIME: 3.98 s
----------------------------------------------------------------------------------------------
Loading data to table default.student
OK
col1    col2
Time taken: 6.971 seconds
```

图 14-3　Tez 的执行效果

4. Tez UI 部署

Tez 提供了一个 Web 页面，用于展示 Tez 应用程序的详细信息，其被称为 Tez UI，可供开发人员调试使用。

（1）部署 Yarn Timeline Server。

Yarn Timeline Server 可用于持久化存储 YARN 运行中的各种类型的任务（MapReduce、Spark、Tez 等）信息，并且它提供了丰富的 RESTful API，可用来查询这些应用的信息。

Tez UI 就是基于 Yarn Timeline Server 的一个纯前端应用，用于展示 Yarn Timeline Server 中保存的 Tez 应用信息。

① 修改 $HADOOP_HOME/etc/hadoop/yarn-site.xml 文件。

```xml
<property>
    <name>yarn.timeline-service.enabled</name>
    <value>true</value>
</property>
<property>
    <name>yarn.timeline-service.hostname</name>
    <value>hadoop102</value>
</property>
<property>
    <name>yarn.timeline-service.http-cross-origin.enabled</name>
    <value>true</value>
</property>
<property>
    <name>yarn.resourcemanager.system-metrics-publisher.enabled</name>
    <value>true</value>
</property>
```

② 将配置文件分发至其他节点服务器。

```
[atguigu@hadoop102 ~]$ xsync $HADOOP_HOME/etc/yarn-site.xml
```

③ 重启 YARN 集群。

④ 启动 Yarn Timeline Server。

```
[atguigu@hadoop102 ~]$ yarn --daemon start timelineserver
```

⑤ 访问 Yarn Timeline Server 的 Web UI，地址为 http://hadoop102:8188。

（2）部署 Tez UI。

① 部署 Tomcat。

前文提到，Tez UI 是一个纯前端应用，故将其部署到任意一个 Web 容器中即可。本文选择使用 Tomcat。

解压 Tomcat 安装包。
```
[atguigu@hadoop102 tomcat]$ tar -zxvf apache-tomcat-9.0.68.tar.gz -C /opt/module/
[atguigu@hadoop102 tomcat]$ mv /opt/module/apache-tomcat-9.0.68/ /opt/module/tomcat
```
修改/etc/profile.d/my_env.sh 配置文件，增加以下环境变量。
```
#TOMCAT_HOME
export TOMCAT_HOME=/opt/module/tomcat
export PATH=$PATH:$TOMCAT_HOME/bin
```
重新加载环境变量。
```
[atguigu@hadoop102 tomcat]$ source /etc/profile.d/my_env.sh
```
② 在 Tomcat 中部署 Tez UI。

清空$TOMCAT_HOME/webapps 目录。
```
[atguigu@hadoop102 ~]$ rm -rf /opt/module/tomcat/webapps/*
```
将 tez-ui-0.10.1.war 部署到 Tomcat 中。
```
[atguigu@hadoop102 tez]$ mkdir /opt/module/tomcat/webapps/tez-ui

[atguigu@hadoop102 tez]$ unzip tez-ui-0.10.1.war -d /opt/module/tomcat/webapps/tez-ui
```
注意：webapps 下的目录会自动映射到访问地址上，即将来 Tez UI 的访问地址为 http://hadoop102:8080/tez-ui（8080 为 Tomcat 的默认端口号）。

修改 Tez UI 的配置文件。
```
[atguigu@hadoop102 config]$ vim /opt/module/tomcat/webapps/tez-ui/config/configs.js
```
修改如下内容。
```
timeline: "http://hadoop102:8188",
rm: "http://hadoop103:8088",
```

（3）修改 tez-site.xml 文件。

修改$HADOOP_HOME/etc/hadoop/tez-site.xml 文件，增加如下内容。
```xml
<property>
    <name>tez.history.logging.service.class</name>
    <value>org.apache.tez.dag.history.logging.ats.ATSHistoryLoggingService</value>
</property>
<property>
    <name>tez.tez-ui.history-url.base</name>
    <value>http://hadoop102:8080/tez-ui</value>
</property>
```
分发 tez-site.xml 文件，并重启 YARN。

（4）配置 Hive Hook。

修改 hive-site.xml 配置文件，增加如下内容。
```xml
<property>
    <name>hive.exec.pre.hooks</name>
    <value>org.apache.hadoop.hive.ql.hooks.ATSHook</value>
</property>
<property>
    <name>hive.exec.post.hooks</name>
    <value>org.apache.hadoop.hive.ql.hooks.ATSHook</value>
</property>
<property>
    <name>hive.exec.failure.hooks</name>
    <value>org.apache.hadoop.hive.ql.hooks.ATSHook</value>
</property>
```

（5）启动 Tomcat。
```
[atguigu@hadoop102 ~]$ startup.sh
```
（6）停止 Tomcat。
```
[atguigu@hadoop102 ~]$ shutdown.sh
```
（7）访问 Tez UI，地址为 http://hadoop102:8080/tez-ui，页面如图 14-4 所示。

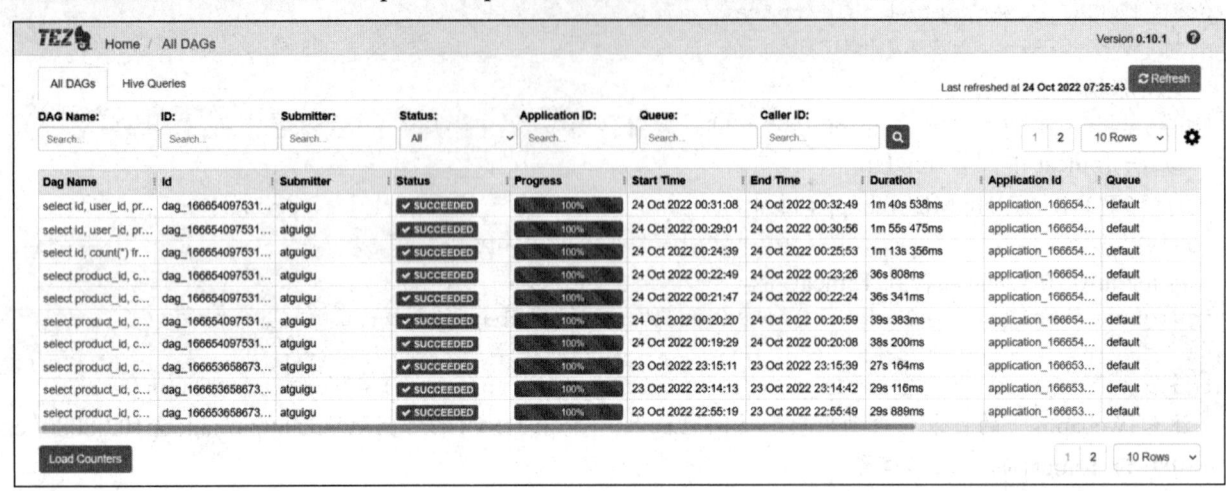

图 14-4　Tez UI 页面

14.2　计算资源配置

本章的计算环境为 Hive On Tez。计算资源的调整主要包括 YARN 和 Tez 两个方面。关于 YARN 的计算资源配置，在 13.2.1 节中已经讲解过，此处不再赘述。

1. Tez Application Master 资源配置

Tez Application Master 资源配置主要包括内存和 CPU 核数，相关配置参数如下。

（1）tez.am.resource.memory.mb。

该参数的含义是，Tez Application Master 申请 Container 内存的大小，推荐值为 4GB。

（2）tez.am.resource.cpu.vcores。

该参数的含义是，Tez Application Master 申请 Container 的 CPU 核数，通常使用默认值 1 即可。

上述 2 个参数应在 tez-site.xml 文件中进行配置，并且值的大小均不能超出 YARN 中单个 Container 能够分配的资源范围。

2. Tez Task 资源配置

Tez Task 资源配置主要包括内存和 CPU 核数，相关配置参数如下。

（1）hive.tez.container.size。

该参数的含义是，单个 Tez Task 申请 Container 内存的大小，推荐值为 4GB 至 8GB。

（2）hive.tez.cpu.vcores。

该参数的含义是，单个 Tez Task 申请 Container 的 CPU 核数，通常使用默认值 1 即可。

上述 2 个参数应该 hive-site.xml 文件中进行配置，或者通过 set 命令进行配置，并且值的大小均不能超出 YARN 中单个 Container 能够分配的资源范围。

3. 配置实操

（1）修改 tez-site.xml 文件，修改内容如下。

```xml
<property>
    <name>tez.am.resource.memory.mb</name>
    <value>4096</value>
</property>
```

（2）修改 hive-site.xml 文件，修改内容如下。

```xml
<property>
    <name>hive.tez.container.size</name>
    <value>4096</value>
</property>
```

14.3 执行计划与统计信息

14.3.1 执行计划

1. 基本语法

Hive On Tez 查看执行计划的基本语法与 Hive On MapReduce 的相同，都是使用 explain 关键字，如下所示。formatted、extend 和 dependency 关键字的使用方式也是相同的。

```
explain [formatted | extended | dependency] query-sql
```

2. 案例实操

本章继续使用 13.1 节准备的测试数据，查看以下查询语句的执行计划。

```
hive (default)>
--该参数的作用是使用 Tez 原语展示执行计划
set hive.explain.user=true;
explain
select
    user_id,
    count(*)
from order_detail
group by user_id;
```

得到的执行计划如下所示。

```
Plan optimized by CBO.

Vertex dependency in root stage
Reducer 2 <- Map 1 (SIMPLE_EDGE)

Stage-0
  Fetch Operator
    limit:-1
    Stage-1
      Reducer 2 vectorized
      File Output Operator [FS_11]
        Group By Operator [GBY_10] (rows=6533388 width=900)
          Output:["_col0","_col1"],aggregations:["count(VALUE._col0)"],keys:KEY._col0
        <-Map 1 [SIMPLE_EDGE] vectorized
          SHUFFLE [RS_9]
```

```
                    PartitionCols:_col0
                  Group By Operator [GBY_8] (rows=13066777 width=900)
                    Output:["_col0","_col1"],aggregations:["count()"],keys:user_id
                    Select Operator [SEL_7] (rows=13066777 width=900)
                      Output:["user_id"]
                      TableScan [TS_0] (rows=13066777 width=900)
                        tuning@order_detail,order_detail,Tbl:COMPLETE,Col:NONE,Output:["user_id"]
```

使用 Tez 原语展示的执行计划较难理解，使用以下方式可以得到 MapReduce 原语展示的执行计划。

```
hive (default)>
set hive.explain.user=false;
explain
select
    user_id,
    count(*)
from order_detail
group by user_id;
```

得到的执行计划如下所示。

```
STAGE DEPENDENCIES:
  Stage-1 is a root stage
  Stage-0 depends on stages: Stage-1

STAGE PLANS:
  Stage: Stage-1
    Tez
      DagId: atguigu_20230227145609_0dd8f3ba-32ce-4ecb-9b1f-6043e2ad3637:2
      Edges:
        Reducer 2 <- Map 1 (SIMPLE_EDGE)
      DagName: atguigu_20230227145609_0dd8f3ba-32ce-4ecb-9b1f-6043e2ad3637:2
      Vertices:
        Map 1
          Map Operator Tree:
              TableScan
                alias: order_detail
                Statistics: Num rows: 13066777 Data size: 11760099340 Basic stats: COMPLETE Column stats: NONE
                Select Operator
                  expressions: user_id (type: string)
                  outputColumnNames: user_id
                  Statistics: Num rows: 13066777 Data size: 11760099340 Basic stats: COMPLETE Column stats: NONE
                  Group By Operator
                    aggregations: count()
                    keys: user_id (type: string)
                    mode: hash
                    outputColumnNames: _col0, _col1
                    Statistics: Num rows: 13066777 Data size: 11760099340 Basic stats: COMPLETE Column stats: NONE
```

```
            Reduce Output Operator
              key expressions: _col0 (type: string)
              sort order: +
              Map-reduce partition columns: _col0 (type: string)
              Statistics: Num rows: 13066777 Data size: 11760099340 Basic stats:
COMPLETE Column stats: NONE
              value expressions: _col1 (type: bigint)
      Execution mode: vectorized
    Reducer 2
      Execution mode: vectorized
      Reduce Operator Tree:
        Group By Operator
          aggregations: count(VALUE._col0)
          keys: KEY._col0 (type: string)
          mode: mergepartial
          outputColumnNames: _col0, _col1
          Statistics: Num rows: 6533388 Data size: 5880049219 Basic stats: COMPLETE
Column stats: NONE
          File Output Operator
            compressed: false
            Statistics: Num rows: 6533388 Data size: 5880049219 Basic stats: COMPLETE
Column stats: NONE
            table:
              input format: org.apache.hadoop.mapred.SequenceFileInputFormat
              output format: org.apache.hadoop.hive.ql.io.HiveSequenceFileOutputFormat
              serde: org.apache.hadoop.hive.serde2.lazy.LazySimpleSerDe

  Stage: Stage-0
    Fetch Operator
      limit: -1
      Processor Tree:
        ListSink
```

建议在 hive-site.xml 配置文件中增加如下参数。

```
<property>
    <name>hive.explain.user</name>
    <value>false</value>
</property>
```

3. Tez 引擎的执行计划分析

当使用 Tez 作为计算引擎时，explain 呈现的执行计划依然由一系列具有依赖关系的 Stage 组成。

通过 14.1.1 节我们知道，一个 Tez 任务由一个 DAG 进行表达，DAG 的每个顶点都是一个 Vertex，表示一个数据的转换逻辑，每条边 Edge 用来表示 Vertex 间的数据移动。

对应到执行计划中，Stage-1 对应 Tez 任务，Operator Tree 则对应 Vertex。每个 Vertex 的计算逻辑都由一个 Operator Tree 进行描述，Operator Tree 由一系列 Operator 组成，一个 Operator 代表一个单一的逻辑操作，例如，TableScan、Select Operator、Join Operator 等。

常见的 Operator 及其作用在 13.3.3 节已经介绍过，此处不再赘述。

对案例实操时得到的执行计划进行分析，并将其绘制成可视化图，如图 14-5 所示。

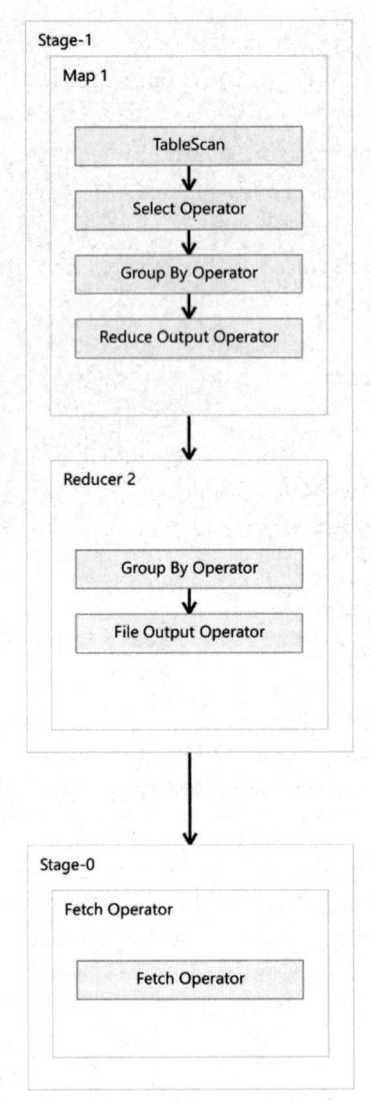

图 14-5　Hive On Tez 执行计划可视化

14.3.2　统计信息

此处的统计信息是指 Hive 所维护的每张表的统计信息，其中包括表级别的统计信息，例如，表中数据的行数、文件的个数、数据量等；还包括列级别的统计信息，例如，列的最大值、最小值、长度等。这些统计信息都保存在元数据库中。

这些统计信息的主要作用就是为 Hive 的各项优化提供数据支持。Hive 中的很多优化都会根据统计信息来做决策，例如，Join 算法的选择、任务并行度的估算等。

1. 统计信息的获取

在绝大多数的情况下，统计信息都是自动获取的。在设置以下参数后，Hive 就会在每次将数据写入 Hive 表时，自动获取并更新目标表的统计信息。

```
--执行 insert 语句时，收集表级别的统计信息
set hive.stats.autogather=true;
--执行 insert 语句时，收集列级别的统计信息
set hive.stats.column.autogather=true;
```

需要注意的是，在使用 load 语句向表中导入数据时，Hive 并不会计算统计信息。如需使用统计信息，

可使用如下命令手动获取。
```
hive >
analyze table order_detail compute statistics for columns;
analyze table payment_detail compute statistics for columns;
analyze table province_info compute statistics for columns;
analyze table product_info compute statistics for columns;
```

2. 统计信息的使用

设置如下参数，Hive 就会根据表的统计信息优化计算任务。
```
--在优化阶段使用列级别的统计信息
set hive.stats.fetch.column.stats=true;
```

3. 统计信息的查看

可执行如下语句查看统计信息。
```
DESCRIBE FORMATTED [db_name.]table_name column_name [PARTITION (partition_spec)]
```

4. 配置实操

修改 hive-site.xml 文件，修改内容如下。
```
<property>
    <name>hive.stats.autogather</name>
    <value>true</value>
</property>
<property>
    <name>hive.stats.column.autogather</name>
    <value>true</value>
</property>
<property>
    <name>hive.stats.fetch.column.stats</name>
    <value>true</value>
</property>
```

14.4 任务并行度

14.4.1 优化说明

对于一个分布式的计算任务而言，设置一个合适的并行度十分重要。Tez 任务的并行度主要是针对 DAG 中的每个 Vertex 而言的，其中，起始 Vertex 和后续 Vertex 的并行度设置逻辑不同，按照 MapReduce 的习惯，通常称起始的 Vertex 为 Mapper，称后续的 Vertex 为 Reducer，下面分别对 Mapper 并行度和 Reducer 并行度的设置逻辑进行阐述。

1. Mapper 并行度

Tez 任务中的 Mapper 并行度可采用两种策略进行设置，分别是 Hive 提供的 CombineHiveInputFormat 策略和 Tez 提供的 Grouping Split 策略。

（1）CombineHiveInputFormat 策略。

Hive 提供的 CombineHiveInputFormat 策略可将多个小文件划分为一个切片，避免因输入小文件过多产生的资源浪费的情况，若需使用该策略，则应设置以下参数。
```
set hive.tez.input.format=org.apache.hadoop.hive.ql.io.CombineHiveInputFormat;
```

在这种策略下，可通过设置以下参数来控制切片的大小。
```
--一个切片的最大值
set mapreduce.input.fileinputformat.split.maxsize=256000000;
```
（2）Grouping Split 策略。

Tez 提供的 Grouping Split 策略可根据集群空闲的内存资源和单个 Tez 任务申请的内存资源，计算 Mapper 并行度。使用 Grouping Split 策略可充分利用集群资源。若需使用该策略，则需配置以下参数。
```
set hive.tez.input.format= org.apache.hadoop.hive.ql.io.HiveInputFormat;
```
在这种策略下，可通过设置以下参数来控制切片的大小。
```
--一个切片的最大值，默认值为 1024MB
set tez.grouping.max-size;

--一个切片的最小值，默认值为 50MB
set tez.grouping.min-size;
```

2. Reducer 并行度

Reducer 并行度既可由用户自己指定，也可由 Hive 根据统计信息估算得出，还可由 Tez 在运行时根据上游任务输出的实际数据量计算得出。

（1）当用户自己指定 Reducer 并行度时，将以下参数设置为非负整数即可。
```
--指定 Reducer 并行度，默认值为-1，表示用户未指定
set mapreduce.job.reduces;
```
（2）若想 Hive 根据统计信息来估算 Reducer 并行度，则需要设置以下参数。
```
--指定 Reducer 并行度，默认值为-1，表示用户未指定
set mapreduce.job.reduces;
--Reducer 并行度最大值，默认值为 1009
set hive.exec.reducers.max;
--单个 Reduce Task 计算的数据量，用于估算 Reducer 并行度
set hive.exec.reducers.bytes.per.reducer;
```
Hive 根据统计信息来估算 Reducer 并行度的估算逻辑为：假设 Reducer 输入的数据量大小为 totalInputBytes，参数 hive.exec.reducers.bytes.per.reducer 的值为 bytesPerReducer，参数 hive.exec.reducers.max 的值为 maxReducers，则 Reducer 并行度为

$$\min\left[\operatorname{ceil}\left(\frac{\text{totalInputBytes}}{\text{bytesPerReducer}}\right), \text{maxReducers}\right]$$

其中，Reducer 输入的数据量大小是从 Reducer 上游的 Operator 的 Statistics（统计信息）中获取的。

为保证其估算的值更为准确，可设置以下参数。
```
--在执行 insert 语句时，收集表级别的统计信息
set hive.stats.autogather=true;
--在执行 insert 语句时，收集列级别的统计信息
set hive.stats.column.autogather=true;

--在优化阶段使用列级别的统计信息
set hive.stats.fetch.column.stats=true;
```
（3）Hive 仅凭统计信息所给出的估算可能不够准确，故可设置以下参数，令 Tez 在计算任务运行时，根据上游任务输出的实际数据量进行相对准确的计算。
```
--开启 Tez 自动计算 Reducer 并行度
set hive.tez.auto.reducer.parallelism=true;

--Tez 自动设置并行度的上限，默认值为 2，该值乘以 Hive 估算的并行度，所得出的结果即为 Tez 设置的并行度最大值
```

```
set hive.tez.max.partition.factor;

--Tez 自动设置并行度的下限，默认值为 0.25，该值乘以 Hive 估算的并行度，所得出的结果即为 Tez 设置的并行度最小值
set hive.tez.min.partition.factor;
```

14.4.2 Reducer 并行度优化案例

（1）针对以下查询语句，进行 Reducer 并行度优化。

```
hive (default)>
select
    province_id,
    count(*)
from order_detail
group by province_id;
```

（2）优化前。

上述查询语句在 Hive 既不使用列级别的统计信息，也不使用 Tez 自动调整 Reducer 并行度功能的情况下，估算并行度的过程如下。

关键参数如下所示。

```
totalInputBytes= 1136009934
bytesPerReducer=256000000
maxReducers=1009
```

经计算，Reducer 并行度为

$$numReducer = \min\left[\operatorname{ceil}\left(\frac{1136009934}{256000000}\right), 1009\right] = 5$$

（3）问题分析。

上述查询语句在默认情况下会进行 map-side 聚合，即 Reducer 接收的数据实际上是 Mapper 完成聚合之后的结果。如图 14-6 所示为 Mapper 输出的数据统计信息，观察任务的执行过程会发现，每个 Mapper 输出的数据最多只有 34 条记录，总共 23 个 Map Task，即 Reducer 实际最多接收 34×23 条记录，故理论上将 Reducer 并行度设置为 1 即可。因此，目前估算出的 Reducer 并行度不够准确。

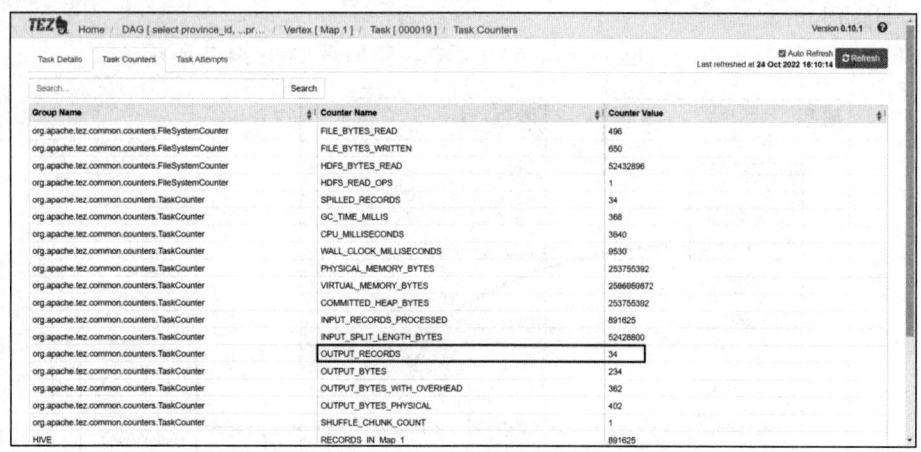

图 14-6 Mapper 输出的数据统计信息

（4）优化思路。

令 Hive 使用列级别的统计信息进行估算，或者使用 Tez 自动计算 Reducer 并行度的功能，都能够使并行度的估计更加准确。推荐设置以下参数。

```
--在优化阶段使用列级别的统计信息
set hive.stats.fetch.column.stats=true;

--开启 Tez 自动计算 Reducer 并行度
set hive.tez.auto.reducer.parallelism=true;
```

14.5 分组聚合

Hive On Tez 中未经优化的分组聚合，是通过一个包含两个 Vertex 的 Tez 任务实现的。第一个 Vertex 负责读取数据并按照分组列分区，通过 Shuffle 阶段将数据发往第二个 Vertex，各组数据在第二个 Vertex 中完成最终的聚合运算。

Hive On Tez 对分组聚合的优化与 Hive On MapReduce 的思路相同，可以使用 map-side 聚合。在第一个 Vertex 处维护一个 HashTable，完成部分聚合，减少 Shuffle 阶段的数据量。

Hive On Tez 使用 map-side 聚合功能时应设置的相关参数与 13.4.1 节讲解的相同，此处不再赘述。

14.6 Join

14.6.1 Join 算法

在数据库中，常见的 Join 算法有 Hash Join 算法、Sort Merge Join 算法等。在 Hive 中，这两个 Join 算法都有相应的实现。在使用 MapReduce 作为引擎时，并未强调对这两种算法的应用和实现；而在 Hive On Tez 中，重点强调并使用了这两种算法。下面就对两种 Join 算法做简要说明。

1. Hash Join 算法

Hash Join 算法的核心思想是对参与 join 连接的小表构建 HashTable，然后对参与 join 连接的大表进行逐行扫描，并从 HashTable 中探测匹配到的记录，从而得到 join 结果。目前 Hash Join 算法有多种变种，下面逐一进行介绍。

（1）Classic Hash Join 算法。

Classic Hash Join 算法要求小表能够完全放入内存中，其原理如图 14-7 所示。

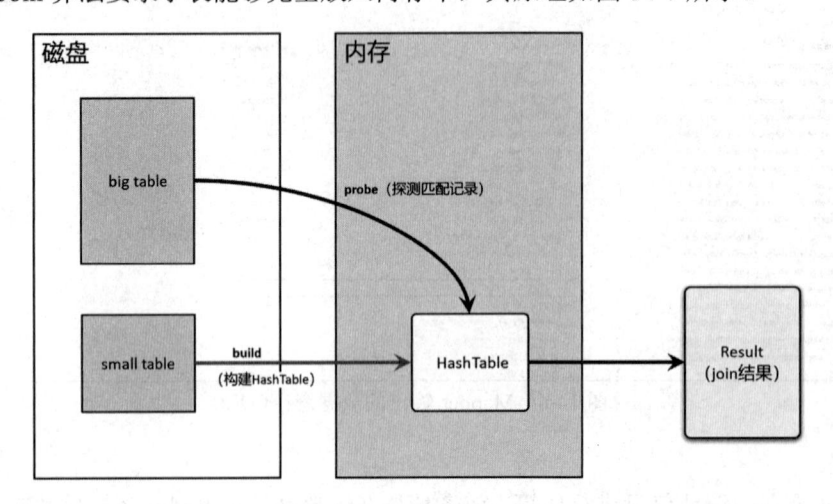

图 14-7 Classic Hash Join 算法原理

Classic Hash Join 算法由两个阶段组成，即构建阶段（build phase）和探测阶段（probe phase）。构建阶段会将小表加载到内存中并构建 HashTable，探测阶段会逐行遍历另一张表（大表）并查询 HashTable 中是否包含匹配数据。

（2）Grace Hash Join 算法。

Grace Hash Join 算法的核心思想是对数据进行分区，其原理如图 14-8 所示。整个 join 连接过程分为两步，第一步是对数据进行分区，第二步是逐个对每个分区的数据进行 Classic Hash Join 操作。这种算法要求小表的每一个分区均可放入内存。

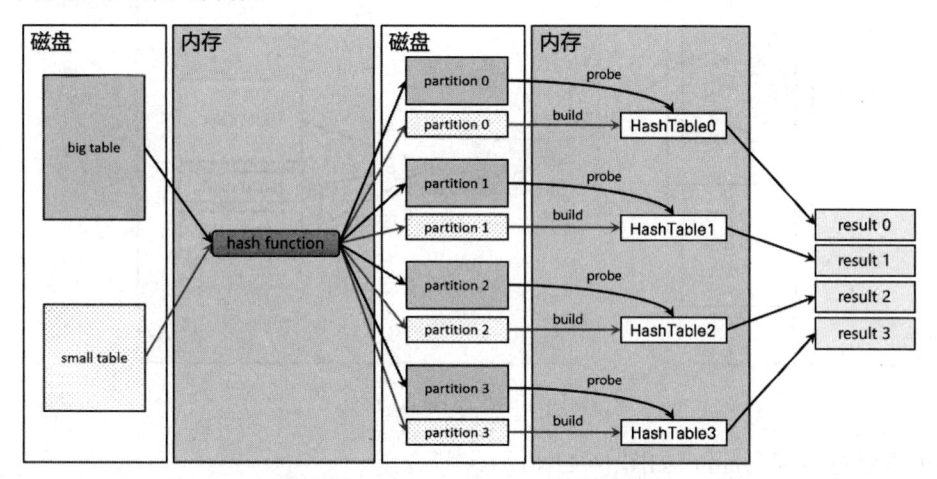

图 14-8 Grace Hash Join 算法原理

Grace Hash Join 算法首先会对参与 join 连接的两表进行 Hash 分区，并将这些分区写入磁盘。其次分别对每对分区（两表各一个分区）的数据进行 Classic Hash Join 操作，也就是将较小的分区构建为 Hash 表，再遍历较大的分区，并从 Hash 表中查询关联数据。

（3）Hybrid Hash Join 算法。

Hybrid Hash Join 算法混合了 Classic Hash Join 算法和 Grace Hash Join 算法的思想。该算法同 Grace Hash Join 算法相似，也分为分区和 join 连接两个阶段。不同的是，在分区阶段，小表的第一个分区不会写入磁盘，整个分区都会缓存到内存中，大表的第一个分区也无须写入磁盘，而是在分区阶段就完成了与小表中对应分区的 join 连接操作，Hybrid Hash Join 算法原理如图 14-9 所示。这样一来，相较于 Grace Hash Join 算法，这种算法能够减少磁盘 IO。

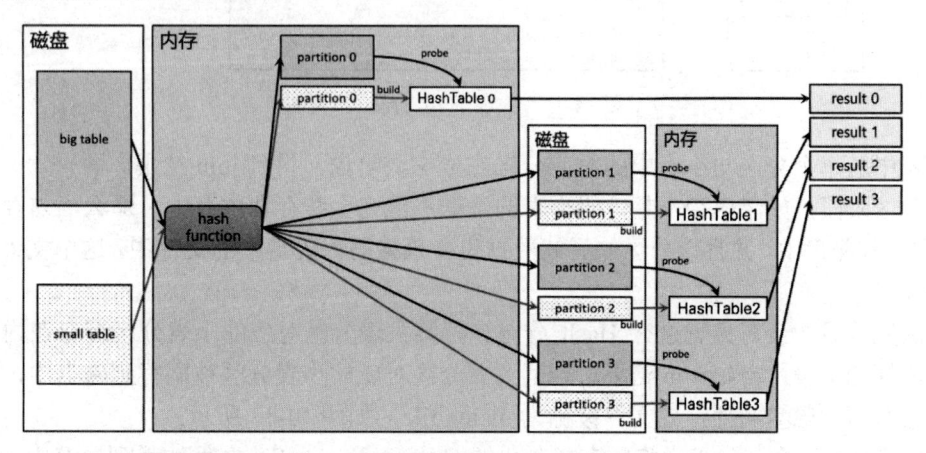

图 14-9 Hybrid Hash Join 算法原理

（4）Hybrid Grace Hash Join 算法（Hive 原创）。

Hybrid Grace Hash Join 算法由 Hive 原创，其核心思想是充分利用内存，并且在内存不够充足的情况下也能保证 Hash Join 的高效执行。

首先，对小表进行 Hash 分区，如图 14-10 所示。每个分区单独构建一个 Hash 表，若内存充足，则所有 Hash 表都会缓存到内存中。

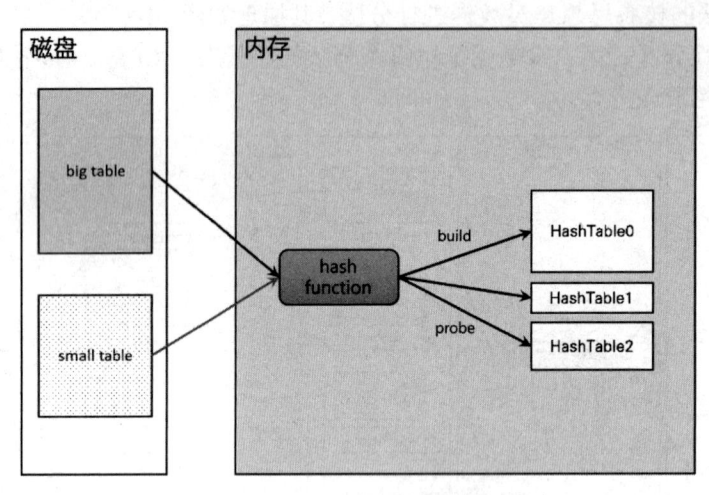

图 14-10　小表 Hash 分区

其次，对大表进行 Hash 分区，如图 14-11 所示。

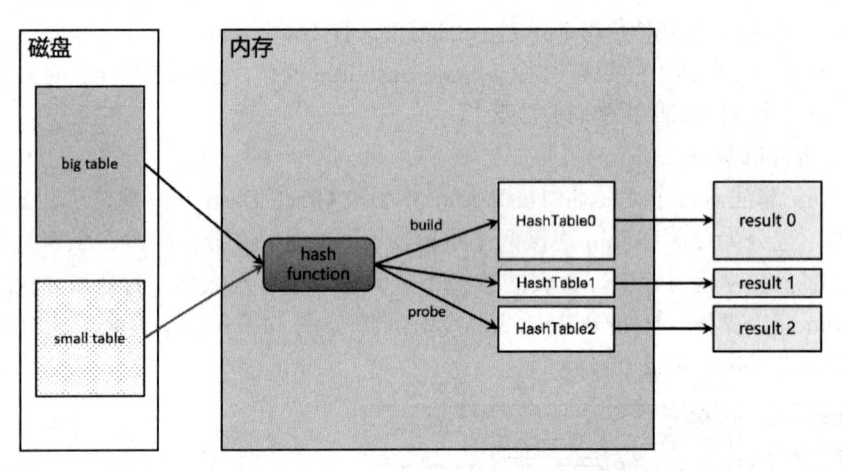

图 14-11　大表 Hash 分区（1）

最后，大表中的每个分区与小表中的对应分区完成探测阶段，得到 join 结果。

在小表的分区阶段，如果内存不足，即小表的数据不能完全缓存在内存中，那么当内存耗尽时，最大的 Hash 表会刷写到磁盘中，并且该分区的后续数据也会直接写入磁盘中的文件中，这个文件叫作 side file，如图 14-12 所示。

在小表分区完成后，会对大表进行 Hash 分区。若某大表分区对应的小表分区缓存在内存中，则两个分区会直接完成探测阶段，得到 join 结果。若某大表分区对应的小表分区被刷写到磁盘中，则该大表分区的数据也会被暂时写入磁盘文件，该文件被称为 match file，如图 14-13 所示。

在大表分区完成后，会从磁盘中将所有持久化的 Hash 表和 side file 文件加载到内存中，然后将其重新合并为一个完整的 Hash 表，如图 14-14 所示。

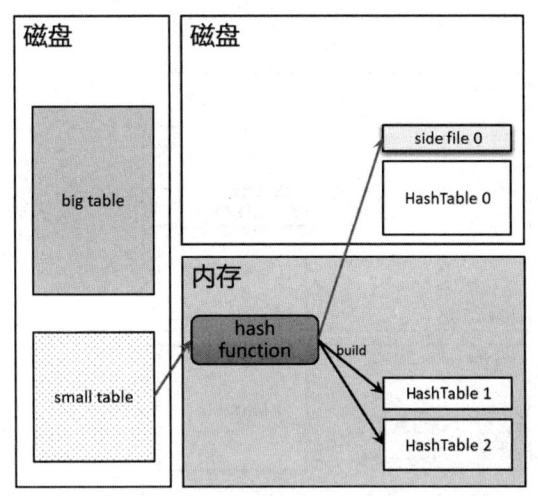

图 14-12　内存不够充分时构建 side file 文件

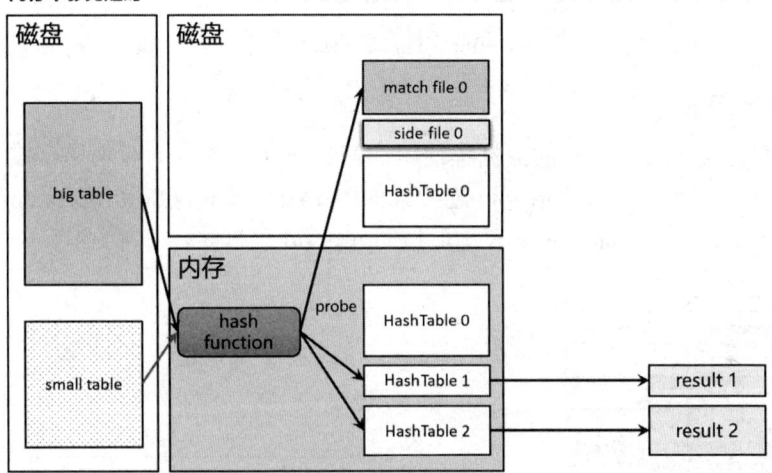

图 14-13　大表 Hash 分区（2）

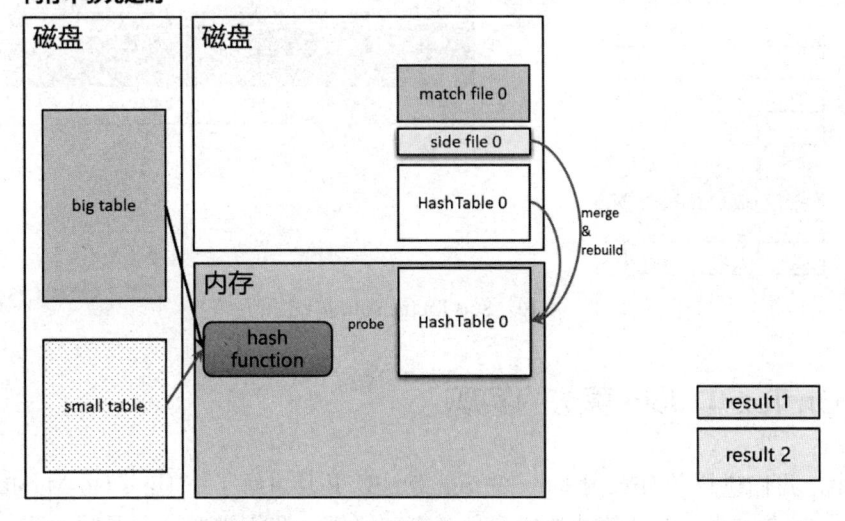

图 14-14　Hash 表与 side file 文件合并

再次遍历 match file 文件中的每行数据，完成探测阶段，得到 join 结果，如图 14-15 所示。

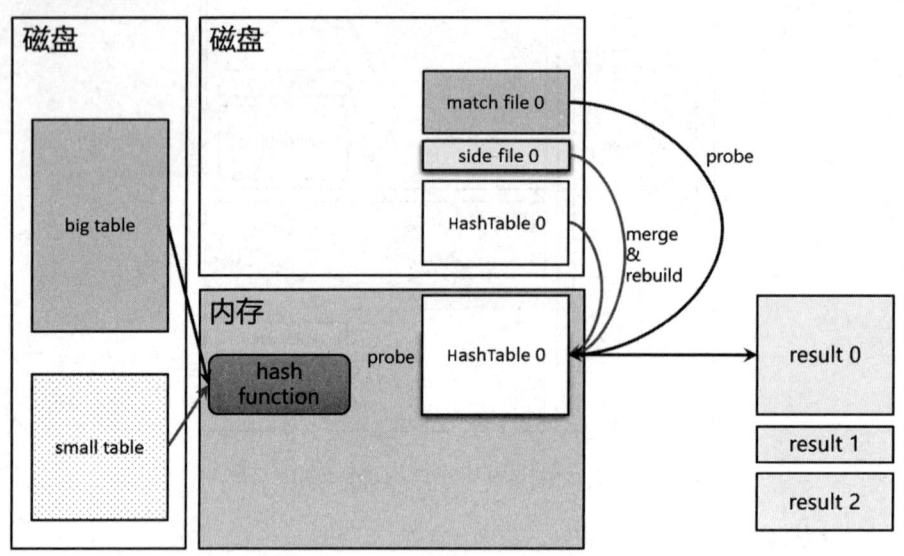

图 14-15　遍历 match file 文件，完成探测阶段，得到 join 结果

2. Sort Merge Join 算法

Sort Merge Join 算法需要基于有序的数据集使用。若参与 join 连接的两表均已按照关联列排好序，则只需同时对两表进行线性扫描，就能完成 join 连接。如图 14-16 所示为 Sort Merge Join 算法原理，其中，参与 join 连接的 order_detail 表和 user_info 表均已按照 user_id 列排序。

图 14-16　Sort Merge Join 算法原理

14.6.2　Hive On Tez 中 Join 算法的实现

在 13.5.1 节中，我们讲解了 Hive 中的一些 Join 算法，并且讲解了在 Hive On MapReduce 中如何实现这些算法。在 Hive On Tez 中，这些算法的实现稍微有些区别，我们需要分别了解一下。

1. Common Join 算法

Common Join 算法是 Hive 中最稳定的 Join 算法，在 Hive On Tez 中，其需要使用两个 Vertex 完成 join 连接，如图 14-17 所示。

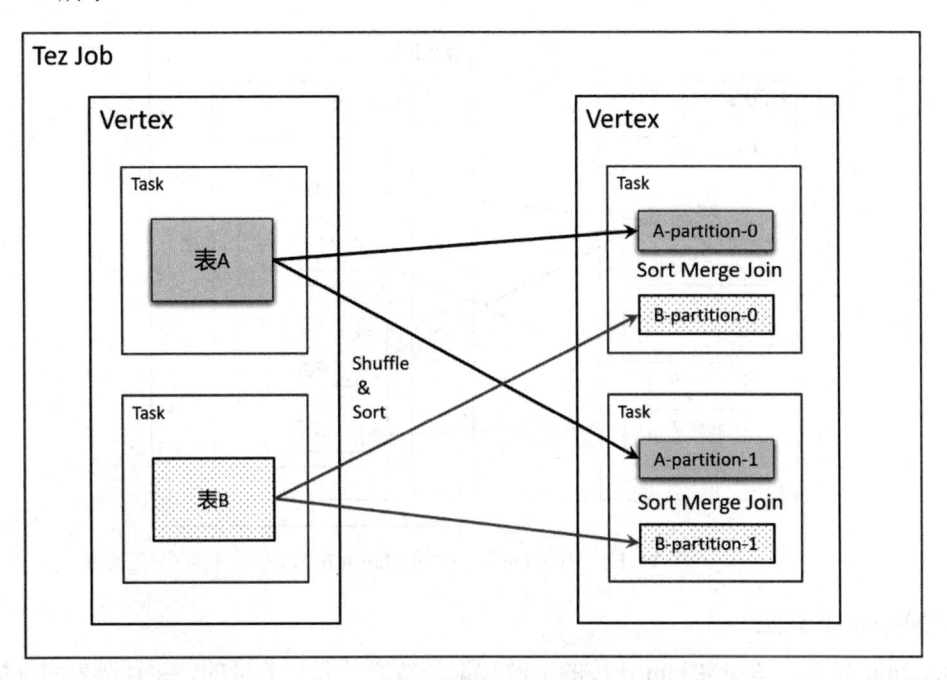

图 14-17　Hive On Tez 中的 Common Join 算法原理

第一个 Vertex 负责读取两表数据，然后对数据进行 Shuffle 和排序，第二个 Vertex 中的每个 Task 会对来自两表的数据使用 Sort Merge Join 算法完成 join 连接。

2. SMB Map Join 算法

若 join 连接的上游数据本身就是有序的，则只需使用一个 Vertex 就能完成 join 连接。例如，参与 join 连接的表是按照关联列分桶的，并且两表的分桶数呈倍数关系，同时数据在分桶内是按关联列排序的，这时就可以采用 SMB Map Join 算法进行连接了。Hive On Tez 中的 SMB Map Join 算法原理如图 14-18 所示。

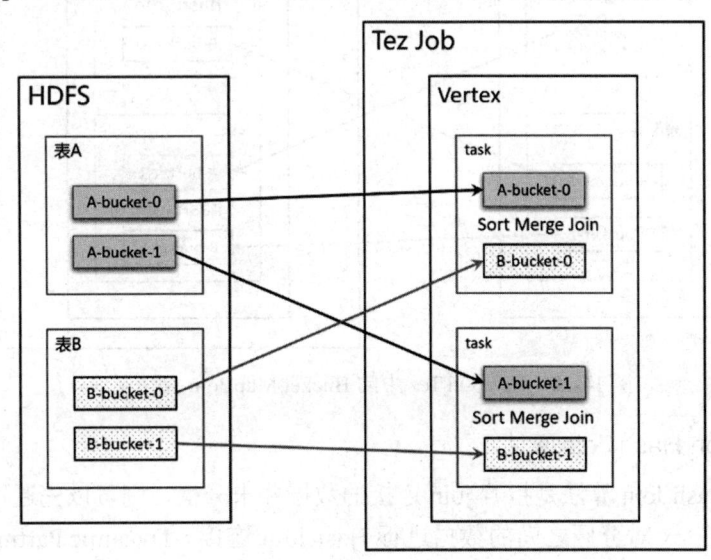

图 14-18　Hive On Tez 中的 SMB Map Join 算法原理

3. Map Join 算法

Map Join 算法是指使用一个 Vertex 和 Hash Join 算法完成 join 连接，如图 14-19 所示。目前支持的 Hash Join 算法有 Classic Hash Join 算法，以及 Hive 原创的 Hybrid Grace Hash Join 算法。

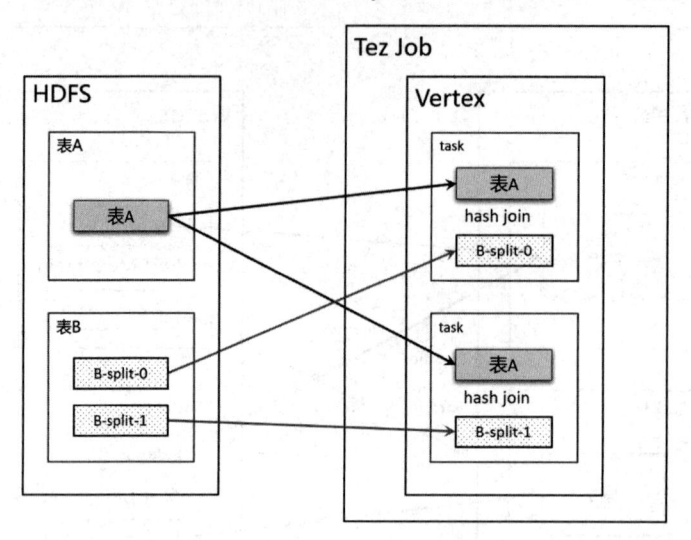

图 14-19　Hive On Tez 中的 Map Join 算法

4. Bucket Map Join 算法

Bucket Map Join 算法是指如果 join 连接的上游数据是按照关联列分桶的，并且两表的分桶数呈倍数关系，那么上述的 Hash join 连接就可以在两个分桶之间完成了。Hive On Tez 中的 Bucket Map Join 算法原理如图 14-20 所示。

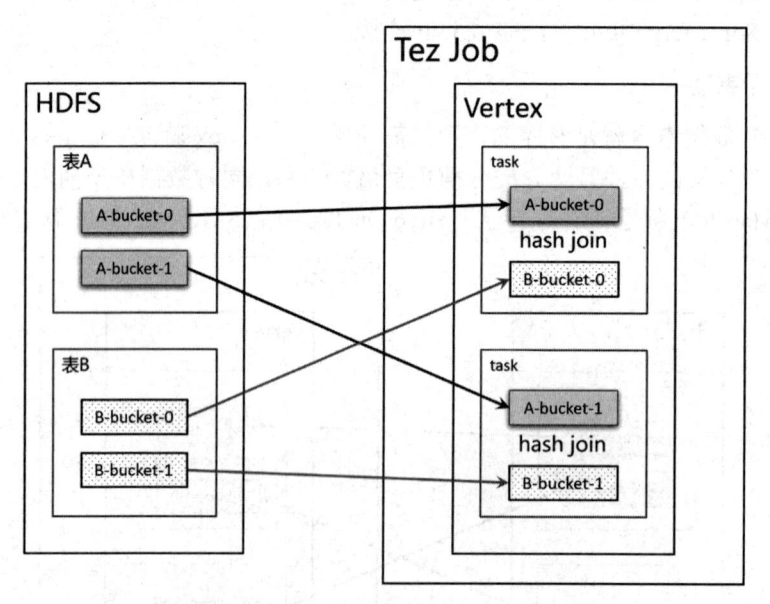

图 14-20　Hive On Tez 中的 Bucket Map Join 算法原理

5. Dynamic Partition Hash Join 算法

Dynamic Partition Hash Join 算法是指若 join 连接的数据并未分桶，则可以先通过一个 Vertex 对数据进行分区，再使用一个 Vertex 对分区之间的数据进行 Hash join 连接。Dynamic Partition Hash Join 算法原理如图 14-21 所示。

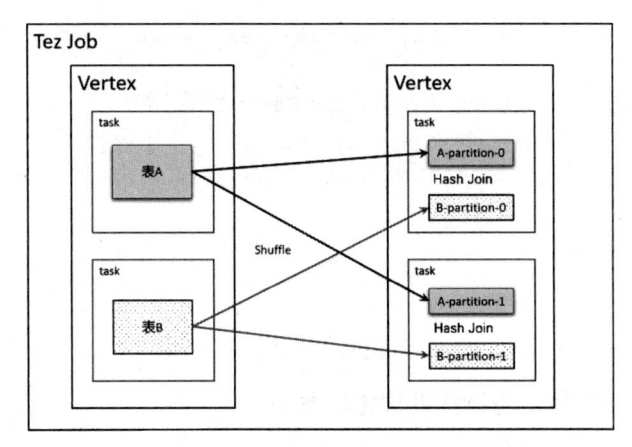

图 14-21　Dynamic Partition Hash Join 算法原理

14.6.3　Hive On Tez 中 Join 算法的选择策略

Hive 会根据统计信息自动选择合适的 Join 算法，算法选择策略如图 14-22 所示。

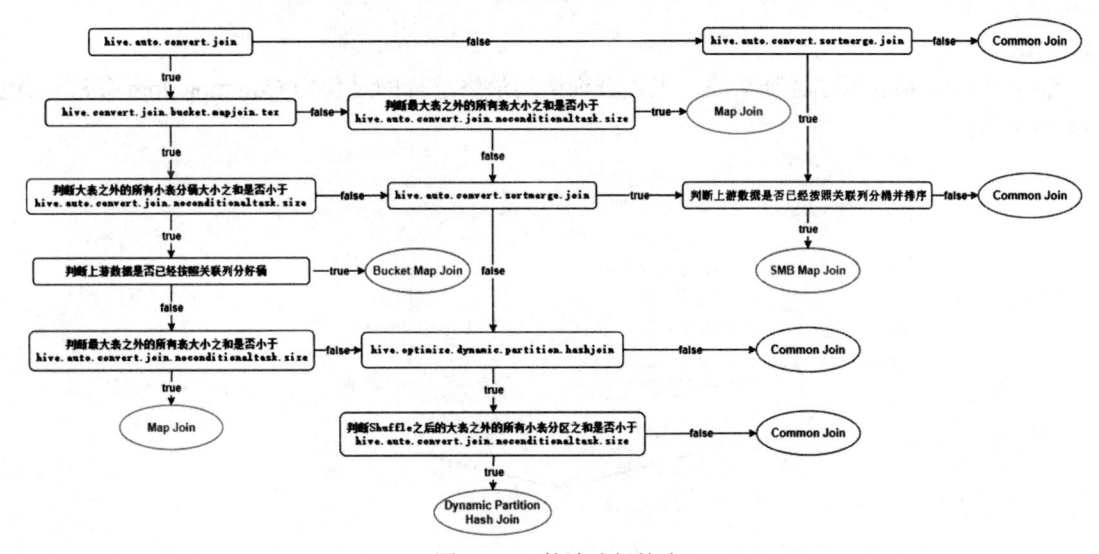

图 14-22　算法选择策略

图 14-22 中的相关参数如下。

```
--是否考虑使用Hash Join算法,默认值为true
set hive.auto.convert.join=true;

--考虑采用Hash Join算法时的判断条件,当join连接中的所有小表(的分区)大小之和小于该值时,才会使用Hash
Join算法。推荐设置为hive.tez.container.size的三分之一到二分之一
set hive.auto.convert.join.noconditionaltask.size=10000000;

--是否考虑Bucket Map Join算法,默认值为true
set hive.convert.join.bucket.mapjoin.tez=true;

--是否考虑SMB Map Join算法,默认值为true
set hive.auto.convert.sortmerge.join=true;

--是否考虑Dynamic Partition Hash Join算法,默认值为false
```

```
set hive.optimize.dynamic.partition.hashjoin=false;

--若最终采用 Hash Join 算法，是否使用 Hybrid Grace Hash Join 算法，若设置为 true 则采用该算法，否则使
用 Classic Hash Join 算法，默认值为 true
set hive.mapjoin.hybridgrace.hashtable=true;
```

14.6.4 优化案例

下面以两个查询语句为例，具体讲解 join 连接的优化过程。

1. 案例一：使用 Map Join 算法进行性能优化的案例

（1）针对以下查询语句，进行性能优化。

```
hive>
select
    *
from order_detail od
join payment_detail pd
on od.id = pd.order_detail_id;
```

（2）优化前。

按照 Hive 默认的 Join 算法选择策略，上述查询语句最终选择的是使用 Common Join 算法，其执行计划如图 14-23 所示。

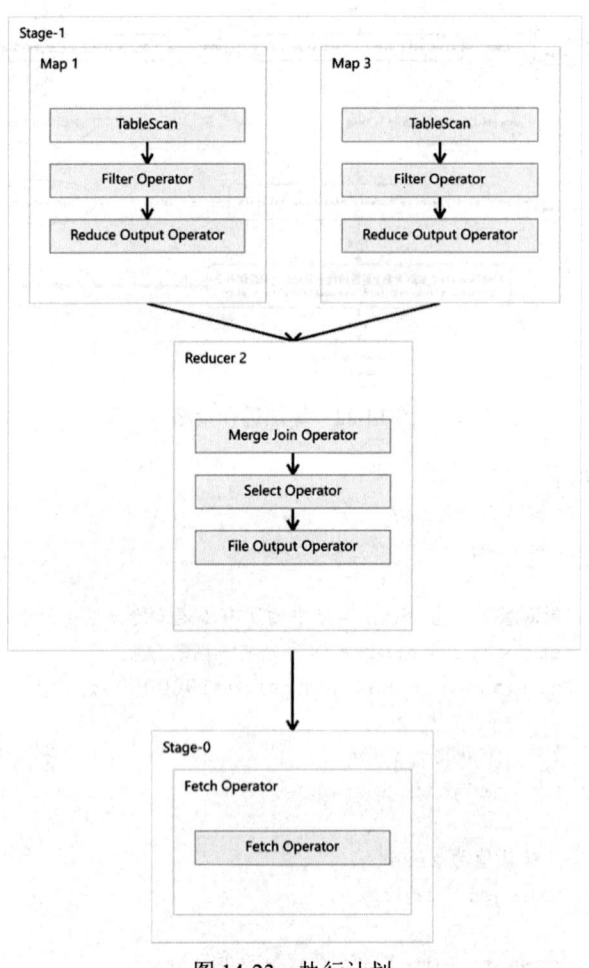

图 14-23　执行计划

（3）优化思路。

根据统计信息，可判断出 product_info 表相对较小，故可以考虑使用 Map Join 算法进行性能优化。经过分析可以断定，上述查询语句之所以没有选择使用 Map Join 算法，是因为 hive.auto.convert.join.noconditionaltask.size 参数的默认值太小。按照推荐值进行设置，该值可配置为 1024000000，如下所示。

```
set hive.auto.convert.join.noconditionaltask.size=1024000000;
```

配置完该参数之后，再查看执行计划，如图 14-24 所示，可以看到此时已经使用了 Map Join 算法。

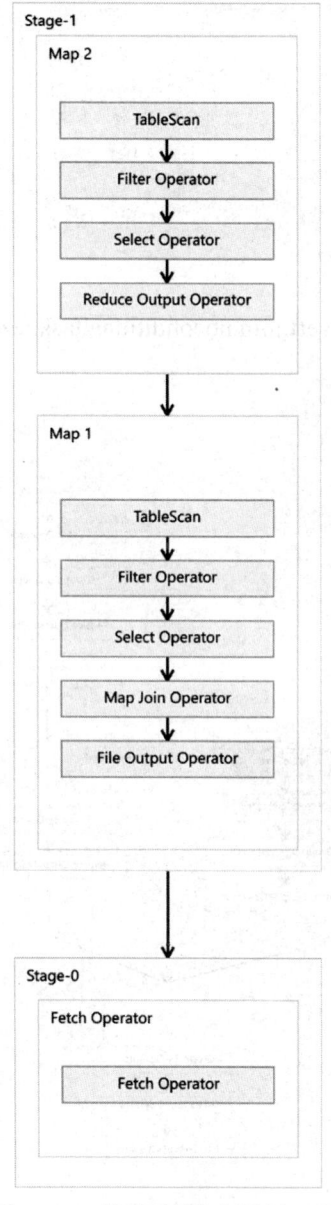

图 14-24　优化后的执行计划（1）

2. 案例二：使用 SMB Map Join 算法进行性能优化的案例

（1）针对以下查询语句，进行性能优化。

```
hive>
select
    *
from
(
```

```
    select
        user_id,
        count(*)
    from order_detail
    group by user_id
)od
join
(
    select
        user_id,
        count(*)
    from payment_detail
    group by user_id
)pd
on od.user_id=pd.user_id;
```

（2）优化前。

在按照推荐值调整完 hive.auto.convert.join.noconditionaltask.size 参数的前提下，上述查询语句的执行计划如图 14-25 所示。

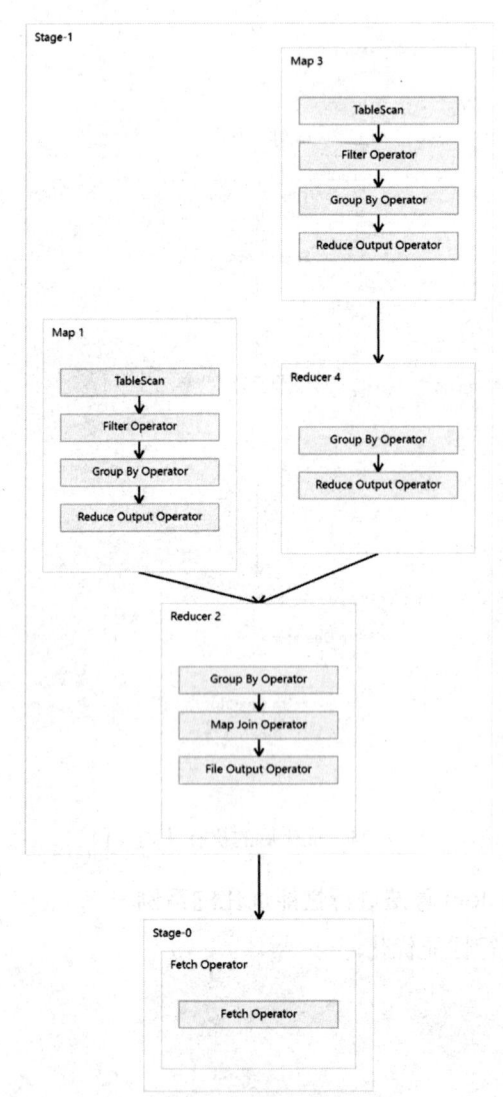

图 14-25　查询语句的执行计划

可以看出，上述 SQL 语句最终选择的 Join 算法为 Map Join 算法。

（3）优化思路。

实际上，Hive 自动选择的执行计划已经是比较优秀的了，但是针对上述查询语句还可以换一种优化思路。仔细观察后不难发现，上述查询语句中的两个子查询的分组列，以及两个子查询 join 连接的关联列，均为 user_id 列。按照分组聚合的实现逻辑，两个分组聚合均需要按照分组列 user_id 进行 Shuffle，这样一来，两个子查询的结果必然是按照 user_id 列分区，而且分区内是有序的。因此，这两个子查询的 join 连接应该满足 SMB Map Join 算法的要求，故此处也可以考虑使用 SMB Map Join 算法。

根据 Join 算法策略的选择逻辑，设置以下参数，应该就可以使 Hive 选择使用 SMB Map Join 算法了。

```
set hive.auto.convert.join=true;
```

在设置完之后，再查看优化后的执行计划，如图 14-26 所示。

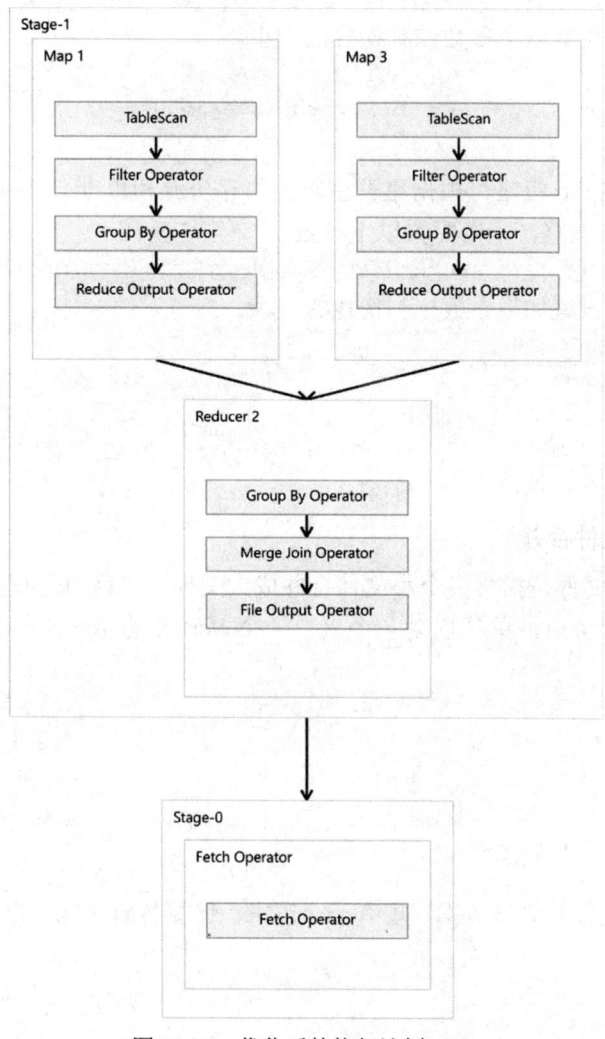

图 14-26　优化后的执行计划（2）

14.7　小文件合并

14.7.1　优化说明

在 13.8 节我们曾经介绍过，为了避免产生过多的小文件、浪费计算资源，需要对小文件进行合并。Hive

On Tez 的小文件合并优化的思路与 MapReduce 相同，都分为两个方面，分别是起始 Vertex（Mapper）输入的小文件合并，以及最终 Vertex（Reducer）输出的小文件合并。

1. Mapper 输入的小文件合并

合并 Mapper 输入的小文件，是指将多个小文件划分到一个切片中，进而使用一个 Task 处理。其目的是防止为单个小文件启动一个 Task，浪费计算资源。

Hive on Tez 中的 Mapper 部分的小文件合并策略有如下两个。

（1）CombineHiveInputFormat 策略。

Hive 提供的 CombineHiveInputFormat 策略可将多个小文件划分为一个切片，避免因输入小文件过多产生的资源浪费的情况，若需使用该策略，则设置以下参数即可。

```
set hive.tez.input.format=org.apache.hadoop.hive.ql.io.CombineHiveInputFormat;
```

在这种策略下，可通过设置以下参数控制切片的大小。

```
--一个切片的最大值
set mapreduce.input.fileinputformat.split.maxsize=256000000;
```

（2）Grouping Split 策略。

Tez 提供的 Grouping Split 策略可根据集群空闲的内存资源和单个 Tez 任务申请的内存资源，计算 Mapper 并行度。若需使用该策略，则需配置以下参数。

```
set hive.tez.input.format= org.apache.hadoop.hive.ql.io.HiveInputFormat;
```

在这种策略下，可通过设置如下参数控制切片的大小。

```
--一个切片的最大值，默认值为 1024MB
set tez.grouping.max-size;

--一个切片的最小值，默认值为 50MB
set tez.grouping.min-size;
```

2. Reducer 输出的小文件合并

合并 Reducer 输出的小文件是指将多个小文件合并成大文件，其目的是减少 HDFS 的小文件数量。其原理是，在完成目标计算任务后，单独启动一个只有一个 Vertex 的 Tez 任务来完成 File Merge 任务，参数如下。

```
--启动合并小文件任务
set hive.merge.tezfiles=true;
```

14.7.2　优化案例

（1）依旧使用 13.1 节准备的测试数据，现有一个需求，计算各省（区、市）的订单金额总和，创建结果表如下。

```
hive (default)>
drop table if exists order_amount_by_province;
create table order_amount_by_province(
    province_id string comment '省（区、市）id',
    order_amount decimal(16,2) comment '订单金额'
)
location '/order_amount_by_province';
```

（2）实现上述需求的查询语句如下，针对此查询语句，进行性能优化。

```
hive (default)>
insert overwrite table order_amount_by_province
select
```

```
    province_id,
    sum(total_amount)
from order_detail
group by province_id;
```

（3）优化前。

根据 14.4 节内容可分析出，在默认情况下（不使用列级别的统计信息估算并行度），该查询语句的 Reducer 并行度为 5，故最终输出结果文件个数也为 5，如图 14-27 所示。可以看出，5 个文件均为小文件。

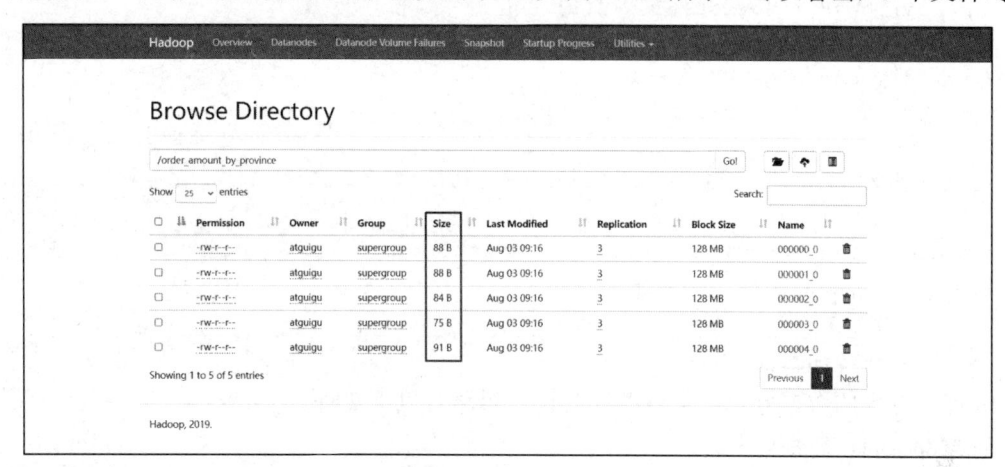

图 14-27　输出 5 个结果文件

（4）优化思路。

若想避免小文件的产生，则可采取方案有 2 个。

① 合理设置任务的 Reducer 并行度。

如果将上述计算任务的并行度设置为 1，就能保证其输出结果只有 1 个文件。

② 启用 Hive 合并小文件优化。设置以下参数。

```
--开启合并 Map/Reduce 任务输出的小文件
set hive.merge.tezfiles=true;
```

再次执行上述的查询语句，观察结果表中的文件，如图 14-28 所示，此时只输出 1 个结果文件。

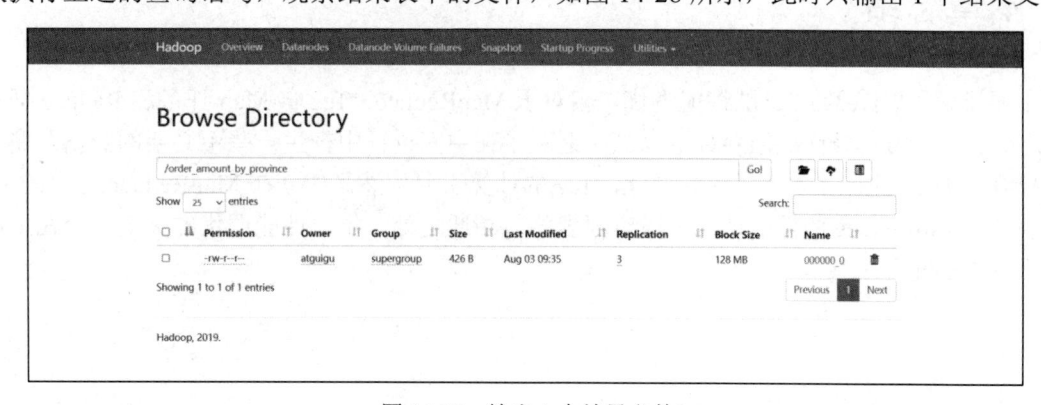

图 14-28　输出 1 个结果文件

14.8　数据倾斜

当使用 Hive On Tez 发生数据倾斜时，首先需要分析数据倾斜产生的原因。

若是分组聚合操作导致的数据倾斜，可以考虑的优化思路有以下 2 种。

（1）开启 map-side 聚合，参数如下。

```
--启用 map-side 聚合
set hive.map.aggr=true;

--用于检测源表数据是否适合进行 map-side 聚合。检测的方法是：先对若干条数据进行 map-side 聚合，若聚合后的
条数和聚合前的条数比值小于该值，则认为该表适合进行 map-side 聚合；否则，认为该表数据不适合进行 map-side 聚
合，后续数据便不再进行 map-side 聚合
set hive.map.aggr.hash.min.reduction=0.5;

--用于检测源表是否适合 map-side 聚合的条数
set hive.groupby.mapaggr.checkinterval=100000;

--map-side 聚合所用的 HashTable 占用 Map Task 堆内存的最大比例，若超出该值，则会对 HashTable 进行一次
flush。
set hive.map.aggr.hash.force.flush.memory.threshold=0.9;
```

（2）开启 Skew-Groupby 优化，参数如下。

```
--启用分组聚合数据倾斜优化
set hive.groupby.skewindata=true;
```

若是 join 连接导致的数据倾斜，可以考虑的优化思路有以下 2 种。

（1）开启 Map Join，参数如下。

```
--是否考虑使用 Hash Join 算法，默认值为 true。
set hive.auto.convert.join=true;

--考虑采用 Hash Join 算法时的判断条件，当 join 连接中的所有小表（的分区）大小之和小于该值时，才会使用 Hash
Join 算法。推荐设置为 hive.tez.container.size 的三分之一到二分之一。
set hive.auto.convert.join.noconditionaltask.size=10000000
```

（2）调整查询语句。

关于数据倾斜的产生原因与优化措施的更详尽的讲解，参见 13.6 节，此处不再赘述。

14.9 本章总结

本章主要讲解了 Hive On Tez 的性能调优。相对于 MapReduce，Tez 将 Map 任务和 Reduce 任务抽象成了 Vertex，将 Hive SQL 解析成了 DAG 的形式，避免了在中间过程中产生一些不必要的数据存储和读取操作，大大提升了 Hive 的计算效率。尽管如此，Tez 的计算引擎依然是建立在 MapReduce 之上的，Hive On Tez 与 Hive On MapReduce 的性能调优手段有很多相似相通之处。学习性能调优的关键之处在于用户对需求及所使用工具的充分了解。

第15章

Hive On Spark 的企业级性能调优

在第 14 章中,我们讲解了 Hive 除 MapReduce 外的另一种计算引擎——Tez,使用 Tez 作为计算引擎可以大大提高计算效率。实际上,在企业的真实开发环境中,Hive 已经鲜少使用 MapReduce 作为计算引擎了。除 Tez 外,实际开发中备受青睐的还有 Spark。Spark 是一个非常优秀的大数据开发框架,是一种基于内存的、快速的、通用的、可扩展的大数据分析计算引擎。要想彻底讲清楚 Spark 的原理和使用方式将占用巨大篇幅,因此本书仅将 Spark 视为 Hive 的一款可配置计算引擎,讲解使用 Spark 时可以选用的一些性能调优手段,并与其他的计算引擎进行简单对比。

15.1 Hive On Spark 概述

15.1.1 什么是 Spark

2009 年,Spark 诞生于加州大学伯克利分校的 AMPLab,项目采用 Scala 语言编写,并于 2010 年开源。2013 年 6 月,Spark 成为 Apache 基金会的孵化项目,于 2014 年 2 月成为 Apache 的顶级项目。

Spark 作为大数据平台的后起之秀,继承了 Hadoop 的分布式计算的优点,并改善了 MapReduce 的缺点,可以使用更少的计算资源获得 Hadoop 的 10 倍以上的计算速度。Spark 之所以可以达到如此快的计算速度,是因为其使用了先进的基于 DAG 的计算引擎,中间计算结果如果不涉及 Shuffle 阶段是不会落盘(存储)的,完全基于内存的计算速度是 Hadoop 的 100 倍以上,基于磁盘的计算速度也可以达到 Hadoop 的 10 倍以上。

Spark 包含多个内置模块,包括 Spark Core、Spark SQL、Spark Streaming、Spark Structured Streaming、Spark MLlib、Spark GraghX 等。

- Spark Core:实现了 Spark 的基本功能,包含任务调度、内存管理、错误恢复、与存储系统交互等模块。在 Spark Core 中还包含对弹性分布式数据集(Resilient Distributed DataSet,RDD)的 API 定义。
- Spark SQL:是 Spark 用来操作结构化数据的程序包。通过 Spark SQL,我们可以使用 SQL 或 Hive 版本的 SQL 来查询数据。Spark SQL 支持多种数据源,如 Hive 表、Parquet,以及 JSON 等。
- Spark Streaming:是 Spark 提供的对实时数据进行流式计算的组件,提供了用来操作数据流的 API,并且与 Spark Core 中的 RDD API 高度对应。
- Spark Structured Streaming:自 Spark2.0 版本引入,提供了对流式数据处理的支持,并采用类似批处理的 API 风格,提供了流式查询、窗口查询和状态管理等功能。

- Spark MLlib：提供常见的机器学习功能的程序库，包括分类、回归、聚类、协同过滤等，同时提供模型评估、数据导入等额外的支持功能。
- Spark GraphX：是主要用于图形并行计算和图挖掘系统的组件。

Spark 被设计为可以高效地在一个计算节点到数千个计算节点之间进行伸缩计算。为了实现这样的要求，同时获得最大的灵活性，Spark 支持在各种集群管理器（Cluster Manager）上运行，包括 Hadoop YARN、Apache Mesos，以及 Spark 自带的一个简易调度器——独立调度器。

同时，Spark 得到了众多大数据公司的支持，这些公司包括 Hortonworks、IBM、Intel、Cloudera、MapR、Pivotal、百度、阿里巴巴、腾讯、京东、携程、优酷土豆。当前，百度的 Spark 已应用于大搜索、直达号、百度大数据等业务；阿里巴巴利用 GraphX 构建了大规模的图计算和图挖掘系统，实现了很多生产系统的推荐算法；腾讯 Spark 集群达到了 8000 台的规模，是当前已知的世界上最大的 Spark 集群。

综合以上对 Spark 的讲解，可总结出 Spark 具有如下特点。

（1）快：与 Hadoop 的 MapReduce 相比，Spark 基于内存的计算速度要快 100 倍以上，基于磁盘的计算速度也要快 10 倍以上。Spark 实现了高效的 DAG 执行引擎，可以基于内存来高效处理数据流。计算的中间结果是存储在内存中的。

（2）易用：Spark 支持 Java、Python 和 Scala 的 API，还支持超过 80 种高级算法，使用户可以快速构建不同的应用。并且，Spark 支持交互式的 Python 和 Scala 的 Shell，可以非常方便地在这些 Shell 中使用 Spark 集群来验证解决问题的方法。

（3）通用：Spark 提供了统一的解决方案。Spark 可以用于交互式查询（Spark SQL）、实时流处理（Spark Streaming）、机器学习（Spark MLlib）和图计算（GraphX）。这些不同类型的处理都可以在同一个应用中无缝使用，大大降低了开发和维护的人力成本，以及部署平台的物力成本。

（4）兼容性：Spark 可以非常方便地与其他的开源产品进行融合。例如，Spark 可以使用 Hadoop 的 YARN 和 Apache Mesos 作为它的资源管理和调度器，并且可以处理所有 Hadoop 支持的数据，包括 HDFS、HBase 等。这对于已经部署 Hadoop 集群的用户来说特别重要，因为他们不需要做任何数据迁移就可以利用 Spark 的强大处理能力。

Hive 使用 Spark 替代 MapReduce 作为计算引擎，本质上可以理解为，不再将 Hive SQL 解析为 MapReduce 程序，而是解析并构建成为 Spark 的 DAG 执行计划，同时使用 Spark 特有的数据模型 RDD 来描述数据的结构转换和计算分析过程，利用 Spark 的内存处理能力实现更高的计算性能。

15.1.2　Spark 的基本架构

Spark 作为一个分布式的计算框架，在执行计算任务时采用的架构也是经典的主从架构，其中主节点负责中央协调，工作节点负责实际的计算工作。当用户向 Spark 提交任务时，Spark 会开启任务管理进程驱动器（Driver）和执行器（Executor），对任务的切分、执行和调度进行管理。其中，Driver 就是主节点，负责中央协调及调度各分布式工作节点。Executor 是工作节点，它作为独立的 Java 进程运行，与其他大量执行器节点之间进行通信，也向 Driver 汇报工作进度。

当然，在实际中 Diver 和 Executor 的启动并不像所说的这样简单，其中还涉及复杂的代码执行操作。Spark 的主从架构如图 15-1 所示，此处读者需要了解的是，当用户向集群提交任务时，Spark 会启动 Driver 进程和 Executor 进程，Driver 进程负责将用户程序转化为作业（Job），并对 Job 进行合理划分，同时跟踪 Executor 进程的任务运行状况，为 Executor 节点调度任务，在 UI 页面展示 Job 运行情况；Executor 节点则负责执行 Spark 的具体任务。

图 15-1 Spark 的主从架构

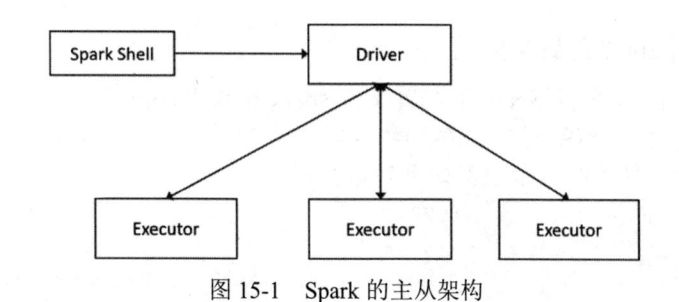

15.1.3 Hive On Spark 的安装部署

本书中，我们使用 Hive 执行 Hive SQL 语句，将 Spark 作为计算引擎，也就是 Hive On Spark。接下来介绍 Hive On Spark 的安装部署过程。

1. 兼容性说明

本书讲解的 Hive 版本是 Hive3.1.3，并使用 Spark 的当前流行稳定版本 Spark3.3.0。Hive 官网下载的 Hive3.1.3 安装包与 Spark3.3.0 不兼容，因此我们需要对 Hive3.1.3 的源码重新进行编译。

从 Hive 官网下载 Hive3.1.3 源码，将 pom.xml 文件中引用的 Spark 版本修改为 Spark3.3.0，然后重新进行编译。如果编译通过，就直接打包获取 tar.gz 安装包。如果报错，就根据提示修改相关方法，直到不报错，再打包获取 tar.gz 安装包。

本书第 2 章讲解的安装部署过程中使用的安装包，即为重编译后的 Hive 安装包，读者在使用 Hive On Spark 时也应注意版本兼容问题，若官网未提供对应的 Hive 安装包，则可以自行编译得到。

2. 在 Hive 所在节点部署 Spark 纯净版

由于 Spark3.0.0 非纯净版默认支持的 Hive 版本不是 Hive3.1.3，直接使用会与已安装的 Hive3.1.3 出现兼容性问题，所以采用 Spark 纯净版 jar 包，其不包含 hadoop 和 hive 相关依赖，能避免发生依赖冲突。

上传并解压从 Spark 官网下载的 Spark3.3.0 的纯净版安装包 spark-3.3.0-bin-without-hadoop.tgz，并将解压后的目录重命名为 spark。

```
[atguigu@hadoop102 software]$ tar -zxvf spark-3.3.1-bin-without-hadoop.tgz -C /opt/module/
[atguigu@hadoop102 software]$ mv /opt/module/spark-3.3.1-bin-without-hadoop /opt/module/spark
```

进入解压后的目录，找到 spark-env.sh 配置文件模板，并将其重名为 spark-env.sh。

```
[atguigu@hadoop102 software]$ mv /opt/module/spark/conf/spark-env.sh.template /opt/module/spark/conf/spark-env.sh
```

编辑文件，并增加如下内容。

```
[atguigu@hadoop102 software]$ vim /opt/module/spark/conf/spark-env.sh

export SPARK_DIST_CLASSPATH=$(347adoop classpath)
```

3. 配置 SPARK_HOME 环境变量

编辑环境变量配置文件 my_env.sh。

```
[atguigu@hadoop102 software]$ sudo vim /etc/profile.d/my_env.sh
```

添加如下内容，配置 SPARK_HOME 环境变量。

```
# SPARK_HOME
export SPARK_HOME=/opt/module/spark
export PATH=$PATH:$SPARK_HOME/bin
```

执行 source 命令使其生效。

```
[atguigu@hadoop102 software]$ source /etc/profile.d/my_env.sh
```

4. 在 Hive 中创建 Spark 的配置文件

在 Hive 的配置文件路径下创建 Spark 的配置文件 spark-default.conf。

```
[atguigu@hadoop102 software]$ vim /opt/module/hive/conf/spark-defaults.conf
```

添加如下内容（在执行任务时，会根据如下参数执行）。

```
spark.master                     yarn
spark.eventLog.enabled           true
spark.eventLog.dir               hdfs://hadoop102:8020/spark-history
spark.executor.memory            1g
spark.driver.memory              1g
```

在 HDFS 中创建如下路径，路径与 spark-default.conf 配置文件中的配置相同，用于存储历史日志。

```
[atguigu@hadoop102 software]$ hadoop fs -mkdir /spark-history
```

5. 向 HDFS 上传 Spark 的纯净版 jar 包

Hive 任务最终由 Spark 来执行，Spark 任务资源分配由 YARN 来调度，该任务有可能被分配到集群的任何一个节点上，因此需要将 Spark 的依赖上传到 HDFS 集群路径中，这样集群中任何一个节点都能获取到。

将解压的 Spark 安装包中的 Spark 相关依赖 jar 包上传到 HDFS 中。

```
[atguigu@hadoop102 software]$ hadoop fs -mkdir /spark-jars

[atguigu@hadoop102 software]$ hadoop fs -put /opt/module/spark/jars/* /spark-jars
```

6. 修改 hive-site.xml 文件

打开 hive-site.xml 文件。

```
[atguigu@hadoop102 ~]$ vim /opt/module/hive/conf/hive-site.xml
```

添加如下内容。

```xml
<!--Spark 依赖 jar 包位置（注意：端口号 8020 必须与 NameNode 的端口号一致）-->
<property>
    <name>spark.yarn.jars</name>
    <value>hdfs://hadoop102:8020/spark-jars/*</value>
</property>

<!--Hive 执行引擎配置为 Spark-->
<property>
    <name>hive.execution.engine</name>
    <value>spark</value>
</property>
```

7. 测试

（1）启动 Hive 客户端。

```
[atguigu@hadoop102 hive]$ hive
```

（2）创建测试表 student。

```
hive (default)> create table student(id int, name string);
```

（3）通过 insert 语句测试效果。

```
hive (default)> insert into table student values(1,'abc');
```

若测试执行效果中出现 Spark job 字样，如图 15-2 所示，则说明配置成功。

```
hive (default)> insert into table student values(1,'abc');
Query ID = atguigu_20200719001740_b025ae13-c573-4a68-9b74-50a4d018664b
Total jobs = 1
Launching Job 1 out of 1
In order to change the average load for a reducer (in bytes):
  set hive.exec.reducers.bytes.per.reducer=<number>
In order to limit the maximum number of reducers:
  set hive.exec.reducers.max=<number>
In order to set a constant number of reducers:
  set mapreduce.job.reduces=<number>
--------------------------------------------------------------------
          STAGES    ATTEMPT      STATUS   TOTAL  COMPLETED  RUNNING  PENDING  FAILED
--------------------------------------------------------------------
Stage-2 ........       0        FINISHED    1        1         0        0       0
Stage-3 ........       0        FINISHED    1        1         0        0       0
--------------------------------------------------------------------
STAGES: 02/02    [==========================>>] 100%  ELAPSED TIME: 1.01 s
--------------------------------------------------------------------
Spark job[1] finished successfully in 1.01 second(s)
Loading data to table default.student
OK
col1    col2
Time taken: 1.514 seconds
hive (default)>
```

图 15-2 测试执行效果

15.2 Spark 资源配置

虽然 Spark 自身拥有一套资源调度框架，但是当使用 Hive On Spark 时，Spark 仅作为计算引擎的角色出现，使用的资源调度框架依然是 YARN。有关 YARN 的资源调度优化措施不再赘述，本节仅对 Spark 自身的资源配置调优手段进行详细讲解。

15.2.1 Excutor 配置说明

1. Excutor CPU 核数配置

单个 Executor 的 CPU 核数由 spark.executor.cores 参数决定，官方建议配置为 4~6，具体的配置视具体情况而定，原则是尽量充分利用资源。

假设单个节点服务器共有 16 个 CPU 核可供 Executor 使用，则 spark.executor.core 配置为 4 最合适。原因是，若配置为 5，则单个节点服务器只能启动 3 个 Executor，会剩余 1 个 CPU 核未使用；若配置为 6，则只能启动 2 个 Executor，会剩余 4 个 CPU 核未使用。

2. Excutor 内存配置

Spark 在 YARN 模式下的 Executor 内存模型如图 15-3 所示。

与 Executor 的内存配置相关的参数有 spark.executor.memory 和 spark.executor.memoryOverhead。spark.executor.memory 用于指定 Executor 进程的堆内存大小，这部分内存用于任务的计算和存储；spark.executor.memoryOverhead 用于指定 Executor 进程的堆外内存，这部分内存用于 JVM 的额外开销和操作系统开销等。二者的和才等于 1 个 Executor 进程所需的总内存大小。在默认情况下，spark.executor.memoryOverhead 的值等于 spark.executor.memory×0.1。

以上 2 个参数的推荐配置思路是，首先按照单个 NodeManager 的核数和单个 Executor 的核数，计算出每个 NodeManager 最多能运行多少个 Executor；其次将 NodeManager 的总内存平均分配给每个 Executor；最后将单个 Executor 的内存按照大约 10:1 的比例分配给 spark.executor.memory 和 spark.executor.memoryOverhead。

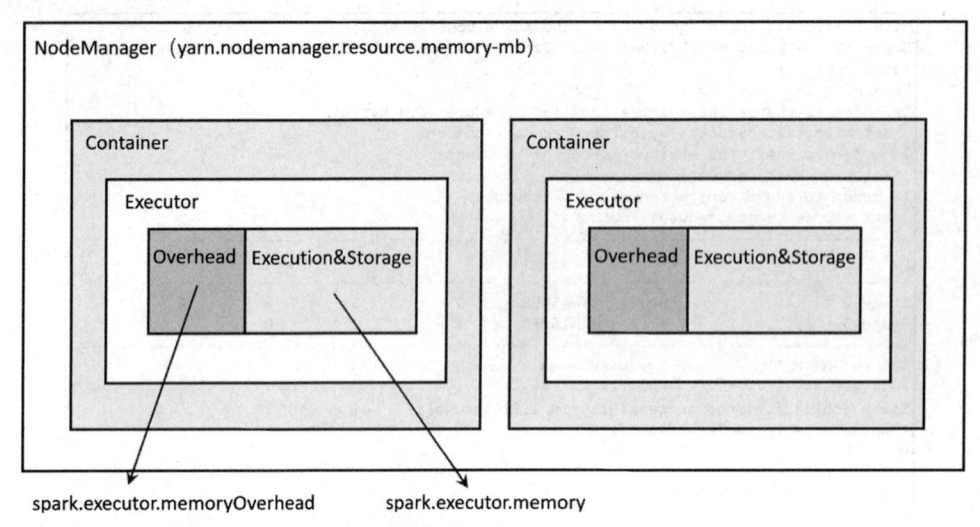

图 15-3　Spark 在 YARN 模式下的内存模型

根据上述思路，可得到如下关系。

```
(spark.executor.memory+spark.executor.memoryOverhead)= yarn.nodemanager.resource.memory-mb * (spark.executor.cores/yarn.nodemanager.resource.cpu-vcores)
```

假设 NodeManager 的总内存 yarn.nodemanager.resource.memory-mb 为 64GB，spark.executor.cores 为 4，yarn.nodemanager.resource.cpu-vcores 为 16，经计算，spark.executor.memory 和 spark.executor.memoryOverhead 的内存可以做如下分配。

```
spark.executor.memory            14G
spark.executor.memoryOverhead    2G
```

3. Excutor 个数配置

此处的 Executor 个数是指分配给一个 Spark 应用的 Executor 个数，Executor 个数对于 Spark 应用的执行速度有很大的影响，因此 Executor 个数的确定十分重要。

一个 Spark 应用的 Executor 个数的指定方式有两种，即静态分配和动态分配。

（1）静态分配。

通过 spark.executor.instances 参数指定一个 Spark 应用启动的 Executor 个数。这种方式需要自行估计每个 Spark 应用所需的资源，并为每个应用单独配置 Executor 个数。

（2）动态分配。

动态分配可根据一个 Spark 应用的工作负载，动态地调整其所占用的资源（Executor 个数）。这意味着一个 Spark 应用在运行的过程中，在需要时可以申请更多的资源（启动更多的 Executor）；在不需要时可以将资源释放。

在生产集群中，推荐使用动态分配。动态分配的相关参数如下。

```
#启动动态分配
spark.dynamicAllocation.enabled    true
#启用 Spark shuffle 服务
spark.shuffle.service.enabled    true
#Executor 个数初始值
spark.dynamicAllocation.initialExecutors    1
#Executor 个数最小值
spark.dynamicAllocation.minExecutors    1
#Executor 个数最大值
spark.dynamicAllocation.maxExecutors    12
#Executor 空闲时长，若某 Executor 空闲时间超过此值，则会被关闭
```

```
spark.dynamicAllocation.executorIdleTimeout    60s
#积压任务等待时长，若有Task等待时间超过此值，则申请启动新的Executor
spark.dynamicAllocation.schedulerBacklogTimeout    1s
#使用旧版的shuffle文件Fetch协议
spark.shuffle.useOldFetchProtocol    true
```

说明：Spark shuffle 服务的作用是管理 Executor 中的各 Task 的输出文件，主要是 Shuffle 过程中 Map 阶段的输出文件。在启用资源动态分配后，Spark 会在一个应用未结束前，将已经完成任务且处于空闲状态的 Executor 关闭。Executor 在关闭后，其输出的文件也就无法供其他 Executor 使用了。此时需要启用 Spark shuffle 服务来管理各 Executor 输出的文件，这样就能够关闭空闲的 Executor，同时不影响后续的计算任务。

15.2.2 Driver 配置说明

Driver 的资源配置的相关参数有 spark.driver.memory 和 spark.driver.memoryOverhead。

spark.driver.memory 用于指定 Driver 进程的堆内存大小，spark.driver.memoryOverhead 用于指定 Driver 进程的堆外内存大小。在默认情况下，二者的关系为：spark.driver.memoryOverhead=spark.driver.memory×0.1。二者的和就是一个 Driver 进程所需的总内存大小。

在一般情况下，按照如下经验进行调整即可。

假定将 yarn.nodemanager.resource.memory-mb 设置为 X。

- 若 X>50GB，则 Driver 总内存可设置为 12GB。
- 若 12GB<X<50GB，则 Driver 总内存可设置为 4GB。
- 若 1GB<X<12GB，则 Driver 总内存可设置为 1GB。

假设 yarn.nodemanager.resource.memory-mb 为 64GB，则 Driver 的总内存可分配 12GB，所以上述两个参数可做如下分配。

```
spark.driver.memory    10G
spark.yarn.driver.memoryOverhead    2G
```

15.2.3 Spark 配置实操

Spark 资源配置的完整流程如下。

1. 修改 spark-defaults.conf 文件

（1）修改 $HIVE_HOME/conf/spark-defaults.conf 文件，配置如下所示。

```
spark.master                                yarn
spark.eventLog.enabled                      true
spark.eventLog.dir       hdfs://hadoop102:9870/spark-history
spark.executor.cores                        4
spark.executor.memory                       14g
spark.executor.memoryOverhead               2g
spark.driver.memory                         10g
spark.driver.memoryOverhead                 2g
spark.dynamicAllocation.enabled             true
spark.shuffle.service.enabled               true
spark.dynamicAllocation.executorIdleTimeout 60s
spark.dynamicAllocation.initialExecutors    1
spark.dynamicAllocation.minExecutors        1
```

```
spark.dynamicAllocation.maxExecutors  11
spark.dynamicAllocation.schedulerBacklogTimeout 1s
spark.shuffle.useOldFetchProtocol    true
```

（2）修改$HIVE_HOME/conf/hive-site.xml 配置文件，增加以下参数，配置动态分配。

```xml
<property>
    <name>spark.dynamicAllocation.enabled</name>
    <value>true</value>
</property>
```

2. 配置 Spark shuffle 服务

Spark shuffle 服务的配置因 Cluster Manager（Standalone、Mesos、YARN）的不同而不同。此处以 YARN 作为 Cluster Manager，以此为例进行讲解。

（1）将$SPARK_HOME/yarn/spark-3.0.0-yarn-shuffle.jar 复制到$HADOOP_HOME/share/ hadoop/yarn/lib 路径下。

（2）将$HADOOP_HOME/share/hadoop/yarn/lib/yarn/spark-3.0.0-yarn-shuffle.jar 分发至其他节点服务器。

（3）修改$HADOOP_HOME/etc/hadoop/yarn-site.xml 文件，如下所示。

```xml
<property>
    <name>yarn.nodemanager.aux-services</name>
    <value>mapreduce_shuffle,spark_shuffle</value>
</property>

<property>
    <name>yarn.nodemanager.aux-services.spark_shuffle.class</name>
    <value>org.apache.spark.network.yarn.YarnShuffleService</value>
</property>
```

（4）将$HADOOP_HOME/etc/hadoop/yarn-site.xml 文件分发至其他节点服务器。

（5）重启 YARN。

15.3 使用 explain 命令查看执行计划

1. 基本语法

Hive On Spark 查看执行计划的基本语法与 Hive On MapReduce 相同，如下所示。

```
explain [formatted | extended | dependency] query-sql
```

2. 案例实操

本章继续沿用 13.1 节准备的测试数据，查看以下查询语句的执行计划。

```
hive (default)>
set hive.spark.explain.user=true;
explain
select
   user_id,
   count(*)
from order_detail
group by user_id;
```

得到的执行计划如下所示。

```
Plan optimized by CBO.
```

```
Vertex dependency in root stage
Reducer 2 <- Map 1 (GROUP)

Stage-0
  Fetch Operator
    limit:-1
    Stage-1
      Reducer 2 vectorized
      File Output Operator [FS_11]
        Group By Operator [GBY_10] (rows=6533388 width=900)
          Output:["_col0","_col1"],aggregations:["count(VALUE._col0)"],keys:KEY._col0
        <-Map 1 [GROUP] vectorized
          GROUP [RS_9]
            PartitionCols:_col0
            Group By Operator [GBY_8] (rows=13066777 width=900)
              Output:["_col0","_col1"],aggregations:["count()"],keys:user_id
              Select Operator [SEL_7] (rows=13066777 width=900)
                Output:["user_id"]
                TableScan [TS_0] (rows=13066777 width=900)
                  tuning@order_detail,order_detail,Tbl:COMPLETE,Col:NONE,Output:["user_id"]
```

使用 Spark 原语展示的执行计划比较难理解，使用以下方式可以得到 MapReduce 原语展示的执行计划。

```
set hive.spark.explain.user=false;
explain
select
    user_id,
    count(*)
from order_detail
group by user_id;
```

得到的执行计划如下所示。

```
STAGE DEPENDENCIES:
  Stage-1 is a root stage
  Stage-0 depends on stages: Stage-1

STAGE PLANS:
  Stage: Stage-1
    Spark
      Edges:
        Reducer 2 <- Map 1 (GROUP, 92)
      DagName: atguigu_20230228084204_a35a0fcd-6fec-4b4e-9506-df775605cc9e:3
      Vertices:
        Map 1
          Map Operator Tree:
            TableScan
              alias: order_detail
              Statistics: Num rows: 13066777 Data size: 11760099340 Basic stats: COMPLETE Column stats: NONE
              Select Operator
                expressions: user_id (type: string)
                outputColumnNames: user_id
                Statistics: Num rows: 13066777 Data size: 11760099340 Basic stats:
```

```
              COMPLETE Column stats: NONE
                  Group By Operator
                    aggregations: count()
                    keys: user_id (type: string)
                    mode: hash
                    outputColumnNames: _col0, _col1
                    Statistics: Num rows: 13066777 Data size: 11760099340 Basic stats:
COMPLETE Column stats: NONE
                    Reduce Output Operator
                      key expressions: _col0 (type: string)
                      sort order: +
                      Map-reduce partition columns: _col0 (type: string)
                      Statistics: Num rows: 13066777 Data size: 11760099340 Basic stats:
COMPLETE Column stats: NONE
                      value expressions: _col1 (type: bigint)
          Execution mode: vectorized
      Reducer 2
          Execution mode: vectorized
          Reduce Operator Tree:
            Group By Operator
              aggregations: count(VALUE._col0)
              keys: KEY._col0 (type: string)
              mode: mergepartial
              outputColumnNames: _col0, _col1
              Statistics: Num rows: 6533388 Data size: 5880049219 Basic stats: COMPLETE
Column stats: NONE
              File Output Operator
                compressed: false
                Statistics: Num rows: 6533388 Data size: 5880049219 Basic stats: COMPLETE
Column stats: NONE
                table:
                    input format: org.apache.hadoop.mapred.SequenceFileInputFormat
                    output format: org.apache.hadoop.hive.ql.io.HiveSequenceFileOutputFormat
                    serde: org.apache.hadoop.hive.serde2.lazy.LazySimpleSerDe

  Stage: Stage-0
    Fetch Operator
      limit: -1
      Processor Tree:
        ListSink
```

3. 执行计划解读

当使用 Spark 作为计算引擎时，呈现的执行计划同样由一系列具有依赖关系的 Stage 组成。

我们知道，一个 Spark Job 由一个 DAG 进行表达，DAG 的每个顶点都是一个 Vertex（在 Spark 中 Vertex 称为 Stage，注意同 Hive 中的 Stage 进行区分），表示一个数据的转换逻辑，每条边 Edge 表示 Vertex 间的数据移动。

对应到执行计划中，Stage-1 对应一个 Spark Job，Operator Tree 则对应 Vertex。每个 Vertex 的计算逻辑都由一个 Operator Tree 进行描述，Operator Tree 由一系列的 Operator 组成，一个 Operator 代表一个单一的逻辑操作，如 TableScan、Select Operator、Join Operator 等。

将 Hive On Spark 的执行计划绘制成可视图，如图 15-4 所示。

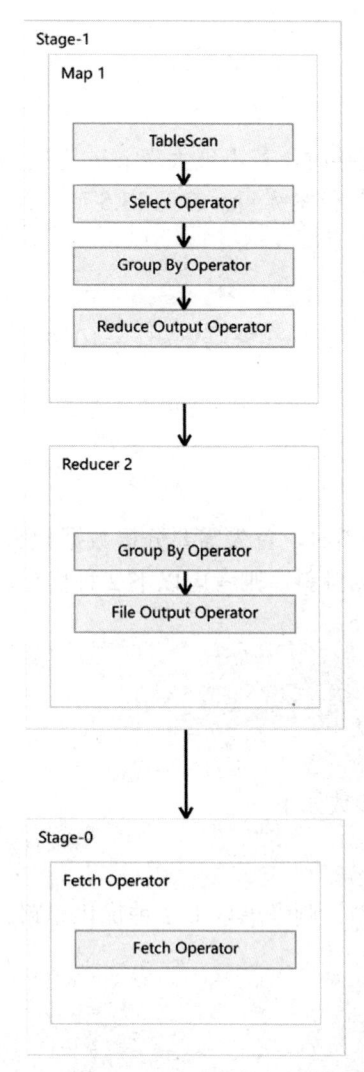

图 15-4　Hive On Spark 的执行计划可视图

15.4　分组聚合优化

在使用 Hive On Spark 执行聚合功能的查询语句时，可以考虑开启 map-side 聚合，相关参数如下所示。更详细的讲解和案例演示，参见 13.4 节，此处不再赘述。

```
--启用map-side聚合
set hive.map.aggr=true;

--用于检测源表数据是否适合进行map-side聚合。检测的方法是：先对若干条数据进行map-side聚合，若聚合后的
条数和聚合前的条数比值小于该值，则认为该表适合进行map-side聚合；否则，认为该表数据不适合进行map-side聚
合，后续数据便不再进行map-side聚合
set hive.map.aggr.hash.min.reduction=0.5;

--用于检测源表是否适合map-side聚合的条数
set hive.groupby.mapaggr.checkinterval=100000;

--map-side聚合所用的HashTable占用Map任务堆内存的最大比例,若超出该值,则会对HashTable进行一次flush
set hive.map.aggr.hash.force.flush.memory.threshold=0.9;
```

15.5　Join 优化

在使用 Hive On Spark 执行 join 连接时，若出现大表 join 连接小表的情况，可以考虑开启 Map Join 优化，相关参数如下所示。详尽思路讲解和案例演示参见 13.5 节，此处不再赘述。

```
--启用 Map Join 自动转换
set hive.auto.convert.join=true;
--Common Join 转 Map Join 小表阈值
set hive.auto.convert.join.noconditionaltask.size=10000000;
```

15.6　数据倾斜优化

当使用 Hive On Spark 发生数据倾斜时，首先需要分析数据倾斜发生的原因。

若是出现分组聚合操作导致的数据倾斜，则考虑以下 2 种优化思路。

（1）开启 map-side 聚合，参数如下。

```
--启用 map-side 聚合
set hive.map.aggr=true;
--Hash Map 占用 Map 任务内存的最大比例
set hive.map.aggr.hash.percentmemory=0.5;
```

（2）开启 Skew-GroupBy 优化，参数如下。

```
--启用分组聚合数据倾斜优化
set hive.groupby.skewindata=true;
```

若是出现 join 连接导致的数据倾斜，则考虑以下 2 种优化思路。

（1）开启 Map Join，参数如下。

```
--启用 Map Join 自动转换
set hive.auto.convert.join=true;
--Common Join 转 Map Join 小表阈值
set hive.auto.convert.join.noconditionaltask.size=10000000;
```

（2）开启 Skew Join，参数如下。

```
--启用 Skew Join 优化
set hive.optimize.skewjoin=true;
--触发 Skew Join 的阈值，若某个 key 的行数超过该参数值，则触发
set hive.skewjoin.key=100000;
```

关于数据倾斜的产生原因和优化措施的更详尽的讲解，参见 13.6 节，此处不再赘述。

15.7　计算引擎总结

读者在开发过程中可选的计算引擎有 MapReduce、Spark 和 Tez。其中，MapReduce 已经过时，功能不够完善，在企业中应用得较少。Tez 是 Hive 社区主推的计算引擎，功能全面，并且社区仍在不断完善。Spark 的维护人员较少，目前社区已经计划在后续版本将其移除。读者可根据企业实际情况择优选择。Hive On MapReduce、Hive On Tez 及 Hive On Spark 的核心调优参数如表 15-1、表 15-2 及表 15-3 所示。

第 15 章 Hive On Spark 的企业级性能调优

表 15-1 Hive On MapReduce 的核心调优参数

调优项	参数	说明
分组聚合优化	hive.map.aggr	启用 map-side 聚合
	hive.map.aggr.hash.min.reduction	用于检测源表数据是否适合进行 map-side 聚合
	hive.groupby.mapaggr.checkinterval	用于检测源表是否适合 map-side 聚合的条数
	hive.map.aggr.hash.force.flush.memory.threshold	map-side 聚合所用的 HashTable 刷写阈值
Join 优化	hive.auto.convert.join	启动 Map Join 自动转换
	hive.mapjoin.smalltable.filesize	一个 Common Join Operator 转为 Map Join Operator 的判断条件
	hive.auto.convert.join.noconditionaltask	开启无条件转 Map Join
	hive.auto.convert.join.noconditionaltask.size	无条件转 Map Join 时的小表之和阈值
	hive.optimize.bucketmapjoin	启用 Bucket Map Join 优化功能
	hive.optimize.bucketmapjoin.sortedmerge	启动 SMB Map Join 优化
	hive.auto.convert.sortmerge.join=true	启用自动转换 SMB Map Join
数据倾斜优化	hive.groupby.skewindata	启用 Skew-GroupBy,用于解决分组聚合导致的数据倾斜
	hive.optimize.skewjoin	启用 Skew Join,用于解决 join 连接导致的数据倾斜
任务并行度	mapreduce.input.fileinputformat.split.maxsize	设置 Map 阶段切片的最大值,可控制 Map 阶段并行度
	mapreduce.job.reduces	手动指定 Reduce 阶段并行度
	hive.exec.reducers.bytes.per.reducer	单个 Reduce 任务计算的数据量,用于 Hive 自行估算 Reducer 并行度
	hive.exec.reducers.max	Reduce 阶段并行度最大值,用于 Hive 自行估算 Reducer 并行度
小文件合并	hive.merge.mapfiles	开启合并 Hive on Spark 任务输出的小文件
	hive.merge.mapredfiles	开启合并 MapReduce 任务输出的小文件
	hive.merge.size.per.task	合并后的文件大小
	hive.merge.smallfiles.avgsize	触发小文件合并任务的阈值

表 15-2 Hive On Tez 的核心调优参数

调优项	参数	说明
分组聚合优化	hive.map.aggr	启用 map-side 聚合
	hive.map.aggr.hash.min.reduction	用于检测源表数据是否适合进行 map-side 聚合
	hive.groupby.mapaggr.checkinterval	用于检测源表是否适合 map-side 聚合的条数
	hive.map.aggr.hash.force.flush.memory.threshold	map-side 聚合所用的 HashTable 刷写阈值
Join 优化	hive.auto.convert.join	是否考虑使用 Hash Join 算法
	hive.auto.convert.join.noconditionaltask.size	考虑采用 Hash Join 算法时的判断阈值
	hive.convert.join.bucket.mapjoin.tez	是否考虑使用 Bucket Map Join 算法
	hive.auto.convert.sortmerge.join	是否考虑使用 SMB Map Join 算法
	hive.optimize.dynamic.partition.hashjoin	是否考虑使用 Dynamic Partition Hash Join 算法
	hive.mapjoin.hybridgrace.hashtable	若最终采用 Hash Join 算法,是否使用 Hybrid Grace Hash Join 算法
数据倾斜优化	hive.groupby.skewindata	启用 Skew-GroupBy,用于解决分组聚合导致的数据倾斜
	hive.optimize.skewjoin	启用 Skew Join,用于解决 join 连接导致的数据倾斜
任务并行度	mapreduce.input.fileinputformat.split.maxsize	用于 CombineHiveInputFormat,可控制 Map 阶段并行度
	tez.grouping.max-size	用于 Grouping Split,一个分片的最大值,可控制 Map 阶段的并行度
	tez.grouping.min-size	用于 Grouping Split,一个分片的最小值,可控制 Map 阶段的并行度
	mapreduce.job.reduces	手动指定 Reduce 阶段并行度
	hive.exec.reducers.bytes.per.reducer	单个 Reducer 任务计算的数据量,用于 Hive 自行估算 Reducer 并行度
	hive.exec.reducers.max	Reduce 阶段并行度最大值,用于 Hive 自行估算 Reducer 并行度
	hive.tez.auto.reducer.parallelism	开启 Tez 自动调整 Reducer 并行度
	hive.tez.max.partition.factor	Tez 自动设置并行度的上限,用于 Tez 自行调整 Reducer 并行度
	hive.tez.min.partition.factor	Tez 自动设置并行度的下限,用于 Tez 自行调整 Reducer 并行度
小文件合并	hive.merge.tezfiles	开启合并 Hive On Tez 任务输出的小文件

表 15-3 Hive On Spark 的核心调优参数

调优项	参数	说明
分组聚合优化	hive.map.aggr	启用 map-side 聚合
	hive.map.aggr.hash.min.reduction	用于检测源表数据是否适合进行 map-side 聚合
	hive.groupby.mapaggr.checkinterval	用于检测源表是否适合 map-side 聚合的条数
	hive.map.aggr.hash.force.flush.memory.threshold	map-side 聚合所用的 HashTable 刷写阈值
Join 优化	hive.auto.convert.join	启用 Map Join 自动转换
	hive.auto.convert.join.noconditionaltask.size	Common Join 转 Map Join 小表阈值
数据倾斜优化	hive.groupby.skewindata	启用 Skew-GroupBy，用于解决分组聚合导致的数据倾斜
	hive.optimize.skew join.	启用 Skew Join，用于解决 join 连接导致的数据倾斜
任务并行度	mapreduce.input.fileinputformat.split.maxsize	设置 Map 阶段切片的最大值，可控制 Map 阶段并行度
	mapreduce.job.reduces	手动指定 Reduce 阶段并行度
	hive.exec.reducers.bytes.per.reducer	单个 Reducer 任务计算的数据量，用于 Hive 自行估算 Reducer 并行度
	hive.exec.reducers.max	Reduce 阶段并行度最大值，用于 Hive 自行估算 Reducer 并行度
小文件合并	hive.merge.sparkfiles	开启合并 Hive on Spark 任务输出的小文件

15.8 本章总结

本章介绍了如何对 Hive on Spark 集群进行企业级性能调优，从而优化大数据处理的性能。我们讨论了如何设置适当的资源管理器、内存管理器和 Hive 参数，从而最大化查询性能。通过本章的学习，读者可以更好地了解如何使用 Hive on Spark 提高大数据处理的效率和准确性。